高等学校教材

现代安全管理

马中飞　程卫民　主编

Modern Safety Management

·北京·

内 容 简 介

本书系统地阐述了国内外现代安全管理的理论、方法和技术，主要内容包括：事故预防与安全管理基本原理原则、安全生产管理机制及制度、危险有害因素辨识分析与评价、典型安全风险管控方法、安全重点及企业职业危害管理措施、安全行为管理、安全经济与安全信息管理、应急救援与事故管理。

本书可供高等院校安全、应急类相关专业研究生、本科生使用，也可供高职高专安全、应急类专业学生使用，同时也可供相关领域监管人员及工程技术人员参考。

图书在版编目（CIP）数据

现代安全管理/马中飞，程卫民主编. —北京：化学工业出版社，2022.8（2025.2 重印）
ISBN 978-7-122-41427-4

Ⅰ.①现… Ⅱ.①马… ②程… Ⅲ.①安全管理 Ⅳ.①X92

中国版本图书馆 CIP 数据核字（2022）第 082202 号

责任编辑：丁文璇　　文字编辑：陈立璞
责任校对：边　涛　　装帧设计：张　辉

出版发行：化学工业出版社（北京市东城区青年湖南街 13 号　邮政编码 100011）
印　　装：河北鑫兆源印刷有限公司
787mm×1092mm　1/16　印张 17¼　字数 448 千字　2025 年 2 月北京第 1 版第 3 次印刷

购书咨询：010-64518888　　售后服务：010-64518899
网　　址：http://www.cip.com.cn
凡购买本书，如有缺损质量问题，本社销售中心负责调换。

定　　价：52.00 元

前言
FOREWORD

随着现代科学技术的进步和人类社会的发展，安全问题越来越受到整个社会的关注。安全管理是保障安全的重要手段、度量安全的重要指标、实践安全科学的重要途径，加强安全管理不仅有助于减少人的不安全行为和物的不安全状态，减少和控制事故、职业病，还有助于促进社会经济持续健康发展。

根据高校学生的“厚基础、宽口径、富有创新能力”培养要求，本书力图以更高的视野，更多的信息，系统地阐述国内外现代安全管理的理论、方法和技术，并在内容选择、结构安排等方面作了大胆的尝试。

本书主要内容包括：事故预防与安全管理基本原理原则、安全生产管理机制及制度、危险有害因素辨识分析与评价、典型安全风险管控方法、安全重点及企业职业危害管理措施、安全行为管理、安全经济与安全信息管理、应急救援与事故管理。程卫民、吴立荣编写第三章；程磊编写第六章；吴桂香编写第七章；张云龙编写第九章；吴小娟编写第四章第二～四节；刘银萍编写第四章第六节、第八章第五～七节；张于祥编写第八章第一～四节；马中飞编写其余章节并负责统稿。

本书得到了江苏大学研究生教材建设专项基金资助。在本书的编写过程中，引用了许多文献资料，谨向相关作者表示感谢。由于编者水平有限，书中不足之处在所难免，恳请广大读者批评指正。

编者

2021 年 12 月

目录
CONTENTS

第一章

事故预防与安全管理基本原理原则

学习目标

1. 熟悉事故的概念、发生及其分类。

2. 熟练掌握事故原因与法则。

3. 熟练叙述5种事故致因理论的主要内容。

4. 熟悉安全管理相关的管理学基本原理和原则，熟悉安全管理相关的质量管理工具。

5. 了解事故预防基本思路，熟悉事故预防原则。

6. 熟练掌握安全工作相关方针的内涵和贯彻要点。

第一节　事故与安全管理的概念及分类

安全是人类生存与发展活动中永恒的主题，也是当今乃至未来人类社会重点关注的主要问题之一。人类在不断发展进化的同时，也一直在与生存发展活动中存在的安全问题进行着不懈的斗争，当今社会无处不在的各类安全防护装置、管理措施都是人类安全研究的心血结晶。而且随着科学技术的飞速发展，安全问题会变得越来越复杂，越来越多样化，对安全问题的研究也就需要更深入，更具科学性。

一、安全的概念

“无危则安，无缺则全”，即安全意味着没有危险且尽善尽美，这是与人的传统安全观念相吻合的。随着对安全问题研究的逐步深入，人类对安全的概念有了更深的认识，并从不同的角度给它下了各种定义。

其一，安全是指客观事物的危险程度能够被人们普遍接受的状态。

其二，安全是指没有引起死亡、伤害、职业病或财产、设备的损坏或损失或环境危害的条件。

其三，安全是指不因人、机、媒介的相互作用而导致系统损失、人员伤害、任务受影响或造成时间的损失。

其四，安全是指人的身心不受到伤害或伤害在可接受限度内的事物存在与变化状态。

综上所述，随着人们认识的不断深入，安全的概念已不是传统的职业伤害或疾病，也并非仅仅存在于企业生产过程之中，安全科学关注的领域应涉及人类生产、生活、生存活动中的各个方面。职业安全问题是安全科学研究关注的最主要的领域之一，如果仅仅局限在企业生产安全之中，会在某种程度上影响我们对安全问题的理解与认识。

二、事故的概念、发生及其分类

1. 事故的概念

事故是指人们在实现其目的的行动过程中，突然发生的、迫使其有目的的行动暂时或永远终止的一种意外事件。具有如下特点：

（1）必然性。事故是一种发生在人类生产、生活活动中的特殊事件，人类的任何生产、生活活动过程中都可能发生事故，因此，人们若想让活动按自己的意图进行下去，就必须努力采取措施来防止事故。

（2）偶然性。事故是一种突然发生的、出乎人们意料的意外事件。由于导致事故发生的原因非常复杂，往往有许多偶然因素，因而事故的发生具有随机性质。在一起事故发生之前，人们无法准确地预测什么时候，什么地方，发生什么样的事故。由于事故发生的随机性，使得认识事故、弄清事故发生的规律及防止事故发生成为一件非常困难的事情。

（3）不希望性。事故是一种迫使进行着的生产、生活暂时或永久停止的事件。事故中断、终止活动的进行，必然给人们的生产、生活带来某种形式的影响。因此，事故是一种违背人们意志的事件，是人们不希望发生的事件。

（4）伤害性。事故这种意外事件除了影响人们的生产、生活活动顺利进行之外，往往还可能造成人员伤害、财物损坏或环境污染等其他形式的后果。

2. 事故的发生与发展

事故的发生是多种因素产生连锁反应的结果，这些因素包括人的判断、人的不安全行为、潜在的危险和故障、发生事故、人体受到伤害。事故起源于人的判断，如果判断错误，就会导致人的不安全行为，不安全行为会触发潜在的危险和故障，引起事故的发生，导致人身受到伤害。如果人的判断不发生错误，就不会发生事故；如果排除了潜在的危险和故障，即使人的判断发生错误，也不会发生事故，导致人身受到伤害。

事故有其发生、发展及消除的过程，是可以预防的。事故的发展，一般可归纳为三个阶段，即孕育阶段、生长阶段和损失阶段，各阶段都具有一定的特点。

孕育阶段。事故的发生有其基础原因，即社会因素和上层建筑方面的原因。它是事故发生的最初阶段，人们可以感觉到它的存在，估计到它必然会出现，但不能指出它的具体形式。

生长阶段。在此阶段出现企业管理缺陷，不安全状态和不安全行为得以发生，构成了生产中的事故隐患（即危险因素）。在这一阶段，事故处于萌芽状态，人们可以具体指出它的存在，此时有经验的安全工作者已经可以预测事故的发生。

损失阶段。当生产中的危险因素被某些偶然事件（包括肇事人的错误行为、起因物的加害和环境的影响）触发时，就会使事故发生并扩大，造成伤亡和经济损失。

研究事故的发展阶段，是为了识别和预防事故。安全工作的目的就是避免因事故而造成损失，因此要将事故消灭在孕育阶段和生长阶段。

3. 事故分类

（1）按专业类别，可分为物体打击、车辆伤害、机械伤害、起重伤害、触电、淹溺、灼烫、火灾、高处坠落、坍塌、冒顶片帮、爆破、火药爆炸、瓦斯（煤尘）爆炸、锅炉爆炸、压力容器爆炸、其他爆炸、中毒和窒息、其他等 20 类。

（2）按伤害程度，可分为轻伤、重伤、死亡 3 类。轻伤是指损失日小于 105 日，重伤是指损失日大于或等于 105 日，死亡是指当即死亡或伤后 30 日内死亡。

(3) 按事故严重程度，可分为一般事故、较大事故、重大事故、特别重大事故 4 类。一般事故：一次死亡＜3 人，且伤＜10 人，且损失＜1000 万元；较大事故：一次死亡 3～9 人，或伤 10～50 人，或损失 1000 万～5000 万元；重大事故：一次死亡 10～29 人，或伤 50～100 人，或损失 0.5 亿～1.0 亿元；特别重大事故：一次死亡≥30 人，或伤≥100 人，或损失≥1.0 亿元。

(4) 按事故后果，可分为生产事故、伤亡事故和未遂事故。生产事故是指设备突然不能运行或生产不能正常进行的意外事故；伤亡事故是指损失日大于或等于 1 日的人身伤害或急性中毒事故；未遂事故是指性质严重但未造成严重后果的事故。

(5) 按事故性质，可分为自然事故、技术事故、责任事故及蓄意破坏事故。自然事故是指自然原因引起的事故，这种自然原因不以人们的意志为转移，非人力所能控制；技术事故通常是因技术不够完善或者设备自然损耗引起的，是在人所不能预见或者不能避免的情况下发生的事故；责任事故是指人为地违反规章制度或操作规程而导致的事故，包括管理责任事故和操作责任事故；破坏事故是指行为人出于犯罪动机并为了某种目的而故意制造的事故。

三、安全管理的含义及分类

管理是指管理者为达到一定的目的所计划、组织、指挥、协调和控制的一系列活动。管理的载体是组织，核心是处理各种人际关系，主体是管理者，客体是组织活动及一切资源。安全管理是管理的组成部分，与生产管理密切联系，具有长期性、科学性、层次性、预防性、专业性、群众性等性质。其主要任务是贯彻法律法规，分析不安全因素，从组织、技术和管理方面采取措施消除、控制或防止事故。安全管理是防止伤亡事故和职业危害的根本对策，有助于推进全面进步。安全管理与经营决策是决策和执行的关系，安全管理起保证作用，与生产管理及其他管理同处于执行地位，相互依存和配合。

按安全管理主体，可分为宏观安全管理、微观安全管理。宏观安全管理是指国家所采取的措施及进行的活动；微观安全管理是指部门及企事业进行的安全管理活动。

按安全管理对象，可分为广义安全管理、狭义安全管理。广义的安全管理泛指一切保护劳动者安全健康、防止财产损失的管理活动；狭义的安全管理是指生产过程（或直接有关）中防止意外伤害和财产损失的管理活动。

第二节　事故原因与法则

一、事故原因

从事故调查角度，可将事故的原因分为直接原因和间接原因。

（一）事故的直接原因

事故的直接原因是指直接导致事故发生的原因，又称一次原因，包括物的不安全状态方面的原因和人的不安全行为方面的原因。据调查，全国有 90%以上的事故由物的不安全状态和人的不安全行为造成。

1. 物的不安全状态方面的原因

(1) 防护、保险、信号等装置缺乏或有缺陷。

（2）设备、设施、工具附件有缺陷，如结构不符合安全要求、强度不够、设备在非正常状态下运行、维修调整不良。

（3）个人防护用品、用具缺少或有缺陷。个人防护用具包括防护服、手套、护目镜及面罩、呼吸器官护具、听力护具、安全带、安全帽、安全鞋等。个人防护用具缺少，指无个人防护用品、用具；缺陷指所用防护用品、用具不符合安全要求。

（4）生产（施工）场地环境不良，如照明光线不良、通风不良、作业场所狭窄、作业场所杂乱、交通线路的配置不安全、操作工序设计或配置不安全、地面滑、储存方法不安全、环境温度湿度不当等。

2.人的不安全行为方面的原因

（1）操作错误、忽视安全、忽视警告，如未经许可开动、关停、移动机器；开动、关停机器时未给信号；开关未锁紧，造成意外转动、通电或泄漏等；忘记关闭设备；忽视警告标志、警告信号；操作错误（指按钮、阀门、扳手、把柄等的操作）；奔跑作业；供料或送料速度过快；机器超速运转；违章驾驶机动车；酒后作业；客货混载；冲压机作业时，手伸进冲压模；工件紧固不牢；用压缩空气吹铁屑等。

（2）造成安全装置失效，如拆除了安全装置、安全装置堵塞或失效、因调整的错误造成安全装置失效等。

（3）使用不安全设备，如临时使用了不牢固的设施、使用无安全装置的设备、其他。

（4）手工代替工具操作，如用手代替手动工具、用手清除切屑、不用夹具固定、手持工件进行加工。

（5）物体（指成品、半成品、材料、工具、切屑和生产用品等）存放不当。

（6）冒险进入危险场所，如冒险进入涵洞、接近漏料处（无安全设施）、采伐或装车时未离开危险区、未经安全监察人员允许进入油罐或井中、未做好准备工作就开始作业、冒进信号、调车场超速上下车、易燃易爆场所有明火、私自搭乘矿车、在绞车道行走、未及时瞭望。

（7）攀、坐不安全位置，如平台护栏、汽车挡板、吊车吊钩等。

（8）在起吊物下作业、停留。

（9）机器运转时加油、修理、检查、调整、焊接、清扫等。

（10）有分散注意力的行为。

（11）在必须使用个人防护用品、用具的作业场合中，忽视其作用，如未戴护目镜或面罩、未戴防护手套、未穿安全鞋、未戴安全帽、未佩戴呼吸护具、未佩戴安全带、未戴工作帽等。

（12）不安全装束，如在有旋转零部件的设备旁作业时穿肥大服装、操纵带有旋转零部件的设备时戴手套等。

（13）对易燃易爆危险品处理错误。

（14）其他。

（二）事故的间接原因

事故的间接原因是指使事故的直接原因得以产生和存在的原因，又称二次原因，主要包括以下方面。

1.技术、设计缺陷

技术、设计缺陷是指从安全的角度来分析，在设计和技术上存在的与事故发生原因有关的缺陷，包括：

（1）设计违反规范、标准、规程；

（2）设计错误；

（3）总体布局不合理；

（4）设备安全不符合《设备安装验收规范》等规范的要求；

（5）工程施工技术水平差，质量达不到设计要求和验收规范；

（6）检测、检验技术落后，未能发现隐患；

（7）操作人员技术不熟练、方法不当等。

2.教育培训不够

“教育培训不够”是指虽然形式上对职工进行了安全生产知识的教育和培训，但是在组织管理、方法、时间、效果、广度、深度等方面还存在着一定差距。职工对安全生产方针、政策、法规和制度不了解，对安全生产技术知识和劳动纪律没有完全掌握，对各种设备、设施的工作原理和安全规范措施等没有学懂弄通，对本岗位的安全操作方法、安全防护方法、安全生产特点等一知半解，应付不了日常操作中的各种安全问题，对安全操作规程等不重视，不能真正按规章制度操作，以致不能防止事故发生。教育培训不仅要考虑内容是否满足要求，还应注意到员工在培训中接受的知识有些是随时间而衰减的。因此，必须对员工进行再培训并达到相应的水平。

3.身体原因

身体原因是指身体有缺陷，如眩晕、癫痫、头痛、高血压等疾病，近视、耳聋、色盲等残疾，身体过度疲劳、酗酒、药物的作用等。

4.精神原因

精神原因包括怠慢、反抗、不满等不良态度，烦躁、紧张、恐怖、心不在焉等精神状态，偏狭、固执等性格缺陷等。兴奋、过度积极等精神状态也有可能产生不安全行为。

5.管理缺陷

管理缺陷包括劳动组织不合理，企业主要领导人对安全生产的责任心不强，作业标准不明确，缺乏检查保养制度，人事配备不完善，对现场工作缺乏检查或指导错误，没有健全的操作规程，没有或不认真实施事故防范措施等。企业劳动组织不合理不仅影响企业内部的劳动分工协作和劳动者的生产积极性，而且直接影响企业生产安全。85%的事故与管理因素有关，因此，管理因素是事故发生乃至造成严重损失的最主要原因。其中，劳动组织不合理主要包括：

（1）劳动分工不明确，任务分派不具体；

（2）作业岗位之间不协调，各生产环节之间缺乏统一配合；

（3）安排人员不科学，造成有的岗位、工种人浮于事，有的则超负荷劳动；

（4）生产作业现场指挥不当或指挥信号不明确，造成指挥失误；

（5）劳动定员、定额不合理，工作量与职工的劳动能力不相适应；

（6）劳动时间或作业班制不合理，致使工人连续加班加点，得不到充分休息；

（7）指派不具备岗位技能或作业条件的职工从事该岗位的工作；

（8）工作场地或作业秩序混乱；

（9）规章制度不健全、不落实，企业管理不严格，职工劳工纪律松弛。

6.学校教育原因

学校教育原因是指各级教育组织中的安全教育不完全、不彻底等，使学员面对意外事故，没有相应的处理能力。

7. 社会历史原因

社会历史原因包括有关安全法规或行政管理机构不完善，人们的安全意识不够等。

二、事故法则

事故法则即事故统计规律。海因里希（W. H. Heinrich）对未遂事故进行过较为深入的研究，他在调查了5000多起伤害事故后发现，在330起类似的事故中，300起事故没有造成伤害，29起引起了轻微伤害，1起造成了严重伤害，即严重伤害、轻微伤害和无伤害的事故件数之比为1∶29∶300，这就是著名的海因里希法则。而其中的300起无伤害事故，如果没有造成财产及其他损失，即为未遂事故。

海因里希法则反映了事故发生频率与事故后果严重度之间的一般规律，且说明事故发生后果的严重程度具有随机性质，或者说其后果的严重度取决于机会因素。因此，一旦发生事故，控制事故后果的严重程度就是一件非常困难的工作。为了防止严重伤害的发生，应该全力以赴地防止事故的发生。

海因里希法则是根据同类事故的统计资料得到的结果，实际上不同种类的事故这个比例是不相同的。但是海因里希法则依旧能阐明事故发生频率与伤害程度之间的普遍规律，即事故发生后造成严重伤害的可能性是很小的，大量发生的是轻微伤害或者无伤害，这也是人们忽视安全问题的主要原因之一；未遂事故虽然没有造成人身伤害和经济损失，但由于其发生的原因和发展的过程可能造成严重伤害或重大事故，因此必须对其进行深入研究，探讨其发生原因和发展规律，从而采取相应措施，消除事故原因或斩断事故发展过程，达到控制和预防事故的目的。

第三节　事故致因理论

事故致因理论即事故发生及其预防理论，主要阐明事故为何会发生、怎样发生，以及如何防止事故发生。

一、事故致因理论的发展过程

事故致因理论是安全科学的主要内容之一，随着工业生产的发展而发展，随着人们对安全问题的逐步深入而深入。

1919年，格林伍德（M. Greenwood）和伍兹（H. Woods）统计发现某些人较易发生事故。

1936年，海因里希（W. H. Heinrich）提出事故因果连锁理论，即多米诺骨牌理论，认为伤害事故的发生是一连串的事件按一定因果关系依次发生的结果。这一理论建立了事故致因的事件链概念，为事故机理研究提供了一种极有价值的方法。但是该理论仅仅关注人的因素，表现出时代的局限性。

1939年，法默（Farmer）等人提出事故频发倾向的概念，其基本观点为：从事同样的工作和在同样的环境下，某些人比其他人更易发生事故，这些人即为事故倾向者。在现代社会中，该理论主要用于工作任务分配、工作选择等方面，具有一定的参考价值。

1949年，葛登（Gorden）提出“流行病学方法”，认为要考虑人的因素、环境的因素、引起事故的媒介。他明确提出了事故因素间的关系特征，认为事故是几种因素综合作用的结果。但是引起事故的媒介到底是什么却很难定义。

1961 年，由吉布森（Gibson）提出，并由哈登（Hadden）引申的能量转移论，是事故致因理论发展过程中的重要一步。他们认为事故是一种不正常的或不希望的能量转移，各种形式的能量构成了伤害的直接原因。因此，应该通过控制能量或能量载体的方法来预防事故，并提出了防止能量逆流人体的措施。

1969 年，瑟利（J. Surry）提出瑟利模型，以人对信息的处理过程为基础描述了事故发生的因果关系。他认为人在信息处理过程中出现失误从而导致了人的行为失误，进而引发事故。

1970 年，海尔（Hale）提出“海尔模型”。

1972 年，威格里沃思（Wigglesworth）提出“人失误的一般模型”；本纳（Benner）提出扰动起源事故理论，即 P 理论，指出在处于动态平衡的系统中，是由于“扰动”的产生导致了事故的发生。

1974 年，劳伦斯（Lawrence）提出“金矿山人失误模型”。

1975 年，约翰逊（W. G. Johnson）提出“变化-失误”模型。

1978 年，安德森（Anderson）等人对瑟利模型进行了扩展和修正。

1980 年，塔兰茨（W. E. Talanch）介绍了“作用-变化与作用连锁”模型，从动态和变化的观点阐述了事故的致因。

19 世纪 80 年代初期，出现了轨迹交叉论，认为人、物两大系列时空运动轨迹的交叉点就是事故发生的所在。

近年来，我国学者在总结前人研究的基础上，提出了相关模式，如 2-4 事故致因模型、事故致因的耦合协同模式等。

到目前为止，事故致因理论的发展还很不完善，还没有给出对事故致因进行预测、预防普遍而有效的方法，某个事故致因理论只能在某类事故的研究、分析中起到指导或参考作用。

二、典型事故致因理论

1. 海因里希因果连锁论

海因里希因果连锁论又称海因里希模型或多米诺骨牌理论。在该理论中海因里希借助多米诺骨牌形象地描述了事故的因果连锁关系，即事故的发生是一连串事件按一定顺序、互为因果依次发生的结果。如一块骨牌倒下，则将发生连锁反应，使后面的骨牌依次倒下，如图 1-1 所示。

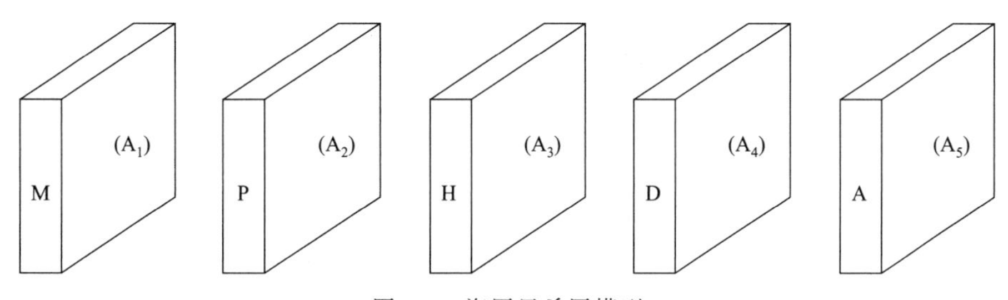

图 1-1　海因里希因模型

海因里希模型的 5 块骨牌依次是：

（1）遗传及社会环境（M）。是造成人的缺点的原因，是事故因果链上最基本的因素。

遗传因素可能使人具有鲁莽、固执、粗心等不良性格；社会环境可能妨碍教育，助长不良性格的发展。

（2）人的缺点（P）。由遗传和社会环境因素造成，是使人产生不安全行为或使物产生不安全状态的主要原因。这些缺点既包括各类不良性格，也包括缺乏安全生产知识和技能。

（3）人的不安全行为和物的不安全状态（H）。即造成事故的直接原因。

（4）事故（D）。即因事物、物质或放射线等对人体发生作用，使人员受到伤害或可能受到伤害的、出乎意料的、失去控制的事件。

（5）伤害（A）。直接由于事故而产生的人身伤害。

海因里希因果连锁论的积极意义在于，只要移去因果连锁中的任一块骨牌，则连锁就会被破坏，事故过程即中止，可以达到控制事故的目的。海因里希理论的不足在于，它对事故致因连锁关系的描述过于简单化、绝对化，也过多地考虑了人的因素。但其形象化和先导作用，有着重要的历史地位。

2.心理动力理论

心理动力理论是由弗洛伊德解释精神病成因的个性动力理论引申而来的。该理论认为，事故是一种无意识的希望或愿望的结果，这种希望或愿望通过事故象征性地得到满足。也就是说肇事者是由于受到某种精神上的刺激或较大的心理压力才下意识地产生不安全行为而导致事故的。该理论还指出：通过更改人的愿望满足方式或心理咨询分析完全消除那种破坏性的愿望，就可以避免事故的发生。

该理论也存在着只关注人的因素对事故影响的片面性，也无法提供手段去证实某个特定的动机与特定事故的必然联系。但该理论对安全管理工作有着巨大的贡献。其不仅明确指出了无意识的动机是可以改变的，不是某个人固有的特性，而且指出了控制由人的心理因素而导致的事故的两类方法，即更改人的愿望满足方式或进行心理分析。

3.瑟利模型

瑟利模型把事故的发生过程分为了危险出现和危险释放两个阶段，这两个阶段各自包括一组类似的人的信息处理过程，即感觉、认识和行为响应。在危险出现阶段，如果人的信息处理过程每个环节都正确，危险就能被消除或得到控制；反之，就会使操作者直接面临危险。在危险释放阶段，如果人的信息处理过程各个环节都是正确的，则虽然面临着已经显现出来的危险，但仍可以避免危险释放出来，不会产生伤害或损害；反之，危险就会转化成伤害或损害。如图 1-2 所示，可以看出，两个阶段具有相似的处理过程，即 3 个部分 6 个问题。

图 1-2 的 6 个问题中，问题 1、2 都是与人对信息的感觉有关的；问题 3～5 是与人的认识有关的；问题 6 与人的行为响应有关。这 6 个问题涵盖了人的信息处理全过程，并且反映了在此过程中有很多发生失误进而导致事故的机会。

瑟利模型不仅分析了危险出现、释放直接导致事故的原因，而且还为事故预防提供了一个良好的思路，即要想预防和控制事故，首先应采用技术的手段使危险状态充分地显现出来，使操作者能够有更好的机会感觉到危险的出现或释放；其次应通过培训和教育手段，提高人感觉信号的敏感性，同时也应采用相应的技术手段帮助操作者正确地感觉危险状态信息；再次应通过教育和培训的手段使操作者在感觉到警告之后，能准确地理解其含义，并知道应采取何种措施避免危险发生或控制其后果，同时在此基础上，结合各方面的因素做出正确的决策；最后，应通过系统及其辅助设施的设计使人在做出正确决策后，有足够的时间和条件做出行为响应，并通过培训的手段使人能够迅速、敏捷、正确地做出行为响应。这

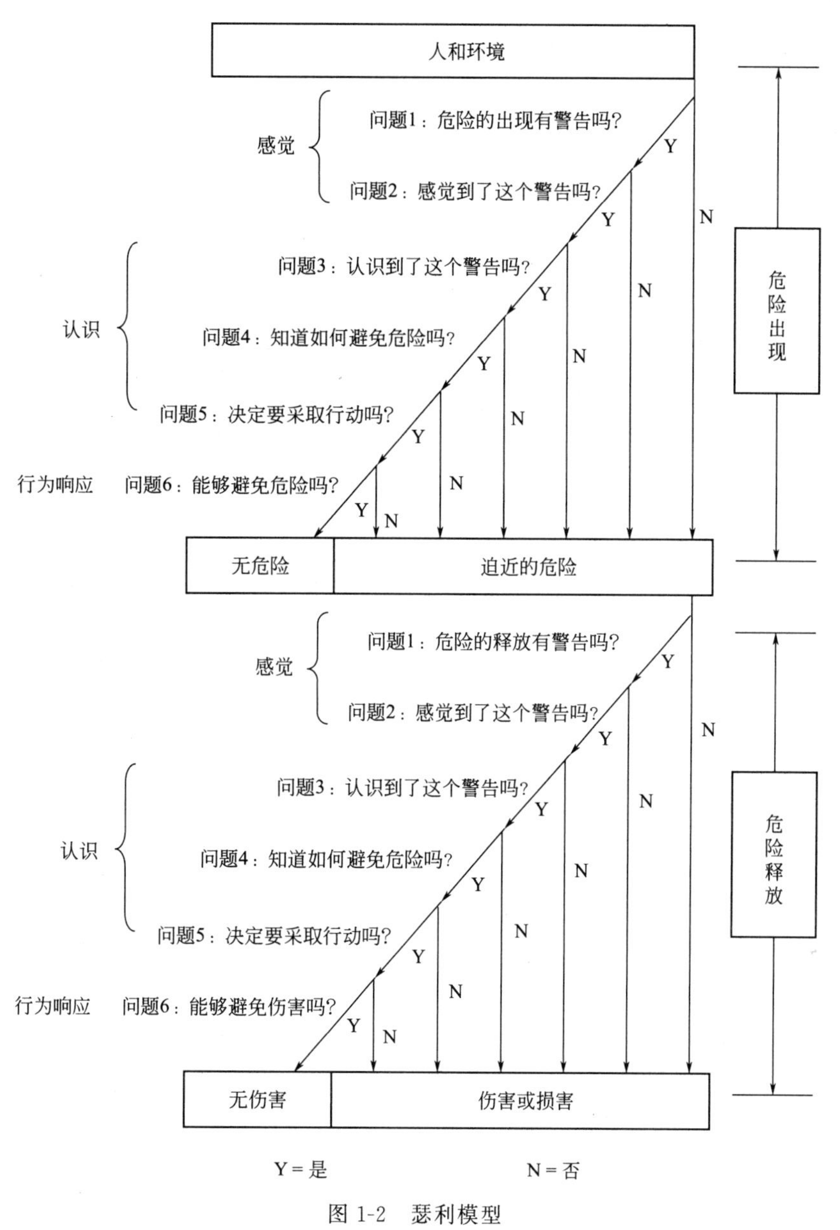

图 1-2　瑟利模型

样，事故就会在相当大的程度上得到控制，取得良好的预防效果。

4. 撒利模型

1977 年，撒利根据操作者应处理的信息的性质提出了一种新的事故致因分析方法——撒利模型。撒利认为：在执行任务时，操作者掌握的信息可分为两部分，即与生产任务有关的主要任务的信息和使可能的危险处在控制下所需的第二性任务的信息（即安全信息）。在完成任务的过程中，困难的增加能导致所需掌握的信息量超过人的掌握能力。由于两种信息重要度的差别，势必会造成对第二性任务的信息处理减少。在这种情况下，事故就容易发生。而且当主要任务不规则而且复杂，使信息量过大时，最易超过人所能关注的信息量。同时，他还得出结论，即需要操作者不断地计划的工作，需要从一处到另一处不断运动的工作或需要进行各种各样调整的工作，最容易发生这类事故。企业的维修工人即属于这一类人。

经调查验证，实际结果与该结论基本一致。

虽然撤利模型及其研究还不是很成熟，但其关于两类信息重要性的分析及其相应的结论，对于事故致因研究仍具有较大的影响。

5. 能量转移论

人类社会的发展就是不断开发和利用能量的过程。但能量也是对人体造成伤害的根源，没有能量就没有事故，没有能量就没有伤害。所以吉布森、哈登等人根据这一概念，提出了能量转移论。其基本观点是：不希望或异常的能量转移是伤亡事故的致因。即人受到伤害的原因只能是某种能量向人体的转移，而事故则是一种能量不正常或不期望的释放。

能量按其形式可分为动能、势能、热能、电能、化学能、核能、辐射能（包括离子辐射和非离子辐射）、声能和生物能等。人受到的伤害可归结为上述一种或若干种能量不正常或不期望的转移。在能量转移论中，将能量引起的伤害分为了两大类。

第一类伤害是由于施加了超过局部或全身性的损伤阈值的能量而产生的。人体各部分对每一种能量都有一个损伤阈值，当施加于人体的能量超过了该阈值时，就会对人体造成损伤。大多数伤害均属于此类伤害。

第二类伤害则是由于影响局部或全身性能量交换引起的。譬如因机械因素或化学因素引起的窒息（如溺水、一氧化碳中毒等）。

能量转移论的另一个重要概念是：在一定条件下，某种形式的能量能否造成伤害及事故，主要取决于人所接触的能量大小、接触的时间长短和频率、力的集中程度、受伤害的部位及屏障设置的早晚等。

用能量转移的观点分析事故致因的基本方法是：首先确认某个系统内的所有能量源，然后确定可能遭受该能量伤害的人员及伤害的可能严重程度，进而确定控制该类能量不正常或不期望转移的方法。

用能量转移的观点分析事故致因的方法，可用于各种类型的包含、利用、储存任何形式能量的系统，也可以与其他的分析方法综合使用，来分析、控制系统中能量的利用、储存或流动。但该方法不适用于研究、发现和分析不与能量相关的事故致因，如人的失误等。

能量转移论与其他的事故致因理论相比，具有两个主要优点：一是把各种能量对人体的伤害归结为伤亡事故的直接原因，从而决定了以对能量源及能量输送装置加以控制作为防止或减少伤害发生的最佳手段这一原则；二是依照该理论建立的对伤亡事故的统计分类，是一种可以全面概括、阐明伤亡事故类型和性质的统计分类方法。能量转移论的不足之处是：由于机械能（动能和势能）是工业伤害的主要能量形式，因此使得按能量转移的观点对伤亡事故进行统计分类的方法尽管具有理论上的优越性，但在实际应用中却存在困难。它的实际应用尚有待于对机械能的分类做更为深入细致的研究，以便对机械能造成的伤害进行分类。

6. 变化-失误理论

变化-失误理论又称变化分析方法，是由约翰逊在对管理疏忽与危险树（MORT）的研究中提出的，其模型如图 1-3 所示。其主要观点是：运行系统中与能量和失误相对应的变化是事故发生的根本原因。没有变化就没有事故。人们能感觉到变化的存在，也能采用一些基本的反馈方法去探测那些有可能引起事故的变化。而且对变化的敏感程度，也是衡量各级企业领导和专业安全人员安全管理水平的重要标志。

当然，必须指出的是，并非所有的变化都能导致事故。在众多的变化中，只有极少数的

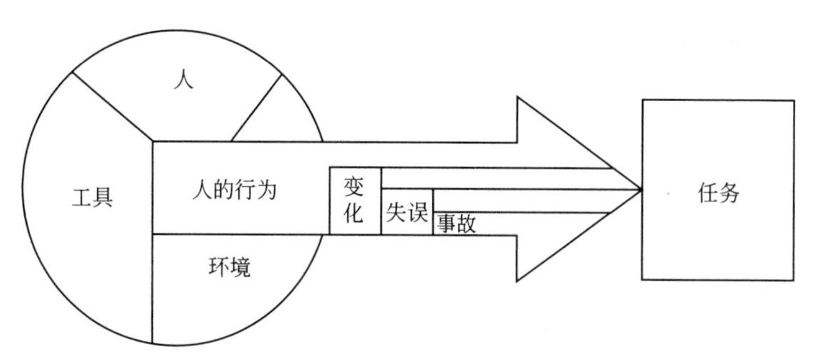

图 1-3 变化-失误理论模型

变化会引起人的失误，而众多由变化引起的人的失误中，又只有极少数的一部分失误会导致事故的发生。并且并非所有主观上有着良好动机而人为造成的变化都会产生较好的效果。在变化-失误理论的基础上，约翰逊提出了变化分析的方法。即以现有的、已知的系统为基础，研究所有计划中和实际存在的变化的性质，分析每个变化单独和若干个变化结合对系统产生的影响，并据此提出相应的防止不良变化的措施。

7. 轨迹交叉论

轨迹交叉论是一种从事故的直接和间接原因出发研究事故致因的理论。其基本思想是：伤害事故是许多相互关联的事件顺序发展的结果。这些事件可分为人和物（包括环境）两个发展系列。当人的不安全行为和物的不安全状态在各自发展过程中，在一定时间、空间发生了接触，使能量逆流于人体时，伤害事故就会发生。而人的不安全行为和物的不安全状态之所以产生和发展，又是多种因素作用的结果。轨迹交叉论的事故模型如图 1-4 所示。

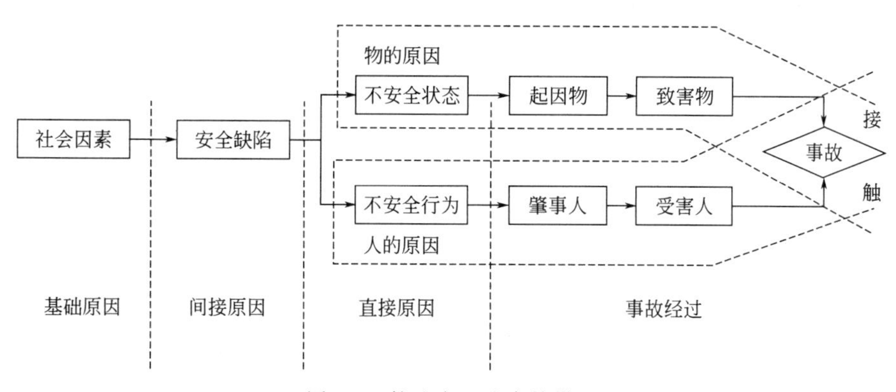

图 1-4 轨迹交叉论事故模型

轨迹交叉论反映了绝大多数事故的情况。统计数字表明，80%以上的事故既与人的不安全行为有关，也与物的不安全状态有关。因而从这个角度来看，如果采取相应措施，控制人的不安全行为或物的不安全状态二者之一，避免二者在某个时间、空间上的交叉，就会在相当大的程度上控制事故的发生。

当然，在人和物两大系列的运动中，二者往往是相互关联、互为因果、相互转化的。有时人的不安全行为促进了物的不安全状态的发展，或导致新的不安全状态的出现；而有时物的不安全状态也可以诱发人的不安全行为。因此，事故的发生并非完全如图 1-4 所示的那样简单地按人、物两条轨迹独立地运行，而是呈现较为复杂的因果关系。这也是轨迹交叉论的理论缺陷之一。

8. 2-4 事故致因模型

2-4 事故致因模型如表 1-1、图 1-5 所示。其认为事故的其中一个直接原因“物的不安全状态”对于事故引发者而言是既成事实，但如何对待（如是否重视）却是事故引发者个人习惯性行为的结果；事故的另一个直接原因是“人的不安全动作”。事故的直接、间接、根本、根源原因可以分为组织行为和个人行为两个层面。在个人行为层面上的原因有直接原因（个人的一次性行为）和间接原因（个人的习惯性行为），在组织行为层面上的原因则包含根本原因［组织的运行行为安全管理体系（含体系文件及其运行过程）］和根源原因（指导行为组织的安全文化），共“4 个发展阶段”。组织的事故最先从组织的安全文化开始孕育。

表 1-1　2-4 事故致因链发展

链条名称	发展层面和阶段				发展结果	
	第 1 层面(组织行为)		第 2 层面(个人行为)			
	第 1 阶段	第 2 阶段	第 3 阶段	第 4 阶段		
行为发展链	指导行为	运行行为	习惯性行为	一次性行为	事故	损失
分类原因链	根源原因	根本原因	间接原因	直接原因	事故	损失
事故致因链	安全文化(9)	安全管理体系(8)（含体系文件与运行过程）	安全知识(5) 安全意识(6) 安全习惯(7)	不安全动作(3) 不安全状态(4)	事故(2)	损失(1)

注：括号内的数字为该项内容的编号，仅为叙述方便，不具有其他意义。

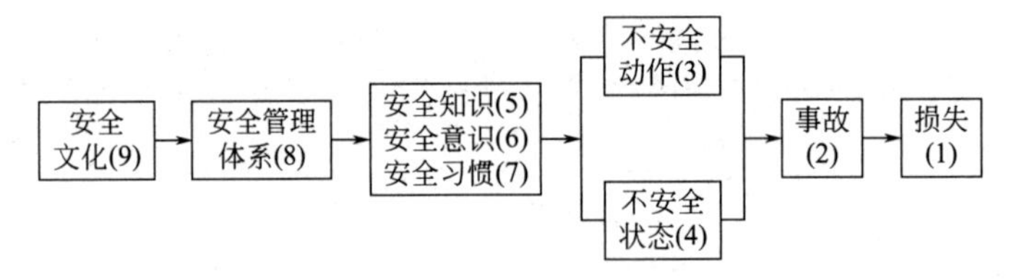

图 1-5　2-4 事故致因模型

9. 事故致因的耦合协同模式

事故致因的耦合协同模式如图 1-6 所示。

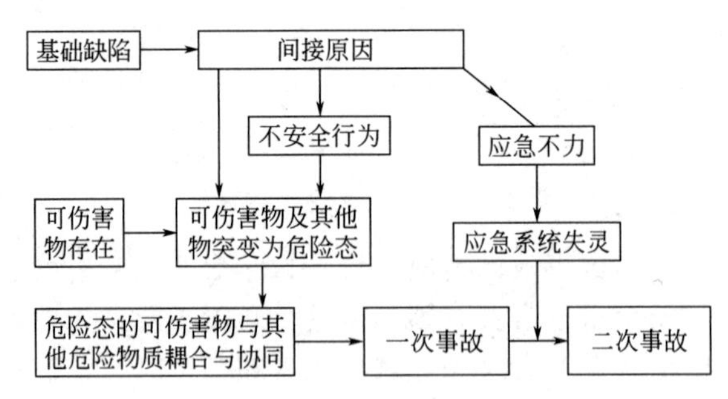

图 1-6　事故致因的耦合协同模式

其主要思想是：危险态的可伤害物与一种或多种其他危险态物质耦合与协同是一次事故发生的直接原因，不安全行为是物质参量突变为危险态并协同的主要原因，不安全行为、可伤害物及相关物突变为危险态、事故单位应急控制不力均是其间接原因。一次事故、应急不力、应急系统失灵是二次事故的主要原因。可伤害物存在、基础缺陷是造成一次事故及二次事故的基础原因。

第四节 安全管理相关的管理学基本原理和原则

安全管理是管理的一个分支，本节仅介绍与安全管理相关的管理学基本原理和原则，主要包括系统原理和原则、人本原理和原则。

一、系统原理和原则

1.系统原理

系统是由若干相互作用又相互依赖的部分组合而成，具有特定的功能，并处于一定环境中的有机整体。系统原理是指人们在从事管理工作时，运用系统的观点、理论和方法对管理活动进行充分的分析，以达到管理的优化目标，即从系统论的角度来认识和处理管理中出现的问题。系统原理是现代管理科学中一个最基本的原理。

安全管理系统包括各级专、兼职安全管理人员，安全防护设施设备，安全管理与事故信息，安全管理的规章制度，安全操作规程以及企业中与安全相关的各级职能部门及人员，其主要目标就是防止意外的劳动（人、财、物）耗费，保证企业系统经营目标的实现。

木桶原理又称短板理论、木桶短板管理理论，是系统原理中最基础的原理。其核心内容为：一木桶盛水的多少，并不取决于桶壁上最高的那块木块，而恰恰取决于桶壁上最短的那块。木桶原理用于安全管理的启示是，一个单位安全管理的好坏程度不是取决于安全素质最好的员工，也不是取决于最好的安全工作环节，而是取决于安全系统中最薄弱的环节。因此，要从薄弱环节、漏洞入手，所有环节齐头并进，才能搞好安全生产，一个单位的安全生产水平才能相应地提升，就像补好了水桶当中最短的那块木板一样，能盛的水自然就多。

2.系统原理的基本原则

系统原理用于安全管理的基本原则包括整分合原则、反馈原则、封闭原则、弹性原则、动态相关性原则。

（1）整分合原则。现代高效率的安全管理必须在整体规划下明确分工，在分工的基础上进行有效的组合。

（2）反馈原则。成功、高效的安全管理，离不开灵敏、准确、迅速的反馈。反馈实质上是依据过去的情况达到调整未来行动的目的。

（3）封闭原则。安全管理对象是一个系统，对外具有输入、输出关系，必须具有开放性；对内则各部分和各环节必须首尾相接形成回路，任何安全系统的管理手段、管理过程等都必须构成一个连续封闭的回路，才能形成有效的安全管理活动。

（4）弹性原则。安全管理是在系统内、外部环境条件千变万化的情况下进行的，安全管理工作中的方法、手段、措施等必须保持合理的伸缩性，以保证安全管理有很强的适应性和灵活性，从而有效地实现动态管理。

（5）动态相关性原则。构成安全系统的各个要素是在不断地运动和发展变化的，并且是相互关联的，相互之间既有联系又相互独立，既相互协调又相互制约；安全管理活动应是灵活、动态的，应重视信息反馈，注意安全系统变化，留有余地，随时调节，以动制动、以变制变。

二、人本原理和原则

1.人本原理

人本原理是指以人为管理之本，以开发人的潜能，激励调动人的积极性、主动性和创造性为根本。激励是指通过管理者的行为或组织制度的规定，给被管理者的行为以某种刺激，使其努力实现管理目标的过程，即调动人的积极性过程，是激发人的动机的心理过程。经典的激励理论有以下几种。

（1）马斯洛需要层次理论。马斯洛需要层次理论的主要思想是，人的基本需要可归纳为生理需要、安全需要、社交需要、尊重需要和自我实现需要等五大类，这五类需要像阶梯一样从低到高排列。低层次的需要得到基本满足后，就会向高一层次需要发展，且原需要就不再起激励作用；等级层次越低的需要越易满足，反之越难；同一时期有多种需要，但有一种是主导地位，其他为从属地位，主导需要对人的行为起决定作用。该理论认为，在需要的各层次中，安全需要仅次于生理需要，只有解决了生活问题才有可能关注生命与健康，才能激起对生命的热爱、对健康的珍惜；当安全需要得到满足之后，则开始追求更高的新的需求，而在满足这些需求的过程中，人们将更加注重安全。

（2）双因素理论。双因素理论的主要思想是，影响人们积极性的因素可分为保健因素和激励因素。激励因素是指使人得到满足感和起激励作用的因素，即满意因素，其内容包括成就、赞赏、工作本身的挑战性、负有责任及上进心等。保健因素，如果缺少它就会产生意见和消极情绪，即避免产生不满意的因素，如工作环境、劳动保护等。

在安全管理中，首先要重视保健因素，在此基础上，充分利用激励因素对职工进行安全生产的激励。同时，激励因素和保健因素是有可能相互转化的。因此，管理者还应善于将保健因素转化为激励因素，保持激励因素的激励性。

（3）期望理论。期望理论的主要思想是，激发力量（积极性）＝效价×期望值。其中，效价是指结果给自己带来的满意程度，期望值是指实现结果的可能性。效价和期望值的不同结合，决定着激发力量的大小。期望值大，效价大，则激发力量大；期望值和效价二者中某一个或两个小，则激发力小。这一理论说明，应从提高期望值和增强实现目标的可能性两个方面去激励人的安全行为。

应用期望理论进行安全管理时应注意以下方面：①应重视安全生产目标的结果和奖酬对职工的激励作用；②要重视目标效价与个人需要的联系，将满足低层次需要（发奖金、提高福利待遇等）与满足高层次需要（加强工作的挑战性、给予某些称号等）结合运用；③要通过宣传教育引导职工认识安全生产与其切身利益的一致性，提高职工对安全生产目标及其奖酬效价的认识水平；④应通过各种方式为职工提高个人能力创造条件，以增加职工对目标的期望值。

（4）公平理论。公平理论的主要思想是，当“自己的报酬/自己的贡献＝他人的报酬/他人的贡献”成立时，认为分配公平；否则，认为不公平，此时就会产生矛盾，往往采取减少自己贡献的方法，应调整措施。在安全管理中，职工个人投入和获取的公平感，是在一定的可供比较的群体中产生的，受群体动力的影响。因此，管理单位应创造一个良好的气氛环境，减少职工之间不必要的“相比”，使职工能正确地衡量自己和他人；引导职工尽力改善自己的投入条件，以求获得更多的报酬；加强职工绩效考核和奖酬制度的科学化、定量化，在对职工进行奖酬时，力求做到客观、实事求是。

（5）强化理论。强化理论即行为修正理论，其主要思想是，可以采用正强化、负强化、自然消退和惩罚这四种方式对人的行为进行修正。其中，正强化指奖励所希望的行为；负强化指否定、批评不希望的行为；自然消退指对不希望的行为置之不理；惩罚指对不希望的行为进行惩罚。

在安全管理中，应用强化理论来指导安全工作应注意以下几个方面：①应以正强化为主，设置鼓舞人心的安全生产目标，并对完成者给予及时的物质和精神奖励；②采用负强化、惩罚手段要慎重，在运用负强化时，应尊重事实，讲究方式方法，处罚依据准确公正；

③注意强化的时效性，奖赏（报酬）应在行为发生以后尽快提供；④注意强化方式，运用强化手段时，要随对象和环境的变化相应调整；⑤注意增强强化的效果，对所希望发生的行为应该明确规定和表述，定期反馈，使员工了解自己参加安全生产活动的绩效及结果。

2.人本原理的基本原则

人本原理的基本原则包括动力原则、能级原则、激励原则。

（1）动力原则。管理动力有物质动力、精神动力、信息动力，管理要综合、灵活地运用这三种动力，在不同的时间、地点、条件下，要掌握好各种动力的比例、刺激量和刺激频度，并正确认识和处理个体动力与集体动力的关系。

（2）能级原则。一个稳定而高效的管理系统必须是由若干分别具有不同能级的不同层次有规律地组合而成的。管理能级的层次可分为：决策层、管理层、执行层、操作层。在安全管理中，应根据安全管理的功能把安全管理系统分成级别，将相应的安全管理内容和管理者分配到相应的级别中去，各占其位、各司其职。

（3）激励原则是指以科学的手段，激发人的潜能，充分发挥人的积极性和创造性。研究表明，一个人在正常情况下，只能发挥自己能力的20%～30%，而在充分有效刺激的情况下，可发挥到80%左右，可见其作用之大。安全管理必须通过适当的手段，激发人们对于安全工作的兴趣，使其发挥出内在的潜能。

第五节 安全管理相关的质量管理工具

一、质量管理老工具

1.统计分析表

统计分析表又叫检查表或调查表，是利用统计图表进行数据整理和粗略原因分析的一种工具，在应用时，可以根据各种需要采取不同的形式。常用的检查表有缺陷位置检查表、不合格品分项检查表、成品质量调查表、事故统计表等。其特点是把产品可能出现的情况加以分析，并列成表格，检验成品时只需要在相应的分类中进行统计，即可对质量数据进行粗略的整理和简单的原因分析。统计分析表反映质量问题明了，便于使用，也是使用其他统计分析方法对质量管理问题进行进一步深入分析的基础。某化工企业在新建项目中的安全事故统计分析表如表1-2所示。

表1-2 安全事故统计分析表

事故类型	占事故总起数的百分比/%	占事故总死亡人数的百分比/%
高处坠落	24.1	20.1
中毒和窒息	14.3	20.1
爆炸	17.0	19.4
触电	10.7	9.0
火灾	8.9	5.6
物体打击	8.0	9.7
坍塌	7.1	8.3
起重伤害	7.1	5.6
机械伤害	2.7	2.1

2. 排列图

排列图也叫帕累托图，是根据“关键的少数，次要的多数”原理，将数据分项目进行排列，以直观的方法来表明影响事故的主次原因和关键所在的一种方法；是针对各种问题按原因或状况分类，把数据从大到小排列而做出的累计柱状图。绘制排列图时，将统计指标（通常是事故频数、伤亡人数、伤亡事故频率等）数值最大的因素排列在柱状图的最左端，然后按统计指标数值的大小依次向右排列，并以折线表示累计值（或累计百分比）差。

排列图按累计百分比把所有因素划分为了 A、B、C 三个级别，其中累计百分比 0%～80%为 A 级、80%～90%为 B 级、90%～100%为 C 级。A 级因素相对数目较少，但累计百分比达到 80%，是“关键的少数”，管理的重点；相反，C 级是“无关紧要的多数”。图 1-7 是某企业伤亡事故统计的排列图。

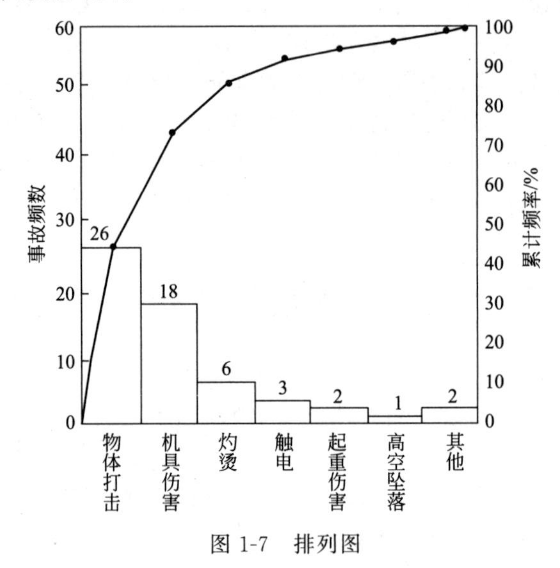

图 1-7 排列图

3. 因果图

因果图又叫因素图，因其形状颇像树枝和鱼刺，也被称为树枝图或鱼刺图。它是对某项因素具有影响的各种主要因素加以分解，并在图上用箭头表示其间关系的一种工具。某事故鱼刺分析图见图 1-8。因果图由以下几部分组成：

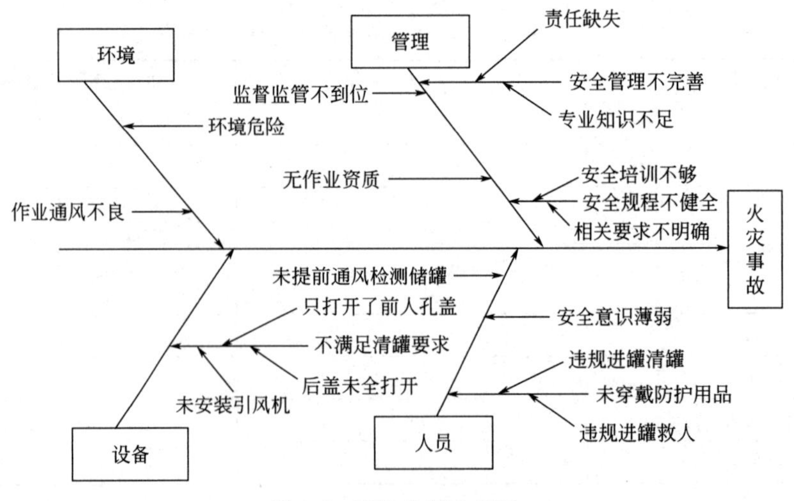

图 1-8 事故鱼刺分析图

（1）特性，一般指尺寸、重量、强度等与质量有关的特性，以及工时、产量、机器的开动率、不合格率、缺陷数、事故件数、成本等与工作质量有关的特性。因果图中所提出的特性，是指通过管理工作和技术措施予以解决并能够解决的问题。

（2）原因，即对质量特性产生影响的主要因素，一般是导致质量特性发生分散的几个主要来源。原因通常又分为大原因、中原因、小原因等。

（3）枝干，是表示特性（结果）与原因之间关系或原因与原因之间关系的各种箭头。其中，把全部原因同质量特性联系起来的是主干；把个别原因同主干联系起来的是大枝；把逐层细分的因素（一直细分到可以采取具体措施的程度为止）同各个原因联系起来的是中枝、小枝和细枝。

4. 分层法

分层法也叫分类法或分组法，它是将搜集到的数据依照使用目的，按其性质、来源和影响因素等进行分类，把性质相同、在同一事故条件下收集到的特性数据归在一组，把划分的组叫作"层"，通过数据分层，把错综复杂的影响事故的因素分析清楚，以便采取措施加以解决。分层法经常同质量管理中的其他方法一起使用，可将数据分层之后再进行加工，整理成分层排列图、分层直方图、分层控制图和分层散布图等。

某煤矿2000～2006年发生的所有的工伤事故，应用抽样的方法选取了其中254起，并运用分层法对种类做了分层统计，统计结果如表1-3所示。

表1-3　某煤矿工伤事故分层统计

工伤事故种类	顶板事故	运输事故	机电事故	其他事故
发生次数	104	69	58	23
发生频率/%	40.9	27.2	22.8	9.1

5. 直方图

直方图又称频数分布图，是整理数据，描写事故特性数据分布状态的常用工具。随着各种条件的变化，质量特性数值也在波动，造成波动的原因也就是通常所说的人、材料、设备（工具）、操作方法、操作环境和检验方法六大因素。在生产过程中，偶然因素是不可避免的，所以偶然因素带来的产品质量的随机误差也是不可避免的。而系统因素由于对产品质量影响较大，同时容易鉴别、容易除去，人们在生产中都力求排除，从而消除它所带来的产品质量的系统误差。为了控制产品质量的波动，把质量误差控制在一定的范围内是做得到的。为了掌握产品质量的分布规律，可以做出产品质量特性频数分布图，以显示产品质量特性的分布状况。某煤矿不同工龄工伤人数与非工伤人数分布的直方图如图1-9所示。

6. 控制图

控制图又称管理图，它是用来控制质量特性值随时间而发生波动的动态图表，是调查分析工序是否处于稳定状态以及保持工序处于控制状态的有效工具。

过程处于统计控制状态时（也即受控状态），产品总体的质量特性数据分布一般服从正态分布，即$N(\mu, \sigma)$（注：μ是指过程均值；σ是指过程标准差）。质量特性值落在$\mu \pm 3\sigma$范围内的概率约为99.73%，落在$\mu \pm 3\sigma$以外的概率只有0.27%，因此可用$\mu \pm 3\sigma$作为上下控制界限，以质量特性数据是否超越这一上、下界限以及数据的排列情况来判断过程是否处于受控状态。控制图的基本形式如图1-10所示。

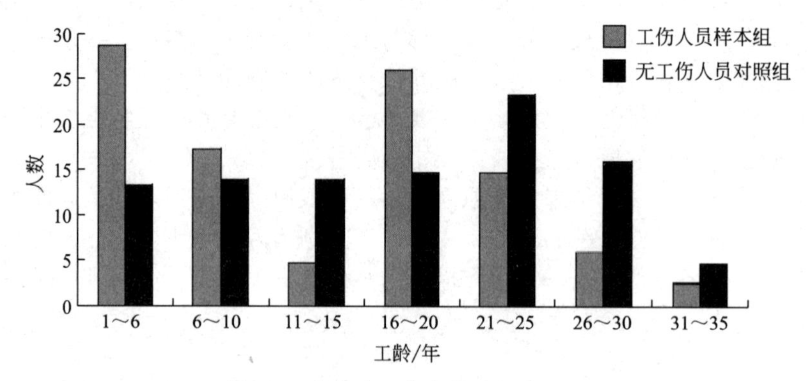

图 1-9 某煤矿工伤事故分析直方图

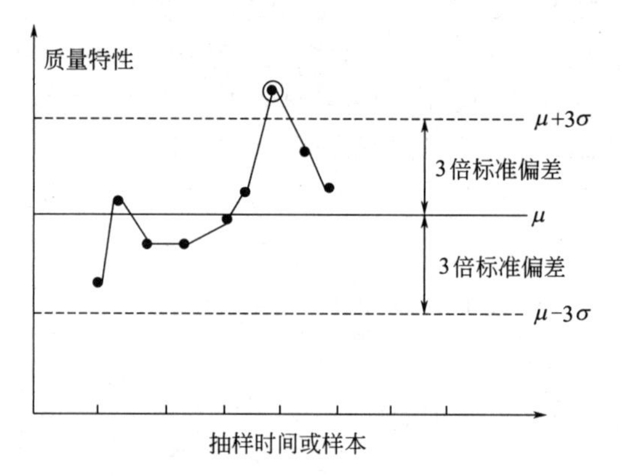

图 1-10 控制图的基本形式

在实际安全工作中，人们最关心的是实际伤亡事故发生次数的平均值是否超过了安全目标。所以，往往不必考虑管理下限而只注重管理上限，力争每个月里伤亡事故的发生次数不超过管理上限。图 1-11 为 2006 年月平均事故的控制图。

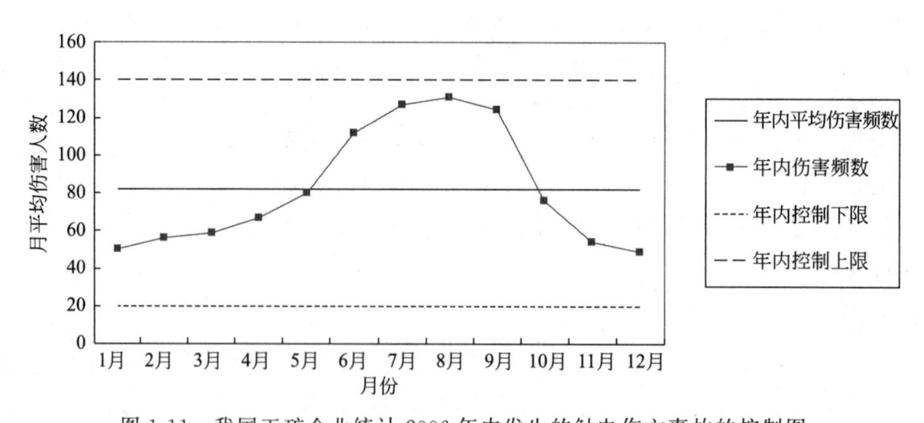

图 1-11 我国工矿企业统计 2006 年内发生的触电伤亡事故的控制图

由图 1-11 可知，年内的 2、3 季度事故多，6~9 月最集中。主要是因为这段时间天气炎热，人体衣着单薄而且多汗，触电危险性较大；并且这段时间多雨、潮湿、电气设备绝缘性降低等。

7. 措施表

措施表也称措施计划表或对策表，是针对存在的质量问题制定解决对策的质量管理工具。利用“排列图”找到了主要的质量问题（即主要矛盾），但问题并未迎刃而解；再通过因果图找到产生主要问题的主要原因，问题依然存在。为彻底解决问题，就应求助措施表了。表1-4是在利用因果图分析之后，针对存在的问题做出的。

表1-4　措施表

序号	存在问题	措施	责任者
1	责任心不强	开展稳定并提高质量的教育	组长
2	操作不当	学习操作程序，操作技能提高	组员二名
3	配合不当	(1)加强电路小组活动 (2)派员出巡	组员一名
4	仪表误差	选用新型测试仪器	包机电路组长
5	维修与操作	(1)每月用示波器、频率计校正一次导频频率 (2)加强步位计、电建开关塞孔检查 (3)经常保持热敏电阻加热电流在规定范围内的变化 (4)加强功放扩张管检查 (5)保持“人工加热”步位和告警正常 (6)加强监视导频电子	各包机人员分别负责

8. PDCA循环

PDCA是英语单词plan（计划）、do（执行）、check（检查）和act（处理）的第一个字母，PDCA循环就是按照这样的顺序进行质量管理，并且循环不止地进行下去的科学程序（图1-12）。四个过程不是运行一次就结束，而是周而复始地进行，一个循环完了，解决一些问题，未解决的问题进入下一个循环，这样阶梯式上升的。

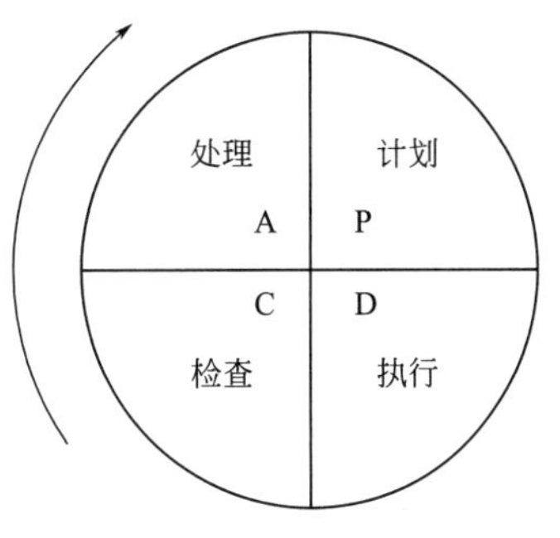

图1-12　PDCA循环

二、质量管理新工具

1. 关联图

关联图又称关系图，此方法是将复杂的问题和相关因素用箭头连接起来寻找主要因素和项目的图形分析工具，可以对事物各因素之间的因果和目的方案等方面错综复杂的联系进行梳理、分析，追根究底地找到根本要害，抓住问题的实质来处理，是一个表示事物的依赖性或因果性的连接图解图。图1-13是某化工厂火灾事故原因分析的关联图。

2. 亲和图

亲和图称KJ法或A型图法，这种方法是针对某一个问题，充分收集各种经验知识、意见和想法等语言、文字资料，然后通过亲和图进行汇总，并按其相互亲和性来归纳整理这些资料，使问题更加明确，并求得统一认识，协调工作以利于问题更好更快地解决。

对重庆天原化工总厂爆炸事故情况的研究，采用了亲和图分析事故的原因所在，并编制了图1-14进行事故要素的分类整合。

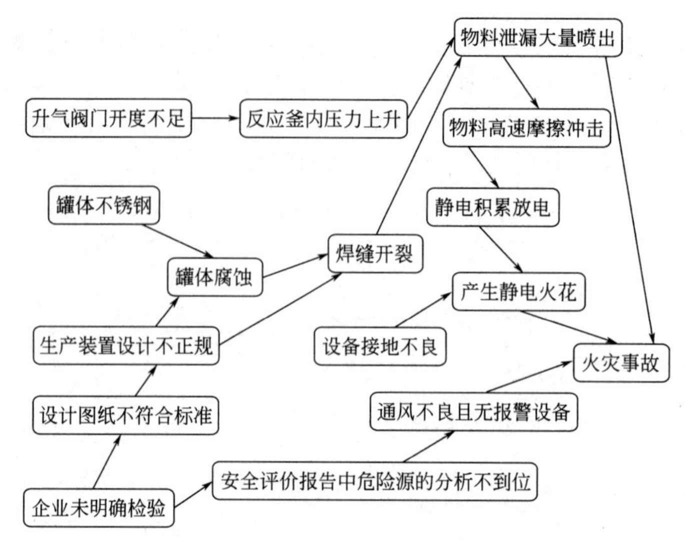

图 1-13　某化工厂火灾事故原因关联图

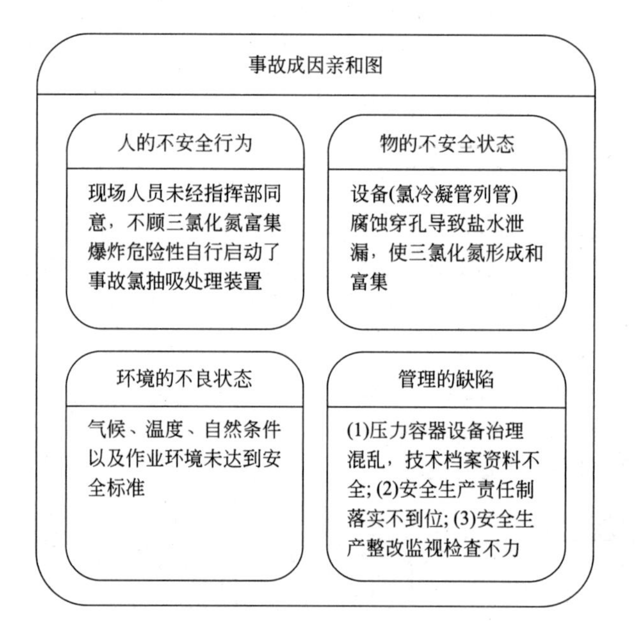

图 1-14　重庆天原化工总厂爆炸事故亲和图

3. 系统图

系统图是指系统寻找达到目的的手段的一种方法，它的具体做法是将要达到的目的所需要的手段逐级深入。系统法可以系统地掌握问题，寻找到实现目的的最佳手段，广泛地用在了质量管理中，如质量管理因果图的分析、质量保证体系的建立、各种质量管理措施的开展等。某中毒事故的系统图如图 1-15 所示。

4. 矩阵图

矩阵图法就是从多维问题的事件中，找出成对的因素，排列成矩阵图，然后根据矩阵图来分析问题，确定关键点。它是一种通过多因素综合思考，探索问题的好方法。如设定 A 为某一个因素群，a_1、a_2、a_3、a_4、…是 A 这个因素群的具体因素，将它们排列成行；B

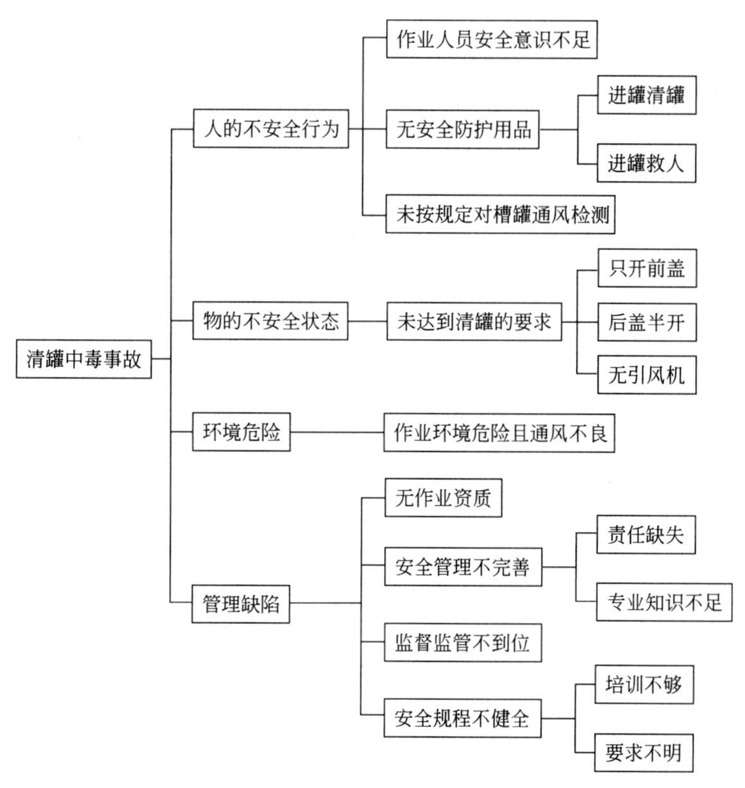

图 1-15　某中毒事故的系统图

为另一个因素群，b_1、b_2、b_3、b_4、…是 B 这个因素群的具体因素，将它们排列成列；行和列的交点表示 A 和 B 各因素之间的关系，按照交点上行和列的因素是否相关联及其关联程度的大小，可以探索问题的所在和问题的形态，也可以从中得到解决问题的启示等。某爆炸事故的矩阵图如表 1-5 所示，某储罐爆炸事故矩阵检查表如表 1-6 所示。

表 1-5　某爆炸事故的矩阵图

液氨储罐（压力容器）	制造	管理	充装	运输
焊缝	○	◎	□	□
底座	◎	◎		○
裂纹		○	□	□
计量		◎	○	□

注：○—不符合安全标准；◎—存在严重缺陷；□—有潜在危险性。

表 1-6　安徽省阜阳地区某储罐爆炸事故矩阵检查表

液氨储罐（压力容器）	制造	管理	充装	运输
缺陷类型	○◎	○◎□△◇	○□△	○◎□△◇

注：○—焊缝不合格；◎—无整体底座；□—较深裂纹；△—未计量检查；◇—其他。

5. 矩阵数据分析法

矩阵数据分析法是质量管理新工具中唯一利用数据分析问题的方法，结果仍以图形表示，与矩阵图法类似。

它区别于矩阵图法的是：不是在矩阵图上填符号，而是填数据，形成一个分析数据的矩阵，它是一种定量分析问题的方法。

6. PDPC 法

PDPC 法是运筹学中的一种方法。所谓 PDPC 法，就是为了解决某个问题或达到预设的目标，在事先提出采取的计划或设计流程时，预测各类有可能出现的障碍和结果，并针对每种情况提出多种处理对策的一种方法。可以说，这种方法以最终目的为标准，在计划执行的过程中，遇到能致使各种结果的不利情况时，仍能及时采用其他计划方案来进行，以尽可能地顺利实现理想结果。

应用 PDPC 法对化工企业编制火灾事故应急救预案实例如图 1-15 所示。

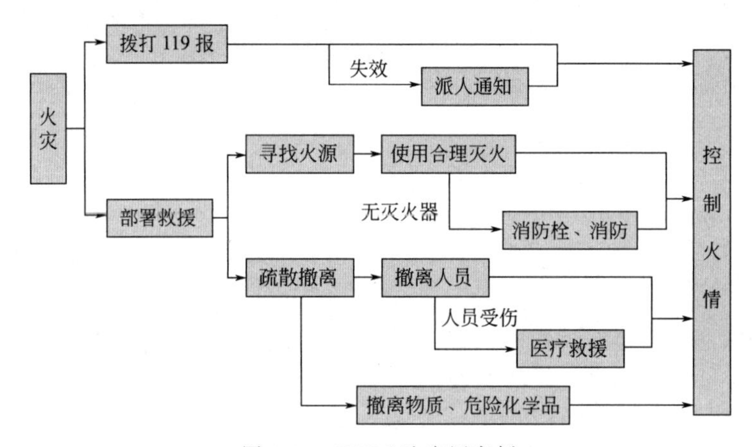

图 1-16　PDPC 法应用实例

第六节　事故预防基本模型和原则

一、事故预防基本模型

事故预防的基本模型主要是海因里希工业安全公理和事故预防工作五阶段模型。

1. 海因里希工业安全公理

海因里希工业安全公理提出了工业事故预防的十项原则，具体如下：

（1）工业生产过程中人员伤亡的发生，往往是处于一系列因果连锁之末端事故的结果，而事故常常起因于人的不安全行为或（和）机械、物质（统称为物）的不安全状态。

（2）人的不安全行为是大多数工业事故的原因。

（3）人员在受到伤害之前，已经经历了数百次来自物方面的危险。

（4）在工业事故中，人员受到伤害的严重程度具有随机性质。大多数情况下，人员在事故发生时可以免遭伤害。

(5) 人员产生不安全行为的主要原因有：不正确的态度；缺乏知识和经验，或操作不熟练；身体不适——生理状态或健康状况不佳；物的不安全状态及不良的物理环境。这些原因因素是采取措施预防不安全行为产生的依据。

(6) 防止工业事故的四种有效的方法是：工程技术方面的改进，对人员进行说服、教育，人员调整，惩戒。

(7) 防止事故的方法与企业生产管理、成本管理及质量管理的方法类似。

(8) 企业领导者有进行事故预防工作的能力，并且能把握进行事故预防工作的时机，因而应该承担预防事故工作的责任。

(9) 专业安全人员及车间干部、班组长是预防事故的关键，他们工作的好坏对能否做好事故预防工作有影响。

(10) 除了人道主义动机之外，下面两种强有力的经济因素也是促进企业事故预防工作的动力：安全的企业生产效率较高，不安全的企业生产效率较低；事故后用于赔偿及医疗费用的直接经济损失，只不过占事故总经济损失的五分之一。

2. 事故预防工作五阶段模型

事故预防工作五阶段模型是，事故预防工作包括以下五个阶段的努力：

(1) 建立健全事故预防工作组织，形成由工程运行管理单位领导牵头的，包括安全管理人员和安全技术人员在内的事故预防工作体系，并切实发挥其效能。

(2) 通过实地调查、检查、观察及对有关人员的询问，加以认真的判断、研究，以及对事故原始记录的反复研究，收集第一手资料，找出事故预防工作中存在的问题。

(3) 分析事故及不安全问题产生的原因，包括弄清伤亡事故发生的频率、严重程度、场所、工种、生产工序、有关的工具、设备及事故类型等，找出其直接原因和间接原因、主要原因和次要原因。

(4) 针对分析事故和不安全问题得到的原因，选择恰当的改进措施。改进措施包括工程技术方面的改进、对人员说服教育、人员调整、制定及执行规章制度等。

(5) 实施改进措施。通过工程技术措施实现机械设备、生产作业条件的安全，消除物的不安全状态；通过人员调整、教育、训练，消除人的不安全行为，在实施过程中要进行监督。

二、事故预防原则

1. 可预防原则

工伤事故原则上都是能够预防的。安全工程学中把预防灾害于未然作为重点，安全管理强调以预防为主的方针。但是，实际上要预防全部人灾是困难的。为此，不仅必须对物的方面的原因进行探讨，而且还必须对人的方面的原因进行探讨。过去的事故对策中多倾向于采取事后对策，即使这些事后对策完全实施，也不一定能够使火灾和爆炸防患于未然。为了防止火灾和爆炸，妥善管理发生源和危险物质是必需的，而且通过这些妥善管理是可能预防火灾、爆炸发生的。

2. “3E 对策”原则

技术的原因、教育的原因以及管理的原因，这三项是构成事故最重要的原因。与这些原因相对应的防止对策为技术对策、教育对策以及法制对策。通常把技术（engineering）、教育（education）和法制（enforcement）对策称为“3E”安全对策，被认为是防止事故的三根支柱。通过运用这三根支柱，能够取得防止事故的效果。如果片面强调其中任何一根支柱，例如强调法制，是不能得到满意的效果的，它一定要伴随技术和教育的进步才能发挥作用。

3. 偶然损失原则

分析“灾害”这个词的概念，包含着意外事故及由此而产生的损失这两层意思。事故就是在正常流程图上没有记载的事件，这些事故的结果将造成损失。损失包括人的死亡、受伤、健康损害、精神痛苦等，除此以外，还包括原材料、产品的烧毁或者污损，设备破坏，生产减退，赔偿金等。事后不管有无损失，作为防止灾害的根本是防患于未然，因为如果完全防止了事故，其结果就避免了损失。

4. 因果关系原则

事故之所以发生，是有其必然原因的。亦即，事故的发生与其原因有着必然的因果关系。事故与原因是必然的关系，事故与损失是偶然的关系，这是可以科学地阐明的问题。一般来讲，事故的原因常可分为直接原因和间接原因。直接原因又称为一次原因，是在时间上最接近事故发生的原因，通常又进一步分为两类：物的原因和人的原因。物的原因是指由于设备、环境不良引起的；人的原因则是指由于人的不安全行为引起的。事故的间接原因有技术的原因、教育的原因、身体的原因、精神的原因、管理的原因、学校教育的原因、社会或历史的原因。

5. 本质安全化原则

本质安全是指通过设计等手段使工程设备或生产系统本身具有安全性，即使在误操作或发生故障的情况下也不会造成事故，具体包括失误-安全功能和故障-安全功能。失误-安全功能是指操作者即使操作失误也不会发生事故或伤害，或者说设备、设施和技术工艺本身具有自动防止人的不安全行为的功能；故障-安全功能是指设备、设施或生产工艺发生故障或损坏时，还能暂时维持正常工作或自动转变为安全状态。这两种安全功能应该是设备、设施和技术工艺本身固有的，即在其规划设计阶段就被纳入其中，而不是事后补偿的。

实现本质安全化的关键在于，管理主体对管理客体实施有效的控制。因此，一个单位要实现本质安全化，必须做到以下内容：

（1）设备在设计和制造环节上都要考虑到应具有较完善的防护功能，以保证设备和系统能够在规定的运转周期内安全、稳定、正常地运行，达到设备本质安全。

（2）设备的运行是正常的、稳定的，并且自始至终都处于受控状态，达到运行本质安全。

（3）作业者完全具备适应生产系统要求的生理、心理条件，在生产全过程中很好地控制各个环节安全运行的能力与正确处理系统内各种故障及意外情况的能力，达到人员本质安全。

（4）空间环境、时间环境、物理化学环境、自然环境和作业现场环境等达到本质安全。

（5）安全管理要从传统的问题发生型管理逐渐转向现代的问题发现型管理。为此，必须运用安全系统工程原理，进行科学分析，做到超前预防，达到管理本质安全。

6.危险因素防护原则

危险因素的防护原则包括：

（1）消除潜在危险的原则，即运用高新技术或其他方法消除人周围环境中的危险和有害因素，从而保证系统最大可能的安全性和可靠性，最大限度地防护危险因素。

（2）降低潜在危险因素数值的原则，即不能根除危险因素时，应采取措施降低危险和有害因素的数量。

（3）距离防护原则，即生产中危险和有害因素的作用依照与距离有关的某种规律而减弱，可应用距离防护的原则来减弱其危害。

（4）时间防护原则，即使人处在危险和有害因素作用环境中的时间缩短至安全限度之内。

（5）屏蔽原则，即在危险和有害作用的范围内设置障碍，以防护危险和有害因素对人的侵袭。

（6）坚固原则，即以安全为目的，提高设备结构的强度，提高安全系数。

（7）薄弱环节原则，即利用薄弱的元件，它们可在危险因素尚未达到危险值之前预先破坏，例如熔丝、安全阀等。

（8）不予接近的原则，即使人不能落入危险和有害因素作用的地带，或者在人操作的地带中消除危险和有害因素的落入，例如安全栅栏、安全网等。

（9）闭锁原则，即运用某种方法保证一些元件强制发生相互作用，以保证安全操作。

（10）警告和禁止信息原则，即以主要系统及其组成部分的人为目标，运用组织和技术，如声光信息和标志、不同颜色的信号、安全仪表、应用信息流等，来保证安全生产。

第七节　安全工作相关方针

一、安全与生产的关系

安全与生产是辩证统一的关系，必须用辩证统一的观点来看待两者的关系。首先，安全和生产都是为了社会与劳动者的利益，两者的目的是一致的；其次，安全和生产也会出现暂时的、局部的矛盾。这种矛盾表现在安全工作和生产有时会在思想观念、时间安排、资金利用、人员配备等方面发生冲突。因此，安全与生产既存在统一性，又有矛盾性，应该认识到两者的统一是根本的、全局的，而矛盾只是暂时的、局部的。解决矛盾的根本方法是坚持安全生产的方针，确立“管生产必须管安全”的工作制度。

二、安全工作相关方针及其内涵

1.安全生产方针及其内涵

安全生产方针是安全生产工作总的要求，是解决矛盾的根本方法，是安全生产工作的方向和指针。我国安全生产方针是：安全第一、预防为主、综合治理。这三者是一个有机统一的整体。安全第一是预防为主、综合治理的统帅和灵魂，没有安全第一的思想，预防为主就失去了思想支撑，综合治理就失去了整治依据；预防为主是实现安全第一的根本途径，只有把安全生产的重点放在建立事故隐患预防体系上，超前防范，才能有效减少事故损失，实现安全第一；综合治理是落实安全第一、预防为主的手段和方法，只有不断健全和完善综合治理工作机制，才能有效贯彻安全生产方针，真正把安全第一、预防为主落到实处，不断开创安全生产工作的新局面。

2.消防工作和职业病防治方针及其内涵

消防工作方针是：预防为主、防消结合。职业病防治方针是：预防为主、防治结合。

在消防工作和职业病防治方针中，“防”与“消”或者“防”与“治”是相辅相成、缺一不可的。“重消轻防”和“重防轻消”或者“重治轻防”和“重防轻治”都是片面的，“防”与“消”或“防”与“治”是同一目标下的两种手段，只有全面、正确地理解了它们之间的辩证关系，并且在实践中认真地贯彻落实，才能达到有效地同火灾、职业病作斗争的目的。

三、安全工作相关方针的贯彻要点

贯彻实施安全工作相关方针的目的，就是要在生产过程中切实防止发生事故、火灾及职业病，避免各种损失，保障职工的安全和健康，从而推动生产和各项事业的顺利发展。贯彻实施安全生产及消防工作方针中应该重点注意以下几个方面的工作。

(1) 树立正确的安全价值观，从思想上坚持以人为本及人民至上、生命至上，把保护人民生命安全摆在首位，树牢安全发展理念，把安全工作放在第一位，不允许以生命为代价来换取经济的发展。

(2) 重视安全生产、消防、职业病防治的思想教育和知识、技能培训，提高安全生产、消防、职业病防治意识和素质。

(3) 树立科学的安全观及“事故和火灾是可以预防的”观念，要依靠科技进步，加强科学管理，运用系统安全的原理和方法，进行危险辨识分析、评价和预测工作。

(4) 综合运用科技手段、法律手段、经济手段和必要的行政手段，充分发挥社会、职工、舆论监督各方面的作用，从多方面入手，解决影响制约安全生产的问题。

(5) 实行全员、全过程、全方位、全天候的安全、健康、消防管理及“管行业必须管安全、管业务必须管安全、管生产经营必须管安全”原则，建立“国家立法、生产经营单位主体负责、员工权利义务保障、第三方服务、政府监管、社会监督”的管理机制。

(6) 构建全方位的安全风险分级管控和隐患排查治理双重预防机制。建立健全安全风险分级管控和隐患排查治理的工作制度和规范，完善保障措施，实现企业安全风险自辨自控、隐患自查自治，形成政府领导有力、部门监管有效、企业责任落实、社会参与有序的工作格局，提升安全生产整体预控能力。

(7) 采取各种安全风险管控手段和机制，全面提升安全风险管控能力。

(8) 重视安全生产、消防、职业病事故调查处理工作，预防类似事故重复发生。

习题与思考题

1.简述事故的特征与发展过程。

2.事故如何分类?

3.事故的发生原因有哪些?事故法则是什么?

4.简述几种有代表性的事故致因理论主要思想。

5.简述系统原理和木桶原理的主要思想及其对安全管理的启发。

6. 简述人本原理和原则及其对安全管理的启发。
7. 质量管理新老工具有哪些？请举例说明哪些质量管理工具已在安全管理中应用？
8. 简述事故预防原理的主要思想。
9. 简述相关事故预防原则。
10. 安全与生产有哪些关系？
11. 安全工作相关方针有哪些内涵？
12. 简述安全工作相关方针的贯彻要点。

第二章

安全生产管理机制及制度

学习目标

1. 熟悉我国现行的安全生产管理机制，了解安全生产立法及其目的意义、安全生产法律关系，熟悉安全生产法律法规体系的基本框架。

2. 熟悉企业安全生产职责、企业安全管理制度与操作规程。

3. 熟悉安全生产政府监管和第三方服务，熟悉安全生产员工权利保障和社会监督。

第一节　安全生产立法

我国现行的安全生产管理机制是“国家立法、生产经营单位主体负责、员工权利义务保障、第三方服务、政府监管、社会监督”，本节介绍安全生产立法。

一、安全生产立法及意义

安全生产法律法规是调整生产经营单位安全生产活动的法律规范总和，具体包括有关安全生产的法律、法规和标准等规范性文件，是针对预防事故、预防职业危害、劳逸结合、女工和未成年工保护等方面的具体法规和制度，以法律形式保障职工的安全健康，促进生产。

安全生产立法的目的不仅在于维护人们的合法权益，还在于促使人们在各项生产经营活动中重视安全、保证安全，自觉遵守安全生产法律、法规，养成自我保护、关心他人和保障安全的意识，协助政府和有关部门查堵不安全漏洞，同违反安全生产法律的行为做斗争，使关心、支持、参与安全生产工作成为每个公民的自觉行动。

安全生产立法的意义主要有：

（1）有利于全面加强我国安全生产法律体系的建设；

（2）有利于保障人民群众生命和财产安全；

（3）有利于依法规范生产经营单位的安全生产工作；

（4）有利于各级人民政府加强对安全生产工作的领导，有利于负有安全生产监督管理职责的部门依法行政，加强监督管理；

（5）有利于提高从业人员的安全素质，有利于增强全体公民的安全法律意识；

（6）有利于制裁各种安全生产违法行为。

二、安全生产法律关系

安全生产法律关系是指安全生产法所确认的人们在参与与安全生产有关的活动中形成的

具体的权利和义务关系。安全生产法律关系以相应的安全生产法律规范作为自身存在的前提，由安全生产法律规范予以确认和调整。安全生产法律关系的内容是指安全生产法律关系主体享有的权利和承担的义务。它是安全生产法律关系最实质性的构成要素，是连接双方当事人的纽带。任何法律关系都是由主体、客体和内容三要素构成的。

（1）安全生产法律关系的主体。指安全生产法律关系的参加者，依法享有安全生产法律权利、承担安全生产法律义务的当事人。

（2）安全生产法律关系的客体。指安全生产法律关系主体的权利和义务共同指向的对象。安全生产法律关系客体的存在形式，可以是物，可以是行为，也可以是非物质财富。

（3）安全生产法律关系的内容。包括安全生产法律关系主体享有的权利和承担的义务。它是安全生产法律关系最实质的构成要素，是连接双方当事人的纽带。

三、安全生产法律法规体系的基本框架

（1）从法的效力位阶上，可以分为上位法与下位法。

上位法是指法律效力高于其他相关法的立法。下位法相对于上位法而言，是指法律效力较低的立法。不同的安全生产立法对同一类或同一个安全生产行为做出不同法律规定时，以上位法的规定为准，上位法没有规定的，可以使用下位法。下位法的数量一般多于上位法。效力从大到小有：宪法，法律和国际公约（例如《中华人民共和国安全生产法》，以下简称《安全生产法》），法规（如《安全生产许可证条例》），部门规章（如《特种作业人员安全技术培训考核管理办法》），规范、规程、标准（如《安全标志及其使用导则》），地方性法规和地方规章（如《山东省安全生产监督管理规定》）。

（2）从同一位阶的法的效力上，可以分为普通法与特殊法。

普通法是适用于安全生产领域中普遍存在的基本问题、共性问题的法律规范，它们不解决某一领域存在的特殊性、专业性的法律问题。

特殊法是适用于某些安全生产领域独立存在的特殊性、专业性问题的法律规范，它们往往比普通法更专业、更具体、更有可操作性。如《中华人民共和国安全生产法》是安全生产领域的普通法，它所确定的安全生产基本方针原则和基本法律制度普遍适用于生产经营活动的各个领域。但对于消防安全和道路安全、铁路交通安全、水上交通安全和民航安全领域存在的特殊问题，其他有关专门法律另有规定的，则应适用《中华人民共和国消防法》《中华人民共和国道路交通安全法》等特殊法。据此，在同一层级的安全生产立法对同一类问题的法律适用上，应当适用特殊法优于普通法的原则。

（3）从法的内容上，可分为综合性法与单行法。

综合性法不受法律规范层级的限制，而是将各个层级的综合性法律规范作为整体来看待，适用于安全生产的主要领域或某一领域的主要方面。单行法的内容只涉及某一领域或某一方面的安全生产问题。

第二节 企业安全生产职责

一、企业安全生产主体职责

企业是生产经营活动的主体，是安全生产工作责任的直接承担主体，其主要职责包括：

（1）持续具备法律、法规、规章、国家标准和行业标准规定的安全生产条件。

（2）确保人、财、物、技术投入，满足安全生产条件的需要。

（3）依法建立安全生产管理机构，配备安全管理人员。

（4）建立健全安全生产责任制和各项管理制度。

（5）依法组织员工参加安全生产教育和培训。

（6）如实告知从业人员工作场所存在的危险、危害因素、预防措施和事故应急措施，教育人员自觉承担安全生产义务。

（7）为员工提供符合国家标准或行业标准的劳动防护用品，监督教育员工按规定佩戴使用。

（8）加强安全生产标准化、信息化建设，构建安全风险分级管控和隐患排查治理双重预防机制，健全风险防范化解机制，对重大危险源实施有效的检测、监测。

（9）预防和减少工作场所的职业危害。

（10）安全设施、设备（包括特殊设备）满足安全管理要求，按规定定期检查。

（11）依法制订生产安全事故应急救援计划，执行操作岗位应急措施。

（12）及时发现、管理和消除本部门安全事故的危险。

（13）积极采用先进的安全生产设备和技术，提高安全生产技术保障水平，确保使用的技术装备和相关劳动工具符合安全生产要求。

（14）保证新建、改建、扩建工程项目依法实施安全设施“三同时”。

（15）统一协调管理承包、租赁公司安全生产工作。

（16）依法参加工伤社保，为从业人员缴纳保费。

（17）按要求报告生产安全事故，做好事故救援，妥善处理事故伤亡人员依法赔偿等事故后的工作。

（18）法律、法规规定的其他安全生产责任。

二、企业安全管理组织

根据安全生产方针的综合治理要求，企业建立的安全管理组织由安全专管网络和安全群管组织网络组成。

安全专管网络由单位安全生产分管负责人、安全生产管理机构（如安全生产监督科）、专兼职安全生产管理人员组成。矿山、金属冶炼、建筑施工、运输单位和危险物品的生产、经营、储存、装卸单位，应当设置安全生产管理机构或者配备专职安全生产管理人员。其他生产经营单位，从业人员超过一百人的，应当设置安全生产管理机构或者配备专职安全生产管理人员；从业人员在一百人以下的，应当配备专职或者兼职的安全生产管理人员。生产经营单位可以设置专职安全生产分管负责人，协助本单位主要负责人履行安全生产管理职责。

安全群管组织网络一般由以下部分构成：①安全生产委员会（简称安委会），安委会是安全生产组织领导机构；②由事故应急领导小组（或称应急总指挥部）、现场应急指挥部和应急救援队伍组成的应急救援组织；③基层单位成立的安全生产领导小组，对本基层单位的安全生产事项进行决策；④由决策层、中间层、执行层组成的纵向到底分级管理体系，形成一级抓一级的安全生产管理组织网络；⑤横向到边的分系统负责体系，按业务分成若干个安全管理子系统，由各业务分管负责人负责本业务系统的安全生产；⑥纵横建立的协调体系，即安全生产委员会、单位安全分管领导和安全生产管理机构负责协调；⑦由职工代表大会、工会、职工组成的群众监督体系。

三、企业安全生产责任制

安全生产责任制规定了单位各级领导、各职能部门、各基层单位、各岗位及每位职工在安全生产和职业卫生方面应做的事情和应承担的责任。安全生产责任制的建立应按照“综合监管与专业监管相结合”的原则，履行相应的安全生产责任。安全生产责任制要符合最新法律法规要求，根据本单位、部门、岗位实际制定，明确具体，可操作，适时修订，并有配套的监督、检查、考核等制度，保证真正落实。典型的企业部门和岗位的安全生产责任制包括机构及部门安全生产责任制、岗位安全生产责任制。安全生产人人有责，每个职工都有义务在自己岗位上认真履行自己的安全职责，实现全员安全生产责任制。

第三节　企业安全生产管理制度与操作规程

安全生产管理制度是防控生产经营单位系统安全风险，保证生产经营单位安全生产的一种保障。安全生产管理制度既要符合本单位管理的实际，又要体现本单位的管理特点，还必须符合法规要求。

一、安全生产规章制度

安全生产规章制度的制定要以国家有关安全法律法规、标准规范为依据，将法规和上级要求贯穿于本单位制度之中，这就要求将识别和获取的适合本单位管理的安全生产法律法规和其他要求条目融入规章制度中。

安全生产规章制度制定的前期工作一般包括充分了解和熟知本单位的管理流程、研究安全风险和事故发生规律、控制风险的环节和各环节之间的关系、识别和获取法律法规与其他要求的条目等。

安全生产规章制度的制定一般包括起草、会签、审核、签发、发布五个流程。

生产经营单位应依据识别和获取的安全生产和职业健康法律法规、标准规范的相关要求，结合本工程管理的实际，建立健全安全生产和职业健康规章制度体系，并定期修订和更新。

安全生产规章制度包括但不限于下列内容：安全目标管理制度；安全生产承诺制度；安全生产责任制；安全生产会议制度；安全生产奖惩管理制度；安全生产投入管理制度；安全教育培训制度；安全生产信息化制度；新技术、新工艺、新材料、新设备设施、新材料管理制度；法律法规标准规范管理制度；文件、记录和档案管理制度；重大危险源辨识与管理制度；安全风险管理、隐患排查治理制度；班组安全活动制度；特种作业人员管理制度；建设项目安全设施、职业病防护设施“三同时”管理制度；设备设施安全管理制度；安全设施设备管理制度；作业活动安全管理制度；危险物品及重大危险源监控管理制度；警示标志管理制度；消防安全管理制度；交通安全管理制度；防洪度汛安全管理制度；工程安全监测观测制度；调度管理制度；工程维修养护管理制度；用电安全管理制度；仓库安全管理制度；安全保卫制度；工程巡查巡检制度；变更安全管理制度；职业健康管理制度；劳动防护用品（具）管理制度；安全预测预警制度；应急管理制度；事故管理制度；相关方管理制度；安全生产报告制度；安全生产绩效评定管理制度；安全生产考核奖惩管理办法；工伤保险管理制度。

建立安全生产规章制度的注意事项：制定安全生产规章制度时，应由企业主管领导负责，安全专职机构具体组织，发动职工群众参与，上下结合；其内容要与国家法规协调一致；要广泛吸收国内外的安全生产、安全管理经验，并密切结合自身情况和特点制定本单位的安全生产规章制度；其内容要包括安全生产的各个方面，齐全配套，形成体系，不出现死角和漏洞；规章制定后既要保持相对稳定性，又要不断总结经验、不断完善。

安全生产规章制度的执行应注意：单位领导重视；群众支持和安技人员的努力；广泛的宣传教育；配套相应的奖惩措施；加强规章制度执行的监督检查。

二、操作规程

安全操作规程是为了实现岗位安全操作，在运行、检修、设备试验及相关设备运行操作等方面制定的具体操作程序（办法），具有微观性、符合性（符合单位和岗位实际）、可操作性、强制性等特点。

1.安全操作规程编制的依据

现行国家和行业的安全规程、技术标准、规范；设备的使用说明书、工作原理资料以及设计、制造资料；曾经出现过的危险、事故案例及与本项操作有关的其他不安全因素；作业环境条件、工作制度、安全生产责任制等。

2.编制前的准备

搜集编制的依据资料，分析岗位危险和有害因素、操作人员的不安全行为、设备设施存在的缺陷、每个作业环节及环节之间可能出现的不安全因素及操作环境的影响等，列出合理可行的对策措施。

3.安全操作规程的主要内容

（1）操作前的检查。检查包括：设备设施、工器具、劳动防护、作业环境、持证情况等。

（2）劳动防护用品的配戴。明确防护用品种类、正确的穿戴方式及禁止行为等。

（3）操作的程序、方式，操作过程中注意的事项，机器设备的状态，发现异常情况的处理方法等。

（4）操作人员的巡视检查路线和操作时的规范要求、操作过程中的禁止行为等。

4.操作规程的编写和审批

撰写操作规程应广泛征求工程技术人员、技术工人、安全管理人员的意见，内容要全面完整，具有针对性和可操作性。

安全操作规程编写完成后，还应该征求生产管理部门、安全监管部门和使用部门等相关部门的意见，进一步修改完善，最后经过有关部门审批，作为操作标准严格执行。为便于操作人员的实际应用，安全操作规程要做到图表化、流程化。

应随着新技术、新工艺、新设备设施、新材料的应用，操作方式和方法的变化，及时组织制修订相应的操作规程。

5.典型安全操作规程

生产经营单位编制的典型安全操作规程包括但不限于下列内容：起重设备（门机、卷扬机、行车等）安全操作规程；电工安全操作规程；泵站安全操作规程；空压机安全操作规程；涉及危险化学品使用、处置安全操作规程；高处作业安全规程；临近带电体安全操作规程；焊接作业安全规程；防毒面具使用安全规程；变压器安全操作规程；配电房安全操作规程。

第四节　安全生产政府监管和第三方服务

政府安全监管是指政府及相关部门对管辖区域、行业、领域的生产经营单位进行安全生产监督检查与管理，第三方安全生产服务是指具有一定资质的个人或法人或团体以自己的安全优势向政府、生产经营单位、劳动者、社会提供的安全生产技术性服务工作。

一、第三方安全生产服务

1.分类

安全生产涉及的内容广泛，第三方安全生产服务机构也较多。

（1）按专业及监管部门，可分为安全技术服务机构、消防技术服务机构、职业卫生服务机构、自然灾害防治技术服务机构、核安全和辐射安全服务机构、住房建筑安全服务机构、水利水电安全服务机构、交通运输安全服务机构、农业农村安全服务机构、安全类协会、保险经纪公司、注册安全工程师事务所以及高等院校、科研院所、社会组织等。

（2）按服务项目，可分为安全生产条件论证、安全及职业卫生评价评估、安全（包括消防）及职业卫生设施设计、安全（包括消防）及职业卫生培训、安全鉴定、安全标志、安全（包括消防）及职业卫生检测检验、特种设备检验检测、安全（包括消防）及职业卫生技术咨询、安全事务代理、安全生产（包括消防）及职业卫生技术托管、安全（包括消防）及职业卫生技术研发与推广、安全（包括消防）及职业卫生技术评审、安全（包括消防）及职业卫生技术生产知识和能力考试考核、注册安全工程师事务、安全生产责任保险、工伤保险等。安全生产服务机构服务的项目可为上述的一项或多项。

2.条件和责任

第三方安全生产服务机构一般应具有一定的资质和条件。部分安全生产服务机构的资质如下：

（1）安全评价资质。国家对安全评价机构实行资质认可制度，省级人民政府应急管理部门负责安全评价机构资质认可和监督管理工作，评价机构对其出具的评价报告承担相应法律责任。

（2）安全生产检测检验资质。国家对安全生产检测检验机构实行资质认可制度，省级人民政府应急管理部门负责安全生产检测检验机构资质认可和监督管理工作，检测检验机构对其出具的检测检验报告承担相应法律责任。

（3）职业卫生技术服务资质。国家对职业卫生技术服务机构实行资质认可制度。职业卫生技术服务资质分为甲级和乙级两个等级，甲级资质由国家卫生健康委认可及颁发证书，乙级资质由省、自治区、直辖市卫生健康主管部门认可及颁发证书。

（4）特种设备检验检测资质。特种设备检验检测机构是指从事特种设备定期检验、监督检验、型式试验、无损检测等检验检测活动的技术机构。检验检测机构应当经国家市场监督管理总局核准，取得特种设备检验检测机构核准证后，方可在核准的项目范围内从事特种设备检验检测活动。

（5）地质灾害危险性评估、设计、勘察、施工、监理资质。地质灾害危险性评估、设计、勘察、施工、监理单位的资质分为甲、乙、丙三个等级，自然资源部负责甲级单位资质的审批和管理，省、自治区、直辖市自然资源主管部门负责乙级和丙级单位资质的审批和管理。

二、政府安全监管

政府安全监管是指政府应急管理部门和负有安全生产监督管理职责的部门，运用法律手段、经济手段和必要的行政手段，采用综合监管与专项监管相结合的方式，依法对安全生产进行监督和管理。综合监管的主要职责是指导、协调和监督全面工作；专项监管是更直接、更具体、更专业的监督管理，例如应急管理部门和卫生健康委负有安全健康综合监管和部分专项监管职责。

（一）监管方式

1. 监管对象和方式

监管主要对象为生产经营单位和安全、职业卫生第三方服务机构的安全工作，包括人的安全行为监管和物的安全状态监管。行为监管的内容包括组织管理、规章制度、安全教育培训、安全生产责任制等，其作用是提高安全意识，切实落实安全措施，纠正和处理违章指挥、违章操作、违反劳动纪律等“三违”行为。安全状态监管指对物质条件的监管，如“三同时”监管、安全设施监管、重大危险源监管等。

监管主要方式包括安全生产行政许可、安全审查、安全行政处罚、安全信息监控、专项整治、安全生产执法检查、隐患排查治理、事故调查处理等。

2. 执法检查职权

应急管理部门和其他负有安全生产监督管理职责的部门依法开展安全生产行政执法工作，对生产经营单位执行有关安全生产法律、法规和国家标准或者行业标准的情况进行监督检查，行使以下职权：

（1）进入生产经营单位进行检查，调阅有关资料，向有关单位和人员了解情况。

（2）对检查中发现的安全生产违法行为，当场予以纠正或者要求限期改正；对依法应当给予行政处罚的行为，依照《安全生产法》和其他有关法律、行政法规的规定作出行政处罚决定。

（3）对检查中发现的事故隐患，应当责令立即排除；重大事故隐患排除前或者排除过程中无法保证安全的，应当责令从危险区域内撤出作业人员及暂时停产停业或者停止使用相关设施、设备；重大事故隐患排除后，经审查同意，方可恢复生产经营和使用。

（4）对有根据认为不符合保障安全生产国家标准或者行业标准的设施、设备、器材以及违法生产、储存、使用、经营、运输的危险物品予以查封或者扣押，对违法生产、储存、使用、经营危险物品的作业场所予以查封，并依法作出处理决定。

（二）监管重点

安全生产监管重点主要是：

（1）对新建工程的监管：对新、改、扩建和重大技术改造项目的监管，主要通过“三同时”审查来实现。

（2）对新制造设备、产品的监管：作为被监管对象的新制造设备、产品，是指生产厂家制造的可能产生特别危险和危害的生产设备、安全专用仪器仪表、特种防护用品等。

（3）对在用特种设备的监管：对锅炉、压力容器、起重机、冲压机械、厂内机动车辆等对职工和周围设施、人员有重大危险的设备进行监管。

（4）对有职业危害作业场所的监管：对危险程度很高、尘毒、噪声危害非常严重的作业场所，依据国家颁布的各种职业危害程度的分级标准，通过定期检测和采用监察手段来进行监督。

（5）对特殊人员的监管：对企业领导和特种作业人员，主要通过建立培训、考核、发证和持证操作制度，来实现对人的行为的监督。特种作业是指容易发生人员伤亡事故，对操作者本人、他人及周围设施的安全有重大危害的作业。直接从事特种作业的人员为特种作业人员。

（6）对第三方安全服务机构的监管：对安全生产条件论证、安全及职业卫生评价评估、安全（包括消防）及职业卫生设施设计、安全（包括消防）及职业卫生培训、安全鉴定、安全标志、安全（包括消防）及职业卫生检测检验等机构的监管。

（7）事故监管：对伤亡事故、职业危害的报告与调查处理。

第五节　员工安全生产权利保障和社会监督

员工安全生产权利是指在生产经营中获得安全、卫生保护的权利，安全生产社会监督是指社会大众对生产经营单位安全主体责任、政府安全监管、第三方安全生产服务进行监督。

一、员工安全生产权利和义务保障

1.员工权利

从业员工具有如下的安全生产权利：

（1）危险因素和应急措施的知情、建议权。生产经营单位特别是各类矿山、危险物品生产经营单位，往往存在着一些对从业人员生命和健康有危险、危害的因素，如接触粉尘、顶板、水、火、瓦斯、有毒有害气体的场所、工种、岗位、工序、设备、原材料、产品，这些危险、危害因素都有发生人身伤亡事故的可能。所以，从业人员有权了解其作业场所和工作岗位存在的危险、危害因素，防范措施及事故应急措施，有权对本单位的安全生产工作提出建议。生产经营单位与从业人员订立的劳动合同，应当载明有关保障从业人员劳动安全、防止职业危害的事项，以及依法为从业人员办理工伤保险的事项。生产经营单位不得以任何形式与从业人员订立协议，免除或者减轻其对从业人员因生产安全事故伤亡依法应承担的责任。

（2）安全管理的批评、检举和控告权。从业人员是生产经营单位的主人，他们对安全生产情况尤其是安全管理中的问题和事故隐患最了解、最熟悉，具有他人不能替代的作用。只有依靠他们并且赋予必要的安全生产监督权和自我保护权，才能做到预防为主、防患于未然。因此，从业人员有权对本单位安全生产工作中存在的问题提出批评、检举、控告。生产经营单位不得因从业人员对本单位安全生产工作提出的批评、检举、控告而降低其工资、福利等待遇或者解除与其订立的劳动合同。

（3）拒绝违章指挥和强令冒险作业权。在生产经营活动中经常出现企业负责人或者管理人员违章指挥和强令从业人员冒险作业的现象，由此可能导致事故，造成人员大量伤亡。因此，法律赋予从业人员拒绝违章指挥和强令冒险作业的权利。这样不仅是为了保护从业人员的人身安全，也是为了警示生产经营单位负责人和管理人员必须照章指挥，保证安全。

（4）紧急情况下的停止作业和撤离权。即发现直接危及人身安全的紧急情况时，有权停止作业或者在采取可能的应急措施后撤离作业场所等紧急避险权利。由于生产经营场所自然和人为危险因素的存在不可避免，因此，在生产经营作业过程中经常会发生一些意外的或者人为的直接危及从业人员人身安全的危险情况，将会或者可能会对从业人员造成人身伤害。

（5）获得工伤保险和赔偿权。生产经营单位依法强制缴纳工伤保险费，从业人员在个人不缴费前提下可依法享有工伤保险等相关待遇。发生生产安全事故后，企业应当及时采取措施救治有关人员。因生产安全事故受到损害的从业人员，除依法享有工伤保险外，依照有关民事法律尚有获得赔偿权利的，有权提出赔偿要求。

2.员工义务

从业员工具有如下的安全生产义务：

（1）遵章守规、服从管理的义务。安全生产规章制度和操作规程是从业人员在从事生产经营活动中确保安全的具体规范和依据。事实表明，从业人员违反规章制度和操作规程，是导致生产安全事故的主要原因。

（2）正确佩戴和使用劳保用品的义务。从业人员在作业过程中，应当严格遵守本单位的安全生产规章制度和操作规程，服从管理，正确佩戴和使用劳动保护用品。严禁在作业过程中不佩戴、不使用或者不正确佩戴、使用劳动防护用品。

（3）接受安全生产教育、培训的义务。从业人员应当接受安全生产教育和培训，掌握本职工作所需的安全生产知识，提高安全生产技能，加强安全生产的意识教育，增强事故预防和应急处理能力。这对提高生产经营单位从业人员的安全意识、安全技能以及预防、减少事故和人员伤亡等方面都具有积极意义。

（4）发现事故隐患及时报告的义务。从业人员发现事故隐患或者其他不安全因素，应当立即向现场安全生产管理人员或者本单位负责人报告；接到报告的人员应当及时予以处理。这就要求从业人员必须具有高度的责任心，防微杜渐，防患于未然，及时发现事故隐患和不安全因素，预防事故发生。

3. 企业工会权利

企业工会是中华全国总工会的基层组织，是重要组织基础和工作基础，是企业工会会员和职工合法权益的代表者和维护者。企业工会具有如下的安全生产权利：

（1）企业工会有权依法组织职工参加本单位安全生产工作的民主管理和民主监督，维护职工在安全生产方面的合法权益。生产经营单位制定或者修改有关安全生产的规章制度，应当听取工会的意见。

（2）企业工会有权对建设项目的安全设施与主体工程同时设计、同时施工、同时投入生产和使用进行监督，提出意见。

（3）企业工会对生产经营单位违反安全生产法律法规，侵犯从业人员合法权益的行为，有权要求纠正；发现生产经营单位违章指挥、强令冒险作业或者发现事故隐患时，有权提出解决的建议，生产经营单位应当及时研究答复；发现危及从业人员生命安全的情况时，有权向生产经营单位建议组织从业人员撤离危险场所，生产经营单位必须立即作出处理。重大事故隐患排查治理情况应当及时向职工大会或者职工代表大会报告。工会有权依法参加事故调查，向有关部门提出处理意见，并要求追究有关人员的责任。

二、安全生产社会监督

安全生产社会监督是指由国家机关以外的社会组织和公民对企业、政府、第三方服务机构各种安全生产活动的合法性进行的不具有直接法律效力的监督。

安全生产社会监督方式可分为公众监督、社会团体监督、舆论监督。

（1）公众监督主要是指公民通过批评、建议、举报、投诉、人民来信、控告等基本方式对监管机关、企业、第三方及其工作人员安全生产行为的合法性与合理性进行监督。应不断扩大公众参与范围，方便社会公众了解情况、参与监督；引导加强内部监督，保障职工群众的监督权，鼓励职工群众监督举报各类隐患；注重推广有关地区和单位加强监督工作的经验做法，提高监督实效。

（2）社会团体监督主要指各种社会组织和利益集团对监管机关、企业、第三方及其工作人员安全生产行为的监督。如各级工会、协会、共青团、妇联等社会团体依法维护和落实知情权、参与权和监督权，不断完善措施，加强管理，切实保障群众的利益和权益。

（3）舆论监督是指社会利用各种传播媒介和采取多种形式，如报纸、杂志、电视台、广播电台、互联网等表达和传导利于安全生产的议论、意见及看法，以实现对安全生产运行中偏差行为的矫正和制约。应建立完善舆论监督反馈机制，对新闻媒体有关的批评性报道，要本着有则改之、无则加勉的态度，实事求是地及时进行调查和处理，并在报道后的两周内，将整改结果或查处进展情况向有关部门和新闻媒体反馈。

习题与思考题

1.简述法的概念和法的效力含义。
2.法的作用有哪些?
3.何为安全生产立法?其目的和意义有哪些?
4.负有安全生产监督管理职责的部门的权利和义务有哪些?
5.相对人的权利和义务有哪些?
6.从法的不同阶层方面考虑，安全生产法律法规体系的基本框架包括哪些方面?
7.《中华人民共和国安全生产法》的主要思想和基本原则是什么?
8.企业安全生产主体职责有哪些?
9.企业安全管理组织有哪些?
10.简述典型企业机构及部门安全生产责任制度。
11.简述岗位安全生产责任制度。
12.举出10种以上安全生产规章制度。
13.第三方安全生产服务机构有哪几类?主要安全生产服务机构需要哪些条件?
14.简述政府安全监管组织机构和职责。
15.政府安全监管对象、方式和职权有哪些?
16.从业员工具有哪些安全生产权利和义务?
17.简述社会监督方式和主要做法。

第三章

危险有害因素辨识分析与评价

学习目标

1. 熟悉危险有害因素及其分类。

2. 熟悉危险有害因素辨识分析、主要危险有害环境分级，熟悉安全评价的类别、程序和方法，熟悉职业病危害评价的类别、程序、方法。

3. 熟悉危险有害因素的事故树分析、安全检查表分析、预先危险性分析、危险性和可操作性研究、故障类型和影响分析方法，了解事件树、质量管理工具等分析危险有害因素的方法。

4. 熟悉定性和定量安全评价方法。

5. 熟悉综合安全评价法。

第一节　危险有害因素分类

危险因素，是指能对人造成伤亡或对物造成突发性损害的因素；有害因素，是指能影响人的身体健康、导致疾病或对物造成慢性损害的因素。通常情况下，二者并不加以区分而统称为危险有害因素。

危险有害因素是事故的根源，其总体上可分为自然界的危险和有害因素、工业生产过程的危险和有害因素。自然界的危险和有害因素主要为地震、泥石流、滑坡、海啸、飓风（热带风暴）、暴雨（雪）等，这些危险和有害因素对生产过程的影响多为灾难，在此不再详细讨论。工业生产过程的危险和有害因素的分类方式很多，主要的分类标准有 GB/T 13861《生产过程危险和有害因素分类与代码》和 GB 6441《企业职工伤亡事故分类》。

一、按照《生产过程危险和有害因素分类与代码》分类

该标准按导致生产过程中危险和有害因素的性质进行分类，共分为 4 大类：人的因素、物的因素、环境因素、管理因素。

1. 人的因素

生产活动的主体是人，人的不安全行为是许多事故发生的根本因素。人的不安全行为是指职工在劳动过程中，违反劳动纪律、操作程序和方法等具有危险性的行为所产生的不良后果。

人的因素分为心理、生理性危险和有害因素，行为性危险和有害因素。心理、生理性危险

和有害因素包括：负荷超限（体力负荷超限、听力负荷超限、视力负荷超限、其他负荷超限）；健康状况异常；从事禁忌作业；心理异常（情绪异常、冒险心理、过度紧张、其他心理异常）；辨识功能缺陷（感知延迟、辨识错误、其他辨识功能缺陷）；其他心理、生理性危险和有害因素。行为性危险和有害因素包括：指挥错误（违章指挥、其他错误指挥）；监护失误；其他行为性危险和有害因素（如脱岗、违章串岗等）。

2.物的因素

物的因素分为物理性危险和有害因素、化学性危险和有害因素、生物性危险和有害因素。

（1）物理性危险和有害因素。物理性危险和有害因素包括：设备、设施、工具、附件缺陷；防护缺陷；电伤害；噪声；振动危害；电离辐射；非电离辐射；运动物伤害；明火；高温物体；低温物体；信号缺陷；标志缺陷；有害光照；其他物理性危险和有害因素。

① 设备、设施、工具、附件缺陷包括：强度不够；刚度不够；稳定性差（抗倾覆、抗位移能力不够，包括重心过高、底座不稳定、支承不正确等）；密封不良（指密封件、密封介质、设备辅件、加工精度、装配工艺等缺陷以及磨损、变形、气蚀等造成的密封不良）；耐腐蚀性差；应力集中；外形缺陷（指设备、设施表面的尖角利棱和不应有的凹凸部分等）；制动器缺陷；控制器缺陷；其他设备、设施、工具、附件缺陷。

② 防护缺陷包括：无防护；防护装置、设施缺陷（指防护装置、设施本身安全性、可靠性差，包括防护装置、设施，防护用品损坏、失效、失灵等）；防护不当（指防护装置、设施和防护用品不符合要求，使用不当，不包括防护距离不够）；其他防护缺陷。

③ 电伤害包括：带电部位裸露（指人员易触及的裸露带电部位）；漏电；静电和杂散电流；电火花；其他电伤害。

④ 噪声包括：机械性噪声；电磁性噪声；流体动力性噪声；其他噪声。

⑤ 振动危害包括：机械性振动；电磁性振动；流体力学性振动；其他振动危害。

⑥ 电离辐射包括：X射线、p射线、α粒子、β粒子、中子、质子、高能电子束辐射等。

⑦ 非电离辐射包括：紫外辐射；激光辐射；微波辐射；超高频辐射；高频电磁场辐射；工频电场辐射。

⑧ 运动物伤害包括：抛射物；飞溅物；坠落物；反弹物；土、岩滑动；料堆（垛）滑动；气流卷动；其他运动物伤害。

⑨ 明火是指有外露火焰或赤热表面的固定地点。

⑩ 高温物体包括：高温气体；高温液体；高温固体；其他高温物质。

⑪ 低温物体包括：低温气体；低温液体；低温固体；其他低温物质。

⑫ 信号缺陷包括：无信号设施（指应设信号设施处无信号，如无紧急撤离信号等）；信号选用不当；信号位置不当；信号不清（指信号量不足，如响度、亮度、对比度、信号维持时间不够等）。

⑬ 标志缺陷包括：无标志；标志不清晰；标志不规范；标志选用不当；标志位置缺陷；其他标志缺陷。

⑭ 有害光照包括：直射光、反射光、眩光、频闪效应产生的危害。

（2）化学性危险和有害因素。化学性危险和有害因素可按《危险化学品目录》分为8大类：爆炸品；压缩气体和液化气体；易燃液体；易燃固体、自燃固体和遇湿易燃物品；氧化剂和有机过氧化物；有毒品；放射性物品；腐蚀品。

化学性危险和有害因素也可按GB 13690《化学品分类和危险性公示 通则》进行分类。

化学性危险和有害因素多与物质本身的危害性（如毒性、腐蚀性、氧化性等）相关。在工业生产过程中，危险化学品的生产、储存、使用、运输、经营各个环节均可能由于化学性危险和有害因素诱发危害。

（3）生物性危险和有害因素。生物性危险和有害因素包括：致病微生物（细菌、病毒、真菌、其他致病微生物）；传染病媒介物；致害动物；致害植物；其他生物性危险和有害因素。

生物性危险和有害因素在工业生产过程中也大量存在，如工业企业循环水系统常存在军团菌，食品生产企业、生物化工企业可能存在致病菌，野外长输管道的人员巡查活动中会存在致害动物、致害植物等。

3. 环境因素

环境因素包括室内作业场所环境不良、室外作业场所环境不良、地下（含水下）作业场所环境不良、其他作业场所环境不良。

（1）室内作业场所环境不良包括：室内地面滑；室内作业场所狭窄；室内作业场所杂乱；室内地面不平；室内梯架缺陷（包括楼梯、阶梯、电动梯和活动梯架，以及这些设施的扶手、扶栏和护栏、护网灯）；地面、墙和天花板上的开口缺陷（包括电梯井、修车坑、门窗开口、检修孔、孔洞、排水沟等）；房屋基础下沉；室内安全通道缺陷（包括无安全通道，安全通道狭窄、不畅等）；房屋安全出口缺陷（包括无安全出口、设置不合理等）；采光照明不良（指照度不足或过强、烟尘弥漫影响照明等）；作业环境空气不良（指自然通风差、无强制通风、风量不足或气流过大、缺氧、有害气体超限等）；室内温度、湿度、气压不通；室内给、排水不良；室内涌水；其他室内作业环境不良。

（2）室外作业场所环境不良包括：恶劣气候与环境（包括风、极端的温度、雷电、大雾、冰雹、暴风雪、洪水、浪涌、泥石流、地震、海啸等）；作业场地和交通设施湿滑（包括铺设好的地面区域、阶梯、通道、道路、小路等被任何溶液、熔融物质润湿，冰雪覆盖或有其他易滑物等）；作业场所狭窄；作业场所杂乱；作业场地不平；航道狭窄、有暗礁或险滩；脚手架、阶梯和活动梯架缺陷；地面开口缺陷；建筑物和其他结构缺陷（包括建筑中或拆毁中的墙壁、桥梁、建筑物；筒仓、固定式粮仓、固定的储罐和容器；屋顶、塔楼等）；门和围栏缺陷；作业场地基础下沉；作业场地安全通道缺陷；作业场所安全出口缺陷；作业场所光照不良；作业场所空气不良；作业场地温度、湿度、气压不适；作业场地涌水；其他室外作业环境不良。

（3）地下（含水下）作业场所环境不良包括：隧道/矿井顶面缺陷；隧道/矿井正面或侧壁缺陷；隧道/矿井地面缺陷；地下作业面空气不良；地下火；冲击地压；地下水；水下作业供养不当；其他地下作业环境不良。

（4）其他作业场所环境不良主要为强迫体位、综合性作业环境不良等。

4. 管理因素

管理因素分为：职业安全卫生组织机构不健全；职业安全卫生责任制未落实；职业安全卫生管理规章制度不完善（建设项目“三同时”制度未落实、操作规程不规范、事故应急预案及响应缺陷、培训制度不完善、其他职业安全卫生管理规章制度不健全）；职业安全卫生投入不足；职业健康管理不完善；其他管理因素缺陷。

二、按照《企业职工伤亡事故分类》分类

按照 GB 6441《企业职工伤亡事故分类》，将危险和有害因素分为 20 项。

（1）物体打击，指物体在重力或其他外力的作用下产生运动，打击人体造成人身伤亡事故，不包括因机械、车辆、起重机械、坍塌等引发的物体打击。

（2）车辆伤害，指企业机动车辆在行驶中引起的人体坠落和物体倒塌、下落、挤压伤亡事故，不包括因机械设备、牵引车辆和车辆停驶时发生的事故。

（3）机械伤害，指机械设备运动（静止）部件、工具、加工件直接与人体接触引起的夹击、碰撞、剪切、卷入、绞、碾、割、刺等伤害，不包括车辆、起重机械引起的机械伤害。

（4）起重伤害，指各种起重作业（包括起重机安装、检修、试验）中发生的挤压、坠落（吊具、吊重）、物体打击和触电。

（5）触电，包括雷击伤亡事故。

（6）淹溺，包括高空坠落淹溺，不包括矿山、井下透水淹溺。

（7）灼烫，指火焰烧伤、高温物体烫伤、化学灼伤（酸、碱、盐、有机物）、物理灼伤（光、放射性物质），不包括电灼伤和火灾引起的烧伤。

（8）火灾。

（9）高处坠落，指在高处作业中发生坠落造成的伤亡事故，不包括触电坠落事故。

（10）坍塌，指土石塌方、脚手架坍塌、堆置物倒塌等，不包括矿山冒顶片帮和车辆、起重机械、爆破引起的坍塌。

（11）冒顶片帮。

（12）透水。

（13）爆破（放炮），指在爆破作业中发生的伤亡事故。

（14）火药爆炸，指火药、炸药及其制品在生产、加工、运输、储存中发生的爆炸事故。

（15）瓦斯爆炸，指可燃性气体、粉尘等与空气混合形成爆炸性混合物引起的爆炸。

（16）锅炉爆炸。

（17）容器爆炸。

（18）其他爆炸。

（19）中毒和窒息。

（20）其他伤害，如摔、扭、挫、擦、刺、割和非机动车碰撞、轧伤等。

第二节　危险有害因素辨识分析与评价概述

一、危险有害因素辨识分析概述

危险有害因素辨识分析与评价也称为安全风险分析与评价，是安全风险分级管控预防机制的基础，是安全管理的重要环节。

1.危险有害因素辨识分析方法

根据分析对象的性质、特点、寿命的不同阶段和分析人员的知识、经验、习惯来确定。主要采用直观经验分析法和系统安全分析法。

（1）直观经验分析法。直观经验分析法包括对照经验法和类比法。对照经验法是对照有关标准、法规、检查表或依靠分析人员的观察分析能力，借助经验和判断能力对评价对象的危险、有害因素进行分析的方法；类比法是利用相同或相似工程、系统或作用条件的经验和安全卫生的统计资料来类推、分析评价对象的危险有害因素的方法。经验分析法主要用于有可供参考先例、有以往经验可以借鉴或简单的系统、部件、作业点，如金属结构。

（2）系统安全分析法。系统安全分析法是应用系统安全工程评价中的某些方法进行危险、有害因素的辨识。系统安全分析法有：安全检查表分析法、预先危险性分析法、作业危险性分析法、故障类型和影响分析法、危险与可操作性研究分析法、事故树分析法、危险指数法、概率危险评价法、故障假设分析法等。系统安全分析法主要在复杂、没有事故经验的工程或系统中采用。

2.危险有害因素辨识的内容

危险有害因素辨识的主要内容如下：

（1）厂址。从厂址的工程地质、地形地貌、水文、自然灾害、周边环境、气象条件、交通运输条件、消防支持等方面进行分析。

（2）总平面布置。考虑功能分区、防火间距、风向、建筑物朝向、危险有害物质设施、动力设施、道路、储运设施等。

（3）道路及运输。从运输、装卸、疏散、消防、人流、物流、平面交叉运输和竖向交叉运输等方面分析。

（4）建（构）筑物。对于厂房（库房），主要从生产（储存物）的火灾危险性分类、耐火等级、结构、层数、占地面积、防火间距、安全疏散等方面识别。

（5）生产工艺过程。对新建、改建、扩建项目，主要分析设计是否合理及其是否根据需要采取了消除、预防、减少、隔离、连锁、安全警示标志等措施；对于已建项目，主要根据行业和专业的特点，利用各行业和专业制定的安全标准、规程进行分析识别；对于典型单元过程（基本单位、基本过程），主要通过查阅相关手册、规范、规程和规定进行辨识。

（6）作业环境。主要辨识危险物质、毒物、生产性粉尘、噪声与振动、温度与湿度以及辐射等。

（7）安全管理措施。如组织机构、管理制度、安全教育等。

二、主要危险有害环境分级概述

工业生产过程的主要危险环境为火灾危险环境、爆炸危险环境、有毒危险作业场所、粉尘危害作业场所、高温危害作业场所、高处及其他危险作业场所等。

1.火灾危险环境

火灾危险环境应根据火灾事故发生的可能性和后果以及危险程度及物质状态的不同，分为21区、22区、23区三个等级。21区是指具有闪点高于环境温度的可燃液体，在数量和配置上能引起火灾危险的环境；22区是指具有悬浮状、堆积状的可燃粉尘或可燃纤维，虽不可能形成爆炸混合物，但在数量和配置上能引起火灾危险的环境；23区是指具有固体状可燃物质，在数量和配置上能引起火灾危险的环境。

2.爆炸危险环境

爆炸危险环境包括气体爆炸环境和粉尘爆炸环境。

（1）气体爆炸环境是指，在大气条件下，气体、蒸气或雾状的可燃物质与空气形成混合物，点燃后，燃烧将传至未燃烧混合物的环境。气体爆炸环境应根据爆炸性气体混合物出现的频繁程度和持续时间按下列规定进行分区。

① 存在连续级释放源（即气体爆炸环境连续存在或长时间存在）的区域可划分为0区。

② 存在第一级释放源（即在正常运行时，可能出现气体爆炸环境）的区域可划分为1区。

③ 存在第二级释放源（即在正常运行时，不可能出现气体爆炸环境，如果出现也是偶尔发生并且只是短时间存在）的区域可划分为2区。

④ 非0区、1区、2区的可划分为非爆炸危险区域。

同时，爆炸危险区域的划分可根据通风条件调整：

① 当通风良好时应降低爆炸危险区域等级，当通风不良时应提高爆炸危险区域等级。

② 局部机械通风在降低爆炸性气体混合物浓度方面比自然通风和一般机械通风更为有效时，可采用局部机械通风降低爆炸危险区域等级。

③ 在障碍物凹坑和死角处应局部提高爆炸危险区域等级。

④ 利用堤或墙等障碍物限制比空气重的爆炸性气体混合物的扩散可缩小爆炸危险区域的范围。

（2）粉尘爆炸环境是指，在大气条件下，粉尘和纤维状的可燃物质与空气形成混合物，点燃后，燃烧将传至未燃烧混合物的环境。粉尘爆炸环境根据爆炸性粉尘混合物出现的频繁程度和持续时间按下列规定进行分区。

① 连续出现或长期出现粉尘爆炸环境的划分为10区。

② 有时会将积留下的粉尘扬起而偶然出现爆炸性粉尘混合物的环境划分为11区。

③ 在异常条件下，可燃粉尘云偶尔存在而且是短时间存在的区域可划分为12区。

3. 有毒危险作业场所

（1）分级标准。有毒危险作业场所是指劳动者进行有毒作业的场所。有毒危险作业场所的分级标准为《有毒作业场所危害程度分级》（WS/T 765—2010）。有毒作业场所危害程度的分级采用作业场所中毒物的浓度超标倍数作为分级指标，用B表示，包括时间加权平均浓度超标倍数（BTWA）、短时间接触浓度超标倍数（BSTEL）和最高浓度超标倍数（BMC）。

（2）超标倍数的计算。对只存在一种毒物的作业场所，作业场所中毒物的浓度超标倍数按下式进行计算：

$$B=\frac{M}{M_r}-1$$

式中 M——作业场所实际测定的毒物浓度值，mg/m^3；

M_r——作业场所毒物的职业接触限值，mg/m^3。

对存在多种毒物的作业场所，当这些毒物共同作用于同一器官、系统，或具有相似的毒性作用（如刺激作用等），或已知这些毒物可产生相加作用时，作业场所中毒物的浓度超标倍数按下式进行计算；若非以上情况，分别计算每种毒物的浓度超标倍数值，并取其最大值作为该作业场所的毒物浓度超标倍数值。

$$B=\left(\frac{M_1}{M_{1r}}+\frac{M_2}{M_{2r}}+\cdots+\frac{M_N}{M_{Nr}}\right)-1$$

式中 $M_1, M_2, \cdots, M_N$——作业场所实际测定的各种毒物浓度值，mg/m^3；

$M_{1r}, M_{2r}, \cdots, M_{Nr}$——各种毒物相应的职业接触限值，$mg/m^3$。

（3）分级方法。有毒作业场所的危害程度划分为三级：0级、Ⅰ级和Ⅱ级。其中，0级表示有毒作业场所的危害程度达到标准的要求，Ⅰ级表示超过标准的要求，Ⅱ级表示严重超过标准的要求。

4. 粉尘危害作业场所

粉尘危害作业场所程度分级依据的技术标准为《工作场所职业病危害作业分级 第1部

分：生产性粉尘》(GBZ/T 229.1—2010)。以粉尘超标倍数作为粉尘作业场所危害程度的分级指标，分为0、Ⅰ、Ⅱ三个等级。当$B \leqslant 0$时，危害程度等级为0级（达标级）；当$0 \leqslant B \leqslant 3$时，危害程度等级为Ⅰ级（超标级）；当$B > 3$时，危害程度等级为Ⅱ级（严重超标级）。

粉尘超标倍数B的计算公式为：

$$B = \frac{C_{\text{TWA}}}{C_{\text{PC-TWA}}} - 1$$

式中　C_{TWA}——8h工作日接触粉尘的时间加权平均浓度，mg/m^3；

$C_{\text{PC-TWA}}$——作业场所空气中的粉尘容许浓度，mg/m^3。

5. 高温危害作业场所

高温作业是指有高气温或有强烈的热辐射或伴有高气湿（相对湿度≥80%）相结合的异常作业条件、湿球黑球温度指数（WBGT指数）超过规定限值的作业，包括高温天气作业和工作场所高温作业。高温危害作业场所根据湿球黑球温度指数和接触高温作业时间分为四级（表3-1），级别越高表示强度越大。

WBGT是综合评价人体接触作业环境热负荷的一个基本参量，单位为℃。它由自然湿球温度（T_w）、黑球温度（T_g）以及空气干球温度（T_a）计算获得：

无太阳辐射时（室内或室外）$\text{WBGT} = 0.7T_w + 0.3T_g$

有太阳辐射时（室外）$\text{WBGT} = 0.7T_w + 0.2T_g + 0.1T_a$

表3-1　高温作业分级

接触高温作业时间/min	WBGT指数/℃									
	25～26	27～28	29～30	31～32	33～34	35～36	37～38	39～40	41～42	≥43
≤120	Ⅰ	Ⅰ	Ⅰ	Ⅰ	Ⅱ	Ⅱ	Ⅱ	Ⅲ	Ⅲ	Ⅲ
≥121	Ⅰ	Ⅰ	Ⅱ	Ⅱ	Ⅲ	Ⅲ	Ⅳ	Ⅳ	—	—
≥241	Ⅱ	Ⅱ	Ⅲ	Ⅲ	Ⅳ	Ⅳ	—	—	—	—
≥361	Ⅲ	Ⅲ	Ⅳ	Ⅴ	—	—	—	—	—	—

三、安全评价概述

安全评价是指，以实现安全为目的，应用安全系统工程原理和方法，辨识与分析工程、系统、生产经营活动中的危险因素，做出评价结论的活动。安全评价可针对一个特定的对象，也可针对一定区域范围。

1. 安全评价分类

安全评价按照实施阶段不同分为三类：安全预评价、安全验收评价、安全现状评价。

（1）安全预评价。安全预评价是在项目建设前，根据建设项目可行性研究报告的内容，应用安全评价的原理和方法对系统（工程项目）中存在的危险、有害因素及其危害性进行预测性评价，并提出合理可行的安全对策措施，用以指导建设项目的初步设计。

（2）安全验收评价。安全验收评价是在建设项目竣工、试生产运行正常后，对建设项目的设施、设备、装置实际运行状况进行的安全评价，查找该建设项目投产后可能存在的危险、危害因素，确定其程度并提出合理可行的安全对策措施和建议。

（3）安全现状评价。安全现状评价是针对生产经营活动中、工业园区的事故风险、安全管理等情况，辨识与分析其存在的危险、有害因素，审查确定其与安全生产法律法规、规章、标准、规范要求的符合性，预测发生事故或造成职业危害的可能性及其严重程度，提出科学、合理、可行的安全对策措施和建议，做出安全现状评价结论的活动。

2. 安全评价的程序

安全评价工作可采取由企业自身进行评价，或企业与有关单位合作评价，或邀请外单位专家评价，或委托专业安全评价机构评价等几种方式。各种方式的安全评价程序不尽相同。下面以专业安全评价机构所做的安全评价为例，说明安全评价的程序步骤。

（1）前期准备。准备工作包括明确评价的对象和范围，了解被评价对象的技术概况，选择分析方法，收集国内外相关法律法规、标准、规章、规范等有关资料及事故案例，制订评价工作计划以及准备必要的替代方案等。

（2）辨识与分析危险、有害因素。通过一定的手段，对被评价对象的危险、有害因素进行辨识、分析和判断。要对危险、有害因素的性质、种类、范围和条件，危险发生的实际可能性和危险的严重程度进行分析，并推断危险影响的频率，分析发生危险的时间和空间条件。

（3）划分评价单元。为合理、有序地开展安全评价，应划分评价单元。评价单元的划分应科学、合理，便于实施评价、相对独立且具有明显的特征界限。

（4）定性、定量安全评价。根据评价单元的具体情况，选择应用定性安全评价、定量安全评价或定性、定量相结合的评价方法，开展安全评价，确定其危险等级或发生概率，得出危险程度的明确结论。

（5）提出安全对策措施和建议。根据危险、有害因素辨识及定性、定量安全评价结果，提出有针对性且技术可行、经济合理的安全对策措施和建议，以消除危险或将危险控制在可接受水平；当无法有效控制总体危险水平时，可以提出中断开发或停止使用等措施。

（6）做出安全评价结论。通过定性、定量安全评价，并同既定的安全指标或标准相比较，判明项目所达到的实际安全水平后，应根据客观、公正、真实的原则，严谨、明确地做出安全评价结论。

安全评价结论的内容应高度概括评价结果，从风险管理角度，给出评价对象在评价时与国家有关安全生产的法律法规、标准、规章、规范的符合性结论，事故发生的可能性和严重程度的预测性结论，以及采取安全对策措施后的可能安全状态等。

（7）编制安全评价报告。依据安全评价的结论，编制系统、明确的安全评价报告。报告应全面、概括地反映安全评价过程及全部工作，文字简洁、准确，提出的资料清楚可靠，论点明确，利于阅读和审查。

3. 安全评价方法

安全评价方法可分为定性安全评价、定量安全评价、综合安全评价三类。具体工作中，应该设计（或选用）科学、适用的安全评价方法体系，对具体对象开展安全评价，以客观、真实地评定其实际安全状况，为事故预防和风险控制提供准确、可靠的依据。

定性安全评价法主要是借助对事物的经验知识及其发展变化规律的了解，通过直接分析判断，对生产系统的工艺、设备、设施、环境、人员和管理等方面的状况进行科学的定性分析、判断的一类方法。

定量安全评价方法是运用基于大量实验结果和广泛统计资料分析获得的指标或规律（数学模型），对生产系统的工艺、设备、设施、环境、人员和管理等方面的状况，按照有关标准，应用科学的方法构造和解算数学模型，进行定量评价的一类方法。

综合安全评价法是定性和定量结合的方法。此三种方法详见本章第五～七节。

四、职业病危害评价概述

职业病是指企业事业单位和个体经济组织等用人单位的劳动者在职业活动中，因接触粉尘、放射性物质和其他有毒有害物质等因素而引起的疾病。职业病危害是指职业活动中影响劳动者健康的、存在于生产工艺过程以及劳动过程和生产环境中的各种危害因素的统称，包括各种有害的化学、物理、生物因素以及在作业过程中产生的其他职业有害因素。职业病危害评价是依据国家有关法律、法规和职业卫生标准，对生产经营单位生产过程中产生的职业危害因素进行接触评价，对生产经营单位采取预防控制措施进行效果评价；同时也为作业场所职业卫生监督管理提供技术数据。

1.职业病危害评价的分类

职业病危害评价分为预评价、控制效果评价和现状评价三类。

(1)职业病危害预评价：主要是对建设项目可能产生的职业病危害因素及其对工作场所和劳动者健康的影响作出评价，确定危害类别和职业病防护措施。

(2)职业病危害控制效果评价：是指建设项目试运行期间，对建设项目存在的化学毒物、粉尘、噪声、振动、辐射、致病的生物体等职业性有害因素浓度（强度）进行测定，对粉尘、排毒、通风、照明等各种职业卫生防护设施、辅助设施、应急救援设施和职业卫生管理情况进行评价。

(3)职业病危害现状评价：是指对用人单位工作场所职业病危害因素及其接触水平、职业病防护设施及其他职业病防护措施与效果、职业病危害因素对劳动者的健康影响情况等进行的综合评价。

2.职业病危害评价的内容

职业病危害预评价的内容主要包括选址、总体布局、生产工艺和设备布局、建筑卫生学要求、职业病危害因素和危害程度及对劳动者健康的影响、职业病危害防护设施、辅助用室基本卫生要求、应急救援、个人使用的职业病防护用品、职业卫生管理、职业卫生专项经费概算等。

职业病危害控制效果评价与现状评价的内容主要包括总体布局、生产工艺和设备布局、建筑卫生学要求、职业病危害程度及对劳动者健康的影响、职业病危害防护设施及效果、辅助用室基本卫生要求、应急救援、个人使用的职业病防护用品、职业卫生管理等。

3.职业病危害评价方法

根据建设项目职业病危害评价特点，职业病危害预评价一般采用类比法、检查表法、风险评估法和综合分析法等进行定性和定量评价；控制效果评价与现状评价一般采用现场调查法、检查表法、检测检验法等方法进行定性和定量评价。必要时可采用其他评价方法。

(1)类比法。通过对与拟评价项目相同或相似工程（项目）的职业卫生调查、工作场所职业病危害因素浓度（强度）检测以及对拟评价项目有关的文件、技术资料的分析，类推拟评价项目的职业病危害因素的种类和危害程度，对存在的职业病危害隐患和产生的后果进行风险评估，预测拟采取的职业病危害防护措施的防护效果。

(2)检查表法。依据国家有关职业病防治的法律、法规和技术规范、标准以及操作规程、职业病危害事故案例等，通过对拟评价项目的详细分析和研究，列出检查单元、检查部位、检查项目、检查内容、检查要求等，编制成表，逐项检查符合情况，确定拟评价项目存在的问题、缺陷和潜在危害。

(3)风险评估法。通过对职业病危害的风险评估，确定拟评价项目发生职业病危害事故的可能性和危害程度、承受水平，并按照承受水平采取防护措施，使风险降低到可承受水平。

（4）综合分析法。采取职业流行病学调查、类比分析、经验推断、专家权重、定量分级等方法相结合的原则，多层次、多途径、多方位对拟评价项目进行综合分析和评价。

（5）现场调查法。采用职业卫生学调查方法，了解建设项目生产工艺过程，确定生产过程中存在的职业病危害因素，检查职业病危害防护设施的使用及职业卫生管理的实施情况。

（6）检测检验法。依据国家相关技术规范和标准的要求，通过现场检测和实验室分析，对评价项目作业场所职业病危害因素的浓度或强度以及职业病危害防护设施的防护效果进行评定。

4. 职业病危害评价程序

职业病危害评价程序包括准备阶段、实施阶段、完成阶段。

职业病危害预评价的准备阶段主要工作为接受建设单位委托、签订评价工作合同、收集和研读项目的立项资料和技术资料、进行初步调查分析、编制预评价方案并进行技术审核、确定质量控制原则及要点等。职业病危害控制效果评价与现状评价的准备阶段主要工作为接受建设单位委托，收集和研读职业病危害预评价报告书、卫生健康部门对项目在可行性研究阶段及设计阶段的审查意见及有关技术资料，开展初步现场调查，编制控制效果评价方案并对方案进行技术审核，确定质量控制原则及要点等。

职业病危害评价的实施阶段依据评价方案开展评价工作。职业病危害预评价主要通过工程分析、职业卫生现场调查、类比调查等，对职业病危害因素进行识别，并进行职业病危害因素定性、定量评价及风险评估。控制效果评价与现状评价主要依据评价方案开展工程分析、职业卫生现场调查，并测定工作场所职业病危害因素的浓度（强度）以及职业病危害防护设施的防护效果。

完成阶段的主要工作为汇总、分析实施阶段获取的各种资料、数据，通过分析、评价得出结论，提出对策和建议，完成职业病危害预评价报告书的编制。

第三节　危险有害因素的事故树分析

一、事故树分析概述

1. 事故树分析的基本概念

事故树，是从结果到原因描绘事故发生的有向逻辑树，是用逻辑门连接的树图。事故树分析（fault tree analysis，FTA）是一种逻辑分析工具，遵照逻辑学的演绎分析原则，用于分析所有事故的现象、原因、结果事件及它们的组合，从而找到避免事故的措施。实践证明，事故树分析是对各类事故进行分析、预测和评价的有效方法，可为安全管理提供科学的决策依据，具有重要的推广、应用价值。

2. 事故树分析步骤

事故树分析一般可按下述步骤进行。分析人员在具体分析某一系统时可根据需要和实际条件选取其中的若干步骤。

（1）准备阶段。确定所要分析的系统；熟悉系统，调查系统发生的事故。

（2）事故树的编制。确定事故树的顶事件；调查与顶事件有关的所有原因事件；编制事故树。

（3）事故树定性分析。事故树定性分析主要是按事故树结构，求取事故树的最小割集或最小径集以及基本事件的结构重要度，根据定性分析的结果，确定预防事故的安全保障措施。

（4）事故树定量分析。事故树定量分析主要是根据引起事故发生的各基本事件的发生概率，计算事故树顶事件发生的概率；计算各基本事件的概率重要度和关键重要度。根据定量分析的结果以及事故发生以后可能造成的危害，对系统进行风险分析，以确定安全投资方向。

（5）事故树分析的结果总结与应用。必须及时对事故树分析的结果进行评价、总结，提出改进建议，整理、储存事故树定性和定量分析的全部资料与数据，并注重综合利用各种安全分析的资料，为系统安全性评价与安全性设计提供依据。目前已经开发了多种功能的软件包（如美国的 SETS 和德国的 RISA）进行 FTA 的定性与定量分析，有些 FTA 软件已经通用和商品化。

3. 事故树的符号及其意义

事故树采用的符号包括事件符号、逻辑门符号和转移符号三大类。

（1）事件及事件符号。在事故树分析中各种非正常状态或不正常情况皆称事故事件，各种完好状态或正常情况皆称成功事件，两者均简称为事件。事故树中的每一个节点都表示一个事件。

① 结果事件。结果事件是由其他事件或事件组合导致的事件，它总是位于某个逻辑门的输出端。用矩形符号表示结果事件，如图 3-1(a) 所示。结果事件分为顶事件和中间事件。顶事件是事故树分析中所关心的结果事件，位于事故树的顶端。它总是讨论事故树中逻辑门的输出事件而不是输入事件，即系统可能发生的或实际已经发生的事故结果。中间事件是位于事故树顶事件和底事件之间的结果事件。它既是某个逻辑门的输出事件，又是其他逻辑门的输入事件。

② 底事件。底事件是导致其他事件的原因事件，位于事故树的底部，它总是某个逻辑门的输入事件而不是输出事件。底事件又分为基本原因事件和省略事件。基本原因事件表示导致顶事件发生的最基本的或不能再向下分析的原因或缺陷事件，用图 3-1(b) 中的圆形符号表示；省略事件表示没有必要进一步向下分析或其原因不明确的原因事件，或表示二次事件，即不是本系统的原因事件，而是来自系统之外的原因事件，用图 3-1(c) 中的菱形符号表示。

③ 特殊事件。特殊事件是指在事故树分析中需要表明其特殊性或引起注意的事件。特殊事件又分为开关事件和条件事件。开关事件，又称正常事件，是在正常工作条件下必然发生或必然不发生的事件，用图 3-1(d) 中的方形符号表示；条件事件是限制逻辑门开启的事件，用图 3-1(e) 中的椭圆形符号表示。

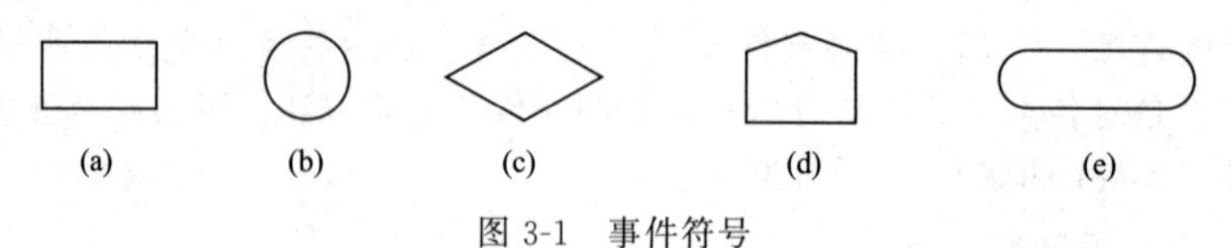

图 3-1　事件符号

（2）逻辑门及其符号。逻辑门是连接各事件并表示其逻辑关系的符号。

① 与门。与门可以连接数个输入事件 E_1，E_2，…，E_n 和一个输出事件 E，表示仅当所有输入事件都发生时，输出事件 E 才发生的逻辑关系。与门符号如图 3-2(a) 所示。

② 或门。或门可以连接数个输入事件 E_1，E_2，…，E_n 和一个输出事件 E，表示至少一个输入事件发生时，输出事件 E 就发生。或门符号如图 3-2(b) 所示。

③ 非门。非门表示输出事件是输入事件的对立事件。非门符号如图 3-2(c) 所示。

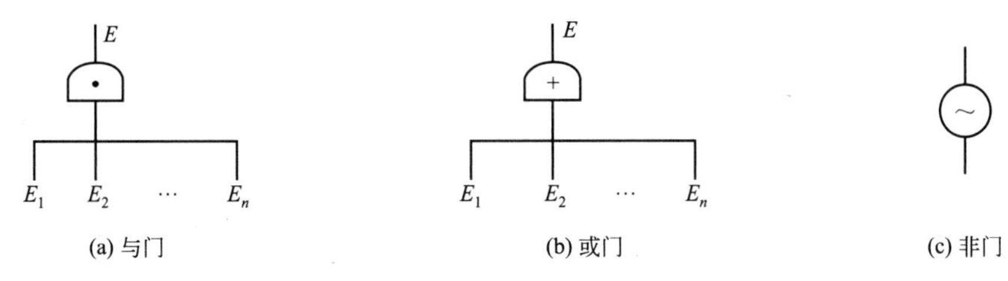

图 3-2　与门、或门、非门符号

④ 特殊门。

a. 表决门。表示仅当输入事件有 m （$m \leqslant n$） 个或 m 个以上同时发生时，输出事件才发生。表决门符号如图 3-3(a) 所示。显然，或门和与门都是表决门的特例。或门是 $m=1$ 时的表决门；与门是 $m=n$ 时的表决门。

b. 异或门。表示仅当单个输入事件发生时，输出事件才发生。异或门符号如图 3-3(b) 所示。

c. 禁门。表示仅当条件事件发生时，输入事件的发生方导致输出事件的发生。禁门符号如图 3-3(c) 所示。

d. 条件与门、条件或门。条件与门表示输入事件不仅同时发生，而且还必须满足条件 A，才会有输出事件发生，如图 3-3(d) 所示；条件或门表示输入事件中至少有一个发生，在满足条件 A 的情况下，输出事件才发生，如图 3-3(e) 所示。

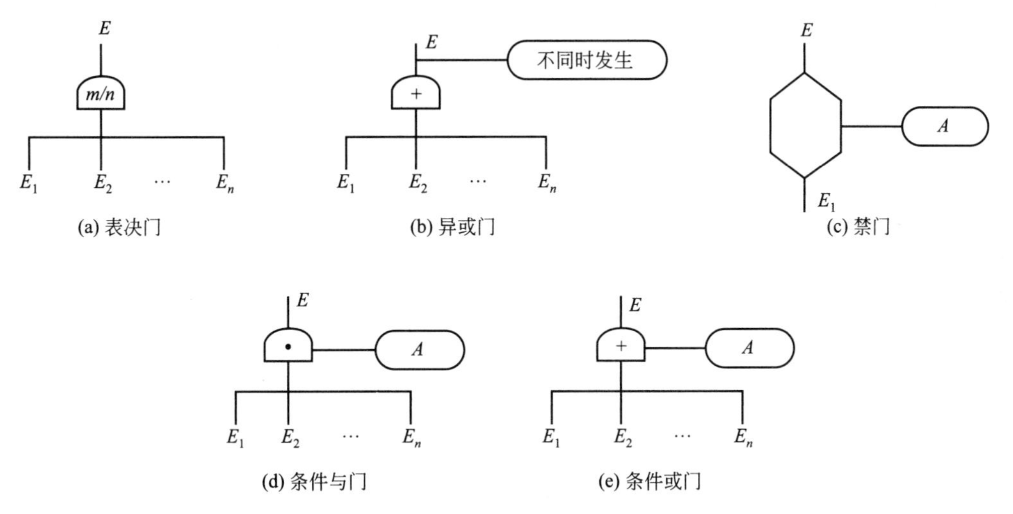

图 3-3　特殊门符号

(3) 转移符号。转移符号如图 3-4 所示。转移符号的作用是表示部分事故树图的转入和转出。当事故规模很大或整个事故树中多处包含有相同的部分树图时，为了简化整个树图便可用转入［图 3-4 (a)］和转出［图 3-4 (b)］符号。

二、事故树的编制

事故树编制是 FTA 中最基本、最关键的环节。编制工作一般应由系统设计人员、操作人员和可靠性分析人员组成的编制小组来完成，经过反复研究，不断深入，才能趋于完善。通过编制过程能使小组人员深入了解系统，发现系统中的薄弱环节，这是编制事故树的首要目的。事故树的编制是否完善直接影响到定性分析与定量分析的结果是否正确，关系到运用

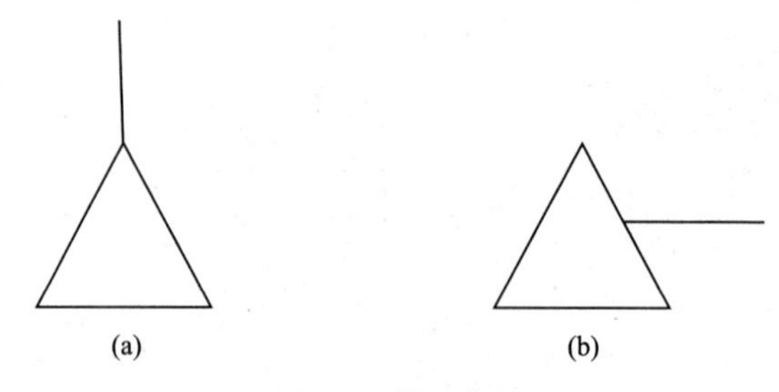

图 3-4　转移符号

FTA 的成败，所以及时进行编制实践中有效的经验总结是非常重要的。编制方法一般分为两类，一类是人工编制，另一类是计算机辅助编制。

事故树的编制过程是一个严密的逻辑推理过程，编制事故树应遵循以下规则：①确定顶事件应优先考虑风险大的事故事件；②合理确定边界条件；③保持门的完整性，不允许门与门直接相连；④确切描述顶事件；⑤编制过程中及编成后，需及时进行合理的简化。

人工编制事故树的常用方法为演绎法，它是通过人的思考去分析顶事件是怎样发生的。演绎法编制时首先确定系统的顶事件，找出直接导致顶事件发生的各种可能因素或因素的组合即中间事件；然后在顶事件与其紧连的中间事件之间，根据其逻辑关系相应地画上逻辑门；最后再对每个中间事件进行类似的分析，找出其直接原因，逐级向下演绎，直到不能分析的基本事件为止。这样就可得到用基本事件符号表示的事故树。

如人工编制的从脚手架上坠落死亡事故树如图 3-5 所示。其中，假设建筑施工不包括搭、拆脚手架，施工人员“从脚手架坠落”也不包括脚手架倒塌坠落。在明确了所分析的系统，对施工现场、作业情况、机械设备、人员配备了解清楚以后，按照上述方法编制。

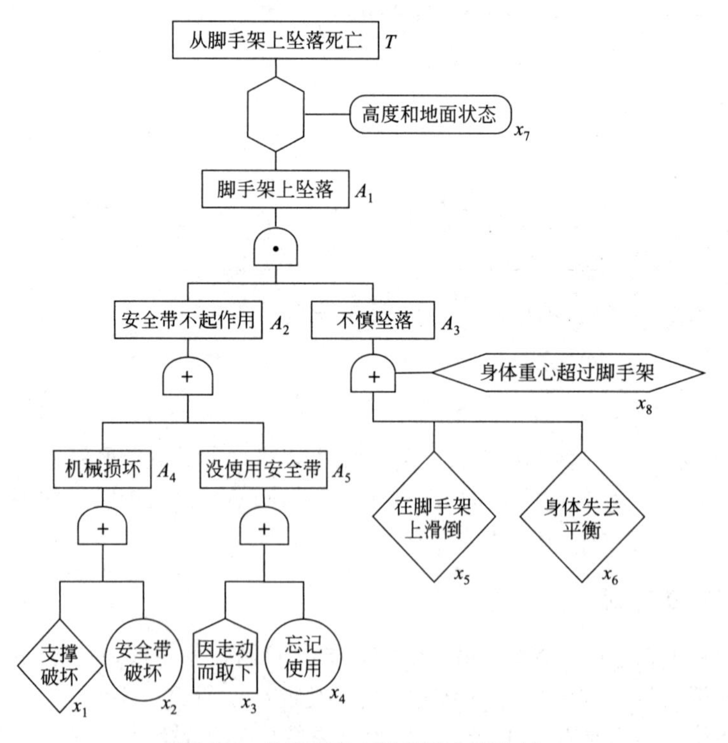

图 3-5　从脚手架上坠落死亡事故树

计算机辅助编制是借助计算机程序在已有系统部件模式分析的基础上，对系统的事故过程进行编辑，从而达到在一定范围内迅速准确地自动编制事故树的目的。计算机编制的主要缺点是分析人员不能对系统进行透彻了解。目前计算机编制的应用还有一定困难，主要是目前还没有规范化、系统化的算法。

三、事故树定性分析

事故树定性分析，是根据事故树求取其最小割集或最小径集，确定顶上事件发生的原因及其对顶上事件的影响程度，为有效地采取预防对策和控制措施，防止同类事故发生提供科学依据。

1. 布尔代数运算定律

布尔代数中，通常把全集 Ω 记作“1”，空集 ϕ 记作“0”，其运算定律包括：

① 结合律，即$(A+B)+C=A+(B+C)$或$(AB)C=A(BC)$；

② 交换律，即 $A+B=B+A$ 或 $AB=BA$；

③ 分配律，即 $A(B+C)=AB+AC$ 或 $A+BC=(A+B)(A+C)$；

④ 互补律，即 $A+A'=\Omega=1$ 或 $AA'=\phi=0$；

⑤ 对合律，即 $(A')'=A$；

⑥ 等幂律，即 $A+A=A$ 或 $AA=A$；

⑦ 吸收律，即 $A+AB=A$ 或 $A(A+B)=A$；

⑧ 重叠律，即 $A+B=A+A'B=B+B'A$；

⑨ 德·摩根律，即 $(A+B)'=A'B'$或 $(AB)'=A'+B'$。

2. 事故树的化简

对事故树进行化简，即利用布尔代数运算定律对事故树的结构式进行整理和化简。以图3-6所示的事故树为例，化简等效图方法如下。

首先写出事故树的结构式：

$$
\begin{aligned}
T&=A_1A_2=(A_3+x_1)(A_4+x_4)\\
&=(x_2x_3+x_1)(A_5x_1+x_4)\\
&=(x_2x_3+x_1)[(x_2+x_4)x_1+x_4]
\end{aligned}
$$

然后，根据布尔代数运算定律对其进行化简：

$$
\begin{aligned}
T&=(x_2x_3+x_1)[(x_2+x_4)x_1+x_4]\\
&=(x_2x_3+x_1)[x_2x_1+x_4x_1+x_4]\\
&=(x_2x_3+x_1)[x_2x_1+x_4]\\
&=x_2x_3x_2x_1+x_2x_3x_4+x_1x_2x_1+x_1x_4\\
&=x_2x_3x_1+x_2x_3x_4+x_1x_2+x_1x_4\\
&=x_1x_2+x_1x_2x_3+x_2x_3x_4+x_1x_4\\
&=x_1x_2+x_2x_3x_4+x_1x_4
\end{aligned}
$$

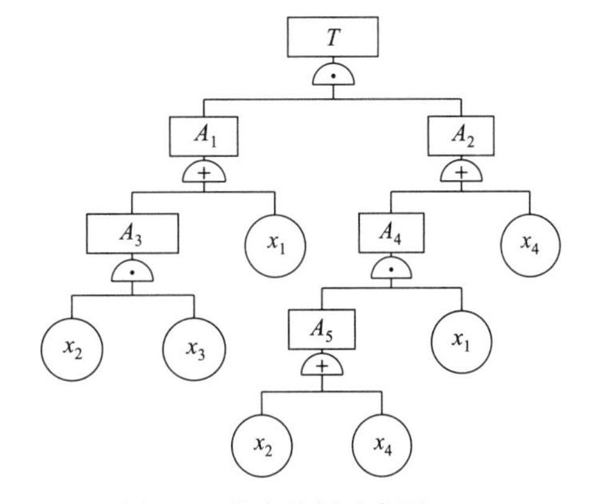

图3-6　某事故树示意图（1）

最后，根据化简后的事故树结构式，作出原事故树的等效图，如图3-7所示。实际进行事故树的化简时，可适当简化上述计算步骤，无须一一写出来。

3. 最小割集与最小径集

在事故树中，把引起顶上事件发生的基本事件的集合称为割集，把不发生的基本事件的集合称为径集。一个事故树中的割集一般不止一个，在这些割集中，能够导致顶上事件发生的最小限度的基本事件集合称为最小割集；保证顶上事件不发生所需要的最小限度的径集称

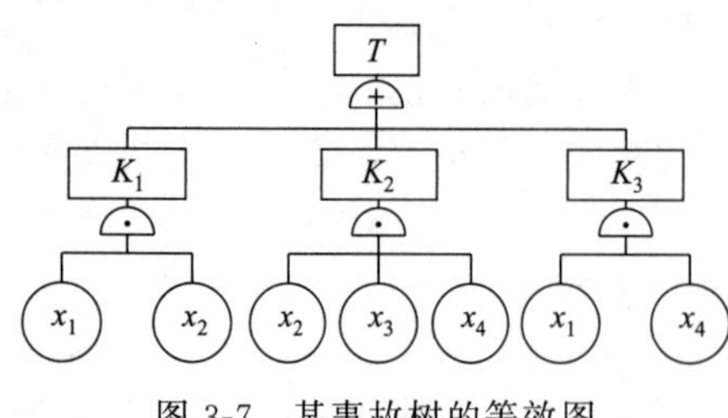

图 3-7 某事故树的等效图

为最小径集。最小割集是系统危险性的一种表示，如果某一最小割集中的基本事件同时发生，事故（顶上事件）就要发生。最小割集还给事故预防工作指明了方向，从最小割集可以粗略地知道，事故最容易通过哪一个途径发生，则这一途径（最小割集）就是重点防范的对象。最小径集是系统安全性的一种表示，如果某一最小径集中的基本事件全部不发生，事故（顶上事件）就不会发生。根据最小径集指出的方向，可以选择防止事故的最佳途径。通过对各个最小径集的比较分析，选择易于控制的最小径集，采取切实可行的安全技术措施，保证该最小径集内的各个基本事件全部不发生，就可以保证系统的安全。

（1）最小割集的求算方法。求取最小割集的方法，有布尔代数化简法、行列法、矩阵法以及模拟法、素数法等，本书仅介绍常用的布尔代数化简法。

用布尔代数化简法求取最小割集，通常分四个步骤进行：

第一步，写出事故树的结构式，即列出其布尔表达式：从事故树的顶上事件开始，逐层用下一层事件代替上一层事件，直至顶上事件被所有基本事件代替为止。

第二步，将布尔表达式整理为与或范式。

第三步，化简与或范式为最简与或范式。化简的普通方法是，对与或范式中的各个交集进行比较，利用布尔代数运算定律（主要是等幂律和吸收律）进行化简，使之满足最简与或范式的条件。

第四步，根据最简与或范式写出最小割集。

例如，对于图 3-8 所示的事故树，可用布尔代数化简法求出其全部最小割集。

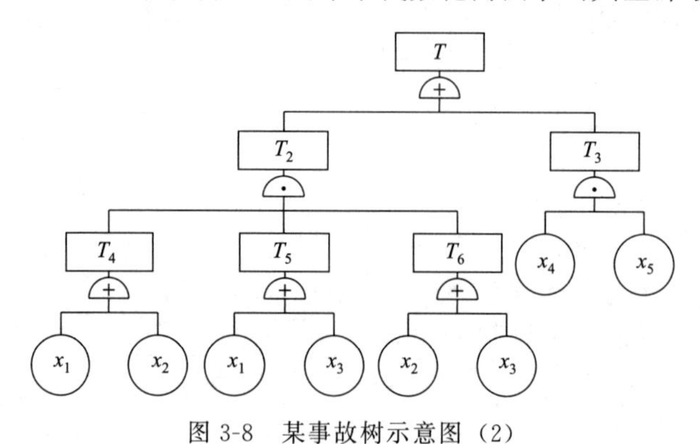

图 3-8 某事故树示意图（2）

先写出事故树的结构式：

$$T=T_2+T_3=T_4T_5T_6+x_4x_5=(x_1+x_2)(x_1+x_3)(x_2+x_3)+x_4x_5$$

再利用布尔代数运算定律，将上式化为最简单的与或范式：

$$T=(x_1+x_2)(x_1+x_3)(x_2+x_3)+x_4x_5=x_1x_2+x_1x_3+x_2x_3+x_4x_5$$

所以，该事故树的最小割集为 4 个，它们分别是：$K_1=\{x_1,x_2\}$、$K_2=\{x_1,x_3\}$、$K_3=\{x_2,x_3\}$、$K_4=\{x_4,x_5\}$。

（2）最小径集的求算方法。求取最小径集的方法，有布尔代数化简法、成功树和行列法等。其中，最常用的是成功树。

根据德・摩根律可知，事件或的补等于补事件的与，事件与的补等于补事件的或，因此，把事故树的事件发生用事件不发生代替，把与门用或门代替，或门用与门代替，得到与原事故树对偶的成功树，就可以利用成功树求出原事故树的最小径集。对于成功树，它的最小割集是使其顶上事件（原事故树顶上事件的补事件）发生的一种途径，即使原事故树顶上事件不发生的一种途径。所以，成功树的最小割集就是原事故树的最小径集。只要求出成功树的最小割集，也就求出了原事故树的最小径集。

例如，对于图 3-8 所示的事故树，可用成功树求最小径集。

第一步，将事故树变为与之对偶的成功树，如图 3-9 所示。

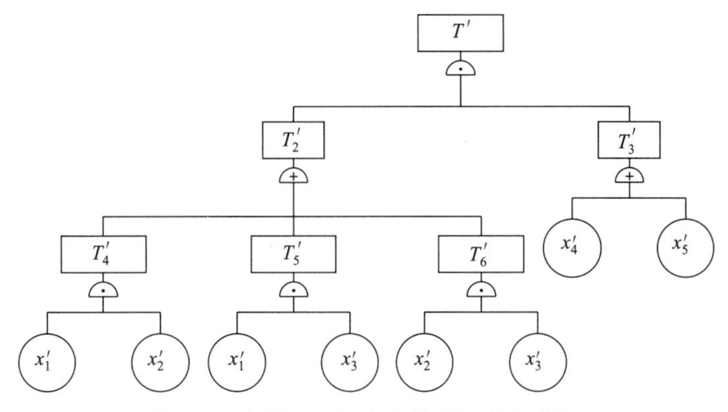

图 3-9　与图 3-8 的事故树对偶的成功树

第二步，用布尔代数化简法求成功树的最小割集：

$$T'=T_2'T_3'=(T_4'+T_5'+T_6')(x_4'+x_5')$$
$$=x_1'x_2'x_4'+x_1'x_2'x_5'+x_1'x_3'x_4'+x_1'x_3'x_5'+x_2'x_3'x_4'+x_2'x_3'x_5'$$

所以，该成功树有 6 个最小割集，即原事故树有 6 个最小径集：$P_1=\{x_1,x_2,x_4\}$、$P_2=\{x_1,x_2,x_5\}$、$P_3=\{x_1,x_3,x_4\}$、$P_4=\{x_1,x_3,x_5\}$、$P_5=\{x_2,x_3,x_4\}$、$P_6=\{x_2,x_3,x_5\}$。

4. 结构重要度分析

结构重要度分析，就是从事故树结构上分析各个基本事件的重要性程度，即在不考虑各基本事件的发生概率，或者说认为各基本事件的发生概率都相等的情况下，分析各基本事件对顶上事件的影响程度。

结构重要度分析的方法有两种。第一种是求结构重要系数，根据系数大小排出各基本事件的结构重要度顺序，是精确的计算方法；第二种是利用最小割集或最小径集，判断结构重要系数的大小，并排出结构重要度顺序。第一种方法精确，但过于烦琐，当事故树规模较大时计算工作量很大；第二种方法虽精确度稍差，但比较简单，是目前常用的方法。本书重点介绍第二种方法。

采用最小割集或最小径集进行结构重要度分析，主要是依据下列几条原则来判断基本事件结构重要系数的大小，并排列出各基本事件的结构重要度顺序，而不求结构重要系数的精确值。

（1）单事件最小割（径）集中的基本事件结构重要系数最大。

（2）仅在同一最小割（径）集中出现的所有基本事件结构重要系数相等。

（3）两基本事件仅出现在基本事件个数相等的若干最小割（径）集中。

在不同最小割（径）集中出现次数相等的各个基本事件，其结构重要系数相等；出现次数多的基本事件结构重要系数大，出现次数少的结构重要系数小。

(4) 两个事件仅出现在基本事件个数不等的若干最小割（径）集中。

这种情况下，基本事件结构重要系数大小的判定原则为：

① 若它们重复在各最小割（径）集中出现的次数相等，则在少事件最小割（径）集中出现的基本事件结构重要系数大。

② 少事件最小割（径）集中出现次数少的基本事件与多事件最小割（径）集中出现次数多的基本事件比较，一般前者的结构重要系数大于后者。

四、事故树定量分析

事故树定量分析中，最主要的工作是计算顶上事件的发生概率，并以顶上事件的发生概率为依据，综合考察事故的风险率，进行安全评价。定量分析还包括概率重要度分析和临界重要度分析。

1. 顶上事件发生概率

顶上事件的发生概率有多种计算方法，现介绍几种常用的方法。需要说明的是，这里介绍的计算方法，是以各个基本事件相互独立为基础的，如果基本事件不是相互独立事件，则不能直接应用这些方法。

(1) 直接分步算法。直接分步算法适合事故树的规模不大，又没有重复的基本事件，无需布尔代数化简时使用。其计算方法是：从底部的逻辑门连接的事件算起，逐次向上推移，直至计算出顶上事件 T 的发生概率。

其中，用“与门”连接的顶事件的发生概率为：

$$P(T)=\prod_{i=1}^{n}q_i \tag{3-1}$$

用“或门”连接的顶事件的发生概率为

$$P(T)=1-\prod_{i=1}^{n}(1-q_i) \tag{3-2}$$

式中，q_i 为第 i 个基本事件的发生概率（i=1、2、…）。

(2) 用最小割集计算顶上事件的发生概率。如果事故树的各个最小割集中彼此无重复事件，就可以按照下式计算顶上事件的发生概率：

$$g=\prod_{r=1}^{k}\prod_{x_i\in k_r}q_i \tag{3-3}$$

式中，x_i 为第 i 个基本事件；k_r 为第 r 个最小割集；k 为最小割集的个数；$x_i\in k_r$ 为第 i 个基本事件属于第 r 个最小割集。

若事故树的各个最小割集中彼此有重复事件时，其顶上事件的发生概率可以用下式计算：

$$g=\sum_{r=1}^{k}\prod_{x_i\in k_r}q_i-\sum_{1\leqslant r<s\leqslant k}\prod_{x_i\in k_r\cup k_s}q_i+\cdots+(-1)^{k-1}\prod_{\substack{r=1\\x_i\in k_r}}^{k}q_i \tag{3-4}$$

式中，r、s 为最小割集的序号；$x_i\in k_r\cup k_s$ 为第 i 个基本事件属于最小割集 k_r 和 k_s 的并集，即或属于第 r 个最小割集，或属于第 s 个最小割集。

某事故树有 3 个最小割集($K_1=\{x_1,x_3\}$、$K_2=\{x_2,x_3\}$、$K_3=\{x_3,x_4\}$)，各基本事件的发生概率分别为 $q_1=0.01$、$q_2=0.02$、$q_3=0.03$、$q_4=0.04$，试求其顶上事件的发生概率。

由于各个最小割集中彼此有重复事件，可根据上述公式计算顶上事件的发生概率：

$$
\begin{aligned}
g &= (q_1q_3+q_2q_3+q_3q_4)-(q_1q_2q_3+q_1q_3q_4+q_2q_3q_4)+q_1q_2q_3q_4 \\
&= (0.01\times0.03+0.02\times0.03+0.03\times0.04) \\
&\quad -(0.01\times0.02\times0.03+0.01\times0.03\times0.04+0.02\times0.03\times0.04) \\
&\quad +0.01\times0.02\times0.03\times0.04 \\
&= 0.0021-0.000042+0.00000024 \\
&= 0.00205824
\end{aligned}
$$

(3) 用最小径集计算顶上事件的发生概率。若各最小径集中彼此间没有重复的基本事件，则可先求最小径集内各基本事件的概率和，再求各最小径集的概率积，从而求出顶上事件的发生概率：

$$
g=\prod_{r=1}^{p}\prod_{x_i\in p_r} q_i \tag{3-5}
$$

式中，p_r 为第 r 个最小径集，即 r 是最小径集的序号；p 为最小径集的个数。

如果事故树的各最小径集中彼此有重复事件，则该式不成立。各最小径集彼此有重复事件时，须将该式展开，消去可能出现的重复因子。通过理论推证，可以用下式计算顶上事件的发生概率：

$$
g=1-\sum_{r=1}^{p}\prod_{x_i\in p_r}(1-q_i)+\sum_{1\leqslant r<s\leqslant p}\prod_{x_i\in p_r\cup p_s}(1-q_i)-\cdots+(-1)^p\prod_{\substack{r=1\\x_i\in p_r}}^{p}(1-q_i) \tag{3-6}
$$

式中，r、s 为最小径集的序号；$x_i\in p_r\cup p_s$ 为第 i 个基本事件属于最小径集 p_r 和 p_s 的并集。

某事故树共有如下 3 个最小径集，试求其顶上事件的发生概率。

$$
p_1=\{x_1,x_4\},p_2=\{x_2,x_4\},p_3=\{x_3,x_5\}
$$

由于各最小径集中有重复事件，则可根据上述公式计算顶上事件的发生概率：

$$
\begin{aligned}
g=1&-[(1-q_1)(1-q_4)+(1-q_2)(1-q_4)+(1-q_3)(1-q_5)] \\
&+[(1-q_1)(1-q_2)(1-q_4)+(1-q_1)(1-q_3)(1-q_4)(1-q_5) \\
&+(1-q_2)(1-q_3)(1-q_4)(1-q_5)] \\
&-[(1-q_1)(1-q_2)(1-q_3)(1-q_4)(1-q_5)]
\end{aligned}
$$

2.概率重要度分析

为了考察基本事件概率的增减对顶上事件发生概率的影响程度，需要应用概率重要度分析。其方法是将顶上事件的发生概率函数 g 对自变量 q_i（i=1、2、…、n）求一次偏导，所得数值为该基本事件的概率重要系数：

$$
I_g(i)=\frac{\partial g}{\partial q_i} \tag{3-7}
$$

式中，$I_g(i)$ 为基本事件 x_i 的概率重要系数。

概率重要系数 $I_g(i)$ 也就是顶上事件的发生概率对基本事件 x_i 发生概率的变化率，据此即可评定各基本事件的概率重要度。根据各基个事件概率重要系数的大小，就可以知道降低哪个基本事件的发生概率，能够迅速、有效地降低顶上事件的发生概率。

某事故树有 4 个最小割集（$K_1=\{x_1,x_3\}$、$K_2=\{x_1,x_5\}$、$K_3=\{x_3,x_4\}$、$K_4=\{x_2,x_4,x_5\}$），各基本事件的发生概率分别为 $q_1=0.01$、$q_2=0.02$、$q_3=0.03$、$q_4=0.04$、$q_5=0.05$，试进行概率重要度分析。

其顶上事件的发生概率函数 g 为：

$$\begin{aligned} g=&(q_1q_3+q_1q_5+q_3q_4+q_2q_4q_5)\\ &-(q_1q_3q_5+q_1q_3q_4+q_1q_2q_3q_4q_5+q_1q_3q_4q_5+q_1q_2q_4q_5+q_2q_3q_4q_5)\\ &+(q_1q_3q_4q_5+q_1q_2q_3q_4q_5+q_1q_2q_3q_4q_5+q_1q_2q_3q_4q_5)\\ &-q_1q_2q_3q_4q_5 \end{aligned}$$

根据该式，即可由上述概率重要系数公式求出各基本事件的概率重要系数［$I_g(1)=0.0773$；$I_g(2)=0.0019$；$I_g(3)=0.049$；$I_g(4)=0.031$，$I_g(5)=0.010$］，从而排列出各基本事件的概率重要度顺序为：$I_g(1)>I_g(3)>I_g(4)>I_g(5)>I_g(2)$。

3. 临界重要度分析

临界重要度分析是综合基本事件的发生概率对顶上事件发生的影响程度和该基本事件发生概率的大小，来评价各基本事件的重要程度。其方法是求临界重要系数 $CI_g(i)$。$CI_g(i)$ 表示基本事件发生概率的变化率与顶上事件发生概率的变化率之比：

$$CI_g(i)=\frac{\dfrac{\Delta g}{g}}{\dfrac{\Delta q_i}{q_i}}$$

或

$$CI_g(i)=\frac{\partial \ln g}{\partial \ln q_i}$$

通过公式变换，亦可由下式计算临界重要系数：

$$CI_g(i)=\frac{q_i}{g}I_g(i) \tag{3-8}$$

某事故树有 4 个最小割集（$K_1=\{x_1,x_3\}$、$K_2=\{x_1,x_5\}$、$K_3=\{x_3,x_4\}$、$K_4=\{x_2,x_4,x_5\}$），各基本事件的发生概率分别为 $q_1=0.01$、$q_2=0.02$、$q_3=0.03$、$q_4=0.04$、$q_5=0.05$，试进行临界重要度分析。

顶上事件的发生概率函数 g 为：

$$\begin{aligned} g=&q_1q_3+q_1q_5+q_3q_4+q_2q_4q_5-q_1q_3q_5-q_1q_3q_4\\ &-q_1q_2q_4q_5-q_2q_3q_4q_5+q_1q_2q_3q_4q_5 \end{aligned}$$

代入各基本事件的发生概率值，得 $g=0.002011412$。

根据上述临界重要系数公式有：

$$CI_g(1)=\frac{q_1}{g}I_g(1)=\frac{0.01}{0.002011412}\times 0.0773\approx 0.3843$$

同样，可求得其他各基本事件的临界重要系数为：

$$CI_g(2)\approx 0.0189,\ CI_g(3)\approx 0.7308,\ CI_g(4)\approx 0.6165,\ CI_g(5)\approx 0.2486$$

各基本事件的临界重要度顺序如下：

$$CI_g(3)>CI_g(4)>CI_g(1)>CI_g(5)>CI_g(2)$$

第四节　危险有害因素的其他分析方法

1. 安全检查表

安全检查表（safety check list，SCL），是最基本的一种系统安全分析方法。为了查明系统中的不安全因素，以提问的形式，将需要检查的项目按系统或子系统顺序编制而成的表格，叫作安全检查表。安全检查表实际上是实施安全检查的项目清单和备忘录。安全检查表的内容一般包括检查时间、检查单位、检查部位、检查结果、安全要求整改期限、整改负责人、安全检查内容、结论与说明等。

安全检查的对象和目的不同，所采用的安全检查表也不尽相同，因此需要编制多种类型的安全检查表。根据检查周期的不同，可将安全检查表分为定期安全检查表和不定期安全检查表；根据检查的目的不同，即安全检查表的不同用途，可分为设计审查用安全检查表、厂用安全检查表、车间用安全检查表、班组及岗位用安全检查表和专业性安全检查表等。

最简单的安全检查表只有四个栏目，即序号、检查项目、回答（“是”“否”栏）和备注（注明措施、要求或其他事项）。为了提高检查效果，可以通过增设栏目使安全检查表进一步具体化。例如，可以增加“标准及要求”栏目，列出各检查项目的检查标准、要求及有关规定，使检查者和被检查者明确应该怎样做、做到什么程度（表 3-2）；还可以增设“处理意见”和“处理日期”等栏目，以便于及时解决存在的问题，确保系统安全（表 3-3）。

安全检查要在表末或表头注明被检查对象（地点等）、检查者和（或）检查日期等信息，以备安全管理工作中应用。

表 3-2　某厂桥式起重设备岗位安全检查表

序号	检查项目	标准及要求	标准依据	检查情况					
				1	2	3	4	5	6
1	操作室电气柜门是否完好	完整关严	国发(56)40						
2	电铃是否完好	完好、声音清晰	16 条						
3	紧急开关	可靠	27 条						
4	大、小钩限位器	完好	10 条						
5	大、小车极限	完好	19 条						
6	仓门、栏杆开关	完好	24 条						
7	各部制动器是否完好	完好	15 条						
8	照明是否完好	工作区明亮	(56)40						
9	外露传动部分防护保护罩	完好、可靠	18 条						
10	钢丝绳是否完好	完好	65 条						
11	走梯、平台、走台栏杆是否完好	完好	GB 4053						
岗位工人签字				1		3		5	
				2		4		6	

注：1. 将检查情况在小格内打“√”或“×”；

2. 发现问题填附表上报车间解决。

表 3-3　运输系统安全检查表

序号	检查内容	检查结果	处理意见	负责人
1	副井上下把关人员是否严守岗位			
2	上下物料的操作程序是否正确			
3	电机车司机是否持证上岗			
4	电机车是否超速行驶			
5	电机车喇叭和照明尾灯是否完好			

续表

序号	检查内容	检查结果	处理意见	负责人
6	大巷运输信号灯是否完好			
7	扳道工是否坚守岗位			
8	大巷中是否有扒、蹬、跳和坐重车现象			
9	电机车闸皮是否可靠			
10	挡车器、阻车器是否灵活可靠			
11	绞车是否完好，是否按规定使用护绳			
12	绞车固定是否牢固可靠，方向是否合适			
13	绞车信号是否按规定设置，是否灵敏可靠			
14	绞车司机是否持证上岗			
15	绞车钢丝绳是否完好，是否有超挂车现象			
16	胶带机司机是否持证上岗			
17	跨越胶带处是否有过桥			
18	是否有人违章乘坐			
19	胶带信号装置是否完备、可靠			
20	胶带机头的照明情况是否符合规定			

检查时间：　　　　　　检查人：

2.预先危险性分析

预先危险性分析（preliminary hazard analysis，PHA）也称为危险性预先分析，是在一项工程活动（设计、施工、生产运行、维修等）之前，首先对系统可能存在的主要危险源、危险性类别、出现条件和导致事故的后果所作的宏观、概略分析，是一种定性分析、评价系统内危险因素的危险程度的方法。

预先危险性分析的目的是，尽量防止采取不安全的技术路线，避免使用危险性物质、工艺和设备；如果必须使用，也可以从设计和工艺上考虑采取安全防护措施，使这些危险性不致发展成为事故。

预先危险性分析主要用于新系统设计、已有系统改造之前的方案设计、选址阶段，在人们还没有掌握该系统详细资料的时候，用来分析、辨识可能出现或已经存在的危险因素，并尽可能在付诸实施之前找出预防、改正、补救措施，消除或控制危险因素。预先危险性分析的特点在于在系统开发的初期就可以识别、控制危险因素，用最小的代价消除或减少系统中的危险因素，从而为制定整个系统寿命期间的安全操作规程提供依据。

进行预先危险性分析时，一般是利用安全检查表、经验和技术先查明危险因素的存在方位，然后识别使危险因素演变为事故的触发因素和必要条件，对可能出现的事故后果进行分析，并采取相应的措施。

预先危险性分析大体分为下面5个步骤：

（1）熟悉系统。在对系统进行危险性分析之前，首先要对系统的目的、工艺流程、操作运行条件、周围环境作充分的调查了解。然后在此基础上，请熟悉系统的有关人员进行充分的讨论研究，根据过去的经验、资料以及同类系统过去发生过的事故信息，分析对象系统是否也会出现类似情况和可能发生的事故。

（2）辨识危险因素。根据系统具体状况，采取合理的危险因素辨识方法，查找能够造成人员伤亡、财产损失和系统完不成任务的危险因素。

（3）识别转化条件。研究危险因素转变为危险状态的触发条件，即找出“触发事件”；确定危险状态转变为事故（或灾害）的必要条件，即确定“形成事故的原因事件”。

（4）确定危险因素的危险等级。按照危险因素形成事故的可能性和损失的严重程度，划分其危险等级，以便按照轻重缓急采取危险控制措施。

（5）制定危险控制措施。根据危险因素的危险等级，制定并实施危险控制措施。

危险性查出后，为了按照轻重缓急采取安全防护措施，对预计到的危险因素加以控制，需要按其形成事故的可能性和损失的严重程度确定危险等级。

一般划分为下列4个等级（经常用罗马数字标识）：

1级：安全的，尚不能造成事故。

2级：临界的，处于事故的边缘状态，暂时还不会造成人员伤亡和财产损失，应当予以排除或采取控制措施。

3级：危险的，必然会造成人员伤亡和财产损失，要立即采取措施。

4级：灾难的（破坏性的），会造成灾难性事故（多人伤亡、系统损毁），必须立即排除。

某铁矿山立井提升系统的预先危险性分析见表3-4。应按照表中所提的对策开展安全工作，严防提升伤害事故的发生。

表3-4　某铁矿山立井提升系统预先危险性分析表

危险因素	事故原因	事故结果	危险等级	防治对策
卷扬机安全缺陷	制动不可靠、不灵敏、失效或无过卷保护装置	人员伤亡	3	检查、维修，完善制动装置和过卷保护装置
提升系统及钢丝绳安全缺陷	使用前未进行检验、试验，使用时未做到定期检测，安全系数不符合安全要求	伤亡事故	3	做好施工组织设计，提升吊挂系统应符合安全要求，定期进行检查、检验和监测，发现问题及时更换；井口设置封口盘，封口盘上设井盖门及围栏
罐笼运行安全缺陷	罐笼超载，提升速度过快，未安装安全伞，无稳绳运行阶段过长	人员伤亡	3	按规程要求提升罐笼，严禁超载、超速，并按规定安装安全伞，采用符合安全要求的提升钩头
人员操作失误	没有做到持证上岗，违章作业，对信号操作、判断失误	伤亡事故	3	对操作人员进行安全培训，严禁“三违”现象的发生
罐笼梁及梁销、各悬挂及连接装置安全缺陷	使用前未详细检查，使用不符合安全要求的连接装置，未按要求进行拉力试验	人员伤亡、悬挂系统损坏	4	对连接装置按规程要求进行试验、维护、检修，保证牢固并安全运行，及时更换不合格的部件
信号失误	信号工未按要求发出信号	伤亡事故	3	信号工要严格按规程操作
罐笼防坠器缺陷	使用前未详细检查，使用不符合安全要求的防坠器	伤亡事故	3	对防坠器按规程要求进行检查、试验、维护、检修，保证防坠器终端载荷符合要求

3. 故障类型和影响分析

故障类型和影响分析（failure modes and effects analysis，FMEA）是系统安全分析的重要方法之一。它是根据系统可分的特性，按实际需要分析的深度，把系统分割成子系统，或进一步分割成元件，然后逐个分析各部分可能发生的所有故障类型及其对子系统和系统产生的影响，以便采取相应措施，提高系统的安全性。

有些故障类型可能导致人员伤亡或系统损坏，可单独对这种“致命”的事故类型做进一步的致命度分析（criticality analysis，CA）。致命度分析一般都与故障类型和影响分析合用，称为故障类型影响与致命度分析，缩写为 FMECA。

致命度分析的目的在于评价每种故障类型的危险程度，通常采用概率-严重度来评价故障类型的危险程度。概率是指故障类型发生的概率，严重度是指故障后果的严重程度。

（1）熟悉系统。FMEA 之前，首先要熟悉系统的有关资料，了解系统组成情况，明确系统、子系统、元件的功能及其相互关系以及系统的工作原理、工艺流程及有关参数等。

（2）确定分析深度。根据分析目的确定系统的分析深度。将 FMEA 用于系统的安全设计，应进行详细分析，直至元件；用于系统的安全管理，则允许分析得粗一些，可以把某些功能件（由若干元件组成的、具有独立功能的组合部分）视为元件分析，如泵、电动机、储罐等。按照分析目的确定分析的深度，既可避免分析时漏掉重要的故障类型，得不到有用的数据，又可防止分析工作过于烦琐。

（3）绘制系统功能框图或可靠性框图。绘制系统功能框图和可靠性框图的目的是，从系统功能和可靠性方面弄清系统的构成情况，并以此作为故障类型和影响分析的出发点，正确分析元件的故障类型对子系统、系统的影响。功能框图是描绘各子系统及其所包含功能件的功能以及相互关系的框图。

（4）列出所有故障类型并分析其影响。按照框图绘出的与系统功能和可靠性有关的部件、元件，根据过去的经验和有关故障资料数据，列出所有可能的故障类型，并分析其对子系统、系统以及人身安全的影响。

（5）划分故障等级。按照各个故障类型的影响程度，通过上述方法划分故障等级。

（6）分析构成故障类型的原因及其检测方法。分析构成各种故障类型的原因，确定其检测方法。

（7）汇总结果和提出改正措施。按照规范的格式汇总分析结果，提出每种故障类型的改正措施，编制完成故障类型和影响分析表。

某起重机制动装置和钢丝绳的部分故障类型影响和致命度分析见表 3-5。

表 3-5　某起重机故障类型影响和致命度分析

名称	组成元素	故障类型	故障原因	故障影响	危险程度	发生概率	检查方法	校正措施
防过卷装置	电器零件	动作不可靠	零件失修	误动作	大	1×10^{-2}	通电检查	立即维修
	机械部分	变形、生锈	使用过久	损坏	中	1×10^{-4}	观察	警惕
	制动瓦块	间隙过大	螺钉松动	制动失灵	大	1×10^{-3}	观察	及时紧固
钢丝绳	绳股	变形、扭结	使用过久	绳断裂	中	1×10^{-4}	观察	及时更换
	钢丝	断丝 15%	使用过久	绳断裂	大	1×10^{-1}	检查	立即更换

注：1. 危险程度分为：大，危险；中，临界；小，安全。

2. 应急措施：立即停止作业，及时检修，注意。

3. 发生概率：非常容易发生，1×10^{-1}；容易发生，1×10^{-2}；偶尔发生，1×10^{-3}；不常发生，1×10^{-4}；几乎不发生，1×10^{-5}；很难发生，10^{-6}。

4. 危险和可操作性研究

危险和可操作性研究（hazard and operability analysis，HAZOP），是一种对工艺过程中的危险因素实行严格审查和控制的技术。它通过引导词（也称为关键词）和标准格式寻找工艺偏差，以辨识系统存在的危险因素，并根据其可能造成的影响大小，确定防止危险发展为事故的对策。目前，该方法广泛应用于化工、机械、仓储、运输系统。

危险和可操作性研究的分析基本步骤如下：

（1）建立研究组，明确任务，了解研究对象。开展可操作性研究，必须先建立一个有各方面专家参加的研究组，并配备一名有经验的课题负责人；同时，要明确研究组的任务，是解决系统安全问题，还是产品质量、环境影响问题。然后，对研究对象进行详细了解和说明。

（2）将研究对象划分成若干适当的部分，明确其应有功能，说明其理想的运行过程和运行状态。

（3）通过系统地应用预先给定的关键词寻找与应有功能不相符合的偏差，并写出造成偏差的可能原因。

（4）从这些可能的原因中圈定实际存在的原因，即从假设的原因确定实际可能发生的原因。

（5）对有重要影响的实际存在的原因提出有效对策。

（6）编制危险与可操作性研究表格。在上述分析的基础上，编制出完整的危险与可操作性研究表格。

如图 3-10 所示某废气洗涤系统中，废气中的主要危险有害气体包括 HCl 气体和 CO 气体。其洗涤流程如下：为了稀释废气中 CO 气体和 HCl 气体的浓度，在洗涤废气之前先向废气中通入一定量的氮气，然后再进行洗涤。首先，进入 NaOH 溶液反应器，会吸收空气中的氧气进来，跟 CO 起反应燃烧，然后，产生 CO_2 排放到大气中。

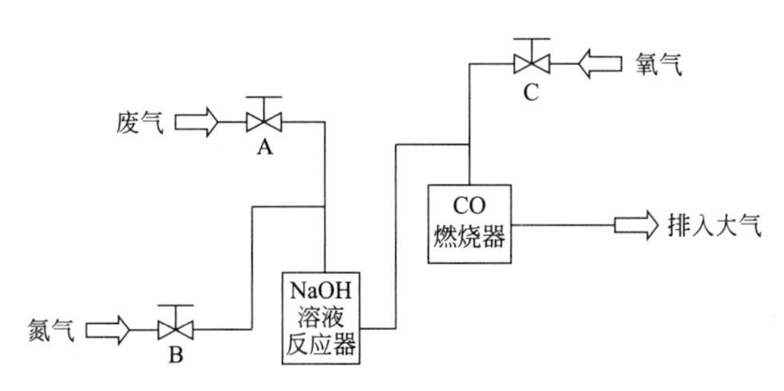

图 3-10　某废气洗涤系统图

对该系统中的氮气流量进行危险与可操作性研究，即以氮气“流量”为工艺参数，与各关键词相结合开展研究，其结果如表 3-6 所示。

表 3-6　某废气洗涤系统的氮气流量危险与可操作性研究

关键词	偏差	原因	后果	措施
MORE（多）	氮气流量偏高	① 人为设定失误，通入过量氮气 ② 阀门 B 失效，阀门开度过大	造成废气进料稀释过低及氮气浪费	① 安装备用控制阀 ② 在氮气管线上设置流量指示和压力指示计
LESS/NONE（少/没有）	氮气流量偏低或没有	① 人为设定失误，通入过少氮气 ② 阀门 B 失效，阀门开度过小 ③ 氮气来源不足 ④ 管道破损泄漏	严重时不能将废气中的 CO 浓度降至爆炸下限以下，可能引发火灾爆炸事故；在设备内部可能留有有害气体，对作业和维修人员造成损害	① 安装备用控制阀 ② 在氮气管线上设置流量指示和压力指示计 ③ NaOH 溶液反应器出口设置低流量指示警报器 ④ CO 氧化反应器设置温度警报和连锁系统 ⑤ 维修人员在维修过程中必修使用呼吸防护器具

续表

关键词	偏差	原因	后果	措施
PART OF（部分）	只有一部分氮气	同“氮气流量偏低”	同“氮气流量偏低”	同“氮气流量偏低”
REVERSE（相反）	氮气反向流动	① 氧气源失效导致反向流动 ② 由于背压而倒流	CO 燃烧不正常，有可能引起反应失控	① 在管线上安装止逆阀 ② 安装高温报警器，以警告操作者
OTHER THAN（其他）	除氮气外的其他物质	① 大气被污染 ② 同 NaOH 或 CO、氧气反应	洗涤能力下降，污染大气，甚至反应失控引发爆炸	① 确保氮气来源可靠 ② 安装止逆阀 ③ 安装高温报警器

5. 事件树分析

事件树分析（event tree analysis，ETA）是安全系统工程中重要的系统安全分析方法之一，其理论基础是系统工程的决策论。它是从某一初因事件开始，顺序分析各环节事件成功或失败的发展变化过程，并预测各种可能结果的分析方法，即时序逻辑的分析方法。任何事故都是一个多环节事件发展变化过程的结果，因此事件树分析也称为事故过程分析。其实质是利用逻辑思维的规律和形式，分析事故的起因、发展和结果的整个过程。事件树分析适合多环节事件或多重保护系统的危险性分析，应用十分广泛。

事件树分析大致按如下 4 个步骤进行。

（1）确定系统及其组成要素。也就是明确所分析的对象及范围，找出系统的构成要素，以便于展开分析。

（2）对各子系统（要素）进行分析。也就是分析各要素的因果关系，并对其成功与失败两种状态进行分析。

（3）编制事件树。根据因果关系及状态，从初始事件开始由左向右展开编制事件树；根据所做出的事件树，进行定性分析，说明分析结果，明确系统发生事故的动态过程。

（4）定量计算。标示各要素成功与失败的概率值，求出系统各个状态的概率，并求出系统发生事故的概率值。

作事件树定性分析时，只需进行前 3 步。

目前，对各类事故进行事件树分析时，由于各个中间事件的概率值很难确定，定量计算很难进行，因此往往只进行定性分析。

某汽车厂机械维修工人在安装汽车发动机清洗设备的升降装置时，由于钻削困难，脚手架不合适，维修工人对此工作又不熟练，反应迟钝，地理条件差等原因，造成从脚手架上摔下死亡事件。

分析这一事故，如果在装配之前进行钻孔，既安全，效率又高，不会发生摔下死亡事故。若装配之后，在较高的高度处钻孔加工，如果不用脚手架，用作业平台，则不会发生摔下事件；如果使用不合规的不安全脚手架，但在钻通之前不用力，孔不会夹住钻头，则不会发生摔下事件；如果使用不安全脚手架，且工人不熟悉电钻加工，但运动精神敏捷，也会取得平衡，不会发生摔下事故；如果工人不熟悉电钻加工，在钻头夹住后，用力晃动，紧按脚手架，则不会摔下；否则，发生摔下事件。据此作出该事故的事件树，如图 3-11 所示。从该事件树中，可以明显地看出可能发生的各种事故以及避免事故的途径。

6. 质量管理工具分析

质量管理工具分析是质量管理工具在危险有害因素分析的应用。在危险有害因素分析应

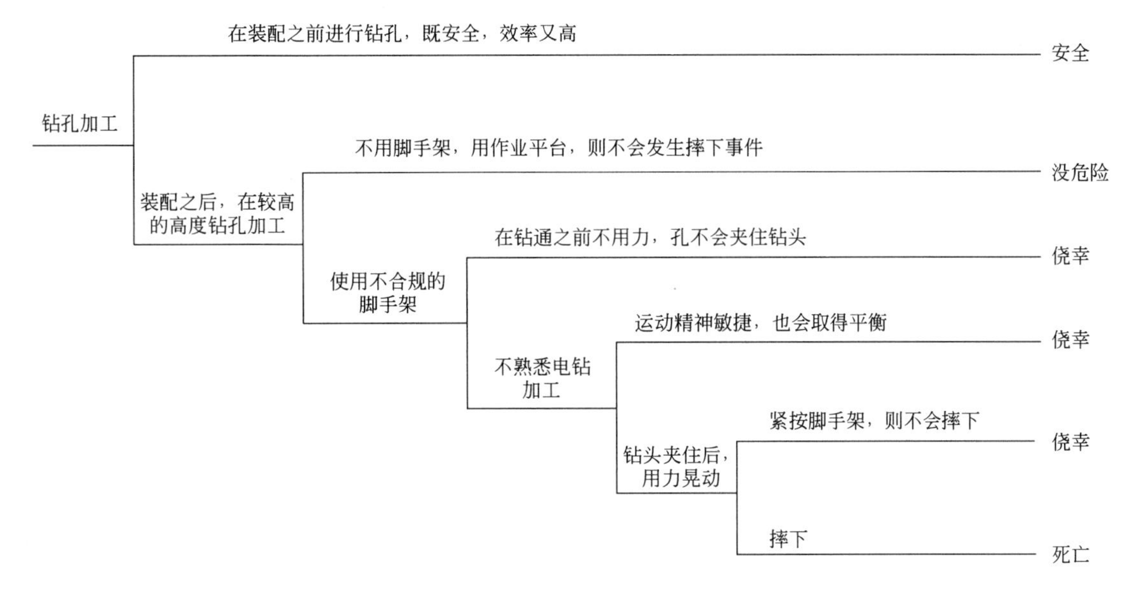

图 3-11　维修工人从清洗装置上摔下死亡的事件树

用的质量管理老工具主要是因果关系图，或称鱼刺图；质量管理新工具有关联图、亲和图、系统图、矩阵图等，如第一章所述。

第五节　定性安全评价法

定性评价不需要精确的数据和计算，实行起来比较容易。定性安全评价的主要目的是解决下述问题：①按次序揭示系统、子系统中存在的所有危险性；②大致对危险性进行重要程度的分类；③在工程设计之前使用，提醒人们选用较安全的工艺和材料；④帮助制定和修改有关安全操作的规章制度，用来进行安全教育；⑤作为安全监督检查的依据；⑥为定量安全评价做好准备工作。

危险有害因素辨识分析方法中的安全检查表、预先危险性分析、故障类型和影响分析、事件树分析法均可用于定性安全评价，本节主要介绍本章前几节未介绍的逐项赋值评价法、作业条件的危险性评价、风险矩阵评价法。

一、逐项赋值评价法

逐项赋值评价法的应用范围较大，主要针对安全检查表的每一项检查内容，按其重要程度的不同，由专家讨论赋予一定的分值。评价时，单项检查完全合格者给满分，部分合格者按规定的标准给分，完全不合格者记零分。这样逐项地检查评分，最后累计各项得分，便得到系统安全评价的总分。根据实际评价得分多少，按规定的标准来确定评价系统的安全等级。例如，我国《危险化学品从业单位安全标准化通用规范》的安全评价表就是这样计分的。安全标准化规范包括 10 个一级评价要素、53 个二级评价要素，并附有相应的安全评价检查表，作为各单项评价时的依据。安全评价检查表包括了对企业生产和经营管理的主要安全要求，实用性较强，为广泛开展安全评价工作提供了便利条件。危险化学品从业单位安全标准化作业安全检查表如表 3-7 所示。

表 3-7　危险化学品从业单位安全标准化作业安全检查表

考核要素	考核内容	评分标准	应得分/分	实得分/分
作业证	对动火作业、进入有限空间作业、动土作业、临时用电作业、高处作业等实施作业许可证管理，履行严格的审批手续	查作业许可证，每项不符合扣2分，扣完为止	25	
警示标志	1.在易燃易爆、有毒有害场所的适当位置张贴警示标志和告知牌 2.产生职业病危害的企业，应在醒目位置设置公告栏，公布有关职业病防治的规章制度、操作规程、职业病危害事故应急救援措施和工作场所职业病危害因素检测结果 3.在可能产生严重职业病危害作业岗位的醒目位置设置警示标志和中文警示说明，告知产生职业病危害的种类、后果、预防及应急救治措施等内容 4.在检维修、施工、吊装等作业现场设置警戒区域和警示标志	1.本项5分。查看现场，每项不符合扣1分 2.本项2分。查看现场，每项不符合扣1分 3.本项3分。查看现场，每项不符合扣1分 4.本项5分。查看现场，每项不符合扣2分	15	
直接作业环节	1.对动火作业、进入受限空间作业、临时用电作业、高处作业、起重作业、动土作业、高温作业等直接作业环节进行风险分析，制定控制措施，配备、使用安全防护用品，配备监护人员 2.对承包商施工作业现场进行安全管理，发现问题提出整改要求 3.制定和履行严格的危化品储存、出入库安全管理制度及运输、装卸安全管理制度，规范作业行为，减少事故发生	1.本项15分。检查风险分析、控制措施及现场察看，每项不符合扣2分，扣完为止 2.本项5分。检查记录及现场察看，每项不符合扣1分，扣完为止 3.本项5分。无管理制度扣2分。查看现场，每项不符合扣1分，扣完为止	25	
分包商	1.建立承包商管理制度，对承包商资格预审、选择、开工前准备、作业过程监督、表现评价、续用等进行管理，建立承包商档案 2.建立供应商管理制度，制定资格预审、选用和续用标准，并经常识别与采购有关的风险	1.本项10分。每项不符合扣1分。未建立档案扣3分。档案不全，每项不符合扣1分，扣完为止 2.本项5分。未经常识别与采购有关的风险扣2分。其他每项不符合扣1分，扣完为止	15	
变更	1.建立变更管理制度，对人员、管理、工艺、技术设施等永久性或暂时性的变化进行有计划的控制 2.变更的实施应履行审批及验收程序 3.对变更过程及变更所产生的风险进行分析和控制	1.本项5分。无变更管理制度扣5分。内容中每项不符合扣1分，扣完为止 2.本项8分。查记录，每项不符合扣1分。未履行审批及验收程序每次扣3分，扣完为止 3.本项7分。未进行风险分析扣3分，控制措施不符合扣2分，扣完为止	20	
合计			100	

二、作业条件的危险性评价

作业条件危险性评价法用于评价具有潜在危险性环境中作业时的危险性大小，其基础方法是 *LEC* 评价法。各种作业情况的安全风险一般采用此法评价。

在某种环境条件下进行作业时，总是具有一定程度的潜在危险。美国学者 Kennth J Graham 和 Gilbert F Kinney 认为，影响危险性的主要因素有 3 个：①发生事故或危险事件的可能性；②暴露于危险环境中的时间；③发生事故后可能产生的后果。因此，某种作业条件的危险性分数值 D 可用下式计算：

$$D=LEC \tag{3-9}$$

式中，L 为事故或危险事件发生的可能性分数值；E 为暴露于危险环境中时间长短的分数值；C 为事故或危险事件后果的分数值。

事故或危险事件发生的可能性大小差别是很大的。这种评价方法中，将实际不可能发生的情况作为评分的参考点，规定其可能性分数值为 0.1，将完全出乎预料而不可预测，但有极小可能性的情况定为 1，将完全可以预料到的情况定为 10，并规定了其他各种情况的可能性分数值，如表 3-8 所示。

暴露于危险环境中的时间越长，受到伤害的可能性越大，即危险性越大。这种评价法规定，连续暴露于危险环境中的分数值为 10，每年仅出现几次时的分数值为 1，并以这两种情况作为参考点，规定了其他各种情况的暴露分数值，如表 3-9 所示。

表 3-8 事故或危险事件发生的可能性分数值

事故或危险事件发生的可能性	分数值
完全会被预料到	10
相当可能	6
不经常	3
完全意外、极少可能	1
可以设想，但绝少可能	0.5
极不可能	0.2
实际上不可能	0.1

表 3-9 暴露于危险环境中的分数值

暴露于危险环境的情况	分数值
连续暴露于潜在危险环境	10
逐日在工作时间内暴露	6
每周一次或偶然地暴露	3
每月暴露一次	2
每年几次出现在潜在危险环境	1
非常罕见的暴露	0.5

事故或危险性事件后果的分数值规定为 1～100。将需要救护的轻微伤害事故的分数值定为 1，造成多人死亡事故的分数值定为 100，并以它们作为参考点，规定了其他各种情况的分数值，见表 3-10。

根据式(3-9) 计算危险分数值后，按表 3-11 确定危险等级。这里，危险等级的划分标准是根据经验确定的。

表 3-10 事故后果分数值

可能结果	分数值
大灾难，许多人死亡	100
灾难，数人死亡	40
非常严重，一人死亡	15
严重，严重伤害	7
重大，致残	3
引人注目，需要救护	1

表 3-11 危险等级

危险分数值	危险等级	危险对策
＞320	极其危险	停产整改
160～320	高度危险	立即整改
70～159	显著危险	及时整改
20～69	可能危险	需要整改
＜20	稍有危险	一般可接受，但亦应该注意防止

如在重庆某厂，某冲床操作工由于急于完成任务，不用镊子夹持坯料，将手伸入危险区送料；快下班时，由于疲倦，手脚失调，以致误踩脚踏板，造成左手食指、中指末节被冲压掉。用 LEC 评价方法评价该冲床操作工人的危险性。操作这种冲床时，有时会发生压断手指或整个手掌的事故，属于“不经常、但可能”发生，故 $L=3$；工人每天都在这种环境中操作，故 $E=6$；可能的事故后果处于“致残”和“严重伤害”之间，取 $C=5$。所以，危险

分数为：

$$D=LEC=3\times6\times5=90$$

三、风险矩阵评价法

风险矩阵评价法是一种通过定义后果和可能性的范围，对风险进行展示和排序的工具。对于可能影响设施设备正常运行或导致破坏的一般危险源，推荐采用风险矩阵法。风险矩阵评价法的数学表达式为：

$$R=LS \tag{3-10}$$

式中，R 为风险值；L 为事故发生的可能性；S 为事故造成危害的严重程度。

风险矩阵法的分析步骤如下：

(1) 分析由系统、子系统或设备的故障、环境条件、设计缺陷、操作规程不当、人为差错引起的有害后果，将这些后果的严重程度相对地、定性地分为若干级，称为危险事件的严重性分级。通常将严重性等级分为四级，见表 3-12。

表 3-12　危险事件的严重性等级

严重性等级	等级说明	事故后果说明
Ⅰ	灾难	人员死亡或系统报废
Ⅱ	严重	人员严重受伤、严重职业病或系统严重损伤
Ⅲ	轻度	人员轻度受伤、轻度职业病或系统轻度损坏
Ⅳ	轻微	人员伤害程度和系统损坏程度都轻于Ⅲ级

(2) 把上述危险事件发生的可能性根据其出现的频繁程度相对地定性为若干级，称为危险事件的可能性等级。通常将可能性等级划分为五级，见表 3-13。

表 3-13　危险事件的可能性等级

可能性等级	说明	单个项目具体发生情况	总体发生情况
A	频繁	频繁发生	连续发生
B	很可能	在寿命期内会出现若干次	频繁发生
C	有时	在寿命期内有时可能发生	发生若干次
D	极少	在寿命期内不易发生，但有可能发生	不易发生，但有理由可预期发生
E	不可能	极不易发生，以至于可以认为不会发生	不易发生

(3) 将上述危险严重性和可能性等级编制成矩阵，并分别给以定性的加权指数，即形成风险矩阵，见表 3-14。

表 3-14　风险矩阵

可能性等级	Ⅰ(灾难)	Ⅱ(严重)	Ⅲ(轻度)	Ⅳ(轻微)
A(频繁)	1	2	7	13
B(很有可能)	2	5	9	16
C(有时)	4	6	11	18
D(极少)	8	10	14	19
E(不可能)	12	15	17	20

矩阵中的加权指数称为风险评价指数，指数1～20是根据危险事件的可能性和严重性水平综合确定的。通常将最高风险指数定为1，对应于危险事件是频繁发生的并具有灾难性的后果；最低风险指数为20，对应于危险事件几乎不可能发生而且后果是轻微的。中间的各个数值，则分别表达了不同的风险大小。

此处风险评价指数的具体数字是为了便于区别各种风险的档次。实际安全评价工作中，需要根据具体评价对象确定风险评价指数。

（4）根据矩阵中的指数确定不同类别的决策结果，确定风险等级，见表3-15。

表3-15　风险等级

风险值(风险指数)	1～5	6～9	10～17	18～20
风险等级	1	2	3	4

（5）根据风险等级确定相应的风险控制措施。一般来说，1级为不可接受的风险；2级为不希望有的风险；3级为需要采取控制措施才能接受的风险；4级为可接受的风险，需要引起注意。

针对某油田油气集输站运用风险矩阵法进行安全评价，评价结果如表3-16所示。

表3-16　某油田油气集输站风险评价表

序号	工序/区域	危险描述	发生频次	严重程度	风险值	风险等级
1	长输管线	输油管线泄漏火灾爆炸	B	Ⅰ	2	1
2	管线中间站	阀门泄漏火灾爆炸	B	Ⅱ	5	2
3	配电站	触电	C	Ⅱ	6	2
4	管线中间站	阀门泄漏油气中毒	B	Ⅰ	2	1
5	管线中间站	高处坠落	D	Ⅱ	10	3
6	管线中间站	工具坠落物体打击	C	Ⅲ	11	3
7	长输管线	坍塌	C	Ⅰ	4	1
…						

需要注意，本节风险矩阵（表3-14）中的1～20数字等级划分只是一种常用划分方式，风险等级划分标准（表3-15）也只是与之相适应的风险等级划分标准。实际工作中，风险的严重程度划分，风险事件发生的可能性划分，以及风险等级划分均有不同的方式和等级标准，需要根据评价对象的具体情况及安全评价工作的实际需要灵活应用。

第六节　定量安全评价法

对于一个系统、装置或设备，经过定性评价以后，已经对其中存在的危险性有了一定了解，知道了薄弱环节所在。但是，仍然有些问题需要确定，例如，系统发生事故的可能性如何，系统经过怎样修改才能更安全一些，采取什么样的安全措施才能既经济又有效等。因此，需要进行定量安全评价。

定量安全评价方法包括概率风险评价法、伤害（或破坏）范围评价法和危险指数评价法。

一、概率风险评价法

概率风险评价（probabilistic risk assessment，PRA）是对系统进行定量分析，计算和预测事故的发生概率、严重度，做出定量评价结果的方法。该方法主要采用事故树分析、事件树分析等方法计算出事故的发生概率，进而计算出风险率，并和允许的风险率数值（即安全指标）进行比较，从而评价系统的实际危险性，明确其是否可以被接受。概率风险评价的程序如图 3-12 所示。

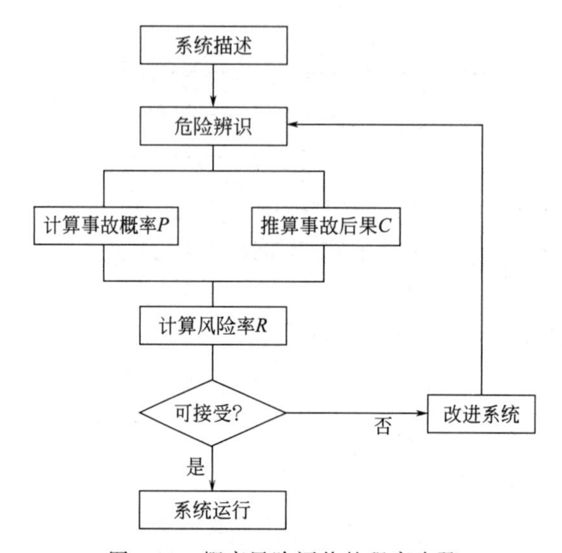

图 3-12　概率风险评价的程序步骤

概率风险评价的具体步骤如下：

（1）危险辨识与事故发生概率的计算。首先辨识系统危险，然后应用合理、有效的方法准确计算出系统中的事故发生概率 P。计算方法可采用事故树分析、事件树分析等定量安全评价方法。

（2）推算事故后果 C，计算风险率 R。应用后果分析方法等推测重大危险导致事故后果的严重程度 C，然后根据风险率计算公式 $R=PC$，计算系统的实际风险率 R。

（3）安全指标的比较与确认。将计算得出的实际风险率和安全指标（即社会允许的风险率数值）进行比较，判断系统的实际危险性程度，确认风险是否可以被接受。

（4）风险的管理与控制。通过比较，如果实际风险率低于安全指标，就认为系统是安全的，该风险可以被接受，评价工作也就可以结束了；否则，如果风险率高于安全指标，则认为系统不安全，必须采取有效措施，降低系统的风险率，然后再进行评价。这样反复进行，直到风险率低于安全指标为止。

需要指出，风险率也可用单位时间内事故造成损失的大小来表示。单位时间可以是一年、半年或一个月等，也可以是系统运行（或大修）周期。事故损失可以是人员的伤亡、工作日损失或经济损失。实际应用中，可以单位时间死亡率进行评价、以单位时间损失工作日进行评价和以单位时间损失价值进行评价。

由于概率风险评价方法比较复杂，计算工作量大，需耗费大量人力、物力和时间，因此更多地应用于那些不允许发生事故、安全性要求极高、会造成多人伤亡以及严重污染环境的系统。

二、危险指数评价法

指数评价法是根据工厂所用原材料的一般化学性质，结合它们具有的特殊危险性，再加上进行工艺处理时的一般和特殊危险性以及量方面的因素，换算成火灾爆炸指数或评点数，然后按指数或评点数划分危险等级，最后根据不同等级确定在建筑结构、消防设备、电器防爆、监测仪表、控制方法等方面的安全要求。

美国道化学公司的火灾爆炸指数评价法是目前广泛使用的危险指数评价法。美国道化学公司于 1964 年发布了第一版火灾爆炸指数评价法，受到了全世界的关注，推动了危险指数评价法的发展。英国帝国化学公司在道化学火灾爆炸指数评价法的基础上，考虑了物质的毒性，提出了 ICI 蒙德法。日本劳动省提出了“化工安全评价指南”。我国也开展了危险指数评价的研究，GB 13548《光气及光气化产品生产装置安全评价通则》采取了危险指数评价法。

美国道化学公司的火灾爆炸指数评价法，主要用于对化工工艺过程及其生产装置的火灾、爆炸危险性做出评价，并提出相应的安全措施。它以物质系数为基础，再考虑工艺过程中其他因素如操作方式、工艺条件、设备状况、物料处理、安全装置情况等的影响，来计算每个单元的危险度数值，然后按数值大小划分危险度级别。评价程序如图 3-13 所示。

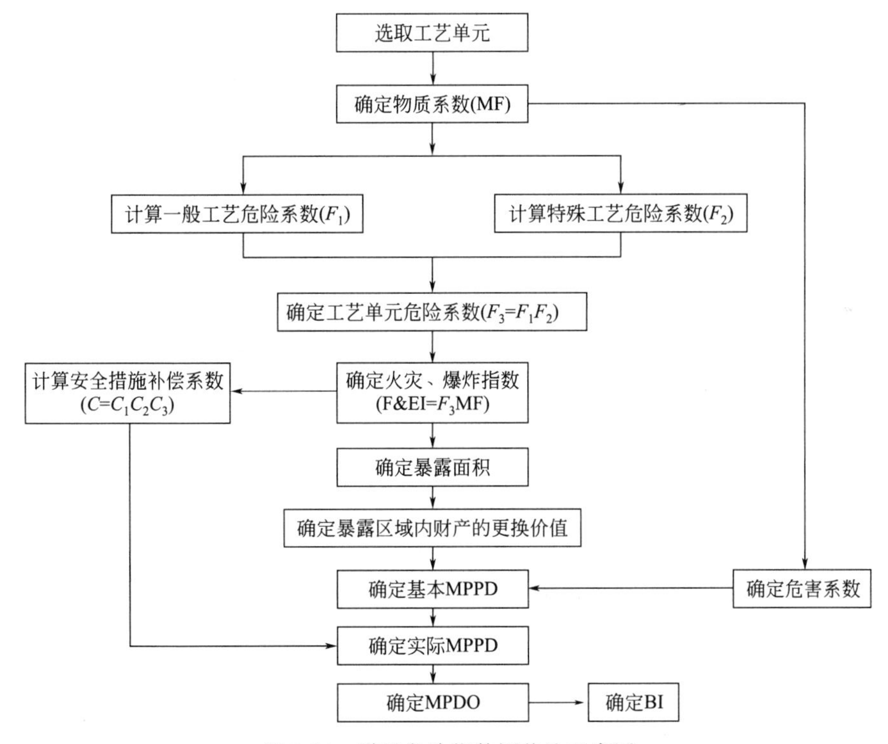

图 3-13　道氏危险指数评价法程序图

（1）选取工艺单元。选择恰当工艺单元的重要参数有 6 个：潜在化学能（物质系数）；工艺单元中危险物质的数量；资金密度（每平方米的美元数）；操作压力和操作温度；导致火灾、爆炸事故的历史资料；对装置起关键作用的单元。一般来说，参数值越大，该工艺单元就越需要评价。

（2）求取单元内的物质系数 MF。物质系数是表述物质在燃烧或其他化学反应引起的火灾、爆炸时释放能量大小的内在特性，是一个最基础的数值。物质系数是由美国消防协会（NFPA）规定的 N_F、N_R（分别代表物质的燃烧性和化学活性）决定的。物质系数和特性表中提供了大量的化学物质系数，它能用于大多数场合。

（3）按单元的工艺条件，将采用适当的危险系数，得出“一般工艺危险系数”和“特殊工艺危险系数”。一般工艺危险是确定事故损害大小的主要因素，共有 6 项。包括：放热化学反应；吸热反应；物料处理与输送；封闭单元或室内单元；通道；排放与泄漏控制。特殊工艺危险是影响事故发生概率的主要因素，特定的工艺条件是导致火灾、爆炸事故的主要原因，共有 12 项。包括：毒性物质；负压操作；燃烧范围或其附近的操作；粉尘爆炸；释放压力；低温；易燃和不稳定物质的数量；腐蚀；泄漏——连接头和填料处；明火设备的使用；热油交换系统；转动设备。

（4）用一般工艺危险系数和特殊工艺危险系数相乘求出工艺单元危险系数。

根据一般工艺危险系数、特殊工艺危险系数，可计算出工艺单元危险系数：

$$工艺单元危险系数(F_3)=工艺危险系数(F_1)\times特殊工艺危险系数(F_2)$$

F_3 值的范围为 1～8，若计算出的 $F_3>8$，则取 $F_3=8$。

（5）将工艺单元危险系数与物质系数相乘，求出火灾、爆炸危险指数（F&EI）。用来估计生产过程中的事故可能造成的破坏。火灾、爆炸危险指数由下式计算：

$$火灾、爆炸危险指数(F\&EI)=工艺单元危险系数(F_3)\times物质系数(MF)$$

按照 F& EI 数值划分危险等级（表 3-17），可使人们对火灾、爆炸的严重程度有一个相对的认识。

表 3-17　F&EI 值及危险等级

F&EI 值	1～60	61～96	97～127	128～158	＞158
危险等级	最轻	较轻	中等	很大	非常大

（6）根据火灾、爆炸危险指数得到单元的暴露区域半径，并计算暴露面积。

① 暴露半径。暴露半径 R 按下式计算：

$$R=F\&EI\times0.84(\text{ft}^{❶})$$
$$R=F\&EI\times0.256(\text{m})$$

② 暴露区域面积。暴露半径决定了暴露区域的大小，按下式计算暴露区域的面积：

$$暴露区域面积=\pi R^2$$

（7）查出单元暴露区域内所有设备的更换价值，确定危害系数，求出基本最大可能财产损失 MPPD。

① 暴露区域内的财产价值。暴露区域内的财产价值可由区域内含有的财产（包括物料）的更换价值来确定：

$$更换价值=原来成本\times0.82\times增长系数$$

② 危害系数的确定。危害系数也叫破坏系数，是由工艺单元危险系数（F_3）和物质系数（MF）来确定的，它代表了单元中物料泄漏或反应能量释放所引起的火灾、爆炸事故的综合效应。

③ 计算基本最大可能财产损失。基本最大可能财产损失是假定无安全措施来降低损失。

❶ 1 英尺，1ft=0.304m。

基本最大可能财产损失＝暴露区域的更换价值×危害系数

（8）计算安全措施补偿系数。建造任何一个化工装置（或化工厂）时，均应该考虑一些基本设计要点，要符合各种规范、规章的要求，还要实施相关安全措施。实施安全措施，则能降低事故的发生概率和危害。安全措施可分为工艺控制、物质隔离、防火措施三类，其补偿系数分别为 C_1、C_2、C_3。$C_1C_2C_3$ 为总补偿系数。

工艺控制补偿系数包括应急电源、冷却、抑爆、紧急停车装置、计算机控制、惰性气体保护、操作指南或操作规程、活性化学物质检查、其他工艺过程危险分析 9 个方面。物质隔离补偿系数包括远距离控制阀、备用泄料装置、排放系统、连锁装置 4 个方面。防火措施补偿系数包括泄漏检测装置、钢质结构、消防水供应、特殊系统、喷洒系统、水幕、泡沫装置、手提式灭火器或水枪、电缆保护 9 个方面。

（9）确定实际最大可能财产损失 MPPD。MPPD 表示在采取适当的（但不完全理想）防护措施后事故造成的财产损失，计算式为：

实际最大可能财产损失＝基本最大可能财产损失×安全措施补偿系数

（10）确定最大可能工作日损失 MPDO。MPDO 是评价停产损失（BI）必须经过的一个步骤。为了求得 MPDO，首先必须确定 MPPD，然后按最大可能停工天数（MPDO）计算图查取 MPDO。

（11）用 MPDO 确定停产损失 BI（按美元计算）。按美元计，停产损失（BI）按下式计算：

$$BI=(MPDO/30)\times VPM\times 0.7$$

式中，VPM 为每月产值。

第七节　综合安全评价方法

综合安全评价方法主要有一般综合评价法、层次分析法、模糊综合评价法、基于主成分分析的综合评价法、基于 BP 神经网络的综合评价法等。

一、一般综合评价法

（1）累计加分法。这是一种多项目（因素）评价方法，是将评价各项所得的分值，采用加法累计，然后按其分值大小，决定名次排序。这种评价方法简单易行，但往往忽视主要项目的决定作用，其结果不一定能反映客观现实。

（2）算术平均法。这种方法是将各评价项目所得的分值累加并用项目数去除得到平均分数，然后以平均分数的大小，决定名次排序。此方法也比较简单，但也忽视了主要项目的决定作用，评价结果一般和“累加法”相同。

（3）连乘法。这种方法是将评价项目所得的分数连乘，并按连乘值大小决定名次排序，值最大者为最优。

（4）连乘开方法。这种方法又称为化多因素为单因素法，是将 n 个项目的得分连乘再开 n 次方。这种评价方法的缺点和“连乘法"一样，评价结果一般也和“连乘法”相同。

（5）加权和法。这种方法是对各评价项目，按其重要程度分配权数乘各项目得分求和，然后按得分多少，决定名次排序，得分最高者为最优。

二、层次分析法

层次分析法（analytic hierarchy process，AHP），是将决策有关的元素分解成目标、准则、方案等层次，在此基础之上进行定性和定量分析的决策方法。层次分析法在经济、科技、文化、军事环境乃至社会发展等方面的管理决策中都有广泛的应用，常用来解决诸如综合评价、选择决策方案、估计和预测、投入量的分配等问题，是一种层次权重决策分析方法。这种方法的特点是在对复杂决策问题的本质、影响因素及其内在关系等进行深入分析的基础上，利用较少的定量信息使决策的思维过程数学化，从而为多目标、多准则或无结构特性的复杂决策问题提供简便的决策方法。它是把复杂问题分解成组成因素，并按支配关系形成层次结构，然后用两两比较的方法确定决策方案的相对重要性。

层次分析法的基本步骤是：

1. 建立层次结构模型

将决策的目标、考虑的因素（决策准则）和决策对象按它们之间的相互关系分为最高层、中间层和最低层，绘出层次结构图。最高层是指决策的目的、要解决的问题；最低层是指决策时的备选方案；中间层是指考虑的因素、决策的准则。对于相邻的两层，称高层为目标层，低层为因素层。

2. 构造判断（成对比较）矩阵

在确定各层次各因素之间的权重时，如果只是定性的结果，则常常不容易被别人接受，因而 Saaty 等人提出了一致矩阵法，即不把所有因素放在一起比较，而是两两相互比较，对此时采用相对尺度，以尽可能减少性质不同的诸因素相互比较的困难，来提高准确度。如对某一准则，对其下的各方案进行两两对比，并按其重要性程度评定等级。a_{ij} 为要素 i 与要素 j 的重要性比较结果。表 3-18 列出了 Saaty 给出的 9 个重要性等级及其赋值。按两两比较结果构成的矩阵称作判断矩阵。判断矩阵具有如下性质：$a_{ij}=1/a_{ij}$。判断矩阵元素 a_{ij} 的标度方法见表 3-18。

表 3-18 比例标度

因素 i 比因素 j	量化值	因素 i 比因素 j	量化值
同等重要	1	强烈重要	7
稍微重要	3	极端重要	9
较强重要	5	两相邻判断的中间值	2,4,6,8

3. 层次单排序及其一致性检验

对应于判断矩阵最大特征根 λ_{max} 的特征向量，经归一化（使向量中各元素之和等于 1）后记为 W。W 的元素为某一层次因素对于上一层次因素相对重要性的排序权值，这一过程称为层次单排序。能否确认层次单排序，则需要进行一致性检验。所谓一致性检验是指对 A 确定不一致的允许范围。其中，n 阶一致阵的唯一非零特征根为 n；n 阶正互反阵 A 的最大特征根 $\lambda \geqslant n$，当且仅当 $\lambda = n$ 时，A 为一致矩阵。

由于 λ 连续地依赖于 a_{ij}，因此 λ 比 n 大得越多，A 的不一致性越严重。一致性指标用 CI 计算，CI 越小，说明一致性越大。用最大特征值对应的特征向量作为被比较因素对上层某因素影响程度的权向量，其不一致程度越大，引起的判断误差越大。因而可以用 $\lambda - n$ 数值的大小来衡量 A 的不一致程度。定义一致性指标为：

$$CI=\frac{\lambda - n}{n-1}$$

CI=0，有完全的一致性；CI 接近于 0，有满意的一致性；CI 越大，不一致越严重。

为衡量CI的大小，引入了随机一致性指标RI：

$$RI=\frac{CI_1+CI_2+\cdots+CI_n}{n}$$

其中，随机一致性指标RI和判断矩阵的阶数有关。一般情况下，矩阵阶数越大，则出现一致性随机偏离的可能性也越大，其对应关系如表3-19所示。

表3-19 平均随机一致性指标RI标准值

矩阵阶数	1	2	3	4	5	6	7	8	9	10
RI	0	0	0.58	0.90	1.12	1.24	1.32	1.41	1.45	1.49

考虑到一致性的偏离可能是由于随机原因造成的，因此在检验判断矩阵是否具有满意的一致性时，还需将CI和随机一致性指标RI进行比较，得出检验系数CR，公式如下：

$$CR=\frac{CI}{RI}$$

一般来说，如果CR<0.1，则认为该判断矩阵通过了一致性检验，否则就不具有满意一致性。

4.层次总排序及其一致性检验

计算某一层次所有因素对于最高层（总目标）相对重要性的权值，称为层次总排序。这一过程是从最高层次到最低层次依次进行的。

三、模糊综合评价法

1.模糊综合评价法概述

现实社会中，综合评价问题是多因素、多层次决策过程中所遇到的一个带有普遍意义的问题。模糊综合评价作为模糊数学的一种具体应用方法，已获得广泛应用。由于在进行系统安全评价时，使用的评语常带有模糊性，因此宜采用模糊综合评价方法。

模糊综合评价是应用模糊关系合成的原理，从多个因素对被评判事物相关隶属度等级状况进行综合评判的一种方法。模糊综合评价包括以下六个基本要素。

（1）评判因素论域U。U代表综合评判中各评判因素所组成的集合。

（2）评语等级论域V。V代表综合评判中评语所组成的集合。它实质上是对被评事物变化区间的一个划分，如安全技术中“三同时”落实的情况可分为优、良、中、差四个等级，这里，优、良、中、差就是综合评判中对“三同时”落实情况的评语。

（3）模糊关系矩阵$\underset{\sim}{R}$。$\underset{\sim}{R}$是单因素评价的结果，即单因素评价矩阵。模糊综合评判所综合的对象正是$\underset{\sim}{R}$。

（4）评判因素权重集$\underset{\sim}{A}$。$\underset{\sim}{A}$代表评判因素在被评对象中的相对重要程度，它在综合评判中用来对$\underset{\sim}{R}$作加权处理。

（5）合成算子。合成算子指合成$\underset{\sim}{A}$与$\underset{\sim}{R}$所用的计算方法，也就是合成方法。

（6）评判结果向量$\underset{\sim}{B}$。它是对每个被评判对象综合状况分等级的程度描述。

2.模糊综合评价法应用案例

以某矿胶带运输系统为例，对其安全性进行模糊综合评价，该矿胶带运输系统的人、机、环境各因素原始数据如表3-20所示。

表 3-20　原始数据

人的因素原始数据 U_1			
平均年龄 / a	平均工龄 / a	平均受教育年限 / a	平均专业培训时间 / d
29.4	9.06	9.75	89

机的因素原始数据 U_2		
完好率 / %	待修率 / %	故障率 / %
92.01	2.30	0.162

环境因素原始数据 U_3			
温度 / ℃	湿度 / %	照度 / lx	噪声 / dB(A)
22.4	92.4	119	78

(1) 建立因素集。影响胶带运输系统安全性的因素很多，可以分为人、机、环境三大因素，故有因素集 $U=\{U_1,U_2,U_3\}$。影响人的因素有生理、基本素质、技术熟练程度等，因此选取平均年龄 u_{11}、平均工龄 u_{12}、平均受教育年限 u_{13} 和平均专业培训时间 u_{14}，即 $U_1=\{u_{11},u_{12},u_{13},u_{14}\}$；影响机的因素选取完好率 u_{21}、待修率 u_{22} 和故障率 u_{23}，即 $U_2=\{u_{21},u_{22},u_{23}\}$；影响环境的因素选取温度 u_{31}、湿度 u_{32}、照度 u_{33} 和噪声 u_{34}，即 $U_3=\{u_{31},u_{32},u_{33},u_{34}\}$。

(2) 建立评价集。对运输系统的安全性进行综合评价，就是要指出该系统的安全状况如何，即好、一般、差，故评价集为 $V=\{$好,一般,差$\}=\{v_1,v_2,v_3\}$。

(3) 建立权重集。此处权重的确定采用层次分析法。U 的权重集为 $\underset{\sim}{A}=\{0.65,0.25,0.10\}$；$U_1$ 的权重集为 $\underset{\sim}{A}_1=\{0.10,0.25,0.37,0.28\}$，$U_2$ 的权重集为 $\underset{\sim}{A}_2=\{0.35,0.20,0.45\}$，$U_3$ 的权重集为 $\underset{\sim}{A}_3=\{0.24,0.20,0.26,0.30\}$。

(4) 单因素模糊评价。单因素模糊评价，就是建立从 U_i 到 $F(V)$ 的模糊映射，即建立 U_i 中的每个因素对评价集 V 的隶属函数，以确定其隶属于每个评价元素的隶属度。首先根据人、机、环境方面的分析和常用的模糊分布，建立各因素对评价集的隶属函数；然后将胶带运输的各影响因素数据代入对应的隶属函数，计算出其对评价元素的隶属度，组成该因素的单因素评价集。各因素的单因素评价集构成单因素评价矩阵，分别为：

$$\underset{\sim}{R}_1=\begin{bmatrix}0.83 & 0.73 & 0.02\\0.91 & 0.88 & 0.10\\0.98 & 0.87 & 0.18\\0.89 & 0.76 & 0.20\end{bmatrix}\quad \underset{\sim}{R}_2=\begin{bmatrix}0.81 & 0.63 & 0.20\\0.89 & 0.29 & 0.23\\0.96 & 0.08 & 0.04\end{bmatrix}\quad \underset{\sim}{R}_3=\begin{bmatrix}0.88 & 0.80 & 0.52\\0.19 & 0.38 & 1.00\\0.85 & 0.67 & 0.48\\0.55 & 0.88 & 0.68\end{bmatrix}$$

(5) 一级模糊综合评价。由前面确定出的单因素评价矩阵 $\underset{\sim}{R}_1$ 和权重集 $\underset{\sim}{A}_1$，得出人的模糊综合评价为：

$$\underset{\sim}{B}_1=\underset{\sim}{A}_1\underset{\sim}{R}_1=[0.1\quad 0.25\quad 0.37\quad 0.28]\begin{bmatrix}0.83 & 0.73 & 0.02\\0.91 & 0.88 & 0.10\\0.98 & 0.87 & 0.18\\0.89 & 0.76 & 0.20\end{bmatrix}=[0.92\quad 0.83\quad 0.15]$$

同理，可计算出机、环境的模糊综合评价为：

$$\underset{\sim}{B}_2=\underset{\sim}{A}_2\underset{\sim}{R}_2=[0.89\quad 0.32\quad 0.14],\underset{\sim}{B}_3=\underset{\sim}{A}_3\underset{\sim}{R}_3=[0.64\quad 0.71\quad 0.65]$$

（6）二级模糊综合评价。将人、机、环境看作单一因素，人、机、环境的一级评价结果可视为单因素评价集，组成二级模糊综合评价的单因素评价矩阵：

$$\underset{\sim}{R}=\begin{bmatrix}\underset{\sim}{B}_1\\ \underset{\sim}{B}_2\\ \underset{\sim}{B}_3\end{bmatrix}=\begin{bmatrix}0.92 & 0.83 & 0.15\\ 0.89 & 0.32 & 0.14\\ 0.64 & 0.71 & 0.65\end{bmatrix}$$

由单因素评价矩阵 $\underset{\sim}{R}_3$ 和权重集 $\underset{\sim}{A}_3$，可得出二级模糊综合评价为：

$$\underset{\sim}{B}=\underset{\sim}{A}\underset{\sim}{R}=[0.65\quad 0.25\quad 0.1]\begin{bmatrix}0.92 & 0.83 & 0.15\\ 0.89 & 0.32 & 0.14\\ 0.64 & 0.71 & 0.65\end{bmatrix}=[0.89\quad 0.69\quad 0.20]$$

根据最大隶属原则，胶带运输系统的安全性模糊综合评价结果为安全性较好。

四、基于主成分分析和神经网络的综合评价法

1.基于主成分分析的综合评价法

主成分分析，也称主分量分析，是利用降维的思想，将多个变量转化为少数几个综合变量（即主成分）。其中每个主成分都是原始变量的线性组合，各主成分之间互不相关，从而这些主成分能够反映原始变量的绝大部分信息，且所含的信息互不重叠。在统计学中，主成分分析是一种简化数据集的技术，它采用减少数据集的维数，又保持数据集对方差贡献最大的特征。实际应用中，用主成分分析方法不但可以起到降低数据空间维数的作用，而且还可以用于筛选回归分析模型的变量，并用来构造回归分析模型。

主成分分析综合评价法的基本步骤是：

第 1 步：设待评价样本个数为 n，选取的评价指标个数为 p，则由待评价样本的原始数据得到矩阵 $X=(X_{ij})_{n\times p}$。其中，X_{ij} 表示第 i 个待评价对象的第 j 项评价指标数据。

第 2 步：进行无量纲化处理，主要是对指标数据进行标准化处理。标准化转换的公式为：

$$z_{ij}=\frac{X_{ij}-\overline{x}_j}{s_j}\quad (i=1,2,\cdots,n;j=1,2,\cdots,p)$$

式中，$\overline{x}_j=\dfrac{\sum\limits_{i=1}^{n}X_{ij}}{n}$；$s_j=\sqrt{\dfrac{\sum\limits_{i=1}^{n}(X_{ij}-\overline{x}_j)}{n-1}}$。

第 3 步：经标准化处理后的矩阵记为 $Z=[z_{ij}]_{n\times p}$。根据标准化矩阵建立相关系数矩阵 R，记：

$$R=[r_{mk}]_{p\times p}\quad (m=1,2,\cdots,p;k=1,2,\cdots,p)$$

式中，$r_{mk}=\dfrac{1}{n-1}\sum\limits_{i=1}^{n}Z_{im}Z_{ik}$，矩阵主对角线元素为 1，并且 $r_{mk}=r_{km}$。

第 4 步：求相关系数矩阵 R 的特征根和特征向量，进而在 p 个成分中确定主成分。可先求解特征方程 $|\lambda E-R|=0$（E 为单位矩阵），解方程可以得到 p 个成分对应的特征值为 $\lambda_j(j=1、2、\cdots、m、\cdots、p)$；然后将特征根按大小顺序排列，计算前 $m(m\leqslant p)$ 个各成分的累计贡献率。各成分的方差贡献率为：

$$\frac{\lambda_j}{\sum_{j=1}^{p}\lambda_j}$$

根据主成分选取原则，要求满足特征值大于 1 或者累计贡献率达到 80%～90%的成分个数 m 值（m 为整数，即为主成分个数）。所对应的主成分记为 $F_1,F_2,\cdots,F_m$。

第 5 步：计算主成分 $F_j(j=1,2,\cdots,m)$的值。

第 6 步：计算综合评价结果。在计算各个主成分值的基础上，对这些主成分进行加权求和，得到安全综合评价结果。

2. 基于 BP 神经网络的综合评价法

BP 神经网络是一种多层前馈神经网络，通过层与层向前传播，得到最终实际输出后，与期望输出做对比，通过“梯度下降”策略，逐层调节权重和阈值，最终得到与期望输出在误差允许范围内的神经网络模型。神经网络的安全评价模型如图 3-14 所示。用原始数据 $P_1,P_2,\cdots,P_i,\cdots,P_n$ 和其对应的安全评价目标值来训练网络，可使网络通过自主学习，修改网络参数 W_{ij} 和 V_i，最终得到合理的网络，用于对未知状态的预测评价。神经网络学习过程可见图 3-15。

以 1 组成熟的数据训练网络，使网络通过自主学习，找到各个输入和输出的关系，自主调整网络权值，用学习后的网络来评价企业的安全状况。

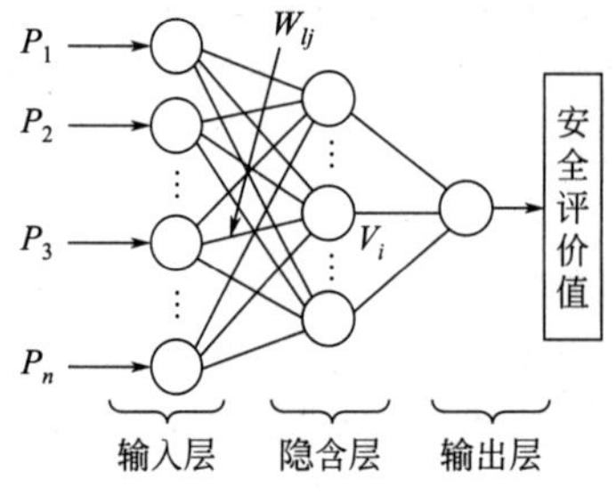

图 3-14　神经网络安全评价模型

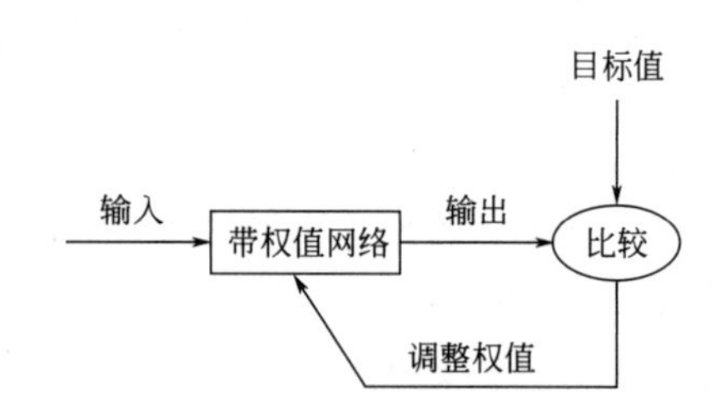

图 3-15　神经网络学习过程

习题与思考题

1. 按照 GB 6441《企业职工伤亡事故分类》的规定进行分类，危险和有害因素可分为哪 20 项？

2. 危险和有害因素的辨识原则是什么？

3. 职业病危害评价方法和程序有哪些？

4. 职业病危害评价与安全评价如何分类？它们有哪些异同？哪些方法可互相借鉴？

5. 火灾和爆炸危险环境如何分级？

6. 毒物危害、粉尘含及高温环境如何分级？

7. 安全检查表的含义是什么？为提高安全检查表的检查效果，可做哪些方面的改进？

8.质量管理工具如何分析危险有害因素？请通过实例说明其分析方法和步骤。

9.某矿井中的一运输斜巷，设有胶带输送机运送煤炭，在胶带输送机旁边敷设检修轨道，未留人行道。两工人从运输斜巷底部开始，沿检修轨道向上行走。由于绞车司机不知有人行走，从运输斜巷的上部车场放下一辆矿车，向两工人直冲过来。多亏在巷道底部工作的一位老工人发现险情，及时发出了紧急停车信号，矿车在接触第一个工人的刹那间停住，才避免了一起死亡事故。但向上行走的两个工人中，一人受重伤，一人受轻伤。试用事件树分析这一事故。

10.事故树分析的作用和步骤分别是什么?

11.某事故树有4个最小割集（$K_1=\{x_1,x_3\}$、$K_2=\{x_2,x_3,x_4\}$、$K_3=\{x_4,x_5\}$、$K_4=\{x_3,x_5,x_6\}$），各基本事件的发生概率分别为$q_1=0.05$、$q_2=0.03$、$q_3=0.01$、$q_4=0.06$、$q_5=0.04$、$q_6=0.02$，计算顶上事件的发生概率。

12.什么是预先危险性分析?

13.预先危险性分析的目的和步骤分别是什么?

14.试述FMEA的分析步骤。

15.危险与可操作性研究的关键词有哪几个?

16.危险和可操作性研究的分析步骤是什么?

17.安全评价按照实施阶段的不同分为哪三类?

18.什么是逐项赋值评价法?

19.作业条件危险性评价法的步骤是什么?

20.风险矩阵法的分析步骤是什么?

21.什么是概率风险评价?

22.概率风险评价的步骤是什么?

23.道化学公司的火灾爆炸指数评价法的评价程序是什么?

24.层次分析法的基本步骤是什么?

25.模糊综合评价的六个基本要素有哪些?

26.基于主成分分析和神经网络的综合评价法主要思想包括哪些?

第四章

典型安全风险管控方法（一）

学习目标

1. 熟悉安全生产许可证制度。

2. 熟悉建设项目安全设施“三同时”、消防设施“三同时”、职业病防护设施“三同时”管理。

3. 熟悉安全教育培训、安全目标管理。

4. 熟悉安全检查，熟悉政府和企业的隐患排查治理体系含义与主要工作，熟悉隐患排查治理内容、种类、步骤及运行管理。

5. 熟悉工伤保险的特点、作用、原则、范围，熟悉我国工伤保险的缴费办法，了解工伤保险基金的提缴方式、工伤保险认定与待遇及康复等相关政策。

第一节　安全生产许可证制度

安全生产涉及方方面面，若要提高安全风险管控水平，就要采用多种安全风险管控方法。本节主要介绍安全生产许可证制度。

一、实行安全生产许可证的行业与管理办法

为了严格规范安全生产条件，防止和减少生产安全事故，国家对矿山企业、建筑施工企业和危险化学品、烟花爆竹、民用爆炸物品生产企业等实行了安全生产许可制度。企业未取得安全生产许可证的，不得从事生产活动。

安全生产许可证的有效期为3年，由相关国家、省级部门颁发和管理。安全生产许可证有效期满需要延期的，企业应当于期满前3个月前往原安全生产许可证颁发管理机关办理延期手续。企业在安全生产许可证有效期内，严格遵守有关安全生产的法律法规，未发生死亡事故的，安全生产许可证有效期届满时，经原安全生产许可证颁发管理机关同意，不再审查，安全生产许可证有效期延期3年。

二、安全生产条件

企业取得安全生产许可证，应当具备通用安全生产条件和相应的特殊安全生产条件。

1. 通用条件

（1）建立、健全安全生产责任制，制定完备的安全生产规章制度和操作规程；

（2）安全投入满足安全生产要求，并按照有关规定足额提取和使用安全生产费用；

（3）设置安全生产管理机构，配备专职安全生产管理人员；

（4）主要负责人和安全生产管理人员经考核合格；

（5）从业人员经安全生产教育和培训合格，特种作业人员经有关业务主管部门考核合格，取得特种作业操作资格证书；

（6）依法参加工伤保险，为从业人员缴纳保险费；

（7）厂房、作业场所和安全设施、设备、工艺符合有关安全生产法律、法规、标准和规程的要求；

（8）有职业危害防治措施，并为从业人员配备符合国家标准或者行业标准的劳动防护用品；

（9）依法进行安全评价；

（10）有重大危险源检测、评估、监控措施和应急预案；

（11）有生产安全事故应急救援预案、应急救援组织或者应急救援人员，并配备必要的应急救援器材、设备；

（12）法律、法规规定的其他条件。

2.煤矿特殊条件

（1）建立健全安全生产责任制；制定安全技术审批、事故隐患排查治理、安全办公会议、地质灾害普查、矿领导带班下井、井工煤矿入井检身与出入井人员清点等安全生产规章制度和各工种操作规程；

（2）煤与瓦斯突出矿井、水文地质类型复杂矿井还应设置专门的防治煤与瓦斯突出管理机构和防治水管理机构；

（3）可能危及煤矿职工人身安全和健康的矿用产品实行安全标志管理，凡实行安全标志管理的矿用产品，必须依法取得矿用产品安全标志；

（4）按照规定设立矿山救护队，配备救护装备；不具备单独设立矿山救护队条件的，与邻近的专业矿山救护队签订救护协议；

（5）制订矿井灾害预防和处理计划；

（6）依法取得采矿许可证，并在有效期内；

（7）安全设施、设备、工艺还应满足《煤矿企业安全生产许可证实施办法》规定的其他具体条件。

3.非煤矿山特殊条件

（1）对作业环境的安全条件和危险性较大的设备进行定期检测检验，有预防事故的安全技术保障措施；

（2）石油天然气储运设施、露天边坡、人员提升设备、尾矿库、排土场、爆破器材库等易发生事故的场所、设施、设备，有登记档案和检测、评估报告及监控措施；

（3）制定井喷失控、中毒窒息、边坡坍塌、冒顶片帮、透水及坠井等各种事故以及采矿诱发地质灾害等事故的应急救援预案；

（4）石油天然气开采、金属与非金属开采、地质勘探作业企业的生产系统还应满足《非煤矿矿山企业安全生产许可证实施办法》规定的其他具体条件。

4.建筑施工特殊条件

（1）施工现场的办公、生活区及作业场所和安全防护用具、机械设备、施工机具及配件符合有关安全生产法律、法规、标准和规程的要求；

（2）有对危险性较大的分部分项工程及施工现场易发生重大事故部位、环节的预防、监控措施和应急预案。

5.危险化学品生产特殊条件

（1）企业选址布局、规划设计以及与重要场所、设施、区域的距离应当符合下列要求：新设立企业建在地方政府规划的专门用于危险化学品生产、储存的区域内；危险化学品生产装置或者储存的危险化学品数量构成重大危险源的储存设施及《危险化学品安全管理条例》第十九条第一款规定的八类场所、设施、区域的距离，应符合有关法律、法规、规章和国家标准或者行业标准的规定；总体布局符合《化工企业总图运输设计规范》（GB 50489）、《工业企业总平面设计规范》（GB 50187）、《建筑设计防火规范（2018年版）》（GB 50016）等标准的要求；石油化工企业还应当符合《石油化工企业设计防火标准（2018年版）》（GB 50160）的要求。

（2）企业的厂房、作业场所、储存设施和安全设施、设备、工艺还应当符合下列要求：新建、改建、扩建建设项目经具备国家规定资质的单位设计、制造和施工建设；涉及危险化工工艺、重点监管危险化学品的装置，由具有综合甲级资质或者化工石化专业甲级设计资质的化工石化设计单位设计；不得采用国家明令淘汰、禁止使用和危及安全生产的工艺、设备，新开发的危险化学品生产工艺必须在小试、中试、工业化试验的基础上逐步放大到工业化生产，国内首次使用的化工工艺，必须经过省级人民政府有关部门组织的安全可靠性论证；涉及危险化工工艺、重点监管危险化学品的装置装设自动化控制系统，涉及危险化工工艺的大型化工装置装设紧急停车系统，涉及易燃易爆、有毒有害气体化学品的场所装设易燃易爆、有毒有害介质泄漏报警等安全设施，生产区与非生产区分开设置，并符合国家标准或者行业标准规定的距离，危险化学品生产装置和储存设施之间及其与建（构）筑物之间的距离符合有关标准规范的规定，同一厂区内的设备、设施及建（构）筑物的布置必须适用同一标准的规定；企业应当依法进行危险化学品登记，为用户提供化学品安全技术说明书，并在危险化学品包装（包括外包装件）上粘贴或者拴挂与包装内危险化学品相符的化学品安全标签。

6.烟花爆竹生产特殊条件

（1）企业的设立应当符合国家产业政策和当地产业结构规划，企业的选址应当符合当地城乡规划，企业与周边建筑、设施的安全距离必须符合国家标准、行业标准的规定。

（2）建设项目应经县级以上人民政府或者有关部门批准，并符合下列条件：建设项目的设计由具有乙级以上军工行业的弹箭、火炸药、民爆器材工程设计类别工程设计资质或者化工石化医药行业的有机化工、石油冶炼、石油产品深加工工程设计类型工程设计资质的单位承担；建设项目的设计符合《烟花爆竹工程设计安全规范》（GB 50161）的要求。

（3）企业的厂房和仓库等基础设施、生产设备、生产工艺以及防火、防爆、防雷、防静电等安全设备设施必须符合《烟花爆竹工程设计安全规范》（GB 50161）、《烟花爆竹作业安全技术规程》（GB 11652）等国家标准、行业标准的规定，从事礼花弹生产的企业还应当符合礼花弹生产安全条件的规定。

（4）企业的药物和成品总仓库、药物和半成品中转库、机械混药和装药工房、晾晒场、烘干房等重点部位应当根据《烟花爆竹企业安全监控系统通用技术条件》（AQ 4101）的规定安装视频监控和异常情况报警装置，并设置明显的安全警示标志。

（5）企业的生产厂房数量和储存仓库面积应当与其生产品种及规模相适应。

（6）企业生产的产品品种、类别、级别、规格、质量、包装、标志应当符合《烟花爆

竹 安全与质量》(GB 10631) 等国家标准、行业标准的规定。

7. 民用爆炸物品生产特殊条件

厂房、库房、作业场所和安全设施、设备、工艺符合《民用爆炸物品工程设计安全标准》(GB 50089)、《建筑物防雷设计规范》(GB 50057)、《建筑设计防火规范（2018 年版）》(GB 50016)、《民用爆破器材企业安全管理规程》(WJ 9049) 等有关安全生产法律、法规、标准和规程的要求。

第二节　建设项目“三同时”管理

建设项目，包括新建、改建、扩建项目，从计划建设到建成投产，一般经过四个阶段和五道审批手续。四个阶段包括确定项目、设计、施工和竣工验收，五道审批手续包括项目建议书、可行性研究报告书、设计任务、初步设计和开工报告审批等。

建设项目“三同时”的含义是，新建、改建、扩建项目时，其安全设施、消防设施、职业病防护设施必须与主体工程同时设计、同时施工、同时投入使用。其作用是将危险有害因素解决在项目建设之前或建设过程之中，从源头上消除各类可能造成伤亡事故和职业病的危险有害因素。建设项目“三同时”采取分类管理。

一、安全设施“三同时”管理

建设项目安全设施，是指生产经营单位在生产经营活动中用于预防生产安全事故（消防除外）的设备、设施、装置、构（建）筑物和其他技术措施的总称。

1. 可行性研究安全预评价与分析

下列建设项目在进行可行性研究时应进行安全预评价：非煤矿矿山建设项目，生产、储存危险化学品（包括使用长输管道输送危险化学品）的建设项目，生产、储存烟花爆竹的建设项目，金属冶炼建设项目，使用危险化学品从事生产并且使用量达到规定数量的化工建设项目（属于危险化学品生产的除外），法律、行政法规和国务院规定的其他建设项目。其他建设项目，生产经营单位应当对其安全生产条件和设施进行综合分析，形成书面报告备查。

2. 安全设施设计与审查

生产经营单位在建设项目初步设计时，应当委托有相应资质的初步设计单位对建设项目安全设施同时进行设计，编制安全设施设计。安全设施设计还应当充分考虑建设项目安全预评价报告提出的安全对策措施。

安全设施设计应当包括下列内容：设计依据，建设项目概述，建设项目潜在的危险、有害因素和危险、有害程度及周边环境安全分析，建筑及场地布置，重大危险源分析及检测监控，安全设施设计采取的防范措施，安全生产管理机构设置或者安全生产管理人员配备要求，从业人员教育培训要求，工艺、技术和设备、设施的先进性与可靠性分析，安全设施专项投资概算，安全预评价报告中的安全对策及建议采纳情况，预期效果以及存在的问题与建议，可能出现的事故预防及应急救援措施，法律、法规、规章、标准规定需要说明的其他事项。安全设施设计单位、设计人应当对其编制的设计文件负责。

非煤矿矿山建设项目、生产或储存危险化学品的建设项目、生产或储存烟花爆竹的建设项目、金属冶炼建设项目的安全设施设计完成后，生产经营单位应当向负责安全生产监督管理的部门提出审查申请；负责安全生产监督管理的部门收到申请后，应当及时进行审查。其他建设项目的安全设施设计完成后，由生产经营单位组织审查，形成书面报告备查。

建设项目的安全设施设计有下列情形之一的，不予批准，并不得开工建设：无建设项目审批、核准或者备案文件的；未委托具有相应资质的设计单位进行设计的；安全预评价报告由未取得相应资质的安全评价机构编制的；设计内容不符合有关安全生产的法律、法规、规章、国家标准或者行业标准和技术规范规定的；未采纳安全预评价报告中的安全对策和建议，且未作充分论证说明的；不符合法律、行政法规规定的其他条件的。

3. 安全设施施工

建设项目安全设施的施工应当由取得相应资质的施工单位进行，并与建设项目主体工程同时施工。施工单位应当在施工组织设计中编制安全技术措施和施工现场临时用电方案，同时对危险性较大的分部分项工程依法编制专项施工方案，包括安全验算结果。施工单位应严格按照安全设施设计和相关施工技术标准、规范施工，并对安全设施的工程质量负责。施工单位发现安全设施存在重大事故隐患时，应当立即停止施工并报告生产经营单位进行整改。整改合格后，方可恢复施工。

监理单位应当审查施工组织设计中的安全技术措施或者专项施工方案是否符合工程建设强制性标准。监理单位发现存在事故隐患的，应当要求施工单位整改；情况严重的，应当要求施工单位暂时停止施工，并及时报告。施工单位拒不整改或者不停止施工的，工程监理单位应当及时向有关主管部门报告。工程监理单位、监理人员应当按照法律、法规和工程建设强制性标准实施监理，并对安全设施工程的工程质量承担监理责任。

4. 安全设施竣工验收

建设项目的安全设施建成后，生产经营单位应当对安全设施进行检查，对发现的问题及时整改。生产、储存危险化学品的建设项目和化工建设项目，应当在建设项目试运行前将试运行方案上报负责安全生产监督管理的部门备案。需要安全预评价的建设项目安全设施竣工或者试运行完成后，生产经营单位应当委托具有相应资质的安全评价机构对安全设施进行验收评价，并编制安全验收评价报告。

建设项目的安全设施有下列情形之一的，建设单位不得通过竣工验收，并不得投入生产或者使用：未选择具有相应资质的施工单位施工的，未按照建设项目安全设施设计文件施工或者施工质量未达到建设项目安全设施设计文件要求的，建设项目安全设施的施工不符合国家有关施工技术标准的，未选择具有相应资质的安全评价机构进行安全验收评价或者安全验收评价不合格的，安全设施和安全生产条件不符合有关安全生产法律、法规、规章、国家标准或者行业标准和技术规范规定的，发现建设项目试运行期间存在事故隐患未整改的，未依法设置安全生产管理机构或者配备安全生产管理人员的，从业人员未经过安全生产教育和培训或者不具备相应资格的，不符合法律、行政法规规定的其他条件的。

建设项目竣工投入生产或者使用前，生产经营单位应组织安全设施的竣工验收，并形成书面报告备查。安全设施竣工验收合格后，方可投入生产和使用。负责安全生产监督管理的部门对建设项目的竣工验收进行一定数量的监督核查。

二、消防设施“三同时”管理

消防设施包括防火及疏散设施、消防及给水设施、防烟及排烟设施、电器与通信、自动喷水与灭火系统、火灾自动报警系统、气体自动灭火系统、水喷雾自动灭火系统、低倍数泡沫灭火系统、高/中倍数泡沫灭火系统、蒸汽灭火系统、移动式灭火器材、其他灭火系统。建设项目消防设施“三同时”按大型人员密集场所、特殊建设工程和其他建设工程实行分类管理。

1. 大型人员密集场所和特殊建设工程

大型人员密集场所主要包括：建筑总面积大于 $20000m^2$ 的体育场馆、会堂、公共展览馆、博物馆的展示厅；建筑总面积大于 $15000m^2$ 的民用机场航站楼、客运车站候车室、客运码头候船厅；建筑总面积大于 $10000m^2$ 的宾馆、饭店、商场、市场；建筑总面积大于 $2500m^2$ 的影剧院，公共图书馆的阅览室，营业性室内健身、休闲场馆，医院的门诊楼，大学的教学楼、图书馆、食堂，劳动密集型企业的生产加工车间，寺庙、教堂；建筑总面积大于 $1000m^2$ 的托儿所、幼儿园的儿童用房，儿童游乐厅等室内儿童活动场所，养老院、福利院，医院、疗养院的病房楼，中小学校的教学楼、图书馆、食堂，学校的集体宿舍，劳动密集型企业的员工集体宿舍；建筑总面积大于 $500m^2$ 的歌舞厅、录像厅、放映厅、卡拉 OK 厅、夜总会、游艺厅、桑拿浴室、网吧、酒吧，具有娱乐功能的餐馆、茶馆、咖啡厅。

特殊建设工程是指生产、储存、装卸易燃易爆危险品的建设工程和电力、电信、邮政等性质特别重要的建设工程，主要包括：设有大型人员密集场所的建设工程；国家机关办公楼、电力调度楼、电信楼、邮政楼、防灾指挥调度楼、广播电视楼、档案楼；其他单体建筑面积大于 $4000m^2$ 或者建筑高度超过 50m 的公共建筑；国家标准规定的一类高层住宅建筑；城市轨道交通、隧道工程，大型发电、变配电工程；生产、储存、装卸易燃易爆危险物品的工厂、仓库和专用车站、码头，易燃易爆气体和液体的充装站、供应站、调压站。

大型人员密集场所和其他特殊建设工程在建设时应当向消防监管部门申请消防安全审核许可，实行消防设计审查、消防验收制度，经审核合格方可施工、使用。

2. 其他建设工程

对于大型人员密集场所和特殊建设工程以外的其他建设工程，建设单位应当在取得施工许可、工程竣工验收合格之日起 7 日内，通过省级消防监管部门网站进行消防设计、竣工验收备案，或者到消防监管部门业务受理场所进行消防设计、竣工验收消防备案。消防设计或者竣工验收消防备案时，应当向消防监管部门提供备案申报表、消防设计审核、竣工验收需提供的材料及施工许可文件复印件；按照住房和城乡建设行政主管部门的有关规定进行施工图审查的，还应当提供施工图审查机构出具的审查合格文件复印件。消防监管部门应当在已经备案的消防设计、竣工验收工程中，随机确定检查对象并向社会公告。对确定为检查对象的，消防监管部门应当在 20 日内按照消防法规和国家工程建设消防技术标准完成图纸检查，或者按照建设工程消防验收评定标准完成工程检查，制作检查记录，检查结果应当向社会公告。

三、职业病防护设施“三同时”管理

职业病防护设施，是指消除或者降低工作场所的职业病危害因素浓度或者强度，预防和减少职业病危害因素对劳动者健康的损害或者影响，保护劳动者健康的设备、设施、装置、构（建）筑物等的总称。国家根据建设项目可能产生职业病危害的风险程度，将建设项目分为职业病危害一般和严重 2 个类别，并对职业病危害严重建设项目实施重点监督检查。

1. 职业病危害预评价及审查

对可能产生职业病危害的建设项目，应当在建设项目可行性论证阶段进行职业病危害预评价，编制预评价报告。预评价报告应包括下列主要内容：建设项目概况，主要包括项目名称、建设地点、建设内容、工作制度、岗位设置及人员数量等；建设项目可能产生的职业病危害因素及其对工作场所、劳动者健康影响与危害程度的分析与评价；对建设项目拟采取的职业病防护设施和防护措施进行分析、评价，并提出对策与建议；评价结论。

职业病危害预评价报告编制完成后，属于职业病危害一般的建设项目，其建设单位应当组织具有职业卫生相关专业背景的中级及中级以上专业技术职称人员或者具有职业卫生相关专业背景的注册安全工程师对其进行评审；属于职业病危害严重的建设项目，应当组织外单位职业卫生专业技术人员参加评审工作，并形成评审意见。建设单位应当按照评审意见对职业病危害预评价报告进行修改完善，并对最终的职业病危害预评价报告的真实性、客观性和合规性负责。

职业病危害预评价报告有下列情形之一的，不得通过评审：对建设项目可能产生的职业病危害因素识别不全，未对工作场所职业病危害对劳动者健康的影响与危害程度进行分析与评价的，或者评价不符合要求的；未对建设项目拟采取的职业病防护设施和防护措施进行分析、评价，对存在的问题未提出对策措施的；建设项目职业病危害风险分析与评价不正确的；评价结论和对策措施不正确的；不符合职业病防治有关法律、法规、规章和标准规定的其他情形的。

2.职业病防护设施设计及审查

存在职业病危害的建设项目，应当进行职业病防护设施设计。职业病防护设施设计应当包括下列内容：设计依据；建设项目概况及工程分析；职业病危害因素分析及危害程度预测；拟采取的职业病防护设施和应急救援设施的名称、规格、型号、数量、分布，并对防控性能进行分析；辅助用室及卫生设施的设置情况；对预评价报告中拟采取的职业病防护设施、防护措施及对策措施采纳情况的说明；职业病防护设施和应急救援设施投资预算明细表；职业病防护设施和应急救援设施可以达到的预期效果及评价。

职业病防护设施设计完成后，属于职业病危害一般的建设项目，应当组织职业卫生专业技术人员对其进行评审；属于职业病危害严重的建设项目，应当组织外单位职业卫生专业技术人员参加评审工作，并形成评审意见。建设单位应当按照评审意见对职业病防护设施设计进行修改完善，并对最终的职业病防护设施设计的真实性、客观性和合规性负责。

建设项目的职业病防护设施设计有下列情形之一的，不得通过评审和开工建设：未对建设项目的主要职业病危害进行防护设施设计或者设计内容不全的；职业病防护设施设计未按照评审意见进行修改完善的；未采纳职业病危害预评价报告中的对策措施，且未作充分论证说明的；未对职业病防护设施和应急救援设施的预期效果进行评价的；不符合职业病防治有关法律、法规、规章和标准规定的其他情形的。

建设单位应当按照评审通过的设计和有关规定组织职业病防护设施的采购和施工。

3.职业病危害控制效果评价和验收及审查

建设项目在竣工验收前或者试运行期间，建设单位应当进行职业病危害控制效果评价，编制评价报告。职业病危害控制效果评价报告包括下列主要内容：建设项目概况；职业病防护设施设计执行情况分析评价；职业病防护设施检测和运行情况分析评价；工作场所职业病危害因素检测分析评价；工作场所职业病危害因素日常监测情况分析评价；职业病危害因素对劳动者健康的危害程度分析评价；职业病危害防治管理措施分析评价；职业健康监护状况分析评价；职业病危害事故应急救援和控制措施分析评价；正常生产后建设项目的职业病防治效果预期分析评价；职业病危害防护补充措施及建议；评价结论，明确建设项目的职业病危害风险类别。

建设单位在职业病防护设施验收前，应当编制验收方案。属于职业病危害一般的建设项目，其建设单位主要负责人或指定的负责人应当组织职业卫生专业技术人员对职业病危害控制效果评价报告进行评审以及对职业病防护设施进行验收，并形成是否符合职业病防治有关法律、法规、规章和标准要求的评审意见和验收意见。属于职业病危害严重的建设项目，其建设单位主要负责人或指定的负责人应当组织外单位职业卫生专业技术人员参加评审和验收工作，并形成评审和验收意见。

建设单位应当按照评审与验收意见对职业病危害控制效果评价报告和职业病防护设施进行整改完善，并对最终的职业病危害控制效果评价报告和职业病防护设施验收结果的真实性、合规性和有效性负责。

有下列情形之一的，建设项目职业病危害控制效果评价报告不得通过评审、职业病防护设施不得通过验收：评价报告内容不符合要求的；评价报告未按照评审意见整改的；未按照建设项目的职业病防护设施设计组织施工，且未充分论证说明的；职业病危害防治管理措施不符合要求的；职业病防护设施未按照验收意见整改的；不符合职业病防治有关法律、法规、规章和标准规定的其他情形的。

第三节　安全教育培训

安全教育培训是指通过对生产经营单位主要负责人、安全生产管理人员以及一般从业人员进行安全生产思想、安全生产知识和安全生产技能等方面的教育和培训，使其安全生产意识不断增强，安全生产知识和技能不断丰富，安全文化素质不断提高，从而使其行为更加符合工程生产中的安全规范和要求。

一、安全教育培训的意义

安全教育培训的意义主要体现在以下几个方面。

（1）安全教育培训是事故预防与控制的重要手段之一。相对于用制度和法规对人的制约，安全教育是采用一种和缓的说服、诱导方式，授人以改造、改善和控制危险之手段和指明通往安全稳定境界之途径，因而更容易被大多数人接受，更能从根本上起到消除和控制事故的作用；而且通过接受安全教育，人们会逐渐提高其安全素质，使得其在面对新环境、新条件时，仍有一定的保证安全的能力和手段。

（2）开展安全教育培训是国家法律法规的要求。迄今为止，国家先后对安全教育工作多次作出了具体规定，颁布了多项法律、法规，明确提出要加强安全教育。同时，在重大事故调查过程中，是否对劳动者进行过安全教育也是影响事故处理决策的主要因素之一。

（3）开展安全教育培训是单位安全管理的需要。开展安全教育是适应单位人员结构变化的需要，是发展、弘扬安全文化的需要，是安全生产向广度和深度发展的需要，也是搞好安全管理的基础性工作，掌握各种安全知识，避免职业危害的主要途径。

二、安全教育培训的原则

为了更好地发挥安全教育培训的作用，安全教育培训主要按以下原则进行。

（1）实效性原则。做到实事求是，注重效果，从实践中获取真知，在真知中取得效果。要充分认识职工群众是安全生产工作的主体，充分发挥职工的主观能动性，反对安全教育的形式主义，避免走形式、走过场。

（2）理论与实践相结合的原则。安全教育培训必须做到理论联系实际，教育培训计划要有针对性，符合工程安全生产的特点。同时，教育培训方法要灵活多样，务求实效。

（3）主动性原则。做到“未雨绸缪，因势利导”，生产未动，教育先行；安全教育部门要破除“等”“靠”思想，发扬积极主动精神，本着有所作为的思想，发挥主观能动性。要切实理解员工群众的利益和要求，掌握员工群众的基本情况，倾听员工群众的呼声，特别是在安全工作关键时期，要预见员工思想上可能出现的矛盾和问题，及时采取相应的措施，将安全生产教育工作深入到员工群众中去。

（4）巩固性与反复性原则。持之以恒，伴随单位安全生产的全过程。

三、安全教育培训的内容

安全教育培训的内容可概括安全态度教育、安全知识教育和安全技能教育。

1. 安全态度教育

在安全教育中，安全思想、安全态度教育最重要。要想增强人的安全意识，首先应使之对安全有一个正确的态度。安全态度教育包括两个方面，即思想教育和态度教育。其中，思想教育包括安全意识教育、安全生产方针政策教育和法纪教育。

安全意识是人们在长期生产、生活等各项活动中逐渐形成的，由于人们实践活动经验的不同和自身素质的差异，对安全的认识程度不同，安全意识会出现差别。安全意识的高低将直接影响安全效果。因此，在生产和社会活动中，要通过实践活动加强对安全问题的认识并使其逐步深化，形成科学的安全观。这就是安全意识教育的主要目的。

安全生产方针、政策教育是指对各级领导和广大职工进行党和政府有关安全生产的方针、政策的宣传教育。党和政府有关安全生产的方针、政策是适应生产发展的需要，结合我国的具体情况制定的，是安全生产先进经验的总结。只有充分认识、深刻理解其含义，才能在实践中处理好安全与生产的关系。

法纪教育的内容包括安全法规、安全规章制度、劳动纪律等。安全生产法律、法规是方针、政策的具体化和法律化。通过法纪教育，使人们懂得安全法规和安全规章制度是实践经验的总结；自觉地遵章守法，安全生产就有了基本保证。同时，通过法纪教育还要使人们懂得，法律带有强制的性质，如果违章违法，造成了严重的事故后果，就要受到法律的制裁。加强劳动纪律教育，不仅是提高工程单位管理水平，合理组织劳动，提高劳动生产率的主要保证，也是减少或避免伤亡事故和职业危害，保证安全生产的必要前提。

2. 安全知识教育

安全知识教育包括安全管理知识教育和安全技术知识教育。

安全管理知识教育包括安全管理组织结构、管理体制、基本安全管理方法及安全心理学、系统安全工程等方面的知识。安全技术知识教育的内容主要包括一般生产技术知识、一般安全技术知识和专业安全技术知识教育。

3. 安全技能教育

要想实现从“知道”到“会做”的过程，就要借助于安全技能培训。安全技能培训包括正常作业的安全技能培训、异常情况的处理技能培训。安全技能培训应按照标准化作业要求来进行，进行安全技能培训应预先制定作业标准或异常情况时的处理标准，有计划有步骤地进行培训。

在安全教育中，第一阶段应该进行安全知识教育，使操作者了解生产操作过程中潜在的危险因素及防范措施等，即解决“知”的问题；第二阶段为安全技能训练，掌握和提高熟练程度，即解决“会”的问题；第三阶段为安全态度教育，使操作者尽可能地实行安全技能。三个阶段相辅相成，缺一不可。只有将这三种教育有机地结合在一起，才能取得较好的安全教育效果。在思想上有了强烈的安全要求，又具备了必要的安全技术知识，掌握了熟练的安全操作技能，才能取得安全的结果，避免事故和伤害的发生。

四、不同人员安全教育的要求

1.主要负责人和安全生产管理人员

生产经营单位主要负责人是指有限责任公司或者股份有限公司的董事长、总经理，其他生产经营单位的厂长、经理、（矿务局）局长、矿长（含实际控制人）等；生产经营单位安全生产管理人员是指生产经营单位分管安全生产的负责人、安全生产管理机构负责人及其管理人员，以及未设安全生产管理机构的生产经营单位专、兼职安全生产管理人员等。生产经营单位主要负责人和安全生产管理人员应当接受安全培训，具备与所从事的生产经营活动相适应的安全生产知识和管理能力。

煤矿、非煤矿山、危险化学品、烟花爆竹、金属冶炼等生产经营单位主要负责人和安全生产管理人员的初次安全培训时间不得少于 48 学时，每年再培训时间不得少于 16 学时，自任职之日起 6 个月内，必须经应急管理部门安全生产知识和管理能力考核合格。其他单位主要负责人和安全生产管理人员的初次安全培训时间不得少于 32 学时，每年再培训时间不得少于 12 学时。培训必须依照安全生产监管部门制定的安全培训大纲实施。

2.其他从业人员

生产经营单位的其他从业人员是指除主要负责人、安全生产管理人员和特种作业人员以外的所有人员，包括其他负责人、其他管理人员、技术人员和各岗位的工人以及临时聘用的人员。生产经营单位应当根据工作性质对其他从业人员进行安全培训，保证其具备本岗位安全操作、应急处置等的知识和技能。

其他从业人员的安全教育包括岗前安全教育、特种作业人员安全教育、经常性安全教育、“五新”作业安全教育、复工和调岗安全教育、相关方安全教育等。

（1）岗前安全教育。煤矿、非煤矿山、危险化学品、烟花爆竹、金属冶炼等生产经营单位必须对新上岗的临时工、合同工、劳务工、轮换工、协议工等进行强制性安全培训，安全培训时间不得少于 72 学时，每年再培训的时间不得少于 20 学时。加工、制造业等生产单位的其他从业人员，在上岗前必须经过厂（矿）、车间（工段、区、队）、班组三级安全培训教育，岗前安全教育培训时间不得少于 24 学时。一般厂（矿）级岗前安全培训的内容应当包括本单位的安全生产情况及安全生产基本知识、本单位的安全生产规章制度和劳动纪律、从业人员的安全生产权利和义务、有关事故案例等，煤矿、非煤矿山、危险化学品、烟花爆竹、金属冶炼等生产经营单位（矿）级岗前安全培训还应增加事故应急救援、事故应急预案演练及防范措施等内容。车间（工段、区、队）级岗前安全培训的内容应当包括：工作环境及危险因素；所从事工种可能遭受的职业伤害和伤亡事故；所从事工种的安全职责、操作技能及强制性标准；自救互救、急救方法、疏散和现场紧急情况的处理；安全设备设施及个人防护用品的使用和维护；本车间（工段、区、队）的安全生产状况及规章制度；预防事故和职业危害的措施及应注意的安全事项；有关事故案例；其他需要培训的内容。组级岗前安全培训的内容应当包括岗位安全操作规程、岗位之间工作衔接配合的安全与职业卫生事项、有关事故案例等。矿山新招的井下作业人员和危险物品生产经营单位新招的危险工艺操作岗位人员，除按照规定进行安全培训外，还应当在有经验的职工带领下实习满 2 个月后，方可独立上岗作业。

（2）特种作业人员安全教育。特种作业是指容易发生事故，对操作者本人、他人的安全健康及设备、设施的安全可能造成重大危害的作业，特种作业的范围由特种作业目录规定。特种作业人员必须经专门的安全技术培训并考核合格，取得中华人民共和国特种作业操作证

（简称特种作业操作证）后，方可上岗作业。特种作业操作证有效期为 6 年，在全国范围内有效。特种作业操作证每 3 年复审 1 次。在特种作业操作证有效期内，连续从事本工种 10 年以上，严格遵守有关安全生产法律法规的，经原考核发证机关或者从业所在地考核发证机关同意，复审时间可以延长至每 6 年 1 次。特种作业操作证申请复审或者延期复审前，特种作业人员应当参加必要的安全培训并考试合格。安全培训时间不少于 8 个学时，主要培训法律、法规、标准、事故案例和有关新工艺、新技术、新装备等的知识。离开特种作业岗位 6 个月以上的特种作业人员，应当重新进行实际操作考试，经确认合格后方可上岗作业。特种作业人员对造成人员死亡的生产安全事故负有直接责任的，应当按照《特种作业人员安全技术培训考核管理规定》重新参加安全培训。

（3）经常性安全教育。经常性安全教育包括班前班后会、安全活动月、安全会议、安全技术交流、安全水平考试、安全知识竞赛、安全演讲等。在岗作业人员每年进行不少于 12 学时的经常性安全生产教育和培训。

（4）“五新”作业安全教育。“五新”作业安全教育是指凡采用新技术、新工艺、新材料、新产品、新设备，即进行“五新”作业时，应当对有关从业人员重新进行有针对性的安全教育培训。

（5）复工安全教育。从业人员在本生产经营单位内调整工作岗位或离岗一年以上重新上岗时，应当重新接受车间（工段、区、队）和班组级的安全培训。

（6）相关方作业人员安全教育。生产经营单位使用被派遣劳动者的，应当将被派遣劳动者纳入本单位的从业人员统一管理，对被派遣劳动者进行岗位安全操作规程和安全操作技能的教育和培训，劳务派遣单位应当对被派遣劳动者进行必要的安全生产教育和培训。生产经营单位接收学校学生实习的，应当对实习学生进行相应的安全生产教育和培训，提供必要的劳动防护用品。

五、安全教育的形式和手段

安全教育应利用各种教育形式和教育手段，以生动活泼的方式，来实现安全生产这一严肃的课题。

安全教育的形式大体可分为以下 7 种。

（1）展示式。包括安全广告、标语、宣传画、标志、展览、报刊专柜、通报等形式，它以精练的语言，醒目的方式，在醒目的地方展示，提醒人们注意安全和怎样才能安全。

（2）演讲式。包括教学、讲座的讲演，经验介绍，现身说法，演讲比赛等。这种教育形式可以是系统教学，也可以专题论证、讨论，用以丰富人们的安全知识，提高对安全生产的重视程度。

（3）会议讨论式。包括事故现场分析会、班前班后会、专题研讨会等，以集体讨论的形式，使与会者在参与过程中进行自我教育。其中，事故现场分析会应适时召开，让每个员工都对整个事件有直接的、全面的了解，上级领导和单位领导都应参加安全事故现场会，并应有权威技术专家在现场分析、讲解事故原因。若是其他同行单位举行大型的安全事故现场会，也可以积极派人员参加。

（4）竞赛式。包括口头、笔头知识竞赛，安全、消防技能竞赛以及其他各种安全教育活动评比等，可以激发人们学安全、懂安全、会安全的积极性，促进职工在竞赛活动中树立安全第一的思想，丰富安全知识，掌握安全技能。

（5）声像式。利用声像等现代艺术手段，使安全教育寓教于乐。主要有安全宣传广播、电影、电视、录像等。通过电影、电视媒体进行安全宣传教育，有着画面生动、直观逼真、故事性强、安全知识技能易于学习模仿等其他媒体难以比拟的优势，可充分利用电影、电视对员工进行安全宣传教育。

（6）实地参观式。如消防安全部门开展的消防宣传教育，参观者有机会亲身体验灭火、火场逃生和救人的感受，单位的员工还能向消防部队的战士学习各种救援和灭火技能。

（7）安全演习式。安全演习需要有充分的准备工作和演习前的动员，要求员工以认真严肃的态度参加。还未积累经验时，最好设法邀请相关安全部门如消防部队的官兵参与指挥。

六、提高安全教育效果的策略

在进行安全教育的过程中，为提高安全教育效果，应注意以下策略。

（1）领导者要重视安全教育。单位安全教育制度的建立，安全教育计划的制订、所需资金的保证及安全教育的责任者均由企业领导者负责。因此，领导者对安全教育的重视程度决定了安全教育开展的广泛与深入程度，决定了安全教育的效果。

（2）安全教育要注重方法。一是教育形式要多样化，安全教育形式要因地制宜，因人而异，灵活多样，采取符合人们认识特点的、感兴趣的、易于接受的方法；二是教育内容要规范化，安全教育的教学大纲、教学计划、教学内容及教材要规范化，使受教育者受到系统、全面的安全教育，避免由于任务紧张等原因在安全教育实施中走过场；三是教育要有针对性，要针对不同年龄、岗位、作业时间、工作环境、季节、气候等进行预防性教育，及时掌握现场环境和设备状态及职工思想动态，分析事故苗头，及时有效地处理，避免问题累积扩大；四是要充分调动职工的积极性，应深入群众，了解群众的所需、所想，并启发群众提出合理化建议，使之感到自己不仅仅是受教育者，同时也在为安全教育的实施和完善做贡献，从而充分调动他们的积极性。

（3）要重视初始印象对学习者的重要性。对学习者来说，初始获得的印象非常重要。如果最初留下的印象是正确的、深刻的，他们将会牢牢记住，时刻注意；如果最初的印象是错误的、不重要的，他们也将会错误下去，并对自己的错误行为不以为意。因此，必须严密组织安全技能培训和安全知识教育工作，为提高操作者安全素质奠定基础。

（4）要注意巩固学习成果。多年的实践表明，进行安全教育，不仅应注重学习效果，更应注重巩固学习获得的成果，使学习的内容更好地被学习者掌握，安全教育也是如此。因而，在安全教育工作中，应注意以下3个问题：一是要让学习者了解自己的学习成果，将学习者的进展、成果、成绩与不足告知他们，使其增强信心，明确方向，有的放矢、稳步地使其各方面都得到改善；二是实践是巩固学习成果的重要手段，当通过反复实践形成了使用安全操作方法的习惯之后，工作起来就会得心应手，安全意识也会逐步增强；三是以奖励促进巩固学习成果，对某个工人通过学习取得进步的奖励和表扬，不仅能够巩固其本人的学习效果，也能鼓舞和激励其他人。

（5）应与安全文化建设相结合。安全文化的核心是人的安全价值观和安全行为准则，安全教育应重视安全文化核心的教育，树立正确的安全价值观和安全行为准则，同时不能忽视安全文化其他方面的教育。

（6）在安全技能培训制订训练计划时，应考虑以下几个方面的问题：

① 要循序渐进。对于一些较困难、较复杂的技能，可以把它划分成若干简单的、局部的成分，有步骤地进行练习；在掌握了这些局部成分以后，再过渡到比较复杂的、完整的操作。

② 正确掌握对练习速度和质量的要求。在开始练习的阶段可以要求慢一些，而对操作的准确性则要严格要求，使之打下一个良好的基础。随着练习的进展，要适当地增加速度，逐步提高效率。

③ 正确安排练习时间。一般来说，在开始阶段，每次练习的时间不宜过长，各次练习之间的间隔可以短一些。随着技能的掌握，可以适当地延长各次练习之间的间隔，每次练习的时间也可延长一些。

④ 练习方式要多样化。多样化的练习可以提高兴趣，促进练习的积极性，保持高度的注意力。练习方式的多样化还可以培养人们灵活运用知识的技能。当然，方式过多、变化过于频繁也会导致相反的结果，即影响技能的形成。

第四节　安全目标管理

一、安全目标管理概述

安全目标管理是目标管理在安全管理方面的应用，是“参与管理”的一种形式，是根据安全工作目标来控制安全管理的一种民主、科学、有效的管理方法，是实行安全管理的一项重要内容。

1. 安全目标管理的概念

安全目标管理就是在一定的时期内（通常为一年），根据生产经营单位的总目标，从上到下地确定安全工作目标，并为达到这一目标制定一系列对策措施，开展一系列的计划、组织、协调、指导、激励和控制活动。

2. 安全目标管理的特点

安全目标管理有以下特点：

（1）安全目标管理是重视人、激励人、充分调动人的主观能动性的管理。安全目标管理是信任指导型的管理，所谓“目标”就是想要达到的境地和指标，设定目标并使之内化（不是外部加强，而是内在要求）就会激励人产生强大的动力，为实现既定目标而奋斗不息。

（2）安全目标管理是系统的、动态的管理。安全目标管理的“目标”，不仅是激励的手段，而且是管理的目的。毫无疑问，安全目标管理的最终目的是实现系统（如一个企业）整体安全的最优化，即安全的最佳整体效应。因此，安全目标管理的所有活动都是围绕着实现系统的安全目标进行的。

3. 实施安全目标管理的步骤

实施安全目标管理包括安全目标的制定、展开、实施和成果的考核评价四个步骤，四个步骤紧密衔接构成一个管理周期。生产经营单位的安全部门在高层管理者的领导下，根据总目标制定安全管理的总目标，然后经过协商，自上而下层层分解，制定各级、各部门直到每个职工的安全目标和为达到目标的对策、措施。在制定和分解目标时，不仅要把安全目标和经济发展指标捆在一起同时制定和分解，还要把责、权、利也逐级分解，做到目标与责、权、利的统一。通过开展一系列组织、协调、指导、激励、控制活动，依靠全体职工自下而上的努力，保证各自目标的实现，最终保证单位总安全目标的实现。年末，定期对实现目标的情况进行考核，给予相应的奖惩，并在此基础上进行总结分析评估，必要时及时调整目标计划，制定新目标并开始新的目标管理循环。

4. 安全目标管理的要点

为了实现系统的整体安全目标，必须做好以下工作：

第一，要制定一个既先进又可行的整体安全目标，即安全管理的总体目标。这个总目标应该全面反映安全管理工作应该达到的要求，即它不是一个孤立的目标，而是能够全面反映安全工作的若干指标，体现安全工作综合水平的目标体系。

第二，总目标要自上而下地层层分解，制定各级、各部门直到每位职工的安全目标，要纵向到底，横向到边，形成一个纵横交错、全方位覆盖的系统安全目标网络。这是因为企业的安全总目标要依靠所有部门的全体人员步调一致的共同努力才能实现。这就要求每个部门的每位成员都应该在总目标下设置自己的分目标、子目标，自下而上地实现自己的目标，从而保证总目标的实现。子目标、分目标、总目标之间是局部和整体的关系，必须自下而上，一级服从一级，一级保一级。每个部门、每个成员都应该清醒地意识到自己在整体中的地位，在保证实现上一级目标和总目标的前提下，追求自己目标的实现。

第三，要重视对目标成果的考核与评价。安全目标管理以制定目标为起点，以实现目标为归宿，只有圆满地实现了目标，才能取得最佳的整体效应，达到安全管理的目的。通过对目标成果的考核与评价，可以总结成绩，找出存在的问题，为进入下一周期的管理奠定基础；可以明确优劣，奖优罚劣，使目标激励的作用真正落到实处。

第四，要重视目标实施过程的管理和控制。安全目标管理强调重视人，激励人，充分调动每个部门、每位成员的积极性，但这并不等于各自为政，放任自流。实现最佳的整体安全目标要求进行有组织的管理活动，要把所有的积极性集中统一起来，沿着指向目标的轨道向前运动。如果发现偏离，就应及时纠正。为此，要重视信息的收集和反馈，进行有效的指导和帮助，以及必要的协调、控制。总之，安全目标管理的目标不是一个静止的靶子，而是包含了为击中这个靶子所进行的一系列的动态安全管理控制过程。

二、安全目标的制定

制定目标是目标管理的第一步工作。目标是目标管理的依据，因此制定既先进又可行的安全目标是安全目标管理的关键环节。

1.制定安全目标的原则

安全目标的制定，必须坚持正确的原则。主要原则如下：

(1) 科学预测原则。在安全目标的制定中，不仅要进行深入实际的调查研究，还要运用先进预测手段，做到定性预测与定量预测相结合，从而保证安全目标的科学性和可行性。

(2) 职工参与原则。安全目标的制定，不应只是领导者、安全管理者的事，还应当广泛发动职工共同参与安全目标的制定。发动职工参与目标的制定，不仅可以听取职工的要求与建议，集中职工的智慧，增强安全目标的科学性，而且有利于安全目标的贯彻和执行。

(3) 方案选优原则。这一原则要求在安全目标的制定过程中，首先要有多个选择方案，然后通过科学决策和可行性研究，从多个方案中选出一个满意的方案。主要有以下三个标准：第一，目标要有较高的效益性，其中包括有较高的安全效益、经济效益和社会效益；第二，目标要有先进性，有一定的创新，有一定的难度；第三，目标要有可行性，切合实际，通过努力能够实现。

(4) 信息反馈原则。在安全目标的制定中，必须坚持信息反馈的原则，不断收集反馈各种有关信息，及时纠正偏差。

2.安全目标的内容

制定安全目标包括确定安全目标方针、总体目标、对策措施三个方面内容。

(1) 安全目标方针。安全目标方针即用简明扼要、激励人心的文字、数字对安全目标进行的高度概括，它是安全工作的奋斗方向和行动纲领。安全目标方针应根据上级的要求和主客观条件，经过科学分析和充分论证后加以确定。

（2）总体安全目标。总体目标是目标方针的具体化，规定了为实现目标方针在各主要方面应达到的要求和水平。总体目标由若干目标项目组成，每一个目标项目都应规定达到的标准，而且达到的标准必须数值化，即一定要有定量的目标值。

（3）对策措施。对策措施的制定应该抓住影响全局的关键项目针对薄弱环节，集中力量有效解决问题，并应规定时限，落实责任，尽可能有定量的指标要求。如建立强有力的安全生产工作组织领导和协调管理机制，保障安全生产管理机构、人员、装备、经费等到位，及时解决安全生产监管工作中出现的重大问题，强化安全生产责任制，强化应急保障等。

3. 确定安全目标值的依据和要求

确定安全目标值的主要依据是企业自身的安全状况、上级要求达到的目标值以及历年特别是近期各项目标的统计数据。同时也要参照同行业，特别是先进企业的安全目标值。安全目标值应具有先进性、可行性和科学性。目标值设得过高，努力也不可能达到，会打击安全干部与工人的积极性；目标值设得过低，无需努力就能达到，则无法调动安全干部与工人的积极性和创造性。因此，目标值的确定依据主要有：

（1）党和国家的安全生产方针、政策，上级部门的重视和要求。

（2）本系统本企业安全生产的中、长期规划。

（3）工伤事故和职业病统计数据。

（4）企业长远规划和安全工作的现状。

（5）单位的经济技术条件。

4. 安全目标制定程序

制定安全目标一般分为三步，即调查分析评价、确定目标、制定对策措施，具体内容如下：

（1）对单位安全状况的调查分析评价。要应用系统安全分析与危险性评价的原理和方法对单位的安全状况进行全面的调查分析评价，重点掌握单位的生产技术状况、技术装备的安全程度、人员的素质、主要的危险因素及危险程度、安全管理的薄弱环节、曾经发生过的事故情况及对事故的原因分析和统计分析、历年有关安全目标指标的统计数据，同时应确定需要重点控制的危险点、危害点、危险作业、特种作业、特殊人员等。

（2）确定目标值。确定目标值要根据上级下达的指标，比照同行业其他单位的情况。但不应简单地就以此作为自己单位的安全目标值，而应立足于对本单位安全状况的分析评价，并以历年来有关目标指标的统计数据为基础，对目标值加以预测，再进行综合考虑后确定。

（3）制定对策保障措施。对策措施从下列各方面进行考虑：组织、制度，安全技术，安全教育，安全检查，隐患整改，班组建设，信息管理，竞赛评比、考核评价，奖惩，其他。制定对策措施要重视研究新情况、新问题，如相关方的安全对策、采用新技术的安全对策等，要积极开拓先进的管理方法和技术，如危险点控制管理、安全性评价等；制定出的对策措施要逐项列出规定措施内容、完成日期，并落实实施责任。

三、安全目标的分解与落实

1. 安全目标的分解

根据整分合原则，制定目标先要整体规划，然后还应该明确分工，即在单位的总安全目标制定以后，应该自上而下层层展开，将安全目标分解落实到各科室、基层单位、班组和个人，纵向到底、横向到边，使每个组织、每位职工都确定自己的目标，明确自己的责任，形成个人保班组、班组保基层单位、基层单位保整个生产经营单位，层层互保的目标连锁体系，如图 4-1 所示。

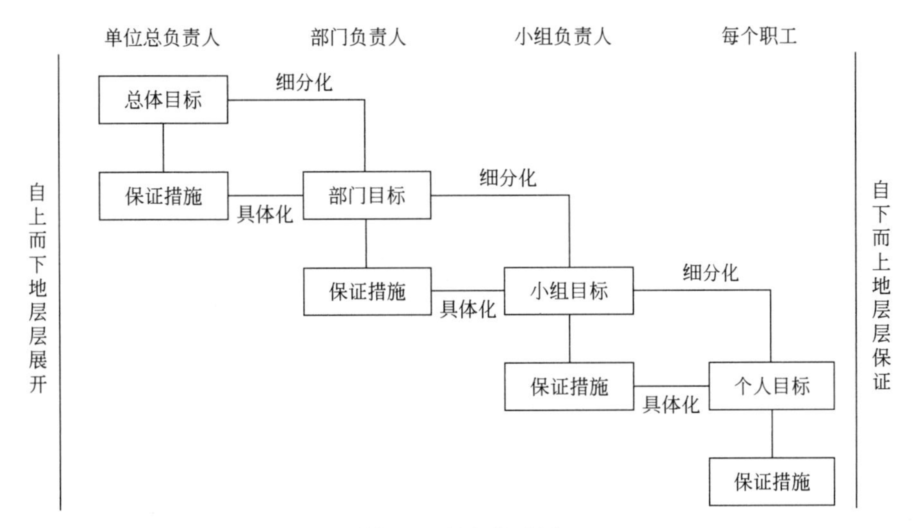

图 4-1　目标体系图

安全目标分解时遵循三条原则：一是实际分解的安全管理目标值一般应略优于相应的预测值；二是各基层单位或部门的安全管理目标值之和，应略优于或等于企业的总目标，对于一些静态安全指标，如环境指标基本比较稳定，应通过分析历年的指标数据，制定下一年的目标；三是目标分解做到横向到边、纵向到底、纵横联系，形成网络，一层一层分解，明确各自责任，实现一级保一级的多层次管理安全目标、保证体系。

表 4-1 是某水利工程运行管理单位的安全生产目标分解情况。

表 4-1　某水利工程运行管理单位安全生产目标分解情况表

安全生产目标	职能部门											基层单位					
	安委办	安监科	办公室	组织人事科	财供科	工管科	工会	监察室	基建绿化办	水政科	湖泊管理科	泵站管理所	水闸管理所	设备修理所	机动抢险队	综合科	河道管理所
死亡事故	●	△	☆	▲	○	○	△	○	☆	☆	○	☆	☆	☆	☆	○	☆
重伤事故	●	△	☆	▲	○	○	△	○	☆	☆	○	☆	☆	☆	☆	☆	☆
轻伤人数	●	△	☆	▲	○	○	△	○	○	○	○	☆	☆	☆	○	○	☆
职业病	●	△	○	▲	○	○	△	○	○	○	○	☆	○	○	○	○	○
火灾责任事故	●	△	☆	○	○	▲	△	○	☆	☆	○	☆	☆	☆	☆	☆	☆
设备重大事故	●	▲	○	○	○	△	△	○	☆	○		☆	☆	☆	☆	○	☆
交通事故	●	△	▲				△	○	☆	☆		☆	☆	☆	☆	○	☆
群体性中毒事故	●	△	▲	○	○	○	△		○	○	○	○	☆	○	○	☆	○
非法违法经营建设	●	△	○	○	○	○	△		☆	▲	○	☆	☆	☆	☆	☆	☆
重大事故隐患	●	▲	☆		○	○	△	○	☆	☆	○	☆	☆	☆	☆	○	☆
隐患排查、治理率	●	▲	☆		○	○	△	○	☆	☆	○	☆	☆	☆	☆	○	☆
持证上岗率	●	△	☆	▲	○	○	△		☆	○	○	☆	☆	☆	☆	○	☆

续表

安全生产目标	职能部门											基层单位					
	安委办	安监科	办公室	组织人事科	财供科	工管科	工会	监察室	基建绿化办	水政科	湖泊管理科	泵站管理所	水闸管理所	设备修理所	机动抢险队	综合科	河道管理所
安全教育培训率	●	▲	☆	○	○	○	△	○	☆	○	○	☆	☆	☆	☆	○	☆
现场安全达标率	●	▲	☆			△	△		☆	☆	○	☆	☆	☆	☆	○	☆
施工现场达标率	●	▲	☆			△	△		☆	☆	☆	☆	☆	☆	☆	○	☆
安全指令完成率	●	▲	☆	○	○	○	△	○	☆	☆	☆	☆	☆	☆	☆	☆	☆
四不放过处理率	●	▲	☆	○	○	○	△	○	☆	☆	☆	☆	☆	☆	☆	☆	☆

注：●—主管部门；☆—重点单位（部门）；△—监管部门；○—相关部门；▲—考核部门。

2. 安全目标的落实

生产经营单位在制定年度安全生产目标的同时应将目标分解到所属各单位（部门），制订具体的实施计划，并根据目标管理考核制度制定考核细则；各职能部门、基层单位、个人定期对目标执行情况进行考核，全面保障年度安全生产目标与指标的完成。

安全生产目标制定与分解同时研究、同时部署、同时印发文件，并体现所属单位和部门的安全生产职能，明确目标的主管部门、重点单位（部门）、监督部门、相关部门、考核部门，达到自下而上层层考核。

可将分解的安全生产目标纳入安全目标责任书，安全目标责任书逐级签订，即单位主要负责人与分管负责人、分管负责人与分管单位（部门）、基层单位（职能部门）负责人与本单位（部门）所有人员签订安全目标责任书，作为年度目标任务进行考核。安全目标责任书主要包括目的、责任部门、责任人、生产安全事故控制目标、隐患排查治理目标、安全生产工作目标、主要责任、责任追究及考核奖惩、责任期限等内容。安全目标责任书的内容与本单位、本部门、本岗位的安全生产职责相符。

四、安全目标的实施与考核奖惩

1. 安全目标的实施

安全目标的实施是指在落实保障措施，促使安全目标实现的过程中所进行的管理活动。安全目标实施的效果如何，对安全目标管理的成效起决定性作用。在这个阶段中要着重做好自我管理、自我控制，必要的监督检查与协调，有效的信息交流等方面的工作。

（1）自我管理、自我控制。在这个阶段，生产经营单位从上到下的各级领导、各级组织直到每一位职工都应该充分发挥自己的主观能动性和创造精神，围绕着追求实现自己的目标，独立自主地开展活动，抓紧落实，实现所制定的对策措施。要及时进行自我检查、自我分析，及时把握目标实施的进度，发现存在的问题，并积极采取行动，自行纠正偏差。在这个阶段，上级对下级要注意权限下放，充分给予信任，要放手让下级独立去实现目标，对下级权限内的事不要随意进行干预，是目标实施阶段的主要原则。

（2）必要的监督检查与协调。要进行必要的监督检查，对目标实施中好的典型要加以表扬和宣传，对偏离既定目标的情况要及时指出并纠正，对目标实施中遇到的困难要采取措施给予关心和帮助，使上下级两方面的积极性有机地结合起来，从而提高工作效率，保证所有目标圆满实现。与此同时，安全目标的实施需要各部门各级人员的共同努力、协作配合。目标实施过程中的协调方式大致有以下三种：①指导型协调，是管理中上下级之间的一种纵向协调方式，采取的方式主要有指导、建议、劝说、激励、引导等；②自愿型协调，是横向部门之间或人员之间自愿寻找配合措施和协作方法的协调方式；③促进型协调，是各职能部门、专业小组或个人，相互合作，充分发挥各自的特长和优势，为实现目标而共同努力的协调方式。

（3）信息交流。安全目标的有效实施要注重信息交流，建立健全信息管理系统，使上情能及时下达，下情能及时反馈，从而便于上级能及时、有效地对下级进行指导和协调，下级能及时掌握不断变化的情况，及时作出判断和采取对策，实现自我管理和自我控制。

2.安全目标成果的考核奖惩

安全目标成果的考核奖惩可以使先进的受到鼓舞，后进的得到激励，进一步调动起全体职工追求更高目标的积极性，还可以总结经验和教训，发扬优点、克服缺点，明确前进的方向，为下期安全目标管理奠定基础。

（1）考核奖惩的原则。一是考核奖惩公开、公正，考评标准、考评过程、考评内容、考评结果及奖惩办法公开；二是自我评价与上级评定相结合，充分体现自我激励的原则，力求最后评定的结果公正、准确；三是重视成果与综合评价相结合，目标成果评价应重视成果，但也要考虑不同组织和个人实现目标的复杂困难程度及在达标过程中的主观努力程度，还要参考目标实施措施的有效性和单位之间的协作情况，力求得出客观公正的结果；四是考评标准简化、优化，即标准尽量简化、评标准尽量优化。

（2）考核方式。考核的方式主要是自我考核与上级考核相结合、过程考核与结果考核相结合、上级考核与员工监督相结合。自我考核是指各职能部门、基层单位、个人依据相应的安全目标标准，对自身安全目标的落实情况进行评价。上级考核是指职能部门、基层单位、个人的上级对下级的安全目标实现情况进行评价。过程考核是指以月、季度为时间单位，对员工实现安全目标的过程进行的考核。结果考核是指以月、季度为时间单位，对阶段性的安全成果与安全目标进行比较。通过开展结果考核，能够找到执行结果与安全目标值出现偏差的原因，进而分清影响安全目标实现的主客观因素，利于有针对性地采取纠偏措施。

（3）考核的主要内容。考核的主要内容包括安全生产控制目标和安全生产工作目标两部分，应与被考核部门所承担的安全工作职责相对应。考核自下而上进行，各部门、各基层单位对职工进行考核，考核周期和频次一般与目标监督检查评估同步进行。考核每半年至少应一次，奖惩兑现可与考核同步或与年终考评同步。

（4）奖惩。在综合评定的基础上要根据预先制定的奖惩办法进行奖惩，使先进的受到鼓励，落后的受到鞭策；既要有经济上的奖惩，也要注意精神上的表彰，使达标者获得精神追求的满足，也使未达标者受到精神上的激励。对待奖惩，上级领导一定兑现诺言，严格遵循奖惩规定；不但应得出正确的评定结果，还应达到改进提高的目的。考核中应建立考核奖惩制度，明确考核的组织、范围、频次、实施办法等，明确考核内容、评分标准，考核结果及时反馈被考核部门、个人，并严格按照奖惩办法兑现。

第五节　安全检查与隐患排查治理

一、安全检查

安全检查不仅是危险有害因素管理的主要手段之一，也是隐患排查治理、安全生产标准化、安全监管等安全管理方法及保持安全状态、矫正不安全行为、防止事故的一种重要手段。

1. 安全检查的内容

安全检查的内容主要是查思想、查管理、查隐患、查整改。查思想即检查各级生产管理人员对安全生产的方针政策、法规和各项规定的理解与贯彻情况，全体职工是否牢固树立“安全第一、预防为主、综合治理”的思想。查管理即对安全管理的大检查，主要检查安全管理各项具体工作的实行情况，如安全生产责任制和其他安全管理规章制度是否健全，能否严格执行，安全教育、安全技术措施、伤亡事故管理等的实施情况及安全组织管理体系是否完善等。查隐患是指安全检查以查现场的隐患为主，即深入生产作业现场，查劳动条件、生产设备、安全卫生设施是否符合要求，职工在生产中不安全行为的情况等。如机器防护装置情况，安全接地、避雷设备、防爆性能的电气安全设施情况；个体防护用品的使用及标准是否符合有关安全卫生的规定等。查整改即对被检单位上一次查出的问题，按当时登记的项目、整改措施和期限进行复查，检查是否进行了及时整改和整改的效果，如没有整改或整改不力的，要重新提出要求，限期整改。对重大事故隐患，应根据不同情况进行查封或拆除。此外，还要检查企业对工伤事故是否及时报告、认真调查、严肃处理；在检查中，如发现未按“三不放过”的要求草率处理事故，要重新严肃处理，从中找出原因，采取有效措施，防止类似事故重复发生。

2. 安全检查的方式

（1）按检查的性质分为日常性检查、专项检查、季节性检查、节假日前后检查、综合性安全生产检查等。

① 日常性检查的目的是发现生产现场的各种隐患，包括工艺、机械、电气、消防设备，以及现场人员有无违章指挥、违章作业和违反劳动纪律；对重大隐患责令立即停止作业，并采取相应的安全保护措施。

② 专项检查指针对特殊作业、特殊设备、特殊场所进行的检查。专项检查的目的是确保工程设备的完整和安全运用，在特定情况下对工程和设备设施进行检查，及时发现工程、设备、消防设施的事故隐患，防止事故发生。如电气、焊接、压力容器、运输等安全专项检查。

③ 季节性检查是根据季节的特点，为保障安全生产的特殊要求所进行的检查。自然环境的季节性变化，对某些建筑、设备、材料或生产过程及运输、储存等环节会产生某些影响。某些季节性外部事件，如大风、雷电、洪水等，还会造成企业重大的事故和损失。

④ 节假日前后检查的目的是通过对单位各级管理人员、生产现场事故隐患、安全生产基础工作全面大检查，发现问题进行整改，落实岗位安全责任制，全面提升管理处的安全管理水平。检查内容为查思想、查纪律、查制度、查领导、查隐患。

⑤ 综合性安全生产检查是由上级主管部门或安全监管部门对下辖单位进行的全面综合性安全生产检查。这种检查一般集中在一段时间，有目的、有计划、有组织地进行，规模较大、揭露问题深刻，判断准确，能发现一般管理人员与技术人员不易发现的问题，有利于推动企业安全生产工作，促进安全生产中老大难问题的解决。

（2）按检查组织形式，可分为自查、互查和上级检查。

① 自查是指生产经营单位内部自行组织的检查，如厂矿内部、公司内部、车间内部、班组内部自行组织的检查。

② 互查是指具有类似安全生产经营组织之间的互相检查，如厂矿、公司、车间、班组

之间的互相检查。

③ 上级检查是指上级主管部门或安全管理部门对下辖单位进行的安全检查，如集团公司对下辖厂矿的检查、厂矿对车间或区队的检查、政府安全监管部门对下辖单位的检查等。

（3）按检查时段，可分为定期检查、连续检查、突击检查、特种检查等。

① 定期检查是指事先宣布、通知，有一定时间间隔的安全检查，如周检查、月检查、季度检查、年度检查等。

② 连续检查是对某些设备的运行状况和操作进行长时间的观察，通过观察发现设备运转的不正常情况并予以调整及作小的修理，以保持设备良好的运行状态；观察使用设备的工人的操作情况并帮助他们进行安全操作的训练，避免重大事故发生。对个人防护用品也应采取连续检查的形式。

③ 突击检查是无一定间隔时间的检查，是对某个特殊部门、特殊设备或某一工作区域进行的，而且事先未宣布、未通知。这种检查比较灵活，其检查对象和时间的选择往往通过事故统计分析、事故排队的方法来确定。

④ 特种检查是对采用的新设备、新工艺，新建、改建的工程项目以及出现的新的危险因素进行的安全检查。如：a. 职业健康检查，检查对健康可能有危害的场所，以确定危害程度、预防方法或采取机械的防护措施，以保证安全；b. 防止物体坠落的检查，检查起重机、屋顶以及高出其他部位的物体的坠落，检查时应着重找寻松动的器械、螺栓、管道、转轴、木块、窗户、电气装置及其他可能造成事故的物体；c. 事故调查，由专门的调查组织和安全专业人员进行的一种特殊检查，每起事故或未遂事故发生，就应尽快进行调查，找出实际的和起作用的原因，以防其重复发生；d. 其他特种检查，如对手持工具、平台、个人防护用品、操作点防护、照明设施、通风设备等的特种检查。

（4）按检查手段分有仪器测量、照相摄影、肉眼观察、口头询问等。

二、安全隐患排查治理体系

1. 隐患的相关概念

安全生产事故隐患（以下简称隐患、事故隐患或安全隐患），是指生产经营单位违反安全生产法律、法规、规章、标准、规程和安全生产管理制度的规定，或者因其他因素在生产经营活动中存在的可能导致事故发生的物的危险状态、人的不安全行为和管理上的缺陷。

在事故隐患的三种表现中，物的危险状态是指生产过程或生产区域内的物质条件（如材料、工具、设备、设施、成品、半成品）处于危险状态；人的不安全行为是指人在工作过程中的操作、指示或其他具体行为不符合安全规定；管理上的缺陷是指在开展各种生产活动中所必需的各种组织、协调等行动存在缺陷。

隐患的分级是以隐患的整改、治理和排除的难度及其影响范围为标准的，可以分为一般事故隐患和重大事故隐患。一般事故隐患，是指危害和整改难度较小，发现后能够立即整改排除的隐患。重大事故隐患，是指危害和整改难度较大，应当全部或者局部停产停业，并经过一定时间整改治理方能排除的隐患，或者因外部因素影响致使生产经营单位自身难以排除的隐患。

隐患排查是指生产经营单位组织安全生产管理人员、工程技术人员和其他相关人员对本单位的事故隐患进行排查，并对排查出的事故隐患，按照事故隐患的等级进行登记，建立事故隐患信息档案。

隐患治理就是指消除或控制隐患的活动或过程。对排查出的事故隐患，应当按照事故隐患的等级进行登记，建立事故隐患信息档案，并按照职责分工实施监控治理。对于一般事故隐患，由于其危害和整改难度较小，发现后应当由生产经营单位（车间、分厂、区队等）负责人或者有关人员立即组织整改。对于重大事故隐患，应由生产经营单位主要负责人组织制定并实施事故隐患治理方案。

2.国家安全隐患排查治理体系的含义

国家安全隐患排查治理体系由以下几部分形成：

（1）摸清企业底数，实行分级分类监管。摸清生产经营单位的底数，根据生产经营单位的性质和安全生产状况分类分级，负有安全生产职责的政府部门对监管职责范围内的生产经营单位按照不同等级进行监督管理。

（2）制定科学严谨的隐患排查治理标准。按照科学性、全面性和系统性的原则，考虑不同类别的企业可能存在的隐患区别，将隐患特点相近的企业归为一类，制定隐患排查标准。

（3）建立清晰明确的工作职责。通过理顺生产经营单位、行业管理部门、属地管理部门、专项监管部门以及综合监管部门的安全生产工作职责，明确履行安全职责的范围、内容和要求，解决职责空缺、职责不清、职能交叉等问题，形成“分工负责、齐抓共管”的安全监管工作格局，从而实现安全隐患排查治理监管工作的全覆盖和无缝化管理。

（4）建立隐患排查治理考核制度。安全生产考核主要分为政府部门的绩效考核和生产经营单位的考核。对各级政府及各职能部门的绩效考核是推动政府各项政策措施贯彻执行的重要手段；生产经营单位奖惩机制的建立是推动企业主体责任落实，真正开展隐患排查治理自查自报工作的重要保障。

（5）开发功能完善的信息系统。隐患排查治理信息系统是实现隐患自查自报工作的基础平台，需围绕各级应急管理部门、煤矿安全监察机构（以下简称安全监管部门）的监管监察工作和生产经营单位隐患排查治理的需求进行建设，以起到联通政府部门和生产经营单位的“桥梁”作用。隐患排查治理信息系统建设主要包含政府端系统建设和企业端系统建设两个部分。其中，政府端系统从纵向的各级安全生产综合监管部门，横向扩展到各级安委会成员单位；企业端系统则对企业的隐患自查自报工作进行了明确。

（6）开展隐患自查自报。企业应逐级建立并落实从主要负责人到每个从业人员的隐患排查治理责任制、隐患治理登记及隐患治理专项资金使用等制度，并明确自查自报管理机构和责任人、联络人；根据相关行业监管部门出台的生产经营单位事故隐患自查标准，开展日常隐患排查、治理工作；建立隐患治理登记制度，留存登记档案；企业要及时落实行业和属地管理部门提出的工作要求，实时更新本单位的基本信息；对排查出的事故隐患和治理情况，由生产经营单位负责人或者有关人员，如实在网上向政府安全生产监管部门汇报。

3.企业隐患排查治理体系的含义

企业隐患排查治理体系包括隐患排查机制、隐患治理机制、隐患追溯机制等。

（1）全员、全过程、全方位隐患排查管理机制，即从违法、违规、违章、违反相关标准等的规定出发，对所有与生产经营相关的场所、环境、人员、设备设施和活动，包括承包商和供应商等，全员、全方位、全过程地排查在生产经营活动中存在的可能导致事故发生的物的危险状态、人的不安全行为和管理上的缺陷。管理范围、环境、设备设施、规程规范、操作规程发生改变时重新进行隐患排查。

（2）隐患治理程序化控制管理机制，即对隐患治理过程进行分解细化，界定最小作业工序，明确作业标准，最终制定出程序化的隐患治理工序和要求，加强隐患治理的可控性和可操作性。其主要内容分为作业分析和动作分析。作业分析是把全部的操作分为各项基本作业，形成隐患治理标准化流程；按照基本作业的情况，从质量、安全、效益3个方面找出问题所在，重点是确保安全。动作分析是将隐患治理的基本作业分解为操作基本动作，形成隐患治理程序化控制流程。

（3）隐患系统追溯预防管理机制，即通过系统化地分析产生隐患的危险因素，分析出每个因素是否存在进一步细化的危险因素，若不存在危险因素，则停止追溯；若存在危险因素，则继续追溯分析其原因，逐步向下追溯，一直追溯到产生事故隐患的人、机、环、管四方面的基本危险因素，系统追溯出隐患产生的源头因素，从而实现安全风险预防，控制住隐患产生的源头因素，实现安全生产工作关口前移、源头治理。

4.隐患排查治理体系的建设意义

隐患排查治理体系的建设意义主要有：①有助于落实企业安全主体责任，使隐患排查治理从以政府为主向以企业为主转变，可以充分调动企业的积极性，促使企业由被动接受监管变为主动排查治理隐患，主动加强安全生产。②有助于加强和改进政府安全监管，解决了政府部门在隐患排查治理和安全生产工作中“管什么，怎么管，谁去管”的一系列实际问题，改善了监管手段，可以及时做出分析判断和督促指导。③有助于综合推进安全生产工作，可以把安全生产各方面的工作都带动起来。

三、政府监管隐患排查治理工作

政府监管隐患排查治理工作主要如下：

1.企业基础数据采集

（1）划分企业类型。国家应急管理部门依据《国民经济行业分类》（GB/T 4754）确定全国统一的企业类型划分标准，各省级应急管理部门在统一企业类型的基础上，结合自身实际，细分自己辖区内的企业类型，并据此划分行业管理部门和属地管理部门的职责。

（2）采集企业基础信息。全国统一的采集项目包括企业名称、企业代码、企业类型、企业规模、注册地址、行业分类、安全负责人及联系方式等。

2.建章立制

有立法条件的地区可以将安全隐患排查治理工作管理办法、企业分类分级监管办法、责任考核与绩效考核评估管理办法纳入地方性立法。尚无立法条件的地区，可以政府规范性文件的形式将隐患排查治理工作固化下来，有利于工作的推进。

3.确定职责

（1）综合监管部门职责。

① 省（自治区、直辖市）级应急管理部门职责：制定适用全省统一的事故隐患排查治理标准；建立隐患排查治理信息系统；建立安全隐患排查治理规章制度，规范工作流程；建立隐患统计汇总分析制度；通过自查自报信息管理系统，及时收集、汇总、分析生产经营单位的事故隐患数据，对排查出的集中性或危险性较大的事故隐患，组织开展有针对性的专项整治活动；负责省级挂牌重大隐患的审核认定、监督治理、综合协调和销账备案等工作。

② 市（地）级应急管理部门职责：建设隐患排查治理信息系统，形成统一的数据库；制定隐患排查治理实施方案，出台规范性管理文件；协调本行政区域内的行业管理部门，分片组织开展事故隐患排查治理工作；组织区（县）级应急管理部门、同级行业监管（管理）部门的安全管理人员进行培训；建立例会、函告、监督检查、考核等工作制度；负责市级挂牌重大隐患的审核认定、监督治理、综合协调和销账备案工作。

③ 区（县）级应急管理部门职责：负责组织乡镇、街道录入企业基础信息；组织以乡

镇为单位进行企业培训；督促企业开展隐患自查自报工作；依托市级系统逐级汇总、分析、上报隐患排查治理情况。

(2) 负有安全生产管理职能的行业管理部门监管职责。督促、指导、组织培训本行业领域生产经营单位开展事故隐患自查自报工作，定期监督检查生产经营单位开展事故隐患排查治理工作的情况；建立生产经营单位约谈制度；建立交流工作机制，通过座谈会、现场观摩等方式，定期组织生产经营单位之间开展事故隐患自查自报交流学习活动。

(3) 专项监管部门职责。消防、质监等专项监管部门要按照消防、特种设备安全等法律、法规、规章的规定，对企业履行专项监管职责，及时跟踪、督促处理属地管理部门和行业监管（管理）部门移送的安全隐患，积极做好职责范围内的安全监管工作。

4.教育培训

(1) 培训内容与对象。培训内容包括安全生产事故隐患自查自报工作的目的和意义、工作内容、工作方法、职责要求等；生产经营单位事故隐患排查治理标准的解读与应用；隐患排查治理信息系统操作等专业知识。

培训对象：开展事故隐患自查自报工作的生产经营单位主要负责人、安全管理人员和系统操作员；组织自查自报工作的各级安全监管部门负责人、管理人员，各行业管理部门主管安全负责人、具体工作人员。

(2) 培训形式。包括集中授课培训、教学视频培训、书面课件培训、上机实操培训、现场指导等。

5.组织隐患查报

省级应急管理部门的重点是督促、指导各地、各部门开展工作，具体组织、发动企业的工作由市、县和乡镇来进行。组织查报的频次，每季度上报一次隐患排查治理数据，对于重大隐患则要立即上报挂牌督办；各省及以下行政区域可以根据实际需要，要求企业采取随时随报、每月上报、每季度上报等不同的上报频次。

6.分级分类监管

各级应急管理部门可以在企业分类的基础上，根据企业隐患排查治理情况、安全生产标准化达标情况以及监管工作实际，制定相应的分类分级管理办法，实施差异化监管，依据相应法律法规开展日常执法监察活动。

7.隐患排查治理标准制定

隐患排查治理标准的编制过程分为成立标准编写小组、编写起草、征求意见、试运行、修订更新五个阶段，各个阶段周而复始形成闭环，以实现标准的持续改进。各省市结合自身情况，组织有关单位共同开展隐患排查治理标准的编写工作。标准编写小组组织有关专家和相关单位共同开展标准编写工作，起草阶段应广泛收集标准的起草依据，认真听取各有关方面的意见，多次召开专家讨论会，反复修改后提出隐患排查治理标准征求意见稿。隐患排查治理标准征求意见稿编写完成后，建议通过会议、函审等方式广泛征求标准涉及的行业管理部门、应急管理局等相关单位的意见，根据各部门提出的建议与意见进行修改完善。隐患排查治理标准编写完成后，应在生产经营单位中进行实际应用。应急管理和行业管理部门组织相关企业根据隐患排查治理标准开展自查自报工作，在试运行工作中，发现标准中存在的问题，逐一修改完善。结合标准实际应用情况，可适时对标准内容进行修订更新，以确保标准的内容满足安全生产实际工作的需要。

8.考核与奖惩

在理清行业、属地监管职责的基础上，加大对行业、属地的考核力度，明确规定生产经营单位的责任追究内容。结合实际建立具体的责任追究和奖惩机制，并与安全生产责任险、税率浮动、黑名单等手段相结合，强化奖惩、制约机制。

9. 形势分析与预测预警

根据逐级上报的隐患类型和数量等信息，可以建立预警预测模型，对安全生产形势进行分析预警，及时发现工作的普遍性问题和趋势性问题，找准工作的重点和难点，为安排部署工作提供依据，提高安全监管工作的针对性和有效性，真正实现由事后处理向事前预防转变。

四、企业隐患排查治理工作

企业隐患排查治理工作主要包括四个方面：自查隐患、治理隐患、自报隐患和预测预警。

1. 自查隐患

企业自查隐患就是在政府及其部门的统一安排和指导下，确定自身分类分级的定位，采用适用的隐患排查治理标准，通过准备、组织机构建设、建立健全制度、全面培训、实施排查、分析改进等步骤形成完整的、系统的企业自查机制。由企业一把手担任隐患排查治理工作的总负责人，以安全生产委员会或领导班子为总决策管理机构，以安全生产管理部门为办事机构，以基层安全管理人员为骨干，以全体员工为基础，形成从上至下的组织保证。需要制订一个比较详细可行的实施计划，确定参加人员、排查内容、排查时间、排查安排、排查记录等。

2. 治理隐患

（1）一般隐患治理。一般隐患治理分隐患分级、现场立即整改、限期整改工作。

① 隐患分级。为更好地、有针对性地治理在企业生产和管理工作中存在的一般隐患，要对一般隐患进行进一步的细化分级。在企业中通常将隐患分为班组级、车间级、分厂级直至厂（公司）级，其含义是在相应级别的组织（单位）中能够整改、治理和排除。其中厂（公司）级隐患中的某些隐患如果属于应当全部或者局部停产停业，并经过一定时间整改治理方能排除的隐患，或者因外部因素影响致使企业自身难以排除的隐患应当列为重大事故隐患。

② 现场立即整改。有些隐患如明显地违反操作规程和劳动纪律的行为，属于人的不安全行为式的一般隐患，排查人员一旦发现，应当要求立即整改，并如实记录，以备对此类行为统计分析，确定是否为习惯性或群体性隐患。有些设备设施简单的不安全状态隐患，如安全装置没有启用、现场混乱等物的不安全状态等一般隐患，也可以要求现场立即整改。

③ 限期整改。有些隐患难以做到立即整改的，但也属于一般隐患，则应限期整改。限期整改通常由排查人员或排查主管部门对隐患所属单位发出“隐患整改通知”，内容中需要明确列出隐患情况的排查发现时间和地点、隐患情况的详细描述、隐患发生原因的分析、隐患整改责任的认定、隐患整改负责人、隐患整改的方法和要求、隐患整改完毕的时间要求等。限期整改需要全过程监督管理，除对整改结果进行“闭环”确认外，也要在整改工作实施期间进行监督，以发现和解决可能临时出现的问题，防止拖延。

（2）重大隐患治理。重大隐患治理应做好如下重点工作：一是制定重大事故隐患治理方案，包括治理的目标和任务、采取的方法和措施、经费和物资的落实、负责治理的机构和人员、治理的时限和要求、安全措施和应急预案等内容；二是采取安全防范措施；三是随时接受和配合安全监管部门的重点监督检查；四是进行重大事故隐患治理情况评估；五是进行重大事故隐患治理后的工作。

（3）隐患治理措施。隐患治理措施分为工程技术措施和管理措施，而且还有对重大隐患需要做的临时性防护和应急措施。治理措施的基本要求是：能消除或减弱生产过程中产生的危险、有害因素；处置危险和有害物，并降低到国家规定的限值内；预防生产装置失灵和操作失误产生的危险、有害因素；能有效地预防重大事故和职业危害的发生；发生意外事故时，能为遇险人员提供自救和互救条件。

工程技术措施的实施等级顺序是直接安全技术措施、间接安全技术措施、指示性安全技术措施等；等级顺序的具体原则应按消除、预防、减弱、隔离、连锁、警告的等级顺序选择安全技术措施；应具有针对性、可操作性和经济合理性并符合国家有关法规、标准和设计规范的规定。

管理措施往往在隐患治理工作中受到忽视，在实施隐患治理时，应主动地和有意识地研究分析隐患产生原因中的管理因素，发现和掌握其管理规律，通过修订有关规章制度和操作规程并贯彻执行来从根本上解决问题。

3. 自报隐患

自报并不是要求企业将这些内容都上报，而是按规定的内容、方式、时限等要求进行上报。有条件的企业，要将自己的信息管理系统与政府隐患信息管理系统进行接口，定期接通上报网络，按信息管理系统的提示和要求进行填报。不具备基于信息管理系统上报条件的小型和微型企业，可以采用书面上报的形式。

4. 预测预警

安全生产形势预测预警是指以隐患排查结果和仪器仪表监测检测数据为基础，辨识和提取有效信息，分析其可能产生的后果并予以量化，将有关信息经过综合分析形成直观的、动态的、反映企业安全生产现状的安全生产预警指数系统，运用预测理论，建立数学模型，对未来的安全生产趋势进行预测，得出安全生产趋势的发展情况。

第六节　工伤保险

一、相关概念

1. 风险管理与保险

风险管理是社会组织或者个人降低风险的决策过程，通过风险识别、风险估测、风险评价，并在此基础上选择与优化组合风险管理技术，对风险实施有效控制和妥善处理风险所致损失的后果，从而以最小的成本收获最大的安全保障。

风险的处理常见的方法有风险回避、损失控制、风险保留和风险转移。风险回避即消极躲避风险，是投资主体有意识地放弃风险行为，完全避免特定的损失风险，是一种消极的风险处理办法；损失控制是指制订计划和采取措施降低损失的可能性或者减少实际损失；风险保留是指企业承担风险，以当时可利用的任何资金进行支付损失；风险转移指通过契约将让渡人的风险转移给受让人承担的行为，是通过出售、转让、保险等方法将风险在危险发生前转移出去。

保险是使用最为广泛的风险转移方式之一。保险的功能可以分为基本功能和派生功能。保险的基本功能体现了保险的机制，用收取保费的方法来分摊灾害事故造成的损失，以实现经济补偿的目的；保险的派生功能是投融资功能和防灾防损功能。防灾防损功能是指帮助被保险人对潜在的损失风险进行预测、分析评估，提出合理的事前预防方案和损失管理措施。

2. 工伤保险

工伤亦称职业伤害，是指职工在工作过程中因工作原因而引发的或与之相关的人身伤害，包括事故伤残和职业病以及因这两种情况造成的死亡。上下班途中受到机动车伤害和因工外出期间受到伤害或发生事故下落不明的亦属于工伤。

职业病是指企业、事业单位和个体经济组织的劳动者在职业活动中，因接触粉尘、放射性物质和其他有毒、有害物质等因素而引起的疾病。其特征是在有毒、有害的环境下工作所患的疾病。

工伤保险亦称职业伤害保险，是对在劳动过程中遭受人身伤害（包括事故伤残和职业病以及因这两种情况造成死亡）的职工或遗属提供经济补偿的一种社会保险制度。

二、工伤保险的特点和作用

实行工伤保险的目的在于：预防工伤事故，补偿职业伤害的经济损失，保障工伤职工及其家属的基本生活水准，减轻企业负担，同时保证社会经济秩序的稳定。

1. 基本特点

工伤保险具有补偿与保障的性质，缴费由用人单位负责。比起其他社会保险项目，其待遇最优厚、保险内容最全面、保险服务最周到，也最易实现。具体说来，它具有以下几个特点：

（1）强制性。工伤保险是由国家立法强制执行的，在一定范围内的用人单位、职工必须参加。

（2）非营利性。工伤保险是国家对劳动者履行的社会责任，也是劳动者应该享受的基本权利。

（3）保障性。工伤保险是在劳动者发生工伤事故后，对劳动者或其亲属发放的工伤待遇，这种待遇主要用于保障其基本生活。

（4）互助互济性。工伤保险和管理部门通过征收保险费，建立工伤保险基金，在人员、地区之间对保险基金实行再分配、调剂使用。

2. 作用

（1）对社会、国家的作用。工伤保险保障了受工伤劳动者及其亲属的基本生活需要，防止少数人陷入贫困，也促进了工伤事故的妥善处理，减少了劳动争议，对劳动者起到了保护作用，最终调节社会关系，维护社会稳定。

（2）对劳动者的作用。①工伤保险保障了劳动者在工作中遭受事故伤害和患职业病后获得医疗救治、经济补偿和职业康复的权利，是维护职工合法权益的必要措施。②工伤保险保障了劳动者发生工伤后，劳动者本人或其亲属在生活发生困难时的基本生活需要，防止受工伤的劳动者及其亲属陷入贫困状况，在一定程度上解除了劳动者及其家属的后顾之忧。③工伤保险保障了受伤害劳动者或其亲属的合法权益，是社会对劳动者所作社会贡献的肯定，有利于增强劳动者的工作积极性。

（3）对企业的作用。①工伤保险保护了企业和雇主，尤其是资金不足的小企业。这是因为工伤保险具有互助互济的特点，它统一筹措资金，分担风险，所以当企业和雇主，尤其是资金紧张的企业，遇上一个重大的工伤事故需要支付大宗补偿费时，由社会保险机构在社会范围内调剂基金进行支付，将弥补企业资金不足，可以把工伤给企业和雇主带来的风险降到最低。②工伤保险有利于促进企业安全生产。工伤保险通过与改善劳动条件、安全教育、防病防伤宣传、医疗康复等措施相结合，可以增强劳动者的安全意识，减少工伤事故发生，减少企业的经济损失。

三、工伤保险的实施原则和范围

1. 实施原则

工伤保险的实施原则包括强制性实施原则、无责任赔偿原则、个人不缴费原则、损失补偿与事故预防及职业康复相结合原则。

（1）强制实施原则，是指由国家通过立法手段强制工伤保险制度的实行。对于不按法律规定参加工伤保险的企业，不按法定的项目、标准和方式支付待遇，不按法定的标准和时间缴纳保险费的行为，要依法追究法律责任。

（2）无责任赔偿原则，也称为无过失补偿原则。它是指劳动者在发生工伤事故时，无论事故责任是否属于劳动者本人，受害者均应无条件地得到一定的经济补偿。需要指出的是，无责任赔偿原则并不意味着根本不去追究事故责任，相反，为了防止类似事故的重复出现，必须认真调查事故原因，澄清事故责任，并作出必要的结论。行政责任的追究与无条件地执行工伤经济补偿并不矛盾。这个原则的执行，既能够确保受害者及时地得到法定的生活保障与经济补偿，又简化了工伤处理中落实待遇给付的程序，有利于企业工作的高效性。

（3）个人不缴费原则，是指无论是直接支付保险待遇还是缴费投保，全部费用均由用人单位负担，劳动者个人不缴费。

（4）损失补偿与事故预防及职业康复相结合原则，是指现代工伤保险已不仅仅限于只对工伤职工给予经济补偿，而是把经济补偿、工伤事故预防与职业康复训练紧密地联系起来，在立法原则上确立工伤保险与工伤预防、职业康复相结合，在费率机制上实行差别费率和浮动费率，在管理上配合安全监察督促企业和教育职工落实安全生产法律、法规，以更好地发挥其在维护社会安定、保护和促进生产力发展方面的积极作用。

2. 实施范围

工伤保险的实施范围：中国境内的企业、事业单位、社会团体、民办非企业单位、基金会、律师事务所、会计师事务所等组织和有雇工的个体工商户（称用人单位）应当依照规定参加工伤保险，为本单位的全部职工或者雇工缴纳工伤保险费。

四、工伤保险基金和工伤保险缴费

1. 工伤保险基金

工伤保险基金是指社会保险经办机构或者税务机构通过各种方式征集的，用于工伤保险事业开支的专项基金。

工伤保险基金的收入包括：用人单位缴纳的工伤保险费、工伤保险基金的利息、依法纳入工伤保险基金的其他资金（如工伤保险费滞纳金）等。

工伤保险基金的支出项目包括：治疗工伤的医疗费用和康复费用；住院伙食补助费；到统筹地区以外就医的交通食宿费；安装配置伤残辅助器具所需的费用；生活不能自理，经劳动能力鉴定委员会确认的生活护理费；一次性伤残补助金和一至四级伤残职工按月领取的伤残津贴；终止或者解除劳动合同时，应当享受的一次性医疗补助金；因工死亡，其遗属领取的丧葬补助金、供养亲属抚恤金和因工死亡补助金；劳动能力鉴定费；工伤预防费用，即从工伤保险基金里提取专项用于安全奖励、事故预防、宣传和科研的费用；法律、法规规定的用于工伤保险的其他费用。

2. 工伤保险基金的提缴方式

工伤保险基金的提缴，绝大多数国家都是以企业职工的工资总额为基数，按照规定的比例缴费，在费率的确定上，主要有三种方式。

（1）统一费率制。统一费率制即按照法定统筹范围的预测开支要求，与相同范围内企业的工资总额相比较，求出一个总的工伤保险费率，所有企业都按这一比例缴费。这种方式是在最大可能范围平均分散工伤风险，不考虑行业与企业的实际风险差别。目前世界上110多个施行工伤保险的国家中，约有37%的国家采用此制度。

（2）差别费率制。差别费率制即对单个企业或某一行业单独确定工伤保险费的提缴比例。差别费率主要是根据各个行业或企业单位时间上的伤亡事故和职业病统计以及工伤费用需求的预测确定。此种方式的目的是要在工伤保险基金的分担上，体现不同工伤事故发生率的企业、行业实行差别性的负担，以保证该行业、企业工伤保险基金的收付平衡，并适当促进其改进劳动安全保护设施，降低工伤赔付成本。目前世界各国实行此种费率者约占41%。实行差别费率时所依据的工伤事故和职业病频率的统计分析指标，主要有以下几种：

① 工伤事故发生次数。工伤事故发生次数是指单位时间（一般是一年）内某行业或企业发生的工伤事故总和。本指标说明工伤事故的发生频率和劳动保护安全制度的总效应。

② 因工负伤总人数。因工负伤总人数是指单位时间内因工伤残、死亡的人数之和，即单个劳动者在一定时间内无论发生几次工伤事故，均按一人统计；反映的是工伤事故涉及的职工人数，说明了其对职工队伍正常生产能力的总体影响。

③ 因工伤残、死亡总人次数。因工伤残、死亡总人次数是指单位时间内因工负伤、致残乃至死亡的累计人数和次数之和，用公式表示为：

单位时间总人次数＝单位时间工伤总人数×单位时间工伤职工平均工伤发生次数

这一指标反映了行业或企业工伤事故的总体规模，是确定差别费率的重要指标之一。

④ 工伤事故频率。工伤事故频率是指单位时间内每千名职工因工负伤的总人数次，计算公式是：

单位时间工伤事故频率＝（单位时间因工负伤的总人数/同期职工平均人数）×1000‰

这一指标反映了行业或企业职业伤害发生的程度，说明了在职工总体中工伤事件发生的概率高低。

⑤ 工伤死亡率。工伤死亡率是指单位时间内因工死亡的职工占工伤总人数的比例，计算公式为：

单位时间工伤事故死亡率＝（单位时间工伤死亡人数/同期工伤总人数）×100%

这一指标反映了工伤事故对职工的伤害程度，说明了行业或企业工伤事故的严重程度高低。

总之，差别费率是当今工伤保险基金社会统筹中费率确定上应用广泛、效果明显的方式。它依靠每年对上述指标变动的分析，结合统筹费用的预测，对各行业、企业的费率做出规定并据此进行调整，用公式表示为：

$$\text{工伤保险差别费率}=\frac{\text{行业或企业预测工伤保险费用需求}\times\text{调节系数}}{\text{计划期行业或企业工资总额}}\times 100\%$$

（3）浮动费率制。浮动费率制是在差别费率制的基础上，每年对各行业或企业的安全卫生和工伤保险费用支出状况进行分析评价，根据评价结果，由主管部门决定该行业或企业的工伤保险费率上浮或下浮。一般做法是在差别费率实施3～5年后，在合理评价确定调控指标的基础上，开始实行费率浮动，浮动幅度是原费率的5%～40%。实行浮动费率评价时，除考虑前述的费用增长即各项工伤变动指标外，还可以参考以下相关的经济指标：

年减产损失额＝年工伤损失工作日数×日平均劳动生产率

年收益损失额＝年工伤损失工作日数×日平均收益额

年工资开支损失额＝年工伤损失工作日数×日平均工资额

其中，年工伤损失工作日数＝年工伤人次总数×每人次工伤平均休工日数。

3.我国工伤保险的缴费办法

工伤保险费由用人单位缴纳，职工不缴纳工伤保险费。我国现行的用人单位缴纳工伤保险费的数额为本单位职工工资的总额与单位缴费费率之积。单位缴费费率根据用人单位行业差别基准费率、用人单位内部浮动费率计算。工伤保险行业的风险分类如表4-2所示，分为8类，各行业风险类别对应的工伤保险行业基准费率为：1～8类分别控制在该行业用人单位职工工资总额的0.2%、0.4%、0.7%、0.9%、1.1%、1.3%、0.6%、1.9%左右。单位内部浮动费率的确定办法是：根据用人单位的工伤保险费使用、工伤发生率、职业病危害程度等因素，1类行业分为三个档次，即在基准费率的基础上，可分别向上浮动至120%、150%；2～8类行业分为5个档次，即在基准费率的基础上，可分别向上浮动至120%、150%或向下浮动至80%、50%。

表4-2　工伤保险行业风险分类表

行业类别	行业名称
1	软件和信息技术服务业，货币金融服务，资本市场服务，保险业，其他金融业，科技推广和应用服务业，社会工作，广播、电视、电影和影视录音制作业，中国共产党机关，国家机构，人民政协、民主党派，社会保障，群众团体、社会团体和其他成员组织，基层群众自治组织，国际组织
2	批发业，零售业，仓储业，邮政业，住宿业，餐饮业，电信、广播电视和卫星传输服务，互联网和相关服务，房地产业，租赁业，商务服务业，研究和试验发展，专业技术服务业，居民服务业，其他服务业，教育，卫生，新闻和出版业，文化艺术业
3	农副食品加工业，食品制造业，酒、饮料和精制茶制造业，烟草制品业，纺织业，木材加工和木、竹、藤、棕、草制品业，文教、工美、体育和娱乐用品制造业，计算机、通信和其他电子设备制造业，仪器仪表制造业，其他制造业，水的生产和供应业，机动车、电子产品和日用产品修理业，水利管理业，生态保护和环境治理业，公共设施管理业，娱乐业
4	农业，畜牧业，农、林、牧、渔服务业，纺织服装、服饰业，皮革、毛皮、羽毛及其制品和制鞋业，印刷和记录媒介复制业，医药制造业，化学纤维制造业，橡胶和塑料制品业，金属制品业，通用设备制造业，专用设备制造业，汽车制造业，铁路、船舶、航空航天和其他运输设备制造业，电气机械和器材制造业，废弃资源综合利用业，金属制品、机械和设备修理业，电力、热力生产和供应业，燃气生产和供应业，铁路运输业，航空运输业，管道运输业，体育
5	林业，开采辅助活动，家具制造业，造纸和纸制品业，建筑安装业，建筑装饰和其他建筑业，道路运输业，水上运输业，装卸搬运和运输代理业
6	渔业，化学原料和化学制品制造业，非金属矿物制品业，黑色金属冶炼和压延加工业，有色金属冶炼和压延加工业，房屋建筑业，土木工程建筑业
7	石油和天然气开采业，其他采矿业，石油加工、炼焦和核燃料加工业
8	煤炭开采和洗选业，黑色金属矿采选业，有色金属矿采选业，非金属矿采选业

五、工伤保险认定与待遇及康复

1.工伤保险认定

职工有下列情形之一的，应当认定为工伤：在工作时间和工作场所内，因工作原因受到事故伤害的；工作时间前后在工作场所内，从事与工作有关的预备性或者收尾性工作受到事故伤害的；在工作时间和工作场所内，因履行工作职责受到暴力等意外伤害的；患职业病的；因工外出期间，由于工作原因受到伤害或者发生事故下落不明的；在上下班途中，受到非本人主要责任的交通事故或者城市轨道交通、客运轮渡、火车事故伤害的；法律、行政法规规定应当认定为工伤的其他情形。

2.工伤保险待遇

工伤保险待遇包括：

（1）工伤医疗待遇。即工伤职工在医疗期内所需要的费用，包括医疗费用和相关费用。相关费用包括伙食补助费、交通费用、食宿费用等。

（2）停工留薪待遇。严格地讲，停工留薪待遇由用人单位负担，而不是由工伤保险基金支付，因此并不属于狭义的工伤保险待遇。可以认为，停工留薪待遇同样是从曾经存在的工伤津贴分化演变而来。停工留薪待遇是将工伤职工的工资福利待遇保持至工伤医疗期结束。在此期间工伤职工需要护理的，护理费用由用人单位负担。

（3）因工伤残待遇。因工伤残待遇是指职工因工负伤医疗终结后经劳动能力鉴定委员会作出劳动能力鉴定结论，根据伤残程度和劳动能力减弱的程度而享受的工伤保险待遇。因工伤残待遇根据不同的情形，大致包括护理费、辅助器具费、一次性伤残补助金、定期性伤残津贴以及一次性医疗补助金和就业补助金等待遇。

（4）因工死亡待遇。因工死亡待遇是指职工因工伤事故直接导致死亡、停工医疗期间死亡或者因为旧伤复发死亡，而由社会保险经办机构支付给工伤职工所供养亲属的相关待遇。根据不同的情形，因工死亡待遇包括丧葬补助金、供养亲属抚恤金以及一次性工亡补助金等。

3.工伤康复

工伤康复是指在工伤保险制度的框架下，利用现代康复的理论和技术，为工伤残疾人员提供医疗康复、职业康复和社会康复等服务，最大限度地恢复和提高他们的身体功能与生活自理能力，尽可能恢复和提高伤残职工的职业劳动能力，让伤残职工全面回归社会和重返工作岗位的一项医疗服务。工伤康复也是社会工伤保险的三大职能之一。

工伤康复包括医疗康复、职业康复和社会康复。工伤康复期间，康复对象享受工伤医疗和停工留薪期待遇；工伤康复对象住院期间，按照国家和地方的规定享受住院伙食补助费。

医疗康复是保证工伤职工全面康复的前提和基础；职业康复是医疗康复的发展和完善，是帮助工伤职工保持和恢复适当职业能力的必要途径，是开展工伤康复的核心；社会康复则是帮助工伤职工回归社会的重要措施。

习题与思考题

1.哪些行业实行了安全生产许可证制度？其管理办法有哪些？

2.建设项目“三同时”的含义是什么？

3.哪些建设项目在进行可行性研究时应进行安全预评价？

4. 安全设施设计与审查有哪些要求?
5. 安全设施竣工与验收有哪些要求?
6. 消防设施指哪些? 其“三同时”管理是怎样的?
7. 职业病防护设施“三同时”管理的内容有哪些?
8. 安全教育培训的原则、内容、形式有哪些?
9. 不同人员的安全教育有哪些要求?
10. 安全目标的内容有哪些? 简述实施安全目标管理的步骤和要点。
11. 简述安全检查的内容和方式。
12. 安全隐患排查治理体系的含义和意义有哪些?
13. 隐患排查治理政府监管工作有哪些?
14. 企业隐患排查治理工作有哪些?
15. 隐患排查的内容和方法有哪些? 隐患排查治理有哪些步骤?
16. 隐患排查治理运行如何管理?
17. 工伤保险的特点和作用有哪些?
18. 工伤保险的实施原则和范围是什么?
19. 工伤保险费率如何确定?
20. 工伤保险如何认定? 其待遇及康复有哪些?

第五章

典型安全风险管控方法（二）

学习目标

1.熟悉职业安全管理体系。

2.熟悉安全生产标准化的概念、核心要求、建设主要过程及其注意事项。

3.熟悉安全文化建设的基本要素、目标、基本方略，了解安全文化建设评估、安全形象及塑造。

4.了解六西格玛安全管理、6S安全管理。

5.熟悉安全风险责任保险机制。

第一节　职业安全管理体系

安全风险管控手段很多，随着社会进步，为提高安全风险防控水平，减少和控制事故的发生，除第四章介绍的方法外，近年来创新推行了其他多种现代安全风险管控手段。

一、职业安全管理体系的基本模式和特点

1.职业健康安全管理体系的系统模式

职业健康安全管理体系的系统化模式，是基于自然科学和社会科学的系统理论。系统理论通常包含4个方面的要素，即输入、过程、输出、反馈。

根据系统理论，系统还可以划分为封闭系统和开放系统两个部分。系统存在开放部分的条件下，就存在了与外部交换信息和获取能量的途径。这种现象最明显的例子就是生物系统。相对地，封闭系统就不具备这样的途径，于是便限制了其对外界变化情况的反应和适应能力。

现代职业健康安全管理是系统化的职业健康安全管理，以系统安全的思想为基础。管理的核心是系统中导致事故的根源——危险源，强调通过危险源辨识、风险评价和风险控制来达到控制事故的目的。根据系统化职业健康安全管理的要求以及上述系统理论内容，提出了职业健康安全管理体系的系统模式，如图5-1所示。

2.职业健康安全管理体系的运行模式

目前已颁布的职业健康安全管理体系标准的运行模式大体可分为三种类型：

（1）ISO 14000运行模式，即系统化管理的PDCA循环模式，如OHSAS18001和AS/NZS4801等；

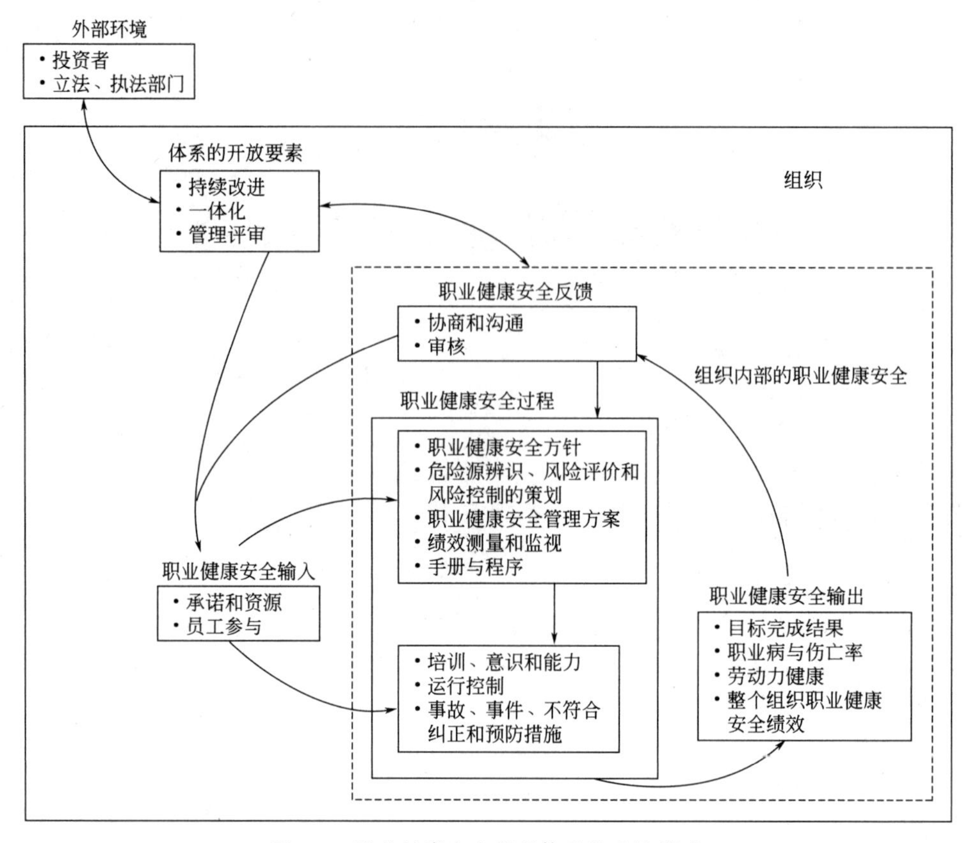

图 5-1 职业健康安全管理体系的系统模式

(2) ISO 9000 运行模式，如美国工业卫生协会的职业健康安全管理体系标准等；

(3) 其他运行模式，如日本工业健康安全协会的职业健康安全管理体系标准等。

这三种运行模式中，ISO 14000 运行模式是国际上最新的管理运行模式，比较适合职业健康安全管理体系的特点，采用这种模式也有利于管理体系的一体化，如图 5-2 所示。

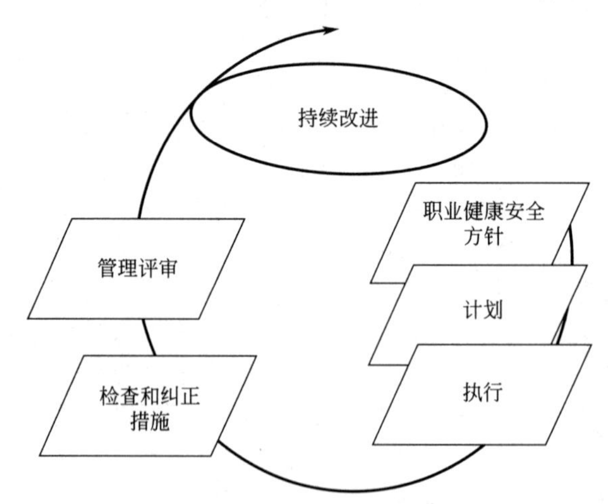

图 5-2 职业健康安全管理体系的运行模式

职业健康安全管理体系的运行模式遵循了 PDCA 管理模式，即规划出管理活动要达到的目的和遵循的原则；在执行阶段实现目标并在实施过程中体现以上工作原则；检查和发现问题，及时采取纠正措施，以保证实施与实现过程不会偏离原有目标与原则；实现过程与结果的改进提高。

3.现代职业安全健康管理体系的特征

职业安全健康管理体系是系统化、结构化、程序化的管理体系，是遵循PDCA管理模式并以文件支持的管理制度和管理方法，具有以下特征：

（1）企业高层领导人必须承诺不断加强和改善职业安全卫生管理工作。企业高层领导人在事故预防中起关键性作用，现代职业安全健康管理体系强调企业高层领导人在职业安全卫生管理方面的责任。要求企业的最高领导人制定职业安全卫生方针，对建立和完善职业安全健康管理体系、不断加强和改善职业安全卫生管理工作做出承诺。

（2）危险源控制是职业安全管理体系的管理核心。以危险源辨识、控制和评价为核心，是现代职业安全健康管理体系与传统职业安全卫生管理体系最本质的区别。20世纪60年代以后发展起来的系统安全观点认为，系统中存在的危险源是事故发生的根本原因；系统中的危险源不可能被完全根除，因而总是有发生事故的危险性，绝对的安全不存在。系统安全的基本内容就是辨识系统中的危险源，采取措施消除和控制系统中的危险源，使系统更安全。

（3）职业安全健康管理体系的监控作用。职业安全健康管理体系具有比较严密的三级监控机制，充分发挥自我调节、自我完善的功能，为体系的运行提供了有力的保障。

① 绩效测量，包括对企业职业安全卫生的日常检查和职业安全卫生目标、法规遵循情况的监控，以及事故、事件、不符合的监控和调查处理。

② 审核，是对职业安全健康管理体系的运行状况做出评价，并判定企业的职业安全健康管理体系是否符合标准要求。审核中发现的问题是理解解决还是汇报给最高管理者由决策者决定。

③ 管理评审，由最高管理者组织进行，将一些管理层解决不了的问题、关系企业大政方针的问题，集中在一起由决策层解决。管理评审是对企业内外的变化，体系的适用性、有效性和充分性作出判断及相应调整。

（4）职业安全健康管理体系“以人为本”。职业安全健康管理体系注重以人为本，并充分利用管理手段调动和发挥人员的安全生产积极性。机构和职责是职业安全健康管理体系的组织保证，要建立和健全职业安全卫生管理机构，明确企业内部全体人员的职业安全卫生职责。

（5）文件化。职业安全健康管理体系注重管理的文件化。文件是针对企业生产、产品或服务的特点、规模、人员素质等情况编写的管理制度和管理办法文本，是开展职业安全卫生管理工作的依据。

（6）全员参与、全过程控制。职业安全健康管理体系标准要求实施全过程控制。该体系的建立，引进了系统和过程的概念，把职业安全健康管理作为一项系统工程，以系统分析的理论和方法来解决职业安全健康问题。强调采取先进的技术、工艺、设备及全员参与，对生产的全过程进行控制，这样才能有效地控制整个生产活动过程的危险因素，确保组织的职业安全健康状况得到改善。

（7）持续改进。职业安全健康管理体系标准明确要求，组织的最高管理者在所制定的职业安全健康方针中，应包含对持续改进的承诺。同时，在管理评审要素中规定，组织的最高管理者应定期对职业安全健康管理体系进行评审，以确保体系的持续适用性、充分性和有效性。

二、职业安全管理体系的基本要素

职业安全管理体系借鉴了 PDCA 的管理模式，并根据职业健康安全管理的特点及持续改进的要求，将管理体系要素分为五个部分完成各自相应的功能。

（1）职业健康安全方针。方针是组织职业健康安全管理的宗旨与核心，体现了组织开展职业健康安全管理的基本原则及实现风险控制的总体职业健康安全目标。

（2）策划（规划）。包括对危险源辨识、风险评价和风险控制的策划，法规和其他要求，目标，职业健康安全管理方案等 4 个体系要素。

（3）实施和运行。包括结构和职责培训、意识和能力、协商和沟通、文件、文件和资料控制、运行控制及应急准备和响应等 7 个体系要素。

（4）检查和纠正措施。包括绩效测量和监视，事故、事件、不符合、预防和纠正措施，记录，记录管理及审核等 4 个体系要素。

（5）管理评审。由管理评审 1 个要素组成。它是组织的最高管理者对职业健康安全管理体系所做的定期评审，目的是在组织内外部变化的条件下确保体系的持续适用性、充分性和有效性，支持组织实现持续改进，持续满足职业健康安全管理体系的要求。

职业健康安全管理体系特别强调持续改进，因此，这一循环过程不是封闭的，而是一个开环系统，不能在原有的水平上循环往复、停滞不前，而应通过管理评审等手段提出新一轮要求与目标，实现职业健康安全绩效的改进与提高。

三、职业安全管理体系的建立与运行评审

1. 建立职业健康安全管理体系的基本思想

（1）有效控制所有危险源并重点降低重大危险源的风险水平。在策划时，首先要进行危险源辨识及风险评价；然后结合本组织的具体情况确定应有哪些活动，明确哪些是直接与危险源相关的活动，尤其是与重大危险源相关的活动；最后分析每个活动，确定应采取的有效控制方法和措施。

（2）强调实行文件化的管理模式。文件化的管理模式是指将职业健康安全管理体系的要求用文件的形式固定下来，形成系统的职业健康安全管理体系文件。这些文件可以确保各级管理者及操作人员按文件规定的要求进行管理和操作，避免由于操作人员本身的随意性带来危险。

（3）建立动态的职业健康安全管理体系。即根据标准要素规定的方针、计划、实施和运行、检查和纠正措施及管理评审等环节，不断改进组织的职业健康安全绩效。同时每经过一个新的循环，都要进行目标的更新，调整体系中存在的不适应的功能，实现职业健康安全管理体系的不断完善。

（4）定期评价职业健康安全管理体系。定期评价职业健康安全管理体系的目的是确保各项活动的实施及其结果符合计划安排，确保职业健康安全管理体系持续的适宜性和有效性。

（5）搞好职业健康安全管理体系的关键在领导。标准中对组织的领导者在职业健康安全管理体系方面规定有以下五项职责：批准职业健康安全方针；确定各岗位的职责和权限；配备资源；指定一名管理者代表负责职业健康安全管理体系的日常工作；按规定的时间间隔对职业健康安全管理体系进行评审，确保职业健康安全管理体系持续的适宜性和有效性。

（6）工会要积极发挥在职业健康安全管理体系中的作用。工会在职业健康安全管理体系中的作用主要体现在两个方面：一是通过平等协商和沟通交流协调劳动关系，维护企业职工劳动权益和安全健康；二是依法执行群众监督，对职业健康安全绩效进行全员、全方位、全

过程的监测和检查。

2.职业健康安全管理体系的建立步骤

职业健康安全管理体系的建立按如下步骤进行：

（1）领导决策。组织建立职业健康安全管理体系需要领导者的决策。只有在最高管理者认识到建立职业健康安全管理体系必要性的基础上，组织才有可能在其决策下开展这方面的工作。

（2）成立工作组。根据一些单位的做法，最高管理者应任命职业健康安全管理体系管理者代表来具体负责体系的日常工作，并授权管理者代表建立一个专门的工作小组，来完成组织的职业健康安全初始状态评审以及建立职业健康安全管理体系的各项任务。

（3）人员培训。工作组在开展工作之前，应接受职业健康安全管理体系标准及相关知识的培训，要对企业决策层、管理层和骨干层进行贯标培训，使领导明确其在体系建立中的关键地位和主导作用，带领骨干层全面掌握、理解职业健康安全管理体系标准的基本内容和要求以及建立职业健康安全管理体系的基本过程、重点和难点，使广大员工充分认识到建立职业健康安全管理体系的现实意义。

（4）初始状态评审。初始状态评审一般先对组织的现状展开调查，包括现有职业健康安全管理机构、人员职能配置，有关法规和其他要求的执行情况，近几年的事故记录和原因分析等；然后进行调查结果分析，辨识出组织活动或服务中存在的危险源，进行风险评价；最后识别和获取适用于组织的职业健康安全法规和其他要求，评审过去的事故经验和采取整改措施后的绩效情况，找出现存的职业健康安全管理与标准之间的差距。

（5）体系策划与设计。组织在实施初始状态评审后，根据评审结果，结合组织的现有管理状况、技术水平及人力、财力、物力等情况，可着手进行职业健康安全管理体系的策划。

3.职业健康安全管理体系的运行

职业健康安全管理体系文件编制完成后，职业健康安全管理体系将进入试运行阶段。根据相关规定，初次建立体系组织的试运行时间往往不少于三个月。其目的是通过试运行检查职业健康安全管理体系文件的有效性和协调性，并对暴露出的问题采取改进措施和纠正措施，以进一步完善职业健康安全管理体系文件。在职业健康安全管理体系试运行过程中，要重点抓好以下几个方面的工作：

（1）全员进行体系文件培训，各级管理人员和操作人员均要进行培训；

（2）进行体系文件的有效性检验，依靠全体员工的积极参与，对体系试运行中暴露的问题，采取纠正措施；

（3）不断完善安全技术装备，对设备设施进行全面、全方位的检验、测量，对老化、失效的设备进行安全技术改造，配备防护设施，对有害员工身心健康的工作场所进行定期的监测与有效的控制，使其危害程度处于受控状态；

（4）文件和资料管理应制度化，对文件和资料进行严格管理，从而确保文件在编制、审批、印制、发放、使用、更改、销毁等过程中处于受控状态；

（5）信息管理应科学化，所有与职业健康安全活动有关的人员都要自觉按照体系文件的要求，做好职业健康安全信息的收集、分析、传递、反馈、处理和归档工作；

（6）要使相应的资金、人员等落实到位，将管理方案在规定的时间内予以完成；

（7）职业健康安全程序文件及其相关三级文件都是具有法定效力的，必须严格执行程序文件规定。

4. 职业健康安全管理体系的评价和完善

及时发现新建立的职业健康安全管理体系试运行过程中出现的问题，采取有效的纠正措施，是职业健康安全管理体系不断完善和改进的重要手段；正确评价职业健康安全管理体系，是完善、改进职业健康安全管理体系的重要环节，这在职业健康安全管理体系建立的初始阶段尤其重要。体系的评价和完善主要是依靠内部审核和管理评审工作来完成。

内部审核时，职业健康安全管理者代表应亲自组织内审，内审员应经过专门知识的培训。如果条件许可，组织可聘请外部专家参与或主持审核。内审员在文件预审时，应重点关注和判断体系文件的完整性、符合性及一致性；在现场审核时，应重点关注体系功能的适用性和有效性，检查是否按体系文件要求去运作。内部审核的重点是验证和确认职业健康安全管理体系文件的实用适用性和有效性，包括拟定的职业健康安全方针和目标是否得到有效实施；法规和其他要求是否得到贯彻；体系文件是否覆盖了所有重要的职业健康安全活动，各层次文件之间的接口是否清楚；组织结构能否满足职业健康安全管理体系运行的需要，各部门、各岗位的职责是否明确；有关的职业健康安全活动记录是否能起到见证作用；所有职工是否均能自觉按体系文件要求开展有关的职业健康安全活动。

管理评审是职业健康安全管理体系整体运行的重要组成部分。试运行阶段的管理评审要在内部审核之后或第三方认证之前进行。管理者代表应收集各方面的信息供最高管理者评审。最高管理者应对试运行阶段的体系整体状态做出全面的评判，对体系的适用性、充分性和有效性做出评价。依据管理评审的结论，可以对是否需要调整、修改体系做出决定，也可以做出是否实施第三方认证的决定。

第二节　安全生产标准化

一、安全生产标准化的概念及核心要求

1. 安全生产标准化的概念

安全生产标准化指的是生产经营单位通过落实安全生产主体责任，全员全过程参与，建立并保持安全生产管理体系，全面管控生产经营活动各环节的安全生产与职业卫生工作，实现安全健康管理系统化、岗位操作行为规范化、设备设施本质安全化、作业环境器具定置化，并持续改进。

安全生产标准化建设通过建立健全安全生产责任制，制定有效的安全管理制度和规范的操作规程，对一系列安全隐患进行排查治理，对生产运行过程中的重大危险源进行监控，建立预防机制，规范生产行为，使各生产环节符合有关安全生产法律法规和标准规范的要求，人、机、环境处于良好的生产状态，并持续改进，不断加强安全生产规范化。从某种意义上讲安全生产标准化涵盖了安全生产工作的全局。

开展安全生产标准化工作，应遵循“安全第一、预防为主、综合治理”的方针，落实安全生产主体责任，采用 PDCA 动态循环模式，依据标准要求，结合单位自身特点，建立并保持以安全生产标准化为基础的安全生产管理体系；通过自我检查、自我纠正和自我完善，构建安全生产长效机制，持续提升安全生产绩效。

企业的安全生产标准化工作实行企业自主评定、外部评审的方式。企业应当根据相关标准和有关评分细则，对本企业开展安全生产标准化工作的情况进行评定；自主评定后申请外部评审定级。安全生产标准化评审分为一级、二级、三级，一级为最高。负责安全生产监督管理

的部门对评审定级进行监督管理。

2. 核心要求

核心要求包括目标、组织机构和职责、安全生产投入、法律法规与安全管理制度、教育培训、生产设备设施、作业安全、隐患排查和治理、重大危险源监控、职业健康、应急救援、事故报告调查和处理、绩效评定和持续改进等 13 个方面。其中，在绩效评定和持续改进中，应每年至少一次对本单位安全生产标准化的实施情况进行评定，验证各项安全生产制度措施的适宜性、充分性和有效性，检查安全生产工作目标、指标的完成情况。企业主要负责人应对绩效评定工作全面负责。评定工作应形成正式文件，并将结果向所有部门、所属单位和从业人员通报，作为年度考评的重要依据。企业发生死亡事故后应重新进行评定。应根据安全生产标准化的评定结果和安全生产预警指数系统所反映的趋势，对安全生产目标、指标、规章制度、操作规程等进行修改完善、持续改进，不断提高安全绩效。

二、安全生产标准化建设的主要过程

安全生产标准化建设的主要过程包括：

1. 建立组织机构

安全生产标准化建设系统性强，工作任务重，达标时限紧，要求也较高。为便于协调处理相关事务，整合资源、集中力量推进建设工作，经营单位需先建立安全生产标准化建设组织机构，包括领导小组、执行机构、专业组，并以文件正式发布。

安全生产标准化领导小组统一组织、领导安全生产标准化达标工作，对安全生产标准化运行进行整体管理、决策和协调；执行机构为领导小组下设的办公室，在领导小组的领导下开展工作；专业组由单位行政分管副职、责任部门负责人和相关部门成员组成，分解落实单位布置的创建工作任务，负责权限范围内安全生产标准化的检查、督促问题整改及整改结果的验证。专业组划分可参见表 5-1。

表 5-1 专业组划分

序号	专业组	责任部门	职责范围
1	综合管理组	安全主管部门	目标、组织机构及职责、安全生产投入、法律法规与安全管理制度、安全教育培训、危险源监控、现场控制、消防安全、交通安全、隐患排查治理、重大应急管理、事故管理、绩效评定和持续改进
2	设备管理组	设备管理部门	设备设施管理
3	现场控制组	安全主管部门 工程管理部门	现场作业行为控制
4	职业健康组	人力资源部门	职业健康管理
⋮			

2. 初始状态评审

初始状态评审又称为现状摸底，目的是系统全面地了解经营单位的安全生产现状，为有效开展安全生产标准化建设工作进行准备，是安全生产标准化建设工作策划的基础，也是有针对性地实施整改工作的重要依据。

（1）评审主要内容和方式。评审内容主要包括现有安全生产机构、职责、管理制度、操作规程的评价；适用的法律、法规、标准及其他要求的获取、转化及执行的评价；调查、识别安全生产工作现状，审查所有现行安全管理、生产活动与程序，评价其有效性，评价安全生产工作与法律、法规和标准的符合程度；管理活动、生产过程中涉及的危险、有害因素的识别、评价和控制；过去事件、事故和违章的处置，事件、事故调查以及纠正、预防措施制定和实施的评价；相关方的看法和要求；安全生产标准化建设工作的差距。

初始状态评审通过现场调查、问询、查阅文件资料、专业小组审查等方式，获取有关安全生产状况的信息，提出安全生产标准化建设工作目标和优先解决事项。

（2）评审过程。初始状态评审分为评审准备、现场调查、分析评价和初始状态评审报告等过程。评审准备包括成立评审小组、制订计划、收集相关信息等。现场调查时，先是各部门、基层单位及项目部调研访谈，了解有关安全生产情况，然后是部门、基层单位、项目部负责人一起对安全生产情况进行初评，最后是评审小组进行复查认定。分析评价时，根据获取的信息，对照评审标准进行分析，找出差距。初始状态评审报告的基本内容应包括：经营单位基本概况，评审的目的、范围、时间、人员分工，评审的程序、方法、过程，经营单位现行的安全生产管理状况，法律法规的遵守情况，以往事故分析，急需解决的优先项，对安全生产标准化建设工作的建议及其相关附件。

3.制定建设实施方案

安全生产标准化建设是一项系统工程，涉及各职能部门、各级组织和全体员工，经营单位需对照评审标准及相关法规要求，编制实施方案。建设实施方案的基本框架包括指导思想、工作目标、工作内容、组织机构和职责、工作步骤、工作要求和安全生产标准化建设任务分解表附件。

编制实施方案的关键点在于确定目标和任务分解，经营单位需充分了解、熟悉安全生产标准化建设的具体要求，认真研究评审标准，结合单位的实际情况确定可达到的目标。安全生产标准化建设注重建设过程，寻求持续改进，不可盲目追求评审等级。安全生产标准化建设涉及生产经营单位的各个环节，任务重、工作量大，必须按安全生产标准化要素编制任务分解表，将各要素的建设责任分配落实到各职能部门和基层单位，涉及多个部门的，明确责任部门和协助部门。

4.标准化宣传培训

安全生产标准化建设强调全员、全过程、全方位、全天候监督管理原则，进行全员安全生产标准化培训是安全生产标准化建设工作的重点内容之一，需精心组织相关培训，提高全员参与意识，帮助员工掌握安全生产标准化的相关知识。

宣传培训要结合本单位自身的特点，运用多样化的宣传方法和手段，如印发学习小册子，利用单位内部网站宣传，开展安全生产标准化知识竞赛等，使本单位领导和员工对安全生产标准化建设的内容、意义等全面认识，夯实安全生产标准化建设的安全基础。培训可分层次、分阶段、循序渐进地进行，可采取走出去、请进来等多种形式，强化培训效果。

5.编制和修订管理文件

安全生产标准化对安全管理制度、操作规程等的核心要求在其内容的符合性和有效性，而不是其名称和格式。要对照评审标准，对主要安全管理文件进行梳理，结合初始状态评审所发现的问题，准确判断管理文件亟待加强和改进的薄弱环节，确定编制（修订）文件清单，拟定文件编制（修订）计划；以各部门为主，自行对相关文件进行编制（修订），由安全生产标准化领导小组对管理文件进行把关。按照本单位适用的评审标准所对应的一级要素和二级要素进行分析，整理要素大纲，确定适用于本单位的有关条款，根据安全生产标准化相关规定，逐条对照，完善本单位的管理文件。

（1）文件清单。文件清单包括安全生产目标、责任制，安全生产制度，安全操作规程，施工组织设计、专项施工方案、专项安全技术措施，综合应急预案、专项应急预案、典型现场处置方案等。

（2）文件制定与修订原则。一是保持系统性，安全生产标准化文件在其所规定的界限内按需要力求完整，覆盖其所有的生产活动；二是具有合法性，安全生产标准化文件应贯彻国家有关政策、法律法规和标准规范，与同级有关文件相协调，下级要求不得与上级要求相抵触；三是准确性，安全生产标准化文件的文字表达要准确、简明、易懂、逻辑严谨，避免产生不易理解或不同理解的可能性；四是统一性，安全生产标准化文件中的术语、符号、代号应统一；五是适用性，安全生产标准化文件应尽可能结合单位的事实编写，同时应结合本单位的战略规划，力求具有合理性、先进性和可操作性。

（3）文件制定与修订流程。一是搜集整理相关资料；二是文件编制；三是文件审核签发；四是文件发布培训与实施；五是检查评估；六是修订。

（4）文件编写。经营单位依据确定的编制（修订）文件计划，以各职能部门为主，组织对相关文件进行编制（修订）；在满足要求的前提下追求最小化，包括文件数量、文件栏目数量、段落、文字的最小化；尽量避免重复，同样的内容不应在多个文件中重复，同样的语句尽量不要在一个文件中重复；对需要补充制定的文件，按照单位实际情况及评审标准要求编写，要避免笼统、缺乏操作性。

（5）文件审查。审查可由安全生产标准化建设办公室组织，人员包括单位主要负责人或主管安全生产工作的负责人、各职能部门主要领导、各岗位人员代表。文件审查形式为会议审查和函审两种。以会议形式审查的，要形成书面的文件审查意见表；以函审方式审查的，要形成文件会审流转单。文件编制部门按照审查意见修改后形成最终文件，经领导批准后以正式文件形式发布。

6.运行准备和实施

安全生产标准化制定和修订后，要根据安全生产标准化实施方案，对照考评标准的内容，在日常工作中进行实际运行实施，并根据运行情况，对照评审标准的条款，按照有关程序，及时发现问题。

（1）运行准备。安全生产标准化文件主要有安全生产管理文件和安全生产工作过程文件，两部分文件同时运行实施。文件编制（修订）后，要以正式文件发布实施，将这些新文件和标准及时下发到各部门、各基层单位、各岗位，保证全体员工持有现行有效的本岗位责任制及相关操作规程等文件，对已不适用的旧文件进行更换，明确实施时间和实施要求，组织全体人员培训，说明实施运行的要求、特点和难点，强化全体员工的安全意识和对安全生产标准化文件的重视，必要时应向文件的执行人员进行安全技术交底，使相关部门和人员都了解文件的作用和意义，掌握其内容与要求。有些文件在实施前还需要做好技术储备和设备、物资等条件准备，如涉及与信息管理系统程序不一致的，则需要在实施前对相应的信息系统进行升级改造。

（2）运行实施。运行实施就是在生产经营过程中严格贯彻执行纳入安全生产标准化文件中的法律法规、部门规章、政策性文件、安全标准及上级文件和经营单位自行制定的安全生产目标、安全生产责任制、规章制度、操作规程、专项作业方案、安全技术措施及应急预案等文件，及时发现问题，找出问题的根源，采取改进和纠正措施，并在执行过程中注意认真做好监控和记录，以验证各项文件的适宜性、充分性和有效性，且以监控和记录为依据，对文件进行改进。为保证本单位运行中危险有害因素处于受控状态，消除或有效控制人的不安全行为、物的不安全状态以及管理缺陷，提升安全标准化水平，应同时开展下列活动：一是安全生产设施或场所进行危险源辨识、评估，确定危险源或重大危险源，并加强对重大危险源的监控；二是按照隐患排查治理方案，排查所有与生产经营相关的场所、环境、人员、设备设施和活动中存在的隐患并进行治理；三是对生产现场管理和生产过程进行控制，对现场作业环境进行监控，对作业人员行为进行管理，确保人员作业安全；四是结合本单位的实际情况开展职业健康管理、应急救援管理等工作。同时实施中要做到以下几点：法律法规、部门规章、政策性文件及强制性标准必须执行；采用的国家、行业推荐性标准必须执行；企业标准、制度、操作规程、专项作业方案、安全技术措施必须执行；按要求建立规范的记录并保存记录；对实施中发现的问题要及时纠正，采取纠正措施，对可能发生的问题应采取预防措施。

7.检查评定考核与持续整改

为最大限度地保证与评审标准的一致性，要对安全生产标准化文件贯彻执行的情况进行监督检查，及时发现实施过程中存在的问题，并要求相应责任部门及时整改。

（1）监督检查。要建立监督检查制度，明确组织形式，编制检查方案，规定检查方法，必要时还要规定检查时间和频次，使监督检查工作制度化、常态化。检查人员主要为安全生产标准化各专业组成员，也可聘请外部专家或专业技术服务机构协助检查。检查方案至少包括检查目的、检查人员及分工、检查频率、时间安排、检查对象、检查内容、奖罚办法等。监督检查一般结合月、季度、半年、年度计划的完成情况进行，也可实施专项监督检查。监督检查结果应与经济责任挂钩，特别强调要按照执行的情况实行奖惩。

（2）绩效评定。安全生产标准化绩效评定就是在绩效评定组织的领导下，依据安全标准化评审标准进行考核和评价。

① 组织机构及职责。安全生产标准化领导小组全面领导安全生产标准化绩效评定工作，安全生产标准化领导小组下设的办公室具体负责实施绩效评定，制订安全生产标准化绩效评定计划，编制安全生产标准化绩效评定报告，对绩效评定工作中发现的问题和不足提出纠正、预防的管理方案，对不符合项纠正措施进行跟踪和验证，绩效评定结果向领导小组汇报，并将最终的绩效评定结果向所有部门和从业人员通报。绩效评定专业组由单位分管安全领导担任。

② 时间与人员要求。安全生产标准化实施后，每年至少应组织一次安全生产标准化绩效评定。在安全生产标准化实施初期，可以适当缩短安全生产标准化绩效评定的周期，以期及时发现体系中存在的问题。办公室在安全生产标准化绩效评定的前一个月向领导小组提交安全生产标准化绩效评定工作计划，经批准后施行。绩效评定人员须参加过相应的培训和考核，有较强的工作责任心，熟悉相关的安全、健康法律法规、标准，接受过安全生产标准化规范评价技术培训，具备与评审对象相关的技术知识和技能，操作安全标准化绩效评定过程的能力，辨别危险源和评估风险的能力，安全生产标准化绩效评定所需的语言表达、沟通及合理的判断能力。

③ 绩效评定方法。采用三种方法，第一是尽可能询问最了解所评估问题的具体人员，提开放式的问题，即尽量避免提对方能用“是”“不是”回答的封闭性问题；采用易被理解的语言；使用事先准备好的检查表；采取公开讨论的方式，激发对方的思考和兴趣；在面谈时应注意交谈方式，尽可能避免与被访者争论，仔细倾听并记录要点。第二是通过记录进行回顾，绩效评定员必须调阅相关审核内容的记录，对记录进行回顾。第三是现场检查，通过现场检查中发现的问题，再对相关的文件或记录进行回顾，查明深层次的原因，为制定纠正与预防措施奠定基础，达到体系持续改进的目的。

④ 绩效考核。绩效考核由安委会每年进行一次，验证各项安全生产制度措施的适宜性、

充分性和有效性，检查安全生产工作目标、指标的完成情况，提出改进意见，形成评价报告。如果发生死亡事故或工程管理业务范围发生重大变化时，重新组织一次安全生产标准化绩效评定工作。

⑤ 绩效评定报告与分析。安全生产标准化绩效评定报告的内容包括：安全生产标准化绩效评定的目的、范围、依据、评定日期；工作小组、责任单位名称及负责人；本次安全生产标准化绩效评定情况总结，管理体系运行有效的结论性意见；工作小组组长根据不符合项及纠正措施报告进行汇总分析，填写安全生产标准化绩效评定不符合项矩阵分析表。不符合项及纠正措施报告、矩阵分析表作为安全生产标准化绩效评定报告的附件。评定结果分析包括系统运作的效力和效率、系统运行中存在的问题与缺陷、系统与其他管理系统的兼容能力、安全资源使用的效力和效率、系统运作的结果和期望值的差距、纠正行动等。

（3）持续改进。为及时、有效纠正检查所发现的问题，应重视问题整改及监督验证工作，按照 PDCA 循环模式，实现闭环管理。安全生产标准化整改工作的内容主要包括编制并下发整改计划、整改实施、整改情况的验证等。

① 整改计划。整改计划是针对检查发现的问题制订的整改、落实计划，由安全主管部门编制，经主要负责人审批后下发。整改计划应包括问题描述、整改措施、完成时间、计划资金、整改部门（班组）、责任人、配合部门（班组）、重点问题等内容。整改完成时间应根据问题类别、性质以及问题项的“轻、重、缓、急”程度来确定。

② 整改实施。各基层部门（班组）负责人要结合本部门（班组）的实际情况，将整改工作列入本部门（班组）工作计划，与日常安全生产工作有机结合、合理安排、及时落实。整改责任人结合整改计划，编制具体的整改方案，经部门负责人审核批准后实施。

③ 整改情况的验证。整改完成后，责任人填写问题整改结果回复单，由安全生产标准化各专业组对各部门（班组）的问题整改情况进行验证。

8. 单位自评

经过一段时间的安全生产标准化运行后，单位要开展自评工作，对标准化运行以来安全生产的改进情况作出评价，对不足之处持续改进。应每年至少进行一次安全生产标准化自评，提出进一步完善的计划和措施。自评前，要对自评人员进行自评相关知识和技能的培训。

（1）自评准备。安全生产标准化自评首先应组建评审组，评审人员要从事过所评审的安全、技术工作，熟悉工艺过程、活动、卫生、安全要求、产品形成过程中存在的典型危险源、风险控制的技术、安全方面的监测数据，行业的特殊规定、要求和术语等。

在自评阶段前，首先编制并下发自评计划，要求相关部门做好准备。评审前，评审人员在组长的组织下根据评审计划进行准备，编写检查表；评审组长在进入现场评审前安排评审组的内部会议。

（2）自评实施。评审主要是搜集证据的过程，方式以抽样为主。抽样应针对评审项目或问题，确定所有可用的信息源，并从中选择适当的信息源；针对所选择的信息源，明确样本总量；从中抽取评审样本，在抽取样本时应考虑样本要有一定数量，样本要有代表性、典型性，并能抓住关键问题；不同性质的重要活动、场所、职能不能进行抽样。评审采用面谈、现场观察、查阅文件等方式查验与评审目的、范围、准则有关的信息，包括与职能、活动和过程间接有关的信息，并及时记录在评审记录表中。

（3）编写自评报告。自评结束后，由自评组长组织编写自评报告。自评报告的基本内容主要包括单位概况，安全生产管理及绩效，基本条件的符合情况，自主评定工作开展情况（包括自评组织、评审依据、评审范围、评审方法和评审程序等），安全生产标准化自评打分表，发现的主要问题、整改计划和措施、整改完成情况，自主评定结果，附录部分等。

三、安全生产标准化的注意事项

实施安全生产标准化的过程中，经营单位要注意安全生产标准化管理的难点、安全生产标准化建设的基础保障工作、安全生产标准化达标建设要点，并在安全生产标准化建设过程中逐一解决。

1.实施安全生产标准化管理的难点

（1）只关注眼前的经济利益，搞形式主义，表面上搞得风风火火，实际上劳民伤财。

（2）领导不重视安全生产标准化建设。

（3）缺乏专业人才，短期内主要推进人员的能力很难达到要求。

（4）直接抄袭别人的资料，脱离本单位实际，谈不上实效。

（5）缺乏交流、宣传、培训，多数员工不了解安全生产标准化的要求及与自身的关系。

（6）没有动态的、系统化的认识机制，不符合经营单位动态发展变化。

2.安全生产标准化的基础保障

（1）领导重视。只有领导高度重视，才能在人、物、财方面给予支持和保障，才能保证目标的实现。因此，经营单位的主要负责人应对安全生产标准化建设持正确的态度，并通过会议等形式公开、明确态度，让各级人员从上到下树立高度统一的认识。

（2）安全生产投入。保证必要的安全生产投入是实现安全生产的重要基础。经营单位必须安排适当的资金，用于改善安全设施，进行安全教育培训，更新设备设施，以保证达到法律法规、标准规范规定的安全生产条件。

（3）责任落实。安全生产标准化是一项复杂的系统工程，涉及部门众多，且安全生产标准化考评标准覆盖了与安全生产相关的所有内容，因此，建立健全、落实各级安全生产责任制尤为重要。

（4）动态管理。由于现场危险有害因素、隐患都是发展变化的，经营单位必须监控这种发展变化，遵循“策划、实施、检查、改进”的模式实行安全生产标准化的动态管理，并经常性地开展“回头看”活动。

（5）切合实际。在安全生产标准化建设过程中，要注重与本单位的实际相结合，可以按照“先简单后复杂、先启动后完善、先见效后提高”的要求，统一规划，分步实施，切实抓好安全生产标准化建设工作。

3.安全生产标准化达标要点

（1）注意评审得分要点。在安全生产标准化建设中，应注意避免出现不得分项，以免徒劳；避免出现扣分值高的问题，尤其是出现一次（项）扣分值高的问题。

（2）防止走入误区。经营单位在日常检查、自评的过程中，往往出现遮掩问题的现象，呈现表面形势大好的假象，导致问题不易被发现，工作无法持续改进；外部评审时却暴露大量问题，多处扣分，达不到预期要求。因此，经营单位应正确看待建设过程中发现的问题，及时采取措施整改。

（3）记录要全面。安全生产标准化注重“痕迹”管理。安全生产标准化评审标准中规定的单位应建立的各项安全生产规章制度、记录和台账是安全生产标准化日常检查、自评和外部评审的重点内容，因此经营单位应保存各项工作相应的记录，确保记录的全面性。

（4）注意整体水平提高。“木桶原理”“蝴蝶效应”告诉我们安全生产中任何一点小的隐患都可能导致事故发生。因此，各职能部门、班组要通过安全生产标准化的运行不断地提高自己的管理水平，不要出现“木桶原理”中所说的“短板”，注意整体水平的提高。

第三节 安全文化建设与安全形象塑造

一、安全文化及其相关概念

1.安全文化的概念

安全文化是指在长期安全生产和经营活动中，逐步形成或有意识塑造，又被全体职工接受、遵循的种种安全物质因素和安全精神因素之总和。

2.安全文化的组成

安全文化由安全精神文化、安全制度文化、安全物质文化、安全行为文化组成。

（1）安全精神文化。包括安全价值、安全态度、安全哲学思想、安全意识形态等观念；安全生产的社会心理素质、安全风貌、安全形象、安全科学技术、安全管理理论、安全生产经营机制、安全文明环境文化意识；安全审美意识、安全文学、安全艺术、安全科学、安全技术以及关于自然科学、社会科学的安全科学理论或安全管理方面的经验和理论。从本质上看，单位安全精神文化是单位员工的安全文明生产思想、情感和意志的综合表现，是人在外部客观世界和自身内心世界对安全的认识能力与辨识结果的综合体现，是单位员工长期实践形成的心理思索的产物。其中，安全价值、安全态度、安全意识的共识是安全文化的核心。

（2）安全制度文化。为了安全生产，长期执行、完善、保障人和物安全而形成的各种安全规章制度、安全操作规程、安全宣教与培训制度、各种安全管理责任制等，均属于安全制度文化。它是安全生产经营活动的运作保障机制，是安全精神文化的物化体现和结果，是物质文化和精神文化遗传、涵化和优化的实用安全文化。

（3）安全物质文化。指生产经营整个活动中所采用的保护员工身心安全与健康的工具、原料、设备、设施、工艺、仪器仪表、护品护具等安全器物。

（4）安全行为文化。如防洪度汛、现场临时用电作业、高处作业、起重吊装作业、焊接作业、其他危险作业等的安全指挥、操作、设计等行为。

3.安全文化的功能

如前所述，安全价值、安全态度、安全意识是安全文化的核心，因此，安全文化具有导向功能、激励功能、凝聚功能、规范约束功能和辐射功能。

（1）导向功能是指对单位安全理念、安全行为的导向作用。安全文化集中反映了单位共同的安全价值观念、安全理念和安全经济利益，因而它具有强大的感召力，引导每个成员按既定的目标开展活动。安全文化的导向功能，首先体现在它的超前引导方面，通过教育培训手段和文化氛围的烘托，使安全价值观念和安全目标在每个社会成员中形成共识，并以此引导人们的思想和行动；其次，其导向作用还体现在它对单位安全行为的跟踪引导，安全文化的价值观念和目标将化解为具体的行动依据和行为准则，人们可以随时参照并据此进行自我约束、自我控制，使之不脱离目标轨迹。

（2）激励功能是指提高共同实现安全目标的内在动力。安全文化的倡导过程，是帮助人们树立安全观念、建立社会动机，从而调动积极性、预防不安全行为的过程。安全文化以积极向上的思想观念和行为准则，把“以人为本”视为主要的价值观念，以安全行为准则作为自我激励标尺，在安全价值观念和安全目标的强大精神感召下，相互激励，形成人们自觉、自信和自如实现安全生产与安全生活的内在动力。安全文化采取多方面、多渠道的方式让员工群体参与安全管理和决策，对表现优秀的员工进行表彰奖励，对过失、受挫的员工进行教育、帮助、关心、沟通思想、交流感情、转化其矛盾，在浓厚的安全文化氛围中向员工群体展示理解人、尊重人、关心人的氛围，从而形成一种团结向上的气氛，充分激发、调动员工群体的积极性、创造性，形成强烈的使命感和持久的驱动力，使得人们产生认同感和归属感，在自我激励、自我约束的同时起到相互激励的作用。

(3) 凝聚功能是指将所有员工的理念、行为准则凝聚成整体力量。单位每个员工都有自己的价值评判标准和行为准则，都有自己物质和精神方面的需求，从而表现出不同的个性特征。安全文化因其对生命的参悟和价值的总和，能使全体员工在安全上的观念、目标、行为准则方面保持一致，形成心理认同的整体力量，表现出强大的凝聚力和向心力。优秀的工程单位安全文化，能使双方充分认识到安全对实现共同的物质文化目标有着至关重要的作用。安全文化实质上是通过多方面、多渠道的方式培育单位、员工群体对安全生产理念的认识，同时传递、沟通心理情感，促进情感相互交融，把共同利益目标与安全文化建设的结果等同起来，充分激励、调动双方的安全生产热情，使双方形成巨大的合力向共同目标迈进，以追求更高的物质文化水平。单位安全文化能把单位、员工群体的价值观念、心理情感融合一体，为追求共同的利益目标形成合力。

(4) 规范约束功能是指对所有员工的理念、行为规范约束。安全文化包括有形的和无形的安全制度文化。有形的是国家的法律条文，单位的规章制度、约束机制、管理办法和环境、实施状况。无形的安全文化是单位、员工群体的理念、认识和职业道德，它能使有形的安全文化被双方认同、遵循，同样形成一种自觉的约束力量；这种有效的“软约束”可削弱员工群体对“硬约束”的心理反感，削弱其心理抵抗力，从而规范单位环境设施状况和员工群体的思想、行为，使生产关系达到统一、和谐，取得默契。与此同时，安全文化通过文化的微妙渗透与暗示，能在职工心理上形成一种定势，构造出一种响应机制，只要有诱导信号发生，即可得到积极响应，并迅速转化为预期行为。这种约束机制能够有效地缓解职工自治心理与被治现实形成的冲突，削弱由其引起的心理抵抗力，形成安全价值共识和安全目标认同，并实现自我控制，形成有形的、无形的、强制的、非强制的规范作用，从而产生更强大、深刻、持久的约束效果。

辐射功能是指透过安全文化可以展示一个工程单位规范化、科学化的水平，从一个侧面显示了单位高尚的精神风范，树立了良好的形象，引发员工群体的自豪感、责任感，促进生产力向前发展，提升社会知名度和美誉度，辐射并影响其他单位、行业和地区。

4. 安全文化的特点

安全文化有如下五个特点：

(1)“以人为本”是安全文化的本质特征。安全文化的基本特征是“以人为本，以保护自己和他人的安全与健康为宗旨”，其根本是要强调“安全第一”，提倡关心人、爱护人，注重通过多种宣传教育方式来提高员工的安全意识，做到尊重人的生命、保护人身安全与健康，建立互相尊重、互相信任、互助互爱、自保互保的人际关系和单位与周边的安全联保网络，使全体员工在“安全第一”的思想旗帜下从文化心理、意识、道德、行为规范及精神追求上形成一个整体。

(2) 安全文化具有广泛的社会性。安全问题渗透在人类社会的各个层面，分布在人类活动的所有空间，体现在生存环境的各个领域。因而，以解决安全问题为己任、以创造和谐文明的生活环境和工作环境为目的的安全文化具有最广泛的社会性。

(3) 安全文化具有一定的超前性。安全文化注重预防预测，未雨绸缪，居安思危，防患未然。国家要求对新、改、扩建工程实行“三同时”评审，对工程、设备实行安全性评价，对重大危险源进行评估以及保险业的工伤保险、防损风险评估，均要从本质上消除事故隐患，为使用者提供安全优质的工程。

（4）安全文化具有相当的经验性。安全文化的重要内容之一是对各种事故调查分析，总结教训、积累经验并研究事故发生发展的规律，以便采取相应的防范措施，杜绝类似事故重复发生。古人云："亡羊而补牢，未为迟也""前车覆，后车戒"，为安全文化的这一属性奠定了思想基础。

（5）安全文化具有鲜明的目的性。安全文化既保护人身安全，也保护财产安全，从而对经济发展具有保障作用。

二、安全文化建设的基本要素和目标

1.安全文化建设的基本要素

安全文化建设的基本要素主要有：

（1）安全承诺。工程单位应建立包括安全价值观、安全愿景、安全使命和安全目标等在内的安全承诺。安全承诺应做到：切合单位特点和实际，反映共同安全志向；明确安全问题在组织内部具有最高优先权；声明所有与单位有关的重要活动都追求卓越；含义清晰明了，并被全体员工和相关方知晓与理解。

（2）行为规范与程序。行为规范是安全承诺的具体体现和安全文化建设的基础要求。单位应确保拥有能够达到和维持安全绩效的管理系统，建立清晰界定的组织结构和安全职责体系，有效控制全体员工的行为。

（3）安全行为激励。在审查和评估自身安全绩效时，除使用事故发生率等消极指标外，还应使用旨在对安全绩效给予直接认可的积极指标。员工应该受到鼓励，在任何时间和地点，挑战所遇到的潜在不安全实践，并识别所存在的安全缺陷。对员工所识别的安全缺陷，单位应给予及时处理和反馈。单位应建立员工安全绩效评估系统及将安全绩效与工作业绩相结合的奖励制度。审慎对待员工的差错，避免过多关注错误本身，而应以吸取经验教训为目的。应仔细权衡惩罚措施，避免因处罚而导致员工隐瞒错误。

（4）安全信息传播与沟通。建立安全信息传播系统，综合利用各种传播途径和方式，提高传播效果。应优化安全信息的传播内容，将组织内部有关安全的经验、实践和概念作为传播内容的组成部分，建立良好的安全事项沟通程序。确保安全监管机构和相关方、各级管理者与员工及员工相互之间的沟通。

（5）自主学习与改进。建立有效的安全学习模式，实现动态发展的安全学习过程，保证安全绩效的持续改进。应建立正式的岗位资格评估和培训系统，确保全体员工充分胜任所承担的工作，保证员工具有岗位适任要求的初始条件；安排必要的培训及定期复训，评估培训效果；培训内容除有关安全知识和技能外，还应包括对严格遵守安全规范的理解以及个人安全职责的重要意义和因理解偏差或缺乏严谨而产生失误的后果；除借助外部培训机构外，还应选拔、训练和聘任内部培训教师，使其成为单位安全文化建设过程的知识和信息传播者。

（6）安全事务参与。全体员工都应认识到自己负有对自身和同事安全做出贡献的重要责任。员工对安全事务的参与是落实这种责任的最佳途径。单位应根据自身的特点和需要确定员工参与的形式。

（7）审核与评估。工程单位应对自身安全文化建设的情况进行定期的全面审核，审核内容包括：领导者应定期组织各级管理者评审安全文化建设过程的有效性和安全绩效结果；领导者应根据审核结果确定并落实整改不符合、不安全实践和安全缺陷的优先次序，并识别新的改进机会；必要时，应鼓励相关方实施这些优先次序和改进机会，以确保其安全绩效与单位协调一致。在安全文化建设过程中及审核时，应采用有效的安全文化评估方法，关注安全绩效下滑的前兆，给予及时的控制和改进。

2.安全文化建设的目标

安全文化建设的总体目标是：增强全体员工的安全意识，提高其安全素质，实现员工、单位及社会对安全的需求，在倡导“以人为本、关心人、爱护人”的基础上，把“安全第一”作为生产经营活动的首要价值取向，形成浓厚的安全氛围。

具体目标是：单位安全文化建设体制机制及标准制度健全规范，安全文化建设深入推进，安全文化活动内容不断丰富，全员安全意识进一步增强，安全文化建设富有特色并取得明显成效；牢固树立安全发展理念，唱响安全发展的主旋律，促进全员安全素质和防范意识进一步提升；建立完善宣教体系，加强安全教育基地建设，推进安全文化建设示范工程，成为区域安全文化教育示范基地；繁荣安全文化创作，打造具有行业影响力的安全文化精品，挖掘和创作一批适合本单位安全生产实际的作品；推进安全标准化建设，规范安全管理行为，以安全生产标准化建设为抓手，并持续改进。

由于安全文化是传统硬性管理的一种补充，在倡导和推广中易于被员工接受，并使安全要求真正成为员工的主观需要。这样，工伤事故就会大大减少，即使偶尔发生事故，因主观因素所致的比例也会大减，同时，伤亡和损失也会降到最低程度。

三、安全文化建设的基本方略

除落实安全文化建设的基本要素外，安全文化建设主要采取以下基本方略。

1.强化组织领导、加大安全文化建设投入和加快人才培养

(1) 加强组织领导。建立健全领导组织机构，在单位党委、安委会的统一领导下，形成党政同责、齐抓共管的组织体系。办公室把安全文化建设纳入到文化建设规划，并组织实施，下属各单位、部门各负其责，确实把安全文化建设摆在安全生产管理工作的重要位置；把安全文化建设纳入现代化建设总体规划，与其他中心工作同部署、同落实、同考核。

(2) 加大安全文化建设投入。把安全文化建设投入作为安全生产投入的重要内容，完善安全生产投入管理办法，支持安全宣传教育培训、安全生产月等活动的开展。

(3) 加快安全文化人才培养。加大安全文化建设人才的培训力度，提升安全文化建设的业务水平。通过走出去、请进来等多种方法，提高安全管理人员的组织协调、宣传教育和活动策划能力，造就高层次、高素质的安全文化建设专家型人才。

2.建立良好的安全文化机制

建立安全文化机制，就是在确立安全文化建设的目标之后，制定实施单位安全文化战略策略，并有步骤地予以实施；关键在于决策体制、制度建设、管理方法和员工的实际响应。

首先，要在决策层中建立把“安全第一”贯彻于一切生产经营活动之中的机制，要求单位行政正职领导真正负起“安全生产第一责任人”的责任，在计划、布置、检查、总结、评比生产经营工作时，必须同时有安全考核指标和安全工作内容；在安全生产问题上正确运用决定权、否决权、协调权、奖惩权；在机构、人员、资金、执法上为安全生产提供保障条件。与此同时还须强调，每位副职领导都要各司其职，分工负责，本着“谁主管、谁负责”的原则，抓好本业务口的安全工作。

其次，进行安全文化制度建设，包括安全文化宣传教育制度、各级安全生产职责、安全生产技术规程及安全规范、安全性评价标准等。

再次，为达到安全文化建设的目标，还要讲究工作方法，即采用群众喜闻乐见的形式，有目的、有组织、有计划地开展安全文化宣传、教育、培训、实践活动。例如，利用广播、电视、图书、报刊、黑板报、宣传栏、文艺会演、专题讲座、培训班、研讨会、表演会、安全技能竞赛等多种多样的形式，宣传安全文化知识、讲授安全科学技术、传播应急处理办法和自救互救技巧，使广大员工及其家属从多渠道、多层次、多方面受到安全文化的影响、教育和熏陶。

最后，强调员工的实际响应，即以上所做的一切，都是为了提高员工的安全意识和安全素质，只有大多数人都接受了、学会了、应用了，并在实际生产经营活动和生活中收到了实效，得到回报，安全文化机制的运作才算达到了预期的目标。

3.提升全员安全文化素质

（1）提升决策层的安全文化素质。单位决策层应具备以下几点安全文化素质：一是有优秀的安全思想素质，真正重视人的生命价值，一切以职工的生命和健康为重，把“安全第一、预防为主”落到实处；二是具有高尚的安全道德品质，具备正直、善良、公正、无私的道德情操和关心职工、体恤下属的职业公德，对于贯彻安全法规制度，以身作则，身体力行；三是具有综合的安全管理素质，真正负起“安全生产第一责任人”的责任，深入实际，实事求是地抓好安全工作；四是具有丰富的安全法规知识和雄厚的技术功底，应有意地培养自己的安全法规和安全技术素质，认真学习国家和行业主管部门颁发的安全法规文件和有关安全技术知识以及事故发生发展的规律；五是具有扎实、求实的工作作风，避免口头上重视安全、实际上忽视安全的倾向。

（2）提升管理层的安全文化素质。中层管理干部应具备以下安全文化素质：一是有关心职工安全健康的仁爱之心，“安全第一、预防为主”的观念牢固，珍惜职工生命，爱护职工健康，善良公正，宽容同情，把方便留给别人，体恤下属；二是有高度的安全责任感，对人民生命和国家财产具有高度负责的精神，正确贯彻安全生产法规制度，决不违章指挥；三是有多学科的安全技术知识，重视职工的生产条件和作业环境，有减灾防灾的忧患意识；四是有适应安全工作需要的能力，如组织协调能力、调查研究能力、逻辑判断能力、综合分析能力、写作表达能力、说服教育能力等；五是有推动安全工作前进的方法，善于学习、思考、开拓和创新，对安全工作全身心地投入。

班组长应具备如下安全文化素质：一是有强烈的班组安全需求，珍惜生命，爱护健康，把安全作为班组活动的价值取向，不仅自己不违章操作，而且能够抵制违章指挥；二是具有深刻的安全生产意识，深悟“安全第一、预防为主”的含义，并把它作为规范自己和全班同志行为的准则；三是有较多的安全技术知识，掌握与自己工作有关的安全技术知识，了解有关事故案例；四是具有熟练的安全操作技能，通过刻苦训练，掌握与自己工作有关的操作技能，不仅自己操作可靠，还要帮助班内同志避免失误；五是有自觉的遵章守纪习惯，不仅知道与自己工作有关的安全生产法规制度和劳动纪律，也熟悉班组其他岗位的操作规程，而且能够自觉遵守，模范执行，长年坚持；六是认真履行工作职责，班前开会作危险预警讲话，班中生产进行巡回安全检查，班后交班有安全注意事项；七是有机敏的处置异常能力，如果遇到异常情况，能够机敏果断地采取补救措施，把事故消灭在萌芽状态或尽力减小事故损失；八是有高尚的舍己救人品德，一旦发生事故，能够在危难时刻自救、互救或舍己救人，把方便让给工友，把困难和危险留给自己，发扬互帮互爱精神，确保他人、班组、集体的安全。

（3）提升员工的安全文化素质。员工应具备的安全文化素质有如下几个方面：一是有较高的个人安全需求，珍惜生命，爱护健康，安全、舒适、长寿已成为公众普遍的需求，主动离开非常危险和尘毒严重的场所，成了自我保护的要求；二是有较强的安全生产意识，拥护和力行“安全第一、预防为主”的方针；三是有较多的安全技术和科普知识，能够掌握与自己工作有关的安全技术知识和安全操作规程，并养成一种科学的思维方法；四是有较熟练的安全操作技能或特殊工种的技能，通过刻苦训练，提高可靠率，避免失误；五是能自觉遵守有关的安全生产法规制度和劳动纪律，并长年坚持，养成一种公德和习惯；六是在应急能力方面，若遇到异常情况，不临阵脱逃，能冷静地判断，科学地选择对策而正确、果断地采取应急措施，把事故消灭在萌芽状态或杜绝事故扩大。

4. 营造安全文化氛围

营造安全文化氛围需要从四个方面下功夫：一是营造心态安全文化氛围，使全体员工形成有较高安全需求和安全价值取向的安全心态；二是营造行为安全文化氛围，即完善安全法规制度，强化安全管理体系，使全体员工具有符合规范要求的安全行为；三是营造景观安全文化氛围，包括具有特色的教育手段、丰富多彩的宣传形式、优美宜人的工作和生活环境等；四是营造物态安全文化氛围，即通过安全性评价和安全技术改造，使工程、设备设施达到安全卫生标准，提高本质安全化程度。

5. 强化安全文化宣传

安全文化宣传是向人民群众普及安全生产常识的宣传活动，即采取各种宣传形式，运用各种宣传工具，向社会各界和人民群众宣传、讲解安全生产的工作指导方针、政策、法规、安全生产常识和经验教训，使人们增强安全意识，提高安全素质。安全文化宣传教育要严格围绕安全管理、思想认识、行为管理、技术培训、影响带动、人物激励等各方面入手，做到丰富多彩，方法创新。

6. 正确运用其他多种安全文化建设手段

其他安全文化建设的手段主要有：

（1）安全管理手段。采用现代安全管理的办法，从精神与物质两方面去更有效地发挥安全文化的作用，保护员工的安全与健康。一方面，改善单位的人文环境，树立科学的人生观和安全价值观，在安全意识、思维、态度、理念、精神的基础上，形成单位安全文化背景；另一方面，通过管理的手段调节人-工程-环境的关系，建立一种在安全文化氛围中的安全生产运行机制，达到安全管理的期望目标。

（2）行政手段。利用行业、单位内部的行政和业务归口管理的一切办法，充分运用安全制度文化的功能，规范员工的行为，人人遵章守纪，防止“三违”现象，保护自己、保护他人、保障单位安全生产。

（3）科技手段。依靠科技进步，推广先进技术和成果，不断改善劳动条件和作业环境，实现生产过程的本质安全化，不断提高生产技术和安全技术水平。

（4）经济手段。例如，利用安全经济的信息分析技术、安全-产出的投资技术、事故直接经济损失计算技术、事故间接非价值对象损失的价值化技术、安全经济效益分析技术、安全经济管理技术、安全风险评估技术、安全经济分析与决策技术等，在安全投入、技术改造、安全经济决策、安全奖励等方面都显示出安全经济手段的重要作用。

（5）法治手段。充分利用安全生产和职业卫生的法律法规，以及中央政府依据这些法律法规制定的一系列行政规章和有关政策等进行安全监督和监察，利用安全法制规范人的安全生产行为，实现依法安全生产。用这些法律规章和制度，保护单位员工的合法权益，保护其在劳动生产过程中的安全和健康。同时，也要用法制来规范员工的安全生产行为，并依法惩治安全生产的违法行为。要使每个员工知道遵章守法是公民的义务，是文明人对社会负责任的表现。

（6）舆论道德手段。安全工作是精神文明建设的重要方面，安全工作中“三不伤害”的全部内容都包括在道德范畴内，安全文化建设的出发点与归宿都是“三不伤害”。安全道德教育如同安全立法一样重要，应视为单位安全文化建设的当务之急，要下力气切实抓紧、抓好。

7.灵活运用多种安全文化活动形式

单位安全文化活动主要有以下形式：

（1）事故防范活动。包括：事故告示活动——对发生的伤亡、发生时间、误工损失等事故状况进行挂牌警告；事故报告会——对当年本单位或行业发生的事故进行报告；事故祭日活动——本单位案例或同行业重大事故案例回顾；事故保险对策——分析高危人群和设备、设施，进行合理投保策略；安全经济对策——事故罚款、风险金、安全奖金、安全措施保证金、工伤保险、事故赔偿、安全措施；风险抵押制——采取安全生产风险抵押方式，进行事故指标或安全措施目标控制的管理，如责任书、考核内容、奖罚办法等，让员工增强安全意识，对安全的重要性有一个充分的了解。

（2）安全技能演习。包括：专业技能演习——进行各种消防器材的实际使用演练；事故应急技能演习——对可能出现的各种事故进行有效的岗位应急处置、个人救生等应急技能演练。使员工在事故发生后能有效地防止事态进一步演化，并掌握自救和应急的方法。

（3）安全宣传活动。包括：安全大会、安全宣传月活动；一套挂图；一幅图标；一场录像；禁止标志、警告标志、指令标志；宣传墙报——安全知识、事故教训等。时时处处提醒员工安全的重要性，树立长期的安全意识。

（4）安全教育活动。如对特种作业人员的持证教育，对员工日常的“全员安全教育”等，形成一种广泛的安全氛围。

（5）安全管理活动。如应用各种法规、条例、规范等进行全面管理，在安全教育、安全制度建设、安全技术推广、安全措施经费等方面进行目标化管理等。

（6）安全文艺活动。包括：安全竞赛活动；安全生产周（月）；安全演讲比赛；安全贺年活动；安全“信得过”活动；“三不伤害”活动；班组安全建“小家”；现场安全正计时等。丰富多彩的文艺活动从情感上感染员工，使之自觉树立安全观念，强化安全意识。

（7）安全科技建设活动。如基层单位、班组、岗位进行安全生产标准化作业建设，对各种条件下的人机界面进行研究、分析，通过硬件设计、改造，实现本质安全，对危险点、危害点和事故高发点进行重点控制；对生产技术及工艺中存在的隐患进行分期、分批的改造和整治等。

（8）安全检查和安全报告活动。

（9）安全评审和奖励活动。如对安全管理、安全教育、安全设施、现场环境等安全生产的“软件”“硬件”进行全面评价；对安全生产先进的基层单位和个人进行表彰、奖励；对长期安全生产的员工进行安全人生庆贺等。从客观上激励和约束员工重视安全，强调安全，树立安全意识。

四、安全文化建设评估

1.企业安全文化建设评价目的

企业安全文化建设评价目的包括：

（1）准确反映企业安全文化的总体状况。通过对企业安全文化的状况的合理评估，能够从不同层面、不同视角反映企业安全文化建设的水平，进而对企业安全文化的状况给出一个准确的、符合实际的评价结论，使有关各方对企业当前安全文化的总体状况有一个明确的认识，为后续工作的开展提供真实可靠的依据。

（2）分析企业安全文化存在的具体问题。通过对企业安全文化评价报告的分析，从各个分项指标的具体数据中找出企业安全文化存在的具体问题，并且依据评价数据和评价结论对问题进行系统分析，挖掘企业安全文化建设问题的根本原因，同时针对出现问题的企业各级部门、生产环节提出具体有效的整改措施。

（3）为企业安全文化建设提供具体指导。企业安全文化评价设立的各级指标实际上就是企业安全文化各个层级、各个视角的具体表征构面，也可以理解为企业安全文化建设的各级分项目标，并且通过对指标具体评价标准的研究，便可掌握每一项指标的先进标准，即企业在这一具体指标上的建设目标。从这个角度来说，企业安全文化评价不仅从总体上得出企业安全文化状况的结论，更重要的是为企业安全文化建设提供了具体可行的目标和方向指导。

（4）为政府安全生产监管部门提供决策支持。目前应急管理部倡导的安全生产五要素，第一要素即为安全文化，并且安全文化又是其他四个要素（安全法制、安全责任、安全科技和安全投入）的核心和灵魂。因此，对企业进行科学的安全文化评价，可以为政府安全生产监管部门提供企业安全文化的详细信息，使其监管工作有的放矢，为其进行安全生产监管决策提供有力的支持。

2.企业安全文化评价步骤

企业安全文化的评价遵循一般系统评价的原理和步骤，按照评价系统分析、收集评价资料、确定评价指标、选择评价方法、计算评价值和综合评价得出结论的过程进行。

（1）评价系统分析。按照提出的评价问题，即对企业安全文化进行科学的评价，对评价系统进行必要的分析，明确企业安全文化的评价目的、评价立场、评价范围和评价时期。

（2）收集评价资料。在掌握有关企业安全文化详尽理论的基础上，按照安全文化和安全氛围的各项表征维度，对目标企业进行实地调研，收集相关的资料数据，如企业安全目标、安全承诺、安全管理制度、学习培训制度等。

（3）确定评价指标。经过对前人研究成果的学习、分析和总结，结合对企业实地调研的情况，设计科学适用的企业安全文化评价体系；进而按照评价体系的概念模型，构建企业安全文化和企业安全氛围两套评价指标体系，最末一级尽可能地选取可直接量化的指标，同时明确其评价标准。

（4）选择评价方法。根据企业安全文化和企业安全氛围两套评价指标体系的特性以及各级分项指标表征，选择科学适用的评价方法，包括各级指标权重的确定方法，以期剔除干扰数据信息，保留并充分利用可信数据，客观真实地评价企业安全文化水平。

（5）计算评价值。经过对目标企业的实地调研，通过查阅企业文件资料、问卷、访谈和观察等调研手段，收集相关数据资料，进而得出安全文化和安全氛围的末级指标数据；利用选定的各种评价方法，确定各级指标权重，进而进行数据计算，得出各级评价值。

（6）综合评价得出结论。根据企业安全文化和企业安全氛围两套指标体系的评价，综合分析目标企业安全文化的总体状况以及目标企业安全文化的即时状态，从而得出目标企业安全文化的最终评价结论。

3.企业安全文化评价方法

企业安全文化评价方法可分四大类：

（1）问卷调查法。通过科学合理的问卷设计以及对人群的答卷分析，可以对社会大众的安全意识、观念、知识水平、态度等个人安全文化素质进行基本的综合评价。

（2）统计分析法。通过建立科学合理的指标体系，在调查统计的基础上，对社会不同层面和角度的安全文化状况进行定量的综合评价。

（3）系统评价法。即对企业的生产技术、生产管理模式、安全管理机制、全员安全素质、安全技术等进行系统的综合评价，第三章介绍的模糊综合安全评价法、基于主成分分析方法的综合安全评价法、基于神经网络的综合安全评价法等也同样适用安全文化评价，相关文献作了报道。另外，相关学者也采用基于因素重构分析方法的评价法、基于平衡计分卡的绩效评价法、基于 SMART 原则的评价法等进行了研究。

（4）定期专项评价法。即定期地对某一方面的安全文化状况进行专门的评价。如对人员的安全知识和技能进行评价，对安全责任制落实、安全技术措施经费落实、安全规章的建设等进行专门评价。

五、安全形象及塑造

1. 安全形象及对事故预防的作用

（1）安全形象的概念。安全形象是社会公众和内部员工对本单位安全方面的总体认识和评价，是单位安全状况在社会公众心目中的印象，是生产经营单位在安全方面的所作所为及其成果在社会公众和单位员工心目中的一种客观性反映。生产经营单位安全形象既是安全文化的主要内容，又是建立在安全文化基础之上、体现一切安全活动的外在表现，它不仅与管理者形象、员工形象、公共关系形象是平行关系，是安全形象不可分割的一部分，而且还融入其中。

（2）安全形象的构成要素。安全形象由安全物质形象、安全行为形象、安全精神形象、安全成果形象组成。安全精神形象是安全价值观、安全道德、安全认识及意识等精神要素在社会公众和内部员工中的总体认识与评价，它是无形的，却是安全形象的灵魂。其中，安全价值观是指单位所推崇的基本安全信念和奉行的安全行为准则，也就是对单位安全行为所做出的价值取向。安全价值观是安全精神形象的核心、灵魂。安全物质形象是指社会公众和内部员工对单位生产、生活、文化娱乐各个方面的安全环境、安全条件、安全设施及安全宣传等硬件的认识。安全行为形象是内部员工的安全行为在社会公众和单位其他员工中的总体认识和评价。安全成果形象是指社会公众及单位员工对单位在安全方面取得的成绩印象。

从评价者看，单位安全形象由单位内部安全形象和外部安全形象组成。单位内部安全形象主要是指内部员工对单位安全方面的总体认识和评价，外部安全形象主要是指社会和社会人群，包括社会团体、公众、政府等，对单位安全生产活动的印象和评价。

（3）安全形象对单位事故预防与控制的作用。单位安全形象是单位安全文化的外部反映，对单位事故预防与控制的作用方面，它与单位安全文化有类似之处。

① 对安全认识有导向作用。单位的安全价值观、安全理念是单位安全形象的核心、灵魂，它规定了单位的安全价值取向，对单位员工的安全价值取向、安全态度、安全意识等有强有力的导向作用。

② 对安全意识有更新和凝聚作用。单位安全形象的塑造过程中，单位员工对安全价值取向、安全态度、安全意识、安全目标取得了共识，获得了可见的收益。另外，单位安全形象的塑造和建设，必然要引入新的安全理念、安全价值观，这样，自然对员工的安全意识进行了更新，使其对安全的价值和作用有正确的认识和理解。

③ 对安全工作有激励作用。单位有了良好的安全形象，可在单位经营中获得可见的收

益，且人的安全价值得到了体现和尊重，单位员工可感受到强烈的归属感、自豪感，又激励着每位员工更加维护安全形象。

④ 对安全行为有约束和规范作用。单位安全形象的塑造和传播中，对单位的安全价值、安全知识、安全管理规章制度进行宣传和教育，深入员工脑海，使员工在工作中自觉约束规范自身行为。

2.安全形象与安全文化的关系

安全形象和安全文化是不同的概念，但它们相互联系、相互渗透、互相作用。

（1）安全形象与安全文化有不同点。

① 单位安全形象和安全文化其概念揭示的含意是不一样的。单位安全形象是指社会公众和内部成员对单位安全所作所为的总体印象和客观的评价，其主体是社会公众和内部成员，客体是单位。安全文化是单位长期实践中逐步形成并确立下来，全体职工认同的安全价值观念、安全行为准则、安全道德规范等构成的总和，主体是单位及其成员。

② 二者的功能各有侧重。单位安全形象不但具有让人识别的功能，还具有传播的功能。单位安全文化的功能则不同，尽管也有对社会的辐射功能，但主要是对单位内部员工的功能，如导向功能、组织功能、教育功能等，这些功能综合地在单位中发挥其特有作用。

③ 认知顺序、评价层面不同。在认知顺序上，单位安全形象引起社会公众的注意往往是由表及里、由具体到抽象的过程，单位安全文化的辐射则是从里向外的过程；在评价层面上，单位安全形象的评价多从单位的社会反映层面来考核，评价依据易流于表层，单位安全文化则要从单位的深层管理及经管业绩来进行评价，评价依据深入里层，因此，对于同样的单位，单位安全形象与安全文化的评价结果可能不尽相同。

（2）安全形象与安全文化存在交叉和联系。

① 安全形象与安全文化有许多交叉的地方。即有关单位的安全价值观，既是安全形象的灵魂，也是安全文化的核心；有关单位的安全制度、安全行为、安全成果，既是安全形象要着力建立、调整的内容，也是安全文化不可缺少的组成部分；有关单位的安全宣传品，既是安全形象要着力设计的，也是安全文化中的重要内容；有关功能方面，都属于观念形态和精神领域，两者均具有导向、激励、凝聚、约束、辐射功能。

② 安全形象与安全文化互相联系。其联系在于，单位安全形象是安全文化的主要内容，又是建立在安全文化基础之上、体现单位一切安全活动和实体的外在表现。单位安全文化是安全形象的内容，安全文化通过安全形象表现出来，安全形象既体现单位安全文化的内涵，又是安全文化外在的表现、有效载体。

（3）单位安全形象与安全文化相互作用。

① 安全文化决定安全形象。单位安全形象与单位安全文化是形式与内容的关系，单位安全形象是形式，单位安全文化是内容，单位安全文化是单位安全形象形成的基础，是单位安全形象的灵魂和支柱，单位安全文化决定单位安全形象，有什么样的单位安全文化，就有什么样的单位安全形象。

② 安全形象对安全文化有反作用。其反作用表现在：不同的单位安全形象对安全文化建设有不同的作用。良好的单位安全形象对单位有正向作用，能促进安全文化的建设，走向良性循环的发展轨道。反之，不好的安全形象对单位有反向作用，阻碍安全文化的建设。

③ 安全形象与安全文化相互促进。安全文化是塑造安全形象的基础，而塑造安全形象本身又是在建设安全文化。一个单位，要取得社会和政府的信任，就必须搞好安全生产，全面强化安全管理，建设安全文化，而在此过程中又塑造了自身的安全形象。

3. 塑造安全形象的基本途径

塑造一个单位安全形象的基本途径主要有：

(1) 确立正确的安全价值观，营造良好的安全文化，正确处理安全与效益、安全与生产的关系。

(2) 加大安全投入，加强硬件设施建设，为工程单位员工创造一个本质安全化环境。

(3) 强化安全管理，完善激励约束机制。在培育安全价值观、安全精神的同时，建立健全以安全生产责任制为核心的安全管理制度，建立完善的安全管理体系、完善激励约束机制，消除人的不安全行为，防止事故发生。

(4) 依靠科技进步，不断解决安全问题和难题。提高设备的可靠性和系统抗灾能力，事故发生率明显降低，自然也提升了安全形象。

(5) 加强安全教育与培训。

(6) 将安全形象塑造融于单位形象塑造和各项工作中，开展必要的公共关系，充分展示安全形象。

第四节　六西格玛安全管理

一、六西格玛管理

1. 六西格玛管理的概念

在统计学中，西格玛（希腊字母 σ）用来表示标准偏差（均方差）。在六西格玛管理中，西格玛水平用来衡量一个企业或者一个项目出了多少差错。根据六西格玛水平表示，错误的次数越少，质量等级越高，一西格玛表示有 31%的合格率，三西格玛表示有 93.3%的合格率，六西格玛表示有 99.99966%的合格率，同时意味着每百万次操作只有 3.4 个缺陷。六西格玛也可以是一项用来改善企业流程管理的技术，目标是“没有缺陷”，途径是错误率的大量降低，隐患出现的可能性很小，最后的最后，实现没有隐患、缺陷问题的大目标。

六西格玛管理是指通过零缺陷的产品或流程获得和保持经营的成功，并将其经营业绩最大化的综合管理体系和发展战略，使得企业获得快速增长的经营方式。

六西格玛管理的组织结构从高到低是由执行领导、倡导者、大黑带、黑带、绿带和项目团队传递并实施的。六西格玛管理的组织结构如图 5-3 所示。

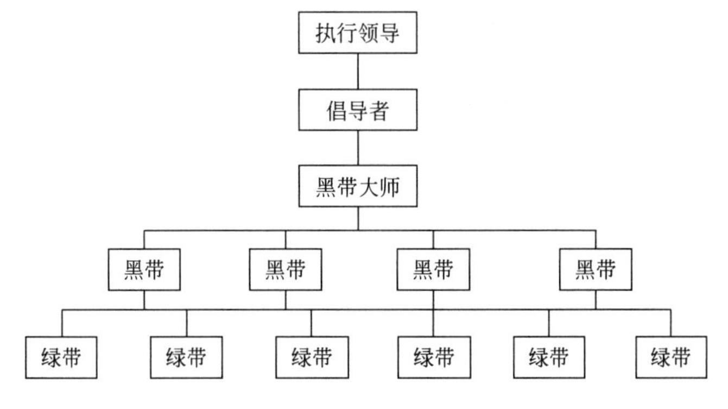

图 5-3　六西格玛管理组织机构图

2. 六西格玛管理的实施模式

DMAIC是六西格玛管理的具体实施模式，分别代表六西格玛改进活动的五个阶段：界定阶段、测量阶段、分析阶段、改进阶段、控制阶段。

(1) 界定（define）是六西格玛改进流程实施的第一步，也是很重要的一步。通常来说，在界定阶段，项目团队要对想要解决的问题做出初步的、宏观的考虑。在这一阶段，要明确问题或者流程输出以及测量指标，还要确定项目范围、事先估计出项目的收益以及确定项目团队关键成员等。

(2) 测量（measure）是六西格玛实施流程的第二阶段，是项目工作重要的一环，体现了六西格玛以数据和事实推动管理的特点。测量阶段的工作主要是收集数据，并开始对数据的分析工作。测量阶段的数据收集以及评价工作，可以使得项目团队对于问题和关键因素有一个定量的了解，以便在此基础上获得项目实施相关信息。测量阶段需要进一步明确输出的测量，并通过收集输入和输出的测量数据，定量地描述输出。特别是通过过程分析，认识输出的波动规律，找到过程改进的机会以及实现目标的可能途径和方向。这一阶段要用到许多过程分析工具、过程能力分析方法以及文档和图形分析工具等。

(3) 分析（analyze）是DMAIC各个阶段中最不可预测的阶段。由于涉及的问题和数据特点不同，团队需要采用不同的分析方法。在这个阶段，团队应该详细研究资料，更深刻地理解过程和问题，进而找出问题的原因，再通过各分析步骤寻找问题的根源。分析过程中正确地使用工具是一件很困难的事，在使用简单的工具能找到问题根源的情况下，就不使用复杂的工具。对于不易识别的原因和受多种因素影响的原因，有时需要高级的统计技术或其他管理技术来识别和确认问题根源。分析工具除了有图示工具外，还有统计推断、假设检验、方差分析等，而且六西格玛的工具箱并不是封闭的，任何适用的分析工具都可以加以引入和使用。

(4) 改进（improve）是要从根本上解决已经识别的问题。前面三个阶段的工作，使得团队比较准确地掌握了需要解决的问题和问题产生的根源，为从根本上解决这些问题做好了准备。项目工作也由此进入了关键的改进阶段。改进阶段的目标为，形成针对根本原因的最佳解决方案，并验证这些方案是否有效。通常来说，要实现这个目标需要完成的工作有：制定解决方案、评价解决方案、估计改进方案的实施风险、验证改进方案是否能达到预期效果、执行改进方案。本阶段常用的工具有因子试验设计、响应曲面设计和混料设计等。

(5) 控制（control）是为了保持项目获得的成果并持续改进，以免回到旧的工作和运行方式。它是DMAIC实施流程的最后一个阶段，非常重要。控制阶段的工作应为：建立监视过程，明确改进成果；确定关键的控制点、控制参数以及控制方法；制定应对变化的方案；制定新的程序文件或者作业标准。该阶段的三个要素是：过程改进结果文件化；过程控制计划的建立；持续进行过程测量和控制。该阶段的常用工具有常规控制图和特殊控制图等。

二、六西格玛安全管理

六西格玛安全管理的含义是：借鉴六西格玛管理的思想，通过零缺陷的安全行为和安全状态获得和保持组织最佳安全成果的综合安全管理体系和管理模式，提高安全管理水平，降低事故发生率。

1. 六西格玛安全管理与现有安全管理的共同点

（1）六西格玛安全管理与现有安全管理的目的都是降低企业的事故率，提高企业的安全管理水平，实现安全生产的目标。

（2）六西格玛安全管理与现有安全管理解决问题的流程大致相同，基本可以简化为“发现问题（原因）—改善—控制”。

（3）六西格玛安全管理与现有安全管理都需要建立相应的组织机构和程序化文件，以保证企业安全管理工作的顺利进行。

2. 六西格玛安全管理与现有安全管理的区别

（1）六西格玛安全管理以数据为依据，是通过对具体数据的收集以及统计分析来发现安全生产中存在的问题和造成问题的关键因素，要确定事故的根本原因必须以数据和事实来验证。现有的安全管理更多的是以经验来分析事故原因，缺乏数据支撑。

（2）六西格玛安全管理强调对整个生产流程的优化，通过对流程的控制来减少不安全因素，预防事故的发生；现有的安全管理侧重于事故的调查和处理，往往是在事故发生后，再分析事故发生的原因以及改进措施，对安全缺陷和隐患的重视程度较低。

（3）六西格玛安全管理要求企业建立与六西格玛管理相适应的企业文化，对现有的企业文化进行变革；现有的安全管理可能会根据企业文化开展工作，但是很少要求企业文化的变革。

（4）六西格玛安全管理需要成立专门的项目团队，项目团队中包含各个相关部门的成员，有利于跨部门的合作，为企业安全管理工作的开展提供保障；现行的安全管理主要依靠企业安全部门的检查和督促，存在团队合作障碍。

（5）六西格玛安全管理强调顾客（员工）驱动，从员工的安全需求出发，分析需要改进和控制的关键因素，根据具体情况来安排安全管理工作；现有的安全管理中安全工作的开展不具有针对性，有的甚至照搬照抄其他企业的安全管理程序，对企业安全生产水平的提高作用不大。

（6）六西格玛安全管理强调吸收先进的科学的安全管理理论、方法和工具，对体系自身进行改进和完善，持续测量生产过程中的缺陷和隐患，分析根本原因，找出改进方案，控制改进成果，如此循环，不断提高企业的安全管理水平；现有的安全管理在解决安全问题后，缺少持续的监控，导致同类型的事故经过一段时间后又会反复出现。

3. 六西格玛安全管理应用模型

六西格玛安全管理的主要思想是，明确所有安全隐患及主要存在的安全问题，利用六西格玛的方法对组织过程中的危害因素进行评价，并采取相应合理有效的手段对安全隐患持续改进，从而持续降低组织的风险，最终达到六西格玛安全水平。

六西格玛安全管理应用模型如图 5-4 所示。即按照六西格玛管理的 DMAIC 实施模式（定义、测量、分析、改进和控制五个步骤），利用现代企业管理中的科学工具对安全管理进行持续的改进。

（1）定义。包括确定安全生产流程中的改进机会、绘制企业安全生产管理流程图、确定企业和监管部门的需求与安全生产的关键特性、项目团队的建设等，进而确定企业安全生产管理中需要改进的领域。

（2）测量。其主要任务是安全水平分析，在安全生产活动中，根据监管部门和自身正常

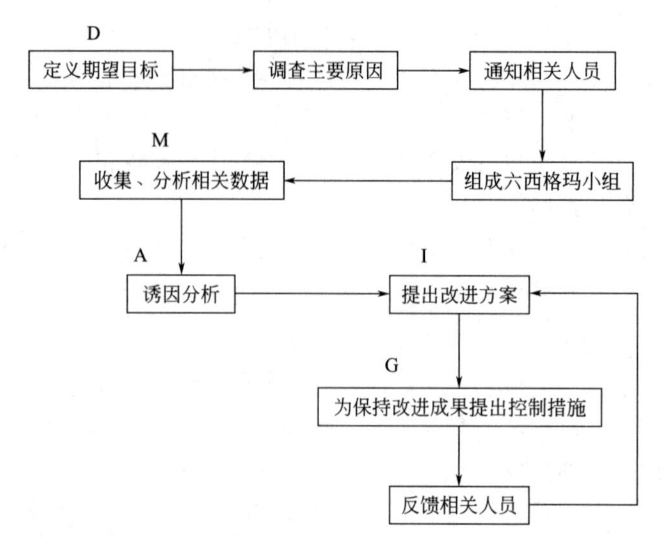

图 5-4　六西格玛安全管理应用模型

生产的需要求所能达到的安全生产水平，衡量指标有千人死亡率、千人重伤率、事故率等。具体的内容包括收集与安全生产流程和事故相关的数据、梳理数据，为查找事故原因提供线索。数据测量的方法一般有两种，第一种是测量离散型数据，如事故发生的次数，第二种是测量连续型数据，如每次事故损失的工时数。为了发挥测量的作用，应选择一种适宜的方式来收集事故数据，充分展示现状与目标之间的差距以及改进机会。

（3）分析。要先对企业生产工艺流程进行划分，表明各个部门所负责的各个环节；然后，进行关键因素分析，根据测量阶段收集的数据，分析容易出现的事故类型和容易发生事故的场所和环节，从人的行为、设备、生产工艺以及工作环境等多方面着手，找出事故的根本原因；最后，要以数据为支撑对事故的根本原因进行梳理和分析，通过每个因素导致事故发生的频率、造成事故的严重程度和因素本身的可控性，来确定众多因素中对安全目标影响最大的因素。在分析阶段，可以运用的分析方法很多，比如假设检验、回归分析、水平对比、头脑风暴、鱼骨图、安全检查表、FEMA 等。分析过程包括：①根据团队收集的事故数据以及资料，辨识企业中存在的危险有害因素和事故隐患形成的原因，并从其中识别关键原因；②识别根本原因，根本原因是其他原因的原因，在分析的过程中可能会多次出现，根本原因不是现象；③证实已找到的根本原因，把找到的根本原因分离出来，分析消除或减少原因对事故的影响。分析的主要工作包括：绘制详细流程图；进行关键原因分析；对各事故的根本原因进行数据分析、数据梳理，包括对每个因素发生的频率、危害程度、可控制能力等进行统计分析。

（4）改进。主要通过技术、教育、管理相结合来完成。对于物的不安全状态造成的问题，可以通过技术对策来改善。对于人的不安全行为造成的问题，则可以通过教育和管理来改进。

（5）控制。该阶段的主要任务是：制定并向安全生产流程拥有者移交改善方案，使其有能力和方法持续控制和检查安全生产流程的改善情况；管理团队成员继续收集影响生产事故发生的关键参数和安全生产水平数据，并且长期监控安全生产流程改善的状况；通过一些手段、工具确认安全生产流程的改善并完成实时控制，保证改善后的安全生产流程一直得到保持。控制阶段的流程如图 5-5 所示。

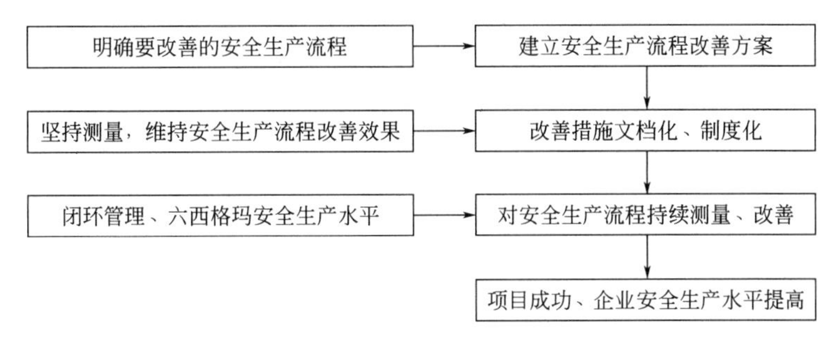

图 5-5　控制阶段的流程

第五节　6S 安全管理

一、 6S 概述

6S 指的是日语罗马拼音 seiri（整理）、seiton（整顿）、seiso（清扫）、seiketsu（清洁）、shitsuke（素养）及英语 safety（安全）这 6 项，因为其第一个字母都是“S”，所以统称为 6S。6S 管理是指在生产现场中对人员、机器、材料、环境等生产要素进行有效管理的一种方法。其具体含义如下。

（1）整理。将工作场所中的任何物品均区分为必要的与不必要的，必要的留下来，不必要的物品彻底清除。作用如下：①腾出空间备用；②防止误用、误送；③塑造清爽的工作场所。

（2）整顿。必要的东西分门别类依规定的位置放置，并摆放整齐，加以标示。其作用如下：①使工作场所一目了然；②减少寻找物品的时间，提高效率；③清除过多的积压物品。

（3）清扫。清除工作场所内的脏污并防止脏污发生，保持工作场所干净亮丽。作用如下：①排除影响员工健康、安全及产品质量的不利因素；②使现场环境达到美观整洁、安全卫生的标准。

（4）清洁。将上面 3 项实施的做法制度化、规范化并贯彻执行及维持。作用如下：①通过制度化来维持已取得的成果；②维持整洁的工作环境；③减少工业伤害。

（5）素养。人人养成好习惯，依规定行事，培养积极进取的精神。作用如下：①提升“人的品质”，使员工成为对任何工作都讲究认真的人；②养成良好的习惯，遵守规则做事；③培养积极创新的精神；④每个人都充满活力，营造团队精神。

（6）安全。消除隐患，创造良好的安全生产环境。作用如下：①通过对危险源的改善和治理，防止安全事故发生；②创造对人和企业财产没有威胁的环境，避免安全事故苗头，减少工业灾害。

前 5 项起源于日本，称作 5S。日式企业通过 5S 运动这个基础，推行各种品质管理手法，第二次世界大战后不久迅速奠定了经济大国的地位。随着世界经济的发展，6S 现已成为企业管理的一股新潮流，对于塑造企业形象，提高效益，降低成本，安全生产，创造清洁、舒适、优美的工作场所和空间环境等现场改善方面的巨大作用逐渐被各国认同并采纳。

二、 6S 安全管理方法

6S 安全管理是 6S 管理在安全管理中的应用，即通过整理、整顿、清扫、清洁、素养及安全的手段，改善施工现场工作环境、提升人员安全素质，推动企业的安全文化建设，从“人、机、环境”方面提高企业的安全管理水平。

（1）整理。将物品分为常用、偶尔使用和不使用3类。常用物品安置在现场；偶尔使用的物品放在固定的储存处；不使用的物品清除或处理掉。通过整理使作业场所区域空间得到扩展，减少物体打击、机械伤害等危险因素。通过合理规划减少施工区域和库房易燃、易爆等危险品的存放量，降低风险系数。同时通过整理可以发现现场存在的隐患，从而做到及时处理，避免事故的发生。减少工器具和备品备件的存放量，使存放的工器具和备品备件一目了然，降低错误使用的概率。

（2）整顿。整顿工作是在整理之后，将不需要的东西移开，对现场进行整顿，包括重新规划与安排。在整顿过程中推行“三要素”“三定”原则，三要素即场所、方法、标识，三定即定点、定容、定量。在生产现场进行明显的区域划分；在地面上用油漆划线将设备警戒区域、运行区域、检修区域、通道区域标识清楚；在现场设置安全逃生路线、设备点检路线、消防设施分布图，标出安全区域位置等，这能让人迅速判断现场环境安全与否以及设备所处的状态，且准确性高。在生产现场设置管理看板将所在区域存在的危险因素以及防范措施一一列出，帮助现场人员提高安全意识，提醒现场人员正确、安全施工。

（3）清扫。清扫就是使工作现场处于没有垃圾、没有污脏的环境。达到这样一种环境就是清扫的第一目的。在相关区域划分清洁责任区，制定清扫基准以此作为规范，对每个污染源进行调查，并进行治理或隔离。对油库等重大危险源区域，进行彻底清扫，改善其运行环境，提高安全可靠性。

（4）清洁。“清洁”是上述基本行动之外的管理活动，要将暂时的行动转化为常规行动，需要将好的方法、要求总结出来，形成管理制度，长期贯彻实施，并不断检查改进。制定管理制度是这一阶段的主要工作任务，制度的建立有助于保持前面各项工作成绩，同时也有利于员工养成良好的工作习惯。

通过清洁整理，现场的物品就比较清楚了，现场就会秩序井然，不容易发生意外，并且通过整理会发现现场存在的隐患，从而做到及时处理，避免事故发生。

（5）素养。素养就是教大家养成能遵守所规定要求的习惯。6S以“4S”（整理、整顿、清扫、清洁）为基本工作，促进员工守章作业的好习惯，达成全员整体品质的提升。素养是6S中最独特的一项要素，也是其精华之处，体现了企业管理中“以人为本”的思想。对于员工来讲，制度是外在的、强制性的，更彻底的保障是将外在的要求转化为员工主动的、发自内心的行动，也就是变规定、要求为人的意识、习惯，习惯一旦养成，将潜移默化、长期地影响人们的工作、生活质量。素养是建立在人的意识之中的，提高素养需要进行培训、宣传，进行制度约束并有效地运用激励等辅助手段。

（6）安全。通过对危险源的改善和治理，消除事故隐患，防止安全事故发生，创造对人和企业财产没有威胁的环境，避免安全事故苗头，减少工业灾害。

三、 6S安全管理实施的步骤

6S安全管理的推行可以分为以下11个步骤。

（1）成立推行组织。6S安全管理本身是一种企业行为，因此，6S安全管理的推行一定要以企业为主体。

（2）拟定推行方针及目标。对于推行目标，每个推行部门都可以考虑为自身设置一些阶段性的目标，脚踏实地地实现这些目标，从而达到企业的整体目标。

（3）拟订推行计划和日程。推行6S安全管理需拟订实施计划与相应的日程，并将计划公布出来，让所有的人都知道实施细节。

（4）说明及教育。要想推行好6S安全管理，首先必须解释到位。说明及教育是推行6S

管理的重要步骤，很多企业都邀请了一些专家或老师去讲课，但是，能够听课的毕竟是企业中的少数人，绝大多数现场的一线工人没有机会听课。因此，企业应该通过各种有效途径向全体人员解释说明实施 6S 安全管理的必要性以及相应的内容。

（5）前期的宣传造势。6S 安全管理实际上是为了营造一种追求卓越的文化及一个良好的工作氛围和环境，因此，适当的宣传造势活动是必不可少的。

（6）导入实施。前期作业准备（责任区域明确、用具和方法准备）、样板区推行、定点摄影、公司彻底的“洗澡”运动、区域划分与划线、红牌作战、目视管理以及明确 6S 安全管理推行时间等，都是导入实施过程中需要完成的工作。

（7）考评方法确定。在确定评估考核方法的过程中需要注意的是，必须要有一套合适的考评标准，并在不同的系统内因地制宜地使用合适的标准（对企业内所有生产现场的 6S 考评都依照同一种现场标准进行打分，对办公区域则应该按照另一套标准打分）。

（8）评比考核。要想使评比考核具有可行性与可靠性，制定科学的考核与评分标准十分重要。有的企业制定的考核标准难以量化，从而使标准失去了可操作性，6S 安全管理的推行也因此陷入困境。所以，企业制定一套具有高度可行性、科学性的 6S 安全管理考评标准是非常必要的。

（9）评分结果公布及奖惩。每个月进行两次 6S 考核与评估，并在下一个月 6S 安全管理推行初期将成绩公布出来，对表现优秀的部门和个人给予适当的奖励，对表现差的部门和个人给予一定的惩罚，使他们产生改进的压力。

（10）检讨修正、总结提高。问题是永远存在的，每次考核都会遇到问题。因此，6S 管理是一个永无休止、不断提高的过程。

（11）纳入定期管理活动中。通过几个月甚至一年的 6S 安全管理推行，逐步实施 6S 安全管理的前 10 个步骤，促使 6S 安全管理逐渐走向正轨之后，此时就要考虑将 6S 纳入定期安全管理活动之中了。

第六节　安全生产责任保险

一、概述

1. 安全生产责任保险的概念

安全生产责任保险是指保险机构对投保的生产经营单位发生的生产安全事故造成的人员伤亡和有关经济损失等予以赔偿，并且为投保的生产经营单位提供生产安全事故预防服务的商业保险，是一种由商业保险机构运营、政府推动、立法强制实施、带有一定公益性质保险险种。其特点是强调各方主动参与事故预防，积极发挥保险机构的社会责任和社会管理功能，运用行业的差别费率和企业的浮动费率以及预防费用机制，实现安全与保险的良性互动。

2. 安全生产责任保险的意义

（1）安全生产责任保险可以激励投保企业更加重视安全生产工作。保险公司从自身利益出发，会将保险费率与投保企业的行业风险类别、职业伤害频率、安全生产基础条件等以及企业一段时间内的事故和赔付情况挂钩，实行差别、浮动费率。为了降低保费支出，投保企业在费率浮动机制的作用下，会更加重视做好安全生产工作，加强安全防范，提高自身的安全信用等级。

（2）保险公司直接参与企业安全生产管理，督促企业搞好安全生产工作。安全生产责任保险作为保险公司的一项险种，保险公司会从关心自身资产的角度，主动采取各项措施，协助投保企业抓好安全生产工作。对检查中发现的重大隐患，及时向安监部门或者其他负有安全生产监管职责的部门报告，并会同企业制定整改防范措施。同时，保险公司会对企业安全隐患的整改情况进行跟踪落实，并将其与安全生产责任保险的保险费率挂钩，这会促使企业不断加强安全生产管理，提高安全管理水平。

（3）安全生产责任保险可推动保险公司不断提高社会效益。保险公司可通过安全生产责任保险工作的开展，加强公益性、社会性的安全生产教育，增强社会公众的安全意识和保险意识。通过对企业开展安全生产法律法规宣传，定期组织相关培训和风险管理与保险研讨会或学习交流，学习先进的管理经验，交流安全知识及风险管理经验，帮助投保企业建立完善的风险管理体系。同时，保险公司可通过为投保企业提供各类优质服务，不断提升自身的社会形象，创造良好的社会效益。

（4）安全生产责任保险具有较强的社会保障功能。保险公司在伤亡事故发生后开展的理赔勘查工作，是对企业安全生产工作的一种特殊形式的督促检查，不仅可以划分责任，还可以发现企业安全生产工作的差距和问题，防止同类事故再次发生。

（5）推行安全生产责任保险是对工伤保险的有力补充。我国现在的工伤保险是一种基本的社会保障，但工伤保险也同时存在着覆盖面窄、赔付额较低等缺陷，难以有效满足企业的实际需求，特别是高危行业企业的保险需求。而运用市场机制引入安全生产责任保险，可以对上述情况作较好的补充，企业可以及时得到额度较大的损失赔偿，弥补工伤保险覆盖面窄、赔付额低的缺陷，起到优势互补作用。

3. 安全生产责任保险的特点和范围

（1）安全生产责任保险的特点。一是坚持风险防控、费率合理、理赔及时的原则，按照政策引导、政府推动、市场运作的方式推行安全生产责任保险工作；二是安全生产责任保险请求的经济赔偿，不影响参保的生产经营单位从业人员（含劳务派遣人员，下同）依法请求工伤保险赔偿的权利；三是安全生产责任保险的保费由生产经营单位缴纳，不得以任何方式摊派给从业人员个人。

（2）保险范围。煤矿、非煤矿山、危险化学品、烟花爆竹、交通运输、建筑施工、民用爆炸物品、金属冶炼、渔业生产等高危行业领域的生产经营单位应当投保安全生产责任保险。存在高危粉尘作业、高毒作业或其他严重职业病危害的生产经营单位，可以投保职业病相关保险。鼓励其他行业领域的生产经营单位投保安全生产责任保险，各地区可针对本地区安全生产的特点，明确应当投保的生产经营单位。

二、安全风险责任保险相关机制

1. 保险机构开展事故预防技术服务的内容与形式

保险机构在安全生产责任保险机制中应依靠自身的安全生产专业技术服务力量，或聘请安全生产专业技术人员、委托安全生产技术服务机构，为投保单位提供事故预防技术服务。

保险机构应根据投保单位的需求科学确定事故预防技术服务项目，协助投保单位开展安全生产工作，可包括但不限于以下内容：

（1）安全生产宣传教育培训：制作发放宣传教育资料、举办宣传教育活动、组织开展教育培训等。

（2）安全风险辨识、评估和安全评价：建立完善安全风险分级管控体系、开展风险辨识评估和安全评价、提出风险防控措施建议、建立安全风险数据库、发布风险预警信息等。

（3）安全生产标准化建设：编制安全生产标准化建设方案、编制（修订）相关安全管理制度、建立实施安全生产标准化体系、开展安全生产标准化自评及申请外部评审等。

（4）生产安全事故隐患排查：建立完善隐患排查治理体系及信息管理系统、组织开展隐患排查、提出隐患治理措施与方案等。

（5）生产安全事故应急预案编制和演练：编制生产安全事故应急预案、建立应急救援指挥平台、配备应急救援装备和物资、组织应急救援预案演练及效果评估等。

（6）安全生产科技推广应用：组织相关安全生产技术交流研讨活动、介绍安全生产科技成果、引进国外先进安全技术装备等。

保险机构为投保的煤矿、非煤矿山、危险化学品、烟花爆竹、交通运输、建筑施工、民用爆炸物品、金属冶炼、渔业生产等高危行业领域规模以上投保单位每年至少提供一次安全风险辨识、评估和安全评价或生产安全事故隐患排查服务。

2.承保与投保机制

（1）承保安全生产责任保险的保险机构应当具有如下相应的专业资质和能力：商业信誉情况；偿付能力水平；开展责任保险的业绩和规模；拥有风险管理专业人员的数量和相应专业资格情况；为生产经营单位提供事故预防服务情况。

（2）安全生产责任保险的保险责任包括投保的生产经营单位从业人员人身伤亡赔偿，第三者人身伤亡和财产损失赔偿，事故抢险救援、医疗救护、事故鉴定、法律诉讼等费用。保险机构可以开发适应各类生产经营单位安全生产保障需求的个性化保险产品，根据实际需要，鼓励保险机构采取共保方式开展安全生产责任保险工作。

（3）除被依法关闭取缔、完全停止生产经营活动外，应当投保安全生产责任保险的生产经营单位不得延迟续保、退保；生产经营单位投保安全生产责任保险的保障范围应当覆盖全体从业人员。

（4）实行差别费率和浮动费率，建立费率动态调整机制。费率调整根据生产经营单位发生次数和等级确定，根据投保生产经营单位的安全风险程度、安全生产标准化等级、隐患排查治理情况、安全生产诚信等级、是否被纳入安全生产领域联合惩戒“黑名单”、赔付率等情况确定。

3.事故预防与理赔机制

（1）保险机构应当建立生产安全事故预防服务制度，协助投保的生产经营单位开展以下工作：安全生产和职业病防治宣传教育培训；安全风险辨识、评估和安全评价；安全生产标准化建设；生产安全事故隐患排查；安全生产应急预案编制和应急救援演练；安全生产科技推广应用；其他有关事故预防工作。保险机构在安全生产责任保险合同中约定具体服务项目及频次。

（2）保险机构开展安全风险评估、生产安全事故隐患排查等服务工作时，投保的生产经营单位应当予以配合，并对评估发现的生产安全事故隐患进行整改；对拒不整改重大事故隐患的，保险机构可在下一投保年度上浮保险费率，并报告应急管理部门和相关部门。保险机构应当严格按照合同约定及时赔偿保险金；建立快速理赔机制，在事故发生后按照法律规定或者合同约定先行支付确定的赔偿保险金。

（3）生产经营单位应当及时将赔偿保险金支付给受伤人员或者死亡人员的受益人（以下统称受害人），或者请求保险机构直接向受害人赔付。生产经营单位怠于请求的，受害人有权就其应获赔偿的部分直接向保险机构请求赔付。

（4）同一生产经营单位的从业人员获取的保险金额应当实行同一标准，不得因用工方式、工作岗位等差别对待。各地区根据实际情况确定安全生产责任保险中涉及人员死亡的最低赔偿金额，每死亡一人按不低于30万元赔偿，并按本地区城镇居民上一年度人均可支配收入的变化进行调整。对未造成人员死亡事故的赔偿保险金额度在保险合同中约定。

4.激励与保障机制

（1）应急管理部门和有关部门应当将安全生产责任保险的投保情况作为生产经营单位安全生产标准化、安全生产诚信等级等评定的必要条件，作为安全健康分类监管以及取得安全生产许可证的重要参考。

（2）各级政府应当在安全生产相关财政资金投入、信贷融资、项目立项、进入工业园区以及相关产业扶持政策等方面，在同等条件下，优先保证投保安全生产责任保险的生产经营单位。

（3）对赔付及时、事故预防成效显著的保险机构，纳入安全生产诚信管理体系，实行联合激励。

（4）各地区将推行安全生产责任保险的情况，纳入对本级政府有关部门和下级人民政府安全生产工作巡查和考核的内容。鼓励安全生产社会化服务机构为保险机构开展生产安全事故预防工作提供技术支撑。

5.监督与管理机制

应急管理部门、保险监督管理机构和有关部门应当依据工作职责依法加强对生产经营单位和保险机构的监督管理，对实施安全生产责任保险的情况监督检查。

建立应急管理部门和保险监督管理机构信息共享机制，应急管理部门和有关部门应当建立安全生产责任保险信息管理平台，并与安全生产监管信息平台对接，对保险机构开展生产安全事故预防服务及费用支出使用情况进行定期分析评估。应急管理部门可以引入第三方机构对安全生产责任保险信息管理平台进行建设维护及对保险机构开展预防服务的情况进行评估，并依法保守有关商业秘密。

支持投保的生产经营单位、保险机构和相关社会组织建立协商机制，加强自主管理。生产经营单位应当投保但未按规定投保或续保、将保费以各种形式摊派给从业人员个人、未及时将赔偿保险金支付给受害人的，保险机构预防费用投入不足、未履行事故预防责任、委托不合法的社会化服务机构开展事故预防工作的，应急管理部门、保险监督管理机构及有关部门应当提出整改要求；对拒不整改的，应当将其纳入安全生产领域联合惩戒“黑名单”管理，对违反相关法律法规规定的，依法追究其法律责任。

习题与思考题

1.简述职业健康安全管理体系的运行模式。
2.职业健康安全管理体系有哪些基本要素？
3.简述建立职业健康安全管理体系的基本思想。
4.职业健康安全管理体系的建立有哪些步骤？
5.简述安全生产标准化及其核心要求。
6.安全生产标准化建设有哪些步骤？
7.安全生产标准化的注意事项有哪些？
8.简述安全文化及其功能。

9. 安全文化建设的基本方略有哪些？
10. 企业安全文化评价的步骤和方法有哪些？
11. 简述安全形象及其对事故预防的作用。其与安全文化的关系如何？
12. 塑造安全形象的基本途径有哪些？
13. 简述六西格玛管理及其组织体系。
14. 六西格玛安全管理与现有安全管理有哪些异同？
15. 简述六西格玛安全管理应用模型。
16. 简述6S管理及其方法。
17. 6S安全管理的实施有哪些步骤？
18. 简述安全生产责任保险及其意义。
19. 安全风险责任保险有哪些相关机制？

第六章

安全重点及企业职业危害管理措施

学习目标

1. 熟悉危险化学品生产、经营、使用单位的特殊安全管理措施。

2. 熟悉消防重点单位、重点部位、重点工种、火源等的特殊安全管理措施。

3. 熟悉特种设备生产、经营、使用单位的特殊安全管理措施，熟悉特种设备检测检验和监督管理要求。

4. 熟悉重大危险源的概念与分类、管理职责，熟悉重大危险源辨识与申报登记、安全评估与分级。

5. 熟悉企业职业病危害特殊管理措施。

第一节　危险化学品特殊安全管理措施

危险化学品、消防重点、特种设备、重大危险源等安全重点，是危险大、事故频发的点，这些安全重点的安全风险以及企业职业病危害管控，除要采取其他几章所述的典型安全风险管控措施和手段外，还需要特殊的管理措施。本节主要介绍危险化学品特殊安全管理措施。

危险化学品是指具有毒害、腐蚀、爆炸、燃烧、助燃等性质，对人体、设施、环境具有危害的剧毒化学品和其他化学品，它具有以下特征：具有爆炸性、易燃、毒害、腐蚀、放射性等性质；在生产、运输、使用、储存和回收过程中易造成人员伤亡和财产损毁；需要特别防护。

一、危险化学品生产与经营单位管理措施

危险化学品生产与经营单位在生产、经营、储存、运输、包装时需采取以下特殊管理措施。

1. 需进行危险化学品生产登记与提供技术说明书

（1）危险化学品生产登记。危险化学品生产企业、进口企业，应当向国务院应急管理部门负责危险化学品登记的机构（简称危险化学品登记机构）办理危险化学品登记。危险化学品登记包括下列内容：分类和标签信息、物理化学性质、主要用途、危险特性、储运和使用的安全要求、出现危险情况的应急处置措施。

（2）提供化学品安全技术说明书、标签。化学品安全技术说明书和化学品安全标签所载明的内容应当符合国家标准的要求。危险化学品生产企业应提供与其生产的危险化学品相符的化学品安全技术说明书，并在危险化学品包装（包括外包装件）上粘贴或者拴挂与包装内危险化学品相符的化学品安全标签。化学品安全技术说明书是化学品生产商和经销商按法律要求必须提供的包括化学品的理化特性（如 pH 值、闪点、易燃度、反应活性等）、毒性、环境危害以及对使用者健康（如致癌、致畸等）可能产生的危害在内的一份综合性文件；危险化学品安全标签是指危险化学品在市场上流通时由生产销售单位提供的附在化学品包装上的标签，是向作业人员传递安全信息的一种载体，它用简单、易于理解的文字和图形表述有关化学品的危险特性及其安全处置的注意事项，警示作业人员进行安全操作和处置。

2.经营危险化学品采取许可制度

危险化学品经营销售采取许可制度，只有获取了危险化学品经营许可证企业才可经营危险化学品。危险化学品经营许可证是从事危险化学品采购、调拨、销售活动的合法凭证。

（1）许可办法。经营销售危险化学品的单位，应当依照《危险化学品经营许可证管理办法》取得危险化学品经营许可证，经营许可证分为甲、乙两种。取得甲种经营许可证的单位可经营销售剧毒化学品和其他危险化学品；取得乙种经营许可证的单位只能经营销售除剧毒化学品以外的危险化学品。甲种经营许可证由省级应急管理部门审批、颁发，成品油的经营许可纳入甲种经营许可证管理；乙种经营许可证由设区的市级应急管理部门审批、颁发。国家严禁无证生产和经营危险化学品。

（2）经营条件。经营条件包括：要有符合国家法律法规规定的经营场所、储存设施、运输及装卸工具等；经营条件、储存条件要符合《危险化学品经营企业开业条件和技术要求》《常用危险化学品贮存通则》的规定；经营和储存场所、设施、建筑物符合《爆炸危险场所安全规定》和《仓库防火安全管理规则》等的规定，建筑物应当经公安消防机构验收合格；法定代表人或经理应经过国家授权部门的专业培训，取得合格证书方能从事经营活动；企业业务经营人员应经国家授权部门的专业培训，取得合格证书方能上岗；经营剧毒物品企业的人员，还应经过县级以上（含县级）公安部门的专门培训，取得合格证书方可上岗；有健全的安全管理制度；符合法律、法规规定和国家标准要求的其他条件。

（3）经营要求。经营要求包括：不得经营国家明令禁止的危险化学品和用剧毒化学品生产的灭鼠药以及其他可能进入人民日常生活的化学产品和日用化学品；不得销售没有标签和说明书的危险化学品；剧毒化学品经营企业销售剧毒化学品，应当记录购买单位的名称、地址和购买人员的姓名、身份证号码及所购剧毒化学品的品名、数量、用途，记录应当至少保存 1 年；剧毒化学品经营企业应当每天核对剧毒化学品的销售情况，发现被盗、丢失、误售等情况时，必须立即向当地公安部门报告；不得向个人或者无购买凭证、准购证的单位销售剧毒化学品，剧毒化学品的购买凭证、准购证不得转让或者提供他人使用。

3.储存危险化学品进行严格控制并采取审批制度

国家对危险化学品的储存实行统一规划、合理布局和严格控制。除运输工具、加油站、加气站外，储存危险化学品的数量构成重大危险源的储存设施，与下列场所、区域的距离必须符合国家标准或者国家有关规定：居民区、商业中心、公园等人口密集区域；学校、医院、影剧院、体育场（馆）等公共设施；供水水源、水厂及水源保护区；车站、码头（按照国家规定，经批准，专门从事危险化学品装卸作业的除外）、机场以及公路、铁路、水路交通干线，地铁风亭及出入口；基本农田保护区；畜牧区，渔业水域和种子、种畜、水产苗种生产基地；河流、湖泊、风景名胜区和自然保护区；军事禁区、军事管理区；法律、行政法规规定予以保护的其他区域。

国家实行危险化学品储存企业审批制度。设立、改建、扩建剧毒化学品和其他危险化学品储存的企业，应分别向省级人民政府经济贸易管理部门和设区的市级人民政府应急管理部门提出申请，并提交下列文件：可行性研究报告；原料、中间产品、最终产品或者储存的危险化学品的燃点、自燃点、闪点、爆炸极限、毒性等理化性能指标；包装、储存、运输的技术要求；安全评价报告；事故应急救援措施；符合审批条件的证明文件。审批条件包括：有符合国家标准的储存方式、设施；仓库的周边防护距离符合国家标准或者国家有关规定；有符合储存需要的管理人员和技术人员；有健全的安全管理制度；符合法律、法规规定和国家标准要求的其他条件。

4.危险化学品运输要求

(1) 国家对危险化学品的运输实行资质认定制度。危险化学品运输企业，应当对其驾驶员、船员、装卸管理人员、押运人员进行有关安全知识培训；驾驶员、船员、装卸管理人员、押运人员必须掌握危险化学品运输的安全知识，并经所在地设区的市级人民政府交通部门考核合格（船员经海事管理机构考核合格），取得上岗资格证方可上岗作业。危险化学品的装卸作业必须在装卸管理人员的现场指挥下进行。运输危险化学品的驾驶员、船员、装卸人员和押运人员必须了解所运载的危险化学品的性质、危害特性、包装容器的使用特性和发生意外时的应急措施。运输危险化学品，必须配备必要的应急处理器材和防护用品。

(2) 托运人托运危险化学品，应当向承运人说明运输的危险化学品的品名、数量、危害、应急措施等情况；运输的危险化学品需要添加抑制剂或者稳定剂的，托运人交付托运时应当添加抑制剂或者稳定剂，并告知承运人。托运人不得在托运的普通货物中夹带危险化学品，不得将危险化学品匿报或者谎报为普通货物托运。

(3) 通过公路运输危险化学品时，必须配备押运人员，并随时处于押运人员的监管之下，不得超装、超载，不得进入危险化学品运输车辆禁止通行的区域；确需进入禁止通行区域的，应当事先向当地公安部门报告，由公安部门为其指定行车时间和路线，运输车辆必须遵守公安部门规定的行车时间和路线。危险化学品运输车辆禁止通行的区域，由设区的市级人民政府公安部门划定，并设置明显的标志。运输危险化学品途中需要停车住宿或者遇有无法正常运输的情况时，应当向当地公安部门报告。

(4) 通过公路运输剧毒化学品的，托运人应当向目的地的县级人民政府公安部门申请办理剧毒化学品公路运输通行证。禁止利用内河以及其他封闭水域等航运渠道运输剧毒化学品以及国务院交通部门规定禁止运输的其他危险化学品。

(5) 通过铁路运输剧毒化学品时，必须按照铁道部门的规定执行。

5.危险化学品包装要求

(1) 危险化学品及其包装物、容器的生产采取许可制度。市场监督管理部门负责发放生产许可证，对危险化学品包装物、容器的产品质量实施监督和检查。

(2) 危险化学品的包装物、容器（包括运输用的槽罐）须由省级人民政府经济贸易管理部门审查合格的专业生产企业定点生产，并经国务院市场监督部门认可的专业检测、检验机构检测、检验合格方可使用。重复使用的危险化学品包装物、容器在使用前，应当进行检查，并做出记录，检查记录应当至少保存 2 年。

(3) GB 190《危险货物包装标志》规定了危险货物图示标志的类别、名称、尺寸和颜色；GB 15258《化学品安全标签编写规定》规定了化学品安全标签的内容、制作要求、使用方法及注意事项。

(4) 危险化学品包装的基本要求如下：危险货物运输包装的材质、形式、规格、方法和单件质量（重量），应与所装危险货物的性质和用途相适应，并便于装卸、运输和储存；包装应质量良好，其构造和封闭形式应能承受正常运输条件下的各种作业风险，不应因温度、湿度或压力的变化而发生任何渗（撒）漏，包装表面应清洁，不允许黏附危险物质；包装材质不得与内装物发生化学反应而形成危险产物或削弱包装强度；内容器应予固定；盛装液体的容器，应能经受在正常运输条件下产生的内部压力；包装封口应根据内装物的性质采用严密封口、液密封口或气密封口；盛装需浸湿或加有稳定剂的物质时，其容器封闭形式应能有效地保证内装液体（水、溶剂和稳定剂）的百分比，在储运期间保持在规定的范围以内；有降压装置的包装，其排气孔设计和安装应能防止内装物泄漏和外界杂质进入，排出的气体量不得造成危险和污染环境；复合包装的内容器和外包装应紧密贴合，外包装不得有擦伤内容器的凸出物；包装应符合危险货物运输包装性能试验的要求；包装内应当附有与该危险化学品完全一致的化学品安全技术说明书，并在包装外层加贴或者拴挂与包装内的危险化学品完全一致的化学品安全标签。

二、危险化学品使用单位管理措施

危险化学品使用单位采购、存放、运输、使用及废弃物处置中采取相应的特殊管理措施。

(1) 危化品的采购管理。危化品的采购由使用单位负责实施，购买汽油、柴油须按照采购计划到当地公安部门进行备案审批，严禁向无生产或销售资质的单位采购危化品；凡包装、标志不符合国家标准规范（或有破损、残缺、渗漏、变质、分解等现象）的危化品，严禁入库存放；严格控制采购和存放的数量。危化品的采购数量在满足生产的前提下，原则上不得超过临时存放点的核定数量，严禁超量存放；建立危化品管理档案及管理制度，加强对危化品的日常安全管理，认真做好物资的检验和交付记录。

(2) 危化品的存放管理。危化品应当储存在专用仓库、专用场地或者专用储存室内，并由专人负责管理；危化品存放点建筑的耐火等级必须达到二级以上，防火间距应符合安全性评价要求和消防安全技术标准规范的要求；危化品存放点应张贴危化品 MSDS 单（化学品安全技术说明书），标明存放物品的名称、危险性质、灭火方法和最大允许存放量等信息；危化品存放点应根据其种类、性质、数量等设置相应的监测、监控、通风、防晒、调温、防火、灭火、防爆、泄压、防毒、中和、防潮、防雷、防静电、防腐、防泄漏等安全设施、设备，并按照国家标准、行业标准或者国家有关规定对安全设施、设备进行经常性维护、保养，保证安全设施、设备的正常使用；氧气、乙炔气瓶应放置在通风良好的场所，不应靠近热源和电气设备，与其他易燃易爆物品或火源的距离一般不应小于 10m（高处作业时是与垂直地面处的平行距离）。使用过程中，乙炔瓶应放置在通风良好的场所，与氧气瓶的距离不应小于 5m；危化品存放点应有醒目的职业健康、安全警示标志；加强存储危险化学品仓库的管理及巡查力度，定期检查危险化学品是否过期，是否存在安全隐患，发现安全隐患的，要及时进行改正；建立完善的安全管理制度，定时定期进行安全检查和记录，做到账物相符，发现隐患及时整改处置和上报。

(3) 危化品的运输管理。在管理区域内运输危化品时，应仔细检查包装是否完好，防止运输过程中危化品出现撒漏，污染环境或引发安全事故；运输危化品的各种车辆、设备和工具应当安全可靠，防止运输过程中因机械故障导致危化品出现剧烈碰撞、摩擦或倾倒。在运输危化品的过程中尽量选择平整的路面，控制速度，远离人群，一旦发生事故，要扩大隔离范围，并立即向安全部门报告；对不同化学性质，混合后将发生化学变化，形成燃烧、爆炸，产生有毒有害气体，且灭火方法不同的危险化学品，必须分别运输、储存，严禁混合运输、储存；对遇热、受潮易引起燃烧、爆炸或产生有毒有害气体的危险化学品，在运输、储存时应当按照性质和国家安全标准规范，采取隔热、防潮等安全措施；乙炔瓶在使用、运输和储存时，环境温度不宜超过40℃，超过时应采取有效的降温措施；危化品的运输工具，必须按国家安全标准规范设置标志和配备灭火器材。严禁无关人员搭乘装运有危化品的运输工具。

（4）危化品的使用管理。使用单位使用的化学品应有标识，危险化学品应有安全标签并向操作人员提供安全技术说明书。操作人员使用危险化学品时，需取得相应的作业证，并由专人监督指导；用汽油等易燃液体清洗物品时，应在具备防火防爆要求的房间内进行，生产现场临时清洗场地，应采取可靠的安全措施，废油用有色金属盛装，统一回收存放并加盖封闭，严禁倒入地下沟道和乱存乱放；喷漆场所的漆料、稀释剂不得超过当班的生产用量，暂存间的漆料、稀释剂周转储量不得超过一周的生产用量；易燃、易爆、剧毒品，必须随用随领，领取的数量不得超过当班用量，剩余的要及时退回库房；使用危化品的场所，应根据化学物品的种类、性能设置相应的通风、防火、防爆、防毒隔离等安全设施。操作者工作前必须穿戴好专用的防护用品；氧气瓶严禁沾染油脂，检查气瓶口是否有漏气时可用肥皂水涂在瓶口上试验，严禁用烟头或明火试验，氧气、乙炔瓶如有漏气应立即搬到室外，并远离火源，乙炔瓶应保持直立放置，使用时要注意固定，并应有防止倾倒的措施，严禁卧放使用，卧放的气瓶竖起来后20min后方可输气；氧气、乙炔气瓶在使用过程中应按照有关规定定期检验，过期、未检验的气瓶严禁继续使用。

（5）废弃物处理。危化品及其用后的包装箱、纸袋、瓶桶等，必须严加管理，统一回收；任何部门和个人不得随意倾倒危化品及其包装物；废弃危险化学品的处置，依照有关环境保护的法律、行政法规和国家有关规定执行，严禁随一般生活垃圾运出。

第二节　消防安全重点管理措施

消防安全重点管理指消防重点单位、重点部位、重点工种、火源等的安全管理。

一、消防安全重点单位管理

消防安全重点单位是指发生火灾的可能性较大以及发生火灾可能造成重大人身伤亡或者财产损失的单位。消防管理部门受理本行政区域内消防安全重点单位的申报，被确定为消防安全重点的单位，由消防管理部门报本级人民政府备案。

1.消防安全重点单位的范围

下列范围的单位属于消防安全重点单位：商场（市场）、宾馆（饭店）、体育场（馆）、会堂、公共娱乐场所等公众聚集场所；医院、养老院和寄宿制的学校、托儿所、幼儿园；国家机关；广播电台、电视台和邮政、通信枢纽；客运车站、码头、民用机场；公共图书馆、展览馆、博物馆、档案馆以及具有火灾危险性的文物保护单位；发电厂（站）和电网经营企业；易燃易爆化学物品的生产、充装、储存、供应、销售单位；服装、制鞋等劳动密集型生产、加工企业；重要的科研单位；高层公共建筑、地下铁道、地下观光隧道，粮、棉、木材、百货等物资仓库和堆场；其他发生火灾的可能性较大以及一旦发生火灾可能造成重大人身伤亡或者财产损失的单位。

2.消防安全重点单位的消防管理对策

（1）有领导负责的逐级防火责任制，做到层层有人抓。

（2）有生产岗位防火责任制，做到处处有人管。

（3）有专职或兼职防火安全干部，做好经常性的消防安全工作。

（4）有与生产班组相结合的义务消防队及夜间住厂值勤备防的义务消防队，配置必要的消防器材和设施，做到既能防火又能有效地扑灭初起火灾。规模大、火灾危险性大、离公安消防队较远的企业，有专职消防队，做到自防自救。

（5）有健全的各项消防安全管理制度，包括：消防安全教育、培训；防火巡查、检查；安全疏散设施管理；消防（控制室）值班；消防设施、器材维护管理；火灾隐患整改；用火、用电安全管理；易燃易爆危险物品和场所防火防爆；义务消防队的组织管理；灭火和应急疏散预案演练；燃气和电气设备的检查和管理（包括防雷、防静电）；其他必要的消防安全内容。

（6）对火险隐患，做到及时发现、登记立案，抓紧整改；一时整改不了的，采取应急措施，确保安全。应当进行每日防火巡查，并确定巡查的人员、内容、部位和频次及每天登录管理系统认真填报。

（7）明确消防安全重点部位，做到定点、定人、定措施，并根据需要采用自动报警、灭火等技术。

（8）对新员工和广大职工群众普及消防知识，对重点工种进行专门的消防训练和考核，做到经常化、制度化。

（9）有防火档案和灭火作战计划，做到切合实际，能够收到预期效果。

（10）对消防工作定期总结评比，奖惩严明。

消防安全重点单位一经确定，本单位和上级主管部门就应有计划地、经常不断地进行消防安全检查，督促落实各项防火措施。

二、消防安全重点部位管理

1.消防安全重点部位的确定

消防安全重点部位应根据其火灾危险性大小、发生火灾后扑救的难易程度以及造成的损失和影响大小来确定。一般来说，下列部位应确定为消防安全重点部位。

（1）容易发生火灾的部位。容易发生火灾的部位主要是指：生产企业的油罐区；易燃易爆物品的生产、使用、储存部位；生产工艺流程中火灾危险性较大的部位。如生产易燃易爆危险品的车间，储存易燃易爆危险品的仓库，化工生产设备间，化验室、油库、化学危险品库，可燃液体、气体和氧化性气体的钢瓶、储罐库，液化石油气储配站、供应站，氧气站、乙炔站、煤气站，油漆、喷漆、烘烤、电气焊操作间，木工间，汽车库等。

（2）一旦发生局部火灾会影响全局的部位。如变配电所（室）、生产总控制室、消防控制室、信息数据中心、燃气（油）锅炉房、档案资料室、贵重仪器设备间等。

（3）物资集中场所。如各种库房、露天堆场，使用或存放先进技术设备的实验室、精密仪器室、贵重物品室、生产车间、储藏室等。

（4）人员密集场所。如礼堂（俱乐部、文化宫、歌舞厅）、托儿所、幼儿园、养老院、医院病房等。

2.消防安全重点部位的管理措施

（1）单位消防安全管理人应当组织职能部门及有关技术人员，共同研究确定本单位的消防安全重点部位，建立消防安全重点部位档案及重点部位情况登记表，实行重点管理。

（2）落实重点部位防火责任制。重点部位应有防火责任人，并有明确的职责。应确定责任心强、业务技术熟练、懂消防安全常识的人为专门消防安全管理人员对单位内部的消防安全重点部位进行重点管理，消防安全管理人员应明确自己的职责和控制标准（措施），经过消防安全培训，并应签订消防安全责任书。

（3）消防安全重点部位的岗位人员，要进行全员防火安全技术培训。岗位管理应有详细的控制措施，列出检查标准。控制措施是针对危险因素制定的安全防范措施，应明确检查周期、标准。检查标准根据部位特点设置，可包括易燃易爆物资、工艺安全性、防雷防静电设施、消防器材设施、各类报警装置、排风通风系统、明火管理、电气防火、防火间距、环境因素等内容。

（4）设置“消防安全重点部位”的标志。应当设置“消防安全重点部位”的标志，根据需要设置“禁烟”“禁火”的标志，在醒目位置设置消防安全管理责任标牌，明确消防安全管理的责任部门和责任人。

（5）加强防火巡查。检查人员应根据检查标准逐项检查，填写有关记录。

（6）设置必要的自动报警、自动灭火、自动监控等消防设施并定期维护。

（7）及时调整和补充重点部位，防止失控漏管。

三、消防安全重点工种管理

消防安全重点工种是指若生产操作不当，就可能造成严重火灾危害的生产工种。一般是指电工、电焊工、气焊工、油漆工、热处理工、熬炼工等。

1. 消防安全重点工种的分类

根据不同岗位的火灾危险性程度和火灾危险特点，消防安全重点工种可大致分为 A、B、C 三级。A 级工种是指引起火灾的危险性极大，在操作中稍有不慎或违反操作规程极易引起火灾事故的岗位，如可燃气体、液体设备的焊接、切割，超过液体自燃点的熬炼，使用易燃溶剂的机件清洗、油漆喷涂，液化石油气、乙炔气的灌藏，高温、高压、真空等易燃易爆设备的操作人员等。B 级工种是指引起火灾的危险性较大，在操作过程中不慎或违反操作规程容易引起火灾事故的岗位，如从事烘烤、熬炼、热处理，氧气、压缩空气等乙类危险品仓库保管等岗位的操作人员等。C 级工种是指在操作过程中不慎或违反操作规程有可能造成火灾事故的岗位，如电工、木工、丙类仓库保管等岗位的操作人员。

2. 消防安全重点工种的管理重点

（1）制定和落实岗位消防安全责任制度。重点工种岗位责任制要同经济责任制相结合，并与奖惩制度挂钩，有奖有惩、赏罚分明，以使重点工种人员更加自觉地担负起岗位消防安全的责任。

（2）严格持证上岗制度，无证人员严禁上岗。对操作复杂、技术要求高、火灾危险性大的岗位作业人员，企业生产和技术部门应组织他们实习和进行技术培训，经考试合格后方能上岗。电气焊工、炉工、热处理等工种，要经考试合格取得操作合格证后才能上岗。平时对重点工种人员要进行定期考核、抽查或复试，对持证上岗的人员可建立发证与吊销证件相结合的制度。

（3）建立重点工种人员工作档案。对重点工种人员的人事概况、培训经历以及工作情况进行记载，工作情况主要包括重点工种人员的作业时间、作业地点、工作完成情况，作业过程是否安全、有无违章现象等，为改进管理工作提供依据。

（4）抓好重点工种人员的日常管理。要制订切实可行的学习、训练和考核计划，定期组织重点工种人员进行技术培训和消防知识学习；研究和掌握重点工种人员的心理状态和不良行为，帮助他们克服吸烟、酗酒、上班串岗、闲聊等不良习惯，养成良好的工作习惯；不断改善重点工种人员的工作环境和条件，做好重点工种人员的劳动保护工作；合理安排其工作时间和劳动强度。

四、火源和消防设施管理

1.相关概念

动火。是指在生产中动用明火或可能产生火种的作业。如熬沥青、烘砂、烤板等明火作业和打墙眼、电气设备的耐压试验、电烙铁锡焊等易产生火花或高温的作业等都属于动火的范围。根据作业区域火灾危险性的大小，动火作业分为特级、一级、二级三个级别。动火许可证应清楚地标明动火级别、动火有效期、申请办证单位、动火详细位置、作业内容、动火手段、防火安全措施和动火分析的取样时间、地点、分析结果。

用火。是指持续时间比较长，甚至是长期使用明火或炽热表面的作业，一般为正常生产或与生产密切相关的辅助性使用明火的作业。如生产或工作中经常使用酒精炉、茶炉、煤气炉、电热器具等都属于用火作业。用火许可证应明确负责人、有效期、用火区及防火安全措施等内容。

固定动火区。是指允许正常使用电气焊（割）、砂轮、喷灯及其他动火工具从事检修、加工设备及零部件的区域。单位划定的固定动火区必须满足以下条件：①固定动火区域应设置在易燃易爆区域全年最小频率风向的上风或侧风方向；②距易燃、易爆的厂房或库房、罐区、设备、装置、阴井、排水沟、水封井等不应小于30m，并应符合有关规范规定的防火间距要求；③室内固定动火区应用实体防火墙与其他部分隔开，门窗向外开，道路要畅通；④生产正常放空或发生事故时，能保证可燃气体不会扩散到固定动火区；⑤固定动火区不准存放任何可燃物及其他杂物，并应配备一定数量的灭火器材；⑥固定动火区应设置醒目、明显的标志，其标志应包含“固定动火区”的字样、动火区的范围（长×宽）、动火工具、防火责任人、防火安全措施及注意事项、灭火器具的名称及数量等内容。

禁火区。在易燃易爆工厂、仓库区内固定动火区之外的区域一律为禁火区。各类动火区、禁火区均应在厂区示意图上标示清楚。

消防器材和设施。用于防火、灭火的相关器材和设施。

2.动火许可证及其审核、签发的要求

（1）动火许可证实施中，应有每次开始动火时间、责任人及各级审批人的签名及意见。

（2）动火许可证的有效期应根据动火级别合理确定。一般一次动火办一次。

（3）动火许可证应按以下程序审批：特级动火由动火车间申请，单位防火安全管理部门复查后报主管负责人或总工程师审批；一级动火由动火的车间主任复查后，报防火安全管理部门终审批准；二级动火由动火部位所属的基层单位报主管车间主任终审批准。

（4）动火有关责任人的职责。在动火的申请、审批、施工过程中，各有关人员不是签字了事，而是负有一定责任，必须按各自的职责认真落实各项措施和规程，确保动火作业的安全。

3.动火用火管理措施

动火用火管理措施主要有：企业应当根据火灾的危险程度和生产、维修、建设等工作的需要，经使用单位提出申请，企业的消防安全管理部门审批登记，划定出固定的动火区和禁火区；在固定动火区域内进行的动火作业，可不办理动火许可证，凡是在禁火区域内因检修、试验及正常的生产动火、用火等，均要办理动火、用火相应级别的许可证，落实各项安全措施，并严格按审证、联系、拆迁、隔离、搬移可燃物、落实应急灭火措施、检查和维护、动火分析、动火操作程序和要点进行。

4.消防器材和设施管理

消防器材及设施必须纳入生产设备管理中，配置的灭火器一律实行挂牌责任制，实行定位放置、定人负责、定期检查维护的“三定”管理。消防灭火器的设置应根据GB 50140《建筑灭火器配置设计规范》的规范要求进行配置。按照可能产生的火灾种类、危险等级、使用场所等合理配置相应的灭火器，如变电所、变电室、高低压控制室、厂房、启闭机房、发电机房、仓库、办公区、生活区等场所配置干粉灭火器，直流控制室、网络数据中心机房、档案室等有贵重物品、仪器仪表的场所配置二氧化碳灭火器。建立详细的消防设备设施台账。

应当保障疏散通道、安全出口畅通，并设置符合国家规定的消防安全疏散指示标志和应急照明设施，保持防火门、防火卷帘、消防安全疏散指示标志、应急照明、火灾事故广播等设施处于正常状态。严禁下列行为：占用疏散通道或消防通道；在安全出口或者疏散通道上安装栅栏等影响疏散的障碍物；在生产、会务、营业、工作等期间将安全出口上锁、遮挡或者将消防安全疏散指示标志遮挡、覆盖；其他影响安全疏散的行为。

应当按照建筑消防设施检查维修保养有关规定的要求，对消防设施的完好有效情况进行检查和维修保养。设有自动消防设施的单位（部门），应当督促维保单位按照有关规定每月对其自动消防设施进行全面检查测试，发现存在的安全隐患及时整改，并出具检测报告，存档备查。应当按照有关规定定期对灭火器进行维护保养和维修检查。对灭火器应当建立档案资料，记明配置类型、数量、设置位置、检查维修单位（部门、人员）、更换药剂的时间等有关情况。

5.常见火源及管理措施

（1）常见火源。生产和生活中常见的火源，归纳起来主要有以下8种：①生产用火。如电、气焊和喷灯等维修用火，烘烤、熬炼用火，锅炉、焙烧炉、加热炉、电炉等火源。② 运转机械打火。如装卸机械打火，机械设备的冲击、摩擦打火，转动机械进入石子、钉子等杂物打火等。③ 内燃机喷火。如汽车、拖拉机等运输工具的排气管喷火等。④ 生活用火。人们的炊事用火、取暖用火、吸烟、燃放烟花爆竹、烧荒等。⑤ 静电火花。如输送中因物料摩擦产生的静电放电，操作人员或其他人员穿戴化纤衣服产生的静电放电等。⑥ 自行发热自燃。如因物品堆放储存不当引起的物质自行发热自燃，遇水易燃物品和某些物质的化学反应热以及生产中超过自燃点的物料遇空气的自燃等。⑦ 电火花。如电气线路、设备的漏电、短路、过负荷、接触电阻过大等引起的电火花、电弧、电缆燃烧等。⑧ 雷击、太阳能热源及其他高温热源等。

（2）管理措施。常见火源的管理措施主要有：①禁止在具有火灾、爆炸危险的场所使用明火，因特殊情况需要使用明火作业的，应经单位的安全保卫部门或防火责任人批准，并办理“动火许可证”，落实各项防范措施；烘烤、熬炼、锅炉、燃烧炉、加热炉、电炉等固定用火地点，必须远离甲、乙、丙类生产车间和仓库，满足防火间距要求，并办理动火许可证。②在有易燃物品的场所，照明灯下不得堆放易燃物品，在散发可燃气体和可燃蒸气的场所，应选用防爆照明灯具；在动火焊接检修设备时，应办理动火许可证，动火前应撤除或遮盖焊接点下方和周围的可燃物品及设备。③在生产、储存易燃易爆物品的场所，应采取有效的管理措施，设置“禁止吸烟”的标志。④禁止煤炉烟囱、汽车和拖拉机排气管飞出的火星与易燃的棉、麻、纸张及可燃气体、蒸气、粉尘等接触，汽车进入具有火灾爆炸危险的场所时，排气管上应安装火星熄灭器。⑤运输或输送易燃物料的设备、容器、管道必须有良好的接地措施，具有爆炸危险的场所采取增湿法防止电介质物料带静电、设备和工具选用导电材料制成、人员不准穿戴化纤衣服等。⑥生产过程中各种转动的机械设备应有可靠的防冲、防摩擦打火措施，防止石子、金属杂物进入设备的措施，易产生火花的部位设置防护罩，进入甲、乙类和易燃原材料的厂区、库区的汽车、拖拉机等机动车辆其排气管必须加装防火罩。⑦经常检查绝缘层，在有易燃易爆液体、气体的场所要安装防爆或密闭隔离式的照明灯具、开关及保险装置。⑧采取防雷和防太阳光聚焦措施。

第三节 特种设备安全管理措施

特种设备是指涉及生命安全、危险性较大的锅炉、压力容器（含气瓶）、压力管道、电梯、起重机械、客运索道、大型游乐设施和场（厂）内专用机动车辆。其中锅炉、压力容器（含气瓶）、压力管道为承压类特种设备；电梯、起重机械、客运索道、大型游乐设施为机电类特种设备。

由于特种设备的特殊性，国家对特种设备的设计、制造、使用、检验、维护保养、改造等都提出了明确的要求，实行统一管理，并定期对特种设备进行质量监督和安全监察。

一、生产管理

（1）国家对特种设备生产实行许可制度。特种设备生产单位应当具备下列条件，并经负责特种设备安全监督管理的部门许可，方可从事生产活动：有与生产相适应的专业技术人员；有与生产相适应的设备、设施和工作场所；有健全的质量保证、安全管理和岗位责任等制度。特种设备生产单位应当保证特种设备生产符合安全技术规范及相关标准的要求，对其生产的特种设备的安全性能负责，不得生产不符合安全性能要求和能效指标以及国家明令淘汰的特种设备。

（2）压力容器的设计单位应当经国务院特种设备安全监督管理部门许可，方可从事压力容器的设计活动。压力容器的设计单位应当具备下列条件：有与压力容器设计相适应的设计人员、设计审核人员；有与压力容器设计相适应的健全的管理制度和责任制度。锅炉、气瓶、氧舱、客运索道、大型游乐设施的设计文件，应当经市场监督管理部门核准的检验机构鉴定，方可用于制造。特种设备产品、部件或者试制的特种设备新产品、新部件以及特种设备采用的新材料，按照安全技术规范的要求需要通过型式试验进行安全性验证的，应当由市场监督管理部门核准的检验机构进行型式试验。

（3）特种设备的制造、安装、改造单位应当具备下列条件：有与特种设备制造、安装、改造相适应的专业技术人员和技术工人；有与特种设备制造、安装、改造相适应的生产条件和检测手段；有健全的质量管理制度和责任制度。锅炉、压力容器、电梯、起重机械、客运索道、大型游乐设施及其安全附件、安全保护装置的制造、安装、改造单位，以及压力管道用管子、管件、阀门、法兰、补偿器、安全保护装置等（以下简称压力管道元件）的制造单位，应当经国务院特种设备安全监督管理部门许可，方可从事相应的活动。

（4）特种设备出厂时，应当随附安全技术规范要求的设计文件、产品质量合格证明、安装及使用维护保养说明、监督检验证明等相关技术资料和文件，并在特种设备显著位置设置产品铭牌、安全警示标志及其说明。

（5）锅炉、压力容器、起重机械、客运索道、大型游乐设施的安装、改造、维修，必须由取得许可的单位进行；电梯的安装、改造、维修，必须由电梯制造单位或者其通过合同委托、同意的取得许可的单位进行。电梯制造单位对电梯质量以及安全运行涉及的质量问题负责；锅炉、压力容器、电梯、起重机械、客运索道、大型游乐设施的维修单位，应当有与特种设备维修相适应的专业技术人员和技术工人以及必要的检测手段，并经省、自治区、直辖市的特种设备安全监督管理部门许可，方可从事相应的维修活动。

（6）电梯井道的土建工程必须符合建筑工程质量要求。电梯安装施工过程中，电梯安装单位应当遵守施工现场的安全生产要求，落实现场安全防护措施。电梯安装施工过程中，施工现场的安全生产监督，由有关部门依照有关法律、行政法规的规定执行。电梯的安装、改造、修理，必须由电梯制造单位或者委托依法取得相应许可的单位进行。电梯制造单位委托其他单位进行电梯安装、改造、修理的，应当对其安装、改造、修理进行安全指导和监控，并按照安全技术规范的要求进行校验和调试。电梯制造单位对电梯的安全性能负责。电梯的制造、安装、改造和维修活动，必须严格遵守安全技术规范的要求。电梯的安装、改造、维修活动结束后，电梯制造单位应当按照安全技术规范的要求对电梯进行校验和调试，并对校验和调试的结果负责。电梯安装施工过程中，电梯安装单位应当服从建筑施工总承包单位对施工现场的安全生产管理，并订立合同，明确各自的安全责任。

（7）锅炉、压力容器、电梯、起重机械、客运索道、大型游乐设施的安装、改造、维修竣工后，安装、改造、维修的施工单位应当在验收后30日内将有关技术资料移交使用单位。

（8）气瓶充装单位应当经省、自治区、直辖市的特种设备安全监督管理部门许可，方可从事充装活动。气瓶充装单位应当具备下列条件：有与气瓶充装和管理相适应的管理人员和技术人员；有与气瓶充装和管理相适应的充装设备、检测手段、场地厂房、器具、安全设施和一定的气体储存能力，并能够向使用者提供符合安全技术规范要求的气瓶；有健全的充装安全管理制度、责任制度、紧急处理措施。

（9）特种设备安装、改造、修理的施工单位应当在施工前将拟进行的特种设备安装、改造、修理情况书面告知直辖市或者设区的市级人民政府市场监督管理部门。特种设备安装、改造、修理竣工后，安装、改造、修理的施工单位应当在验收后30日内将相关技术资料和文件移交特种设备使用单位。特种设备使用单位应当将其存入该特种设备的安全技术档案。

（10）锅炉、压力容器、压力管道元件等特种设备的制造过程和锅炉、压力容器、压力管道、电梯、起重机械、客运索道、大型游乐设施的安装、改造、重大修理过程，应当由特种设备检验机构按照安全技术规范的要求进行监督检验；未经监督检验或者监督检验不合格的，不得出厂或者交付使用。

（11）国家建立缺陷特种设备召回制度。因生产原因造成特种设备存在危及安全的同一性缺陷的，特种设备生产单位应当立即停止生产，主动召回。国家市场监督管理部门发现特种设备存在应当召回而未召回的情形时，应当责令特种设备生产单位召回。

二、经营与使用管理

（1）特种设备销售单位销售的特种设备，应当符合安全技术规范及相关标准的要求，其设计文件、产品质量合格证明、安装及使用维护保养说明、监督检验证明等相关技术资料和文件应当齐全。特种设备销售单位应当建立特种设备检查验收和销售记录制度，禁止销售未取得许可生产的特种设备、未经检验和检验不合格的特种设备，或者国家明令淘汰和已经报废的特种设备。特种设备出租单位不得出租未取得许可生产的特种设备或者国家明令淘汰和已经报废的特种设备，以及未按照安全技术规范的要求进行维护保养和未经检验或者检验不合格的特种设备。特种设备在出租期间的使用管理和维护保养义务由特种设备出租单位承担，法律另有规定或者当事人另有约定的除外。

（2）进口的特种设备应当符合我国安全技术规范的要求，并经检验合格；需要取得我国特种设备生产许可的，应当取得许可。进口特种设备随附的技术资料和文件应当符合规定，其安装及使用维护保养说明、产品铭牌、安全警示标志及说明应当采用中文。特种设备的进出口检验，应当遵守有关进出口商品检验的法律、行政法规。进口特种设备，应当向进口地负责特种设备安全监督管理的部门履行提前告知义务。

（3）特种设备使用单位应当使用取得许可生产并经检验合格的特种设备，禁止使用国家明令淘汰和已经报废的特种设备。使用单位应当在特种设备投入使用前或者投入使用后30日内，向市场监督管理部门办理使用登记。

（4）特种设备的使用应当具有规定的安全距离、安全防护措施，使用场所应按照规定设置安全警示标志、安全须知等进行危险提示、警示。使用单位应当对其使用的特种设备进行经常性维护保养和定期自行检查，并作出记录；对其安全附件、安全保护装置进行定期校验、检修，并作出记录。使用单位应当建立特种设备安全技术档案。

（5）特种设备投入使用后应严格执行安全运行管理制度和有关操作规程，严格按照使用登记时核定的工作参数使用，设备压力表、水位表、液位计等显示仪表应该用红颜色标示出上、下限或者是限制区，压力容器在正常工作时工作压力波动较大的，应用绿颜色标示出压力的正常波动范围，用红颜色标示出最高工作压力限，确保正常运行和安全使用，严禁超过使用登记时核定的技术参数和用途运行，不应带病运行。

（6）使用单位应当按照安全技术规范的要求，在检验合格有效期届满前一个月向特种设备检验机构提出定期检验要求；检验机构接到定期检验要求后，应当按照安全技术规范的要求及时进行安全性能检验；未经定期检验或者检验不合格的特种设备，不得继续使用。锅炉使用单位应当按照安全技术规范的要求进行锅炉水（介）质处理，并接受特种设备检验机构的定期检验。

（7）客运索道、大型游乐设施在每日投入使用前，其运营使用单位应当进行试运行和例行安全检查，并对安全附件和安全保护装置进行检查确认。电梯、客运索道、大型游乐设施的运营使用单位应当将电梯、客运索道、大型游乐设施的安全使用说明、安全注意事项和警示标志置于易被乘客注意的显著位置。公众乘坐或者操作电梯、客运索道、大型游乐设施，应当遵守安全使用说明和安全注意事项的要求，服从有关工作人员的管理和指挥；遇有运行不正常时，应当按照安全指引，有序撤离。

（8）电梯投入使用后，电梯制造单位应当对其制造的电梯的安全运行情况进行跟踪调查和了解，对电梯的维护保养单位或者使用单位在维护保养和安全运行方面存在的问题，提出改进建议，并提供必要的技术帮助；发现电梯存在严重事故隐患时，应当及时告知电梯使用单位，并向市场监督管理部门报告。电梯的维护保养单位应当在维护保养中严格执行安全技术规范的要求，保证其维护保养的电梯的安全性能，并负责落实现场安全防护措施，保证施工安全。

（9）特种设备存在严重事故隐患，无改造、修理价值，或者达到安全技术规范规定的其他报废条件的，特种设备使用单位应当依法履行报废义务，采取必要措施消除该特种设备的使用功能，并向原登记地市场监督管理部门办理使用登记证书注销手续。规定报废条件以外的特种设备，达到设计使用年限可以继续使用的，应当按照安全技术规范的要求通过检验或者安全评估，并办理使用登记证书变更，方可继续使用。允许继续使用的，应当采取加强检验、检测和维护保养等措施，确保使用安全。

三、检测检验管理

（1）从事依法规定的监督检验、定期检验的特种设备检验机构，以及为特种设备生产、经营、使用提供检测服务的特种设备检测机构，应当具备下列条件，并经负责特种设备安全监督管理的部门核准，方可从事检验、检测工作：有与检验、检测工作相适应的检验、检测人员；有与检验、检测工作相适应的检验、检测仪器和设备；有健全的检验、检测管理制度和责任制度。

（2）特种设备检验、检测机构的检验、检测人员应当经考核，取得检验、检测人员资格，方可从事检验、检测工作。特种设备检验、检测机构的检验、检测人员不得同时在两个以上检验、检测机构中执业；变更执业机构的，应当依法办理变更手续。

（3）特种设备检验、检测机构及其检验、检测人员应当依法为特种设备生产、经营、使用单位提供安全、可靠、便捷、诚信的检验、检测服务。特种设备检验、检测机构及其检验、检测人员应当客观、公正、及时地出具检验、检测报告，并对检验、检测结果和鉴定结论负责。

（4）特种设备生产、经营、使用单位应当按照安全技术规范的要求向特种设备检验、检测机构及其检验、检测人员提供特种设备相关资料和必要的检验、检测条件，并对资料的真实性负责。特种设备检验、检测机构及其检验、检测人员对检验、检测过程中知悉的商业秘密，负有保密义务，不得推荐或者监制、监销特种设备。

（5）特种设备检验机构及其检验人员利用检验工作故意刁难特种设备生产、经营、使用单位的，特种设备生产、经营、使用单位有权向负责特种设备安全监督管理的部门投诉，接到投诉的部门应当及时进行调查处理。

（6）特种设备检验、检测机构及其检验、检测人员在检验、检测中发现特种设备存在严重事故隐患时，应当及时告知相关单位，并立即向市场监督管理部门报告。

四、监督管理

（1）负责特种设备安全监督管理的部门应依法对特种设备生产、经营、使用单位和检验、检测机构实施监督检查，对学校、幼儿园以及医院、车站、客运码头、商场、体育场馆、展览馆、公园等公众聚集场所的特种设备，实施重点安全监督检查。其受理、审查、许可的程序必须公开，并应当自受理申请之日起30日内，作出许可或者不予许可的决定；不予许可的，应当书面向申请人说明理由。

（2）负责特种设备安全监督管理的部门对依法办理使用登记的特种设备应当建立完整的监督管理档案和信息查询系统；对达到报废条件的特种设备，应当及时督促特种设备使用单位依法履行报废义务。

（3）负责特种设备安全监督管理的部门在依法履行监督检查职责时，可以行使下列职权：进入现场进行检查，向特种设备生产、经营、使用单位和检验、检测机构的主要负责人和其他有关人员调查、了解有关情况；根据举报或者取得的涉嫌违法证据，查阅、复制特种设备生产、经营、使用单位和检验、检测机构的有关合同、发票、账簿以及其他有关资料；对有证据表明不符合安全技术规范要求或者存在严重事故隐患的特种设备实施查封、扣押；对流入市场的达到报废条件或者已经报废的特种设备实施查封、扣押；对违反行为作出行政处罚决定。

（4）负责特种设备安全监督管理的部门在依法履行职责的过程中，发现违反法律规定和安全技术规范要求的行为或者特种设备存在事故隐患时，应当以书面形式发出特种设备安全监察指令，责令有关单位及时采取措施予以改正或者消除事故隐患。紧急情况下要求有关单位采取紧急处置措施的，应当随后补发特种设备安全监察指令。在依法履行职责的过程中，发现重大违法行为或者特种设备存在严重事故隐患时，应当责令有关单位立即停止违法行为、采取措施消除事故隐患，并及时向上级负责特种设备安全监督管理的部门报告。接到报告的负责特种设备安全监督管理的部门应当采取必要措施，及时予以处理。对违法行为、严重事故隐患的处理需要当地人民政府和有关部门的支持、配合时，负责特种设备安全监督管理的部门应当报告当地人民政府，并通知其他有关部门。当地人民政府和其他有关部门应当采取必要措施，及时予以处理。

(5) 地方各级人民政府负责特种设备安全监督管理的部门不得要求在其他地方取得许可的特种设备生产单位重复取得许可，对已经依照规定在其他地方检验合格的特种设备重复进行检验。

(6) 负责特种设备安全监督管理的部门其安监人员应当熟悉相关法律、法规，具有相应的专业知识和工作经验，取得特种设备安全行政执法证件。特种设备安全监察人员应当忠于职守、坚持原则、秉公执法。实施安全监督检查时，应当有两名以上特种设备安全监察人员参加，并出示有效的特种设备安全行政执法证件。对特种设备生产、经营、使用单位和检验、检测机构实施监督检查时，应当对每次监督检查的内容、发现的问题及处理情况作出记录，并由参加监督检查的特种设备安全监察人员和被检查单位的有关负责人签字后归档。被检查单位的有关负责人拒绝签字的，特种设备安全监察人员应当将情况记录在案。

(7) 负责特种设备安全监督管理的部门及其工作人员不得推荐或者监制、监销特种设备；对履行职责过程中知悉的商业秘密负有保密义务。

(8) 国务院负责特种设备安全监督管理的部门和省、自治区、直辖市人民政府负责特种设备安全监督管理的部门应当定期向社会公布特种设备安全总体状况。

第四节　重大危险源管理措施

一、重大危险源的概念与分类

重大危险源是指在生产过程中存在的，可能导致人员重大伤亡、健康严重损害、财产重大损失或环境严重破坏，在一定的触发因素作用下可转化为事故的根源或状态，包括人的因素、物的因素、环境因素。对于物的因素，重大危险源是指长期地或者临时地生产、搬运、使用或储存危险物品，且危险物品的数量等于或超过临界量的单元（包括场所和设施）。按危险物品可分为爆炸性物质、易燃物质、活性化学物质、有毒物质等，共161种重大危险源；按危险状态可分为储罐区（储罐）、库区（库）、生产场所、压力管道、锅炉、压力容器、煤矿（井工开采）、金属非金属地下矿山、尾矿库九大类。

重大危险源主要管理环节包括：重大危险源辨识与申报登记；重大危险源风险评价与分级；重大危险源监测监控；重大危险源日常管理；应急管理。

二、重大危险源管理职责

1.政府部门

各级应急管理部门和负责安全生产监管的部门主要有如下职责：

(1) 加强重大危险源申报登记的宣传和培训工作，指导生产经营单位做好重大危险源的申报登记和管理工作。

（2）加强对重大危险源普查、评估、监控、治理工作的组织领导和监督检查。

（3）加大监督检查和行政执法的力度，督促辖区内开展重大危险源普查登记和监控管理工作。督促企业如实申报、登记重大危险源，检查中发现生产经营单位对重大危险源未登记建档，或者未进行评估、监控及未制定应急预案的，要依据法律法规的规定严肃查处。监督检查中发现重大危险源存在事故隐患且整改无望的，应当采取关闭取缔措施。因重大危险源管理监控不到位、整改不及时而导致重特大事故的，要依法严肃追究生产经营单位主要负责人和相关人员的责任。

（4）建立本地区重大危险源数据库和管理网络，并针对管辖范围内重大危险源的分布和危险等级做到心中有数，有针对性地做好日常监督工作，并采取相应措施。

2.生产经营单位

（1）建档、备案。负责对本单位的重大危险源进行登记建档，建立本单位重大危险源管理档案，并按国家和地方有关重大危险源申报登记的具体要求，在每年3月底前将有关资料报送当地县级以上人民政府负有安全生产监督管理职责的部门备案。

（2）报告与核销。负责向当地县级以上人民政府负有安全生产监督管理职责的部门报告本单位新构成的重大危险源情况，并进行备案；对于已经不再构成重大危险源的，要到当地县级以上人民政府负有安全生产监督管理职责的部门及时核销。

（3）重新评估。生产经营单位存在的重大危险源在生产过程、材料、工艺、设备、防护措施和环境等因素发生重大变化，或国家有关法规、标准发生变化时，对重大危险源重新进行安全评估，评估结果及时报告当地县级以上人民政府负有安全生产监督管理职责的部门。

（4）资金投入。生产经营单位要落实保证重大危险源安全管理与监控所必需的资金投入。

（5）人员教育。生产经营单位要对从业人员进行安全生产教育和培训，使其熟悉重大危险源安全管理制度和安全操作规程，掌握本岗位的安全操作技能。

（6）信息告知。生产经营单位要将本单位重大危险源可能发生事故时的危害后果、应急救援方案和逃生措施等信息告知周边单位和个人。

（7）安全评估。生产经营单位至少每三年对本单位的重大危险源进行一次安全评估。届期内按照国家有关规定，应自主选择具有安全评估资质的评价单位进行重大危险源的安全评估。

（8）强化危险源管理。现场设置明显的安全警示牌，并加强对重大危险源现场检测监控设备、设施的安全管理；对重大危险源的安全状况以及重要的设备设施进行定期检查、检验、检测，并做好记录；对存在事故隐患的重大危险源，立即制定整改方案，落实整改资金、责任人、期限，进行整改，整改期间要采取切实可行的安全措施，防止事故发生；制定重大危险源应急救援预案，配备必要的救援器材、装备，定期进行事故应急救援演练，并将重大危险源应急救援预案报当地县级以上人民政府负有安全生产监督管理职责的部门备案。

三、重大危险源辨识与申报登记范围

辨识与申报登记范围包括：长期地或者临时地生产、搬运、使用或者储存危险物品，且危险物品的数量等于或者超过临界量的场所和设施；其他存在危险能量等于或者超过临界量的场所和设施。

重大危险源申报登记以GB 18218《危险化学品重大危险源辨识》为基础，以《关于开展重大危险源监督管理工作的指导意见》为依据，具体按以下规定进行辨识、申报登记。

（1）储罐区（储罐）。储罐区（储罐）重大危险源是指储存表6-1中所列类别的危险物品，且储存量达到或超过其临界量的储罐区或单个储罐。

表6-1　储罐区（储罐）临界量表

类别	物质特性	临界量	典型物质举例
易燃液体	闪点＜28℃	20t	汽油、丙烯、石脑油等
	28℃≤闪点＜60℃	100t	煤油、松节油、丁醚等
可燃气体	爆炸下限＜10%	10t	乙炔、氢、液化石油气等
	爆炸下限≥10%	20t	氨气等
毒性物质	剧毒品	1kg	氰化钠(溶液)、碳酰氯等
	有毒品	100kg	三氟化砷、丙烯醛等
	有害品	20t	苯酚、苯肼等

（2）库区（库）。库区（库）重大危险源是指储存表6-2中所列类别的危险物品，且储存量达到或超过其临界量的库区或单个库房。

表6-2　库区（库）临界量表

类别	物质特性	临界量	典型物质举例
民用爆破器材	起爆器材	1t	雷管、导爆管等
	工业炸药	50t	铵梯炸药、乳化炸药等
	爆炸危险原材料	250t	硝酸铵等
烟火剂、烟花爆竹		5t	黑火药、烟火药、爆竹、烟花等
易燃液体	闪点＜28℃	20t	汽油、丙烯、石脑油等
	28℃≤闪点＜60℃	100t	煤油、松节油、丁醚等
可燃气体	爆炸下限＜10%	10t	乙炔、氢、液化石油气等
	爆炸下限≥10%	20t	氨气等
毒性物质	剧毒品	1kg	氰化钾、碳酰氯等
	有毒品	100kg	三氟化砷、丙烯醛等
	有害品	20t	苯酚、苯肼等

储存量超过其临界量包括以下两种情况：一是库区（库）内有一种危险物品的储存量达到或超过其对应的临界量；二是库区（库）内储存多种危险物品且每一种物品的储存量均未达到或超过其对应临界量，但满足下面的公式：

$$\frac{q_1}{Q_1}+\frac{q_2}{Q_2}+\cdots+\frac{q_n}{Q_n}\geqslant 1$$

式中　q_1，q_2，…，q_n——每一种危险物质的实际储存量；

Q_1，Q_2，…，Q_n——对应危险物品的临界量。

（3）生产场所。生产场所重大危险源是指生产、使用表6-3中所列类别的危险物品量达到或超过其临界量的设施或场所。包括以下两种情况：一是单元内现有的任一种危险物品的量均达到或超过其对应的临界量；二是单元内有多种危险物品且每一种物品的量均未达到或超过其对应临界量，但满足下面的公式：

$$\frac{q_1}{Q_1}+\frac{q_2}{Q_2}+\cdots+\frac{q_n}{Q_n}\geqslant 1$$

式中 q_1，q_2，…，q_n——每一种危险物质的实际储存量；

Q_1，Q_2，…，Q_n——对应危险物品的临界量。

表 6-3 生产场所临界量表

类别	物质特性	临界量	典型物质举例
民用爆破器材	起爆器材	0.1t	雷管、导爆管等
	工业炸药	5t	铵梯炸药、乳化炸药等
	爆炸危险原材料	25t	硝酸铵等
烟火剂、烟花爆竹		0.5t	黑火药、烟火药、爆竹、烟花等
易燃液体	闪点<28℃	2t	汽油、丙烯、石脑油等
	28℃≤闪点<60℃	10t	煤油、松节油、丁醚等
可燃气体	爆炸下限<10%	1t	乙炔、氢、液化石油气等
	爆炸下限≥10%	2t	氨气等
毒性物质	剧毒品	100g	氰化钾、碳酰氯等
	有毒品	10kg	三氟化砷、丙烯醛等
	有害品	2t	苯酚、苯肼等

（4）压力管道。对于长输管道，一是指输送有毒、可燃、易爆气体，且设计压力大于1.6MPa的管道；二是输送有毒、可燃、易爆液体介质，输送距离大于等于200km且管道公称直径≥300mm的管道。对于公用管道，是指中压和高压燃气管道，且公称直径≥200mm。

（5）锅炉。符合下列条件之一的锅炉：①额定蒸汽压力大于2.5MPa，且额定蒸发量大于等于10t/h的蒸汽锅炉；②额定出水温度大于等于120℃，且额定功率大于等于14MW的热水锅炉。

（6）压力容器。符合下列条件之一的压力容器：①介质毒性程度为极度、高度或中度危害的三类压力容器；②易燃介质，最高工作压力≥0.1MPa，且压力容器的压力和容积的乘积≥100MPa·m^3的易燃介质压力容器（群）。

（7）煤矿（井工开采）。符合下列条件之一的矿井：高瓦斯矿井、煤与瓦斯突出矿井、有煤尘爆炸危险的矿井、水文地质条件复杂的矿井、煤层自燃发火期≤6个月的矿井、煤层冲击倾向为中等及以上的矿井。

（8）金属非金属地下矿山。符合下列条件之一的矿井：瓦斯矿井、水文地质条件复杂的矿井、有自燃发火危险的矿井、有冲击地压危险的矿井。

（9）尾矿库：库容≥100万m^3或者坝高≥30m的尾矿库。

（10）其他：①危险房屋。按《危险房屋鉴定标准》（JGJ 125）已鉴定或确定为危险房屋，且建筑面积≥1000m^2或者一旦发生事故可能造成100人以上伤亡的房屋。②危险桥梁。承重构件发生变形和损坏，并超过规定值，实际载重能力低于设计要求75%以下的桥梁。③放射性同位素与射线装置。

四、重大危险源安全评估与分级

1.安全评估标准

定性安全评估的标准主要包括：

（1）寻找出评估对象的固有危险；

（2）分析确认避免事故或控制事故发生概率和损失在可接受水平的措施是否到位；

（3）提出避免事故或控制事故必须增加的安全措施；

（4）确定评估对象的安全状况。

定量安全评估的标准是，达到定性安全评估要求后，增加事故概率（风险概率）、危及范围、人员和财产损失等。

2.重大危险源的分级方法

(1) 根据灾害区的财产损失分级 用 $A^{*}=\lg(B_1^{*})$ 作为危险源分级标准，B_1^{*} 为以十万元为缩尺单位的单元固有危险性评分值。

一级重大危险源：$A^{*} \geqslant 3.5$；

二级重大危险源：$2.5 \leqslant A^{*} < 3.5$；

三级重大危险源：$1.5 \leqslant A^{*} < 2.5$；

四级重大危险源：$A^{*} < 1.5$。

(2) 根据死亡半径 (R) 分级

一级重大危险源：$R \geqslant C_1$；

二级重大危险源：$C_2 \leqslant R < C_1$；

三级重大危险源：$C_3 \leqslant R < C_2$；

四级重大危险源：$R < C_3$。

C_1、C_2、C_3 的取值建议为：$C_1=200\text{m}$、$C_2=100\text{m}$、$C_3=50\text{m}$。

(3) 根据灾害区可能死亡的人数分级

一级重大危险源：可能造成特别重大事故的；

二级重大危险源：可能造成较大事故的；

三级重大危险源：可能造成重大事故的；

四级重大危险源：可能造成一般事故的。

第五节 企业职业危害管理措施

一、职业病危害项目申报

(1) 用人单位（煤矿除外）工作场所存在职业病目录所列的职业病危害因素时，应当按照《职业病危害项目申报办法》的规定，及时、如实向所在地职业卫生监管部门申报危害项目，接受职业卫生监管部门的监督管理。

(2) 职业病危害项目申报工作实行属地分级管理的原则。中央企业、省属企业及其所属用人单位的职业病危害项目，向其所在地设区的市级人民政府职业卫生监管部门申报。其他用人单位的职业病危害项目，向其所在地县级人民政府职业卫生监管部门申报。

(3) 职业病危害项目申报同时采取电子数据和纸质文本两种方式。用人单位应当首先通过“职业病危害项目申报系统”进行电子数据申报，同时将《职业病危害项目申报表》加盖公章并由本单位主要负责人签字后，连同有关文件、资料一并上报所在地设区的市级、县级职业卫生监管部门。

(4) 用人单位申报职业病危害项目时提交《职业病危害项目申报表》和下列文件、资料：用人单位的基本情况；工作场所的职业病危害因素种类、分布情况以及接触人数；法律、法规和规章规定的其他文件、资料。

二、材料设备与场所管理

1.材料设备和工艺技术要求

国家鼓励和支持研制、开发、推广、应用有利于职业病防治和保护劳动者健康的新技术、新工艺、新设备、新材料；积极采用有效的职业病防治技术、工艺、设备、材料；限制使用或者淘汰职业病危害严重的技术、工艺、设备、材料。

用人单位应选择有利于职业病防治和保护劳动者健康的新技术、新工艺和新材料，包括：选择清洁无害的原材料；生产工艺密闭化、自动化；劳动者远距离操作、机械操作，体力劳动强度和紧张度较小；使整个生产工艺过程中产生的职业危害较小而且容易通过工程技术加以控制等。

2. 材料管理

用人单位使用可能产生职业病危害的化学品、放射性同位素和含有放射性物质的材料时，应当向供应商索取中文说明书。说明书应当载明产品特性、主要成分、存在的有害因素、可能产生的危害后果、安全使用注意事项、职业病防护以及应急救治措施等内容。产品包装应当有醒目的警示标识和中文警示说明。储存上述材料的场所应当在规定的部位设置危险物品标识或者放射性警示标识。用人单位不得使用不符合要求的材料。

国内首次使用或者首次进口与职业病危害有关的某化学材料时，使用单位或者进口单位按照国家规定经国务院有关部门批准后，应当向国务院卫生行政部门、应急管理部门报送该化学材料的毒性鉴定以及经有关部门登记注册或者批准进口的文件等资料。进口放射性同位素、射线装置和含有放射性物质的物品的，按照国家有关规定办理。

3. 设备管理

用人单位使用可能产生职业病危害的设备时，应向供应商索取中文说明书，并在设备的醒目位置设置警示标识和中文警示说明。警示说明应当载明设备性能、可能产生的职业病危害、安全操作和维护注意事项、职业病防护以及应急救治措施等内容。

任何单位和个人均不得生产、经营、进口和使用国家明令禁止使用的可能产生职业病危害的设备，不得使用不符合要求的设备。用人单位应建立设备台账，包括型号、厂家、厂家联系方式、责任人、维修记录等。

4. 工作场所管理

工作场所应符合下列职业卫生要求：职业病危害因素的强度或者浓度符合国家职业卫生标准；有与职业病危害防护相适应的设施；生产布局合理，符合有害与无害作业分开的原则；有配套的更衣间、洗浴间、孕妇休息间等卫生设施；设备、工具、用具等设施符合保护劳动者生理、心理健康的要求；法律、行政法规和国务院卫生行政部门、应急管理部门关于保护劳动者健康的其他要求。

三、职业病危害因素检测与告知

1. 职业病危害因素检测

职业病危害因素检测包括企业内部日常检测和委托检测。企业应当实施由专人负责的工作场所职业病危害因素日常检测。存在职业病危害的用人单位，还应当委托具有相应资质的职业卫生技术服务机构，每年至少进行一次职业病危害因素检测。检测、评价结果应当存入本单位职业卫生档案，并向职业卫生监管部门报告和劳动者公布。

在职业病危害因素日常监测或者定期检测过程中，发现工作场所的职业病危害因素不符合要求时，应当立即采取相应的治理措施；若治理后仍达不到要求，必须停止作业，待治理符合要求后方可重新作业。

2. 职业病危害告知

(1) 劳动合同告知。订立劳动合同（含聘用合同）时，应当将工作过程中可能产生的职业病危害及其后果、职业病防护措施和待遇等如实告知劳动者，并在合同中写明，不得隐瞒或者欺骗。

（2）公告栏告知。用人单位应当在醒目位置设置公告栏，公布有关职业病防治的规章制度、操作规程、职业病危害事故应急救援措施和工作场所职业病危害因素检测结果。

（3）警示标识告知。相关工作场所、作业岗位、设备、设施，应当在醒目位置设置警示标识和中文警示说明。存在或产生高毒物品的作业岗位，应当按规定在醒目位置设置高毒物品告知卡。告知卡应当载明高毒物品的名称、理化特性、健康危害、防护措施及应急处理等内容。

四、职业健康监护与档案

1.职业健康检查

用人单位应当组织劳动者进行职业健康检查，并承担职业健康检查费用，劳动者接受职业健康检查应当视同正常出勤。用人单位应当选择省级以上人民政府卫生行政部门批准的医疗卫生机构承担职业健康检查工作。职业健康检查包括岗前检查、在岗检查、离岗检查。

（1）需要进行岗前检查的人员包括：拟从事接触职业病危害作业的新录用劳动者（或转岗者）；拟从事有特殊健康要求作业的劳动者。用人单位不得安排未经上岗前职业健康检查的劳动者从事接触职业病危害的作业，不得安排有职业禁忌的劳动者从事其所禁忌的作业。

（2）用人单位应当定期安排劳动者进行在岗期间的职业健康检查。需要复查的，应当根据复查要求增加相应的检查项目。出现接触职业病危害不适症状、职业中毒症状时，应当立即组织应急职业健康检查。

（3）对准备离开危害岗位者，进行离岗时职业健康检查；单位发生分立、合并、解散、破产等情形时，应进行职业健康检查。

2.职业健康监护

用人单位应及时将检查结果及建议如实告知劳动者，并采取针对措施：对有职业禁忌的劳动者，调离或者暂时脱离原工作岗位；对健康损害可能与职业相关者，进行妥善安置；对需要复查者，安排复查和医学观察；对疑似职业病病人，进行医学观察或者职业病诊断；立即改善劳动条件，完善防护设施，配备防护用品。

用人单位应及时安排对职业病病人进行诊断；疑似职业病病人在诊断或者医学观察期间，不得解除或者终止与其订立的劳动合同；对于已确诊为职业病者，应当保障职业病待遇，安排其进行治疗、康复和定期检查；对于不适宜继续从事原工作者，应调离原岗位。

3.职业健康档案

档案内容包括：职业病防治责任制文件；职业卫生管理规章制度、操作规程；工作场所的职业病危害因素种类清单、岗位分布以及作业人员接触情况等资料；职业防护设施、应急救援设施的基本信息及配置、使用、维护、检修与更换等记录；工作场所职业病危害因素检测、评价报告与记录；职业病防护用品配备、发放、维护与更换等记录；职业卫生培训资料；职业病危害事故报告与应急处置记录；职业健康检查结果汇总资料，存在职业禁忌证、职业健康损害或者职业病的劳动者处理和安置情况记录；“三同时”有关资料及备案、审核、审查或验收等有关回执或批复文件；职业卫生安全许可证申领、职业病危害项目申报等有关回执或者批复文件；其他有关职业卫生管理的资料或文件。

五、职业病危害应急管理与其他

1.职业病危害应急管理

（1）对可能发生急性职业损伤的有毒、有害工作场所，应设置报警装置，配置现场急救用品、冲洗设备、应急撤离通道和必要的泄险区；现场急救用品、冲洗设备等应当设在可能发生急性损伤的工作场所或者邻近地点，并在醒目位置设置清晰的标识。

（2）在可能突然泄漏或逸出大量有害物质的场所，应当安装事故通风装置以及与事故排风系统连锁的泄漏报警装置。

（3）放射性、射线装置场所，应设置明显标志，入口处设置安全和防护设施及防护安全连锁、报警装置或者工作信号，调试和使用场所应具有防止误操作、人员受到意外照射的措施，必须配备和使用防护用品和监测仪器（包括个人剂量测量报警、固定式和便携式辐射监测、表面污染监测、流出物监测等）设备。

（4）对遭受或者可能遭受急性职业病危害的员工，应及时组织救治、进行健康检查和医学观察，并承担所需费用。

2.其他

（1）职业病危害作业转移。职业病危害作业不得转移给不具备职业病防护条件的单位和个人；外包时，应告知接收者职业病危害以及相关防护条例，并要求接收者采取措施达到要求；承包时，应要求发包商书面告知工作场所存在的职业病危害以及相关的防护要求，并采取措施达到防护条件。若达不到相应条件，用人单位不能承包该作业。

（2）未成年工和女职工劳动保护。不得安排未成年工从事职业危害作业；不得安排孕期、哺乳期的女职工从事对本人和胎儿、婴儿有危害的作业。

（3）职业卫生安全许可证。工作场所使用有毒物品的单位，应按照有关规定向职业卫生监管部门申请办理职业卫生安全许可证。

习题与思考题

1.危险化学品生产经营单位应采取哪些管理措施？
2.危险化学品使用单位应采取哪些管理措施？
3.简述消防安全重点单位的范围。
4.如何确定消防安全重点部位？应采取哪些管理措施？
5.哪些是消防安全重点工种？如何分类？
6.固定动火区必须满足哪些条件？动火如何分级？
7.动火用火管理措施有哪些？
8.常见火源的管理主要措施有哪些？
9.简述特种设备生产安全管理措施。
10.简述特种设备使用安全管理措施。
11.简述重大危险源的概念与分类。
12.生产经营单位的重大危险源管理职责有哪些？
13.如何进行重大危险源辨识与申报登记？
14.重大危险源如何分级？
15.企业如何申报职业病危害项目？
16.材料设备与场所的职业危害管理要求有哪些？
17.如何进行职业病危害因素检测与告知？
18.职业健康监护与档案有哪些要求？

第七章

安全行为管理

学习目标

1. 熟悉不安全行为的概念、分类与影响因素。

2. 熟悉有意不安全行为的心理预防。

3. 熟悉正向安全精神激励方法。

4. 熟悉安全处罚的种类，熟悉伤亡事故的主要经济处罚、行政处分、刑事处罚部分法律条款。

5. 熟悉无意不安全行为及控制。

6. 熟悉有意不安全行为的类型、原因、管控手段、管控策略。

第一节　不安全行为分类与影响因素

由事故致因理论可知，人的不安全行为是事故发生的根本原因之一。

一、不安全行为分类

人的不安全行为是指生产经营单位的从业人员在进行生产操作时违反安全生产客观规律有可能直接导致事故的行为。

（1）按是否有意识分，可分为有意不安全行为、无意不安全行为。

有意不安全行为是指有目的、有企图、明知故犯的不安全行为，也称违章行为；无意的不安全行为是指非故意、不存在需要和目的的不安全行为，主要是在其信息处理过程中，由于感知的错误、判断失误和信息传递误差造成的不安全行为，也称人因失误行为。

（2）按国际劳工组织分类，可分为：① 没有监督人员在场时，不履行确保安全的操作与警告；② 用不安全的速度操作机器和作业；③ 用丧失安全性能的装置；④ 用不安全的机具代替安全机具，或用不安全的方法使用机具；⑤ 不安全的装载、配置、混合和连接方法；⑥ 在不安全的位置进行作业和持不重视安全的态度。

（3）按 GB 6441《企业职工伤亡事故分类》分类，可分为：① 操作错误，忽视安全，忽视警告；② 造成安全装置失效；③ 使用不安全设备；④ 手代替工具操作；⑤ 物体存放不当；⑥ 冒险进入危险场所；⑦ 攀、坐不安全位置；⑧ 在起吊物下作业、停留；⑨ 机器运转时进行加油、修理、检查、调整、焊接、清扫等工作；⑩ 有分散注意力的行为；⑪ 在必须使用个人防护用品用具的作业或场合中，忽视其使用；⑫ 不安全装束；⑬ 对易燃、易爆等危险物品处理错误。

(4) 按范围分，不安全行为又分为狭义和广义两种。狭义的不安全行为主要是指可能直接导致事故发生的人类行为，如员工的违规行为。广义的不安全行为是指一切可能导致事故发生的人类行为，既包括可能直接导致事故发生的人类行为，也包括可能间接导致事故发生的人类行为，如管理者的违章指挥行为、不尽职行为。

(5) 按不安全行为发生后是否可追溯分，可分为有痕不安全行为、无痕不安全行为。有痕不安全行为的特点是，人员发生不安全行为在一定时间内会留下一定的行为痕迹，如焊工区作业人员将气割用具使用完毕后随地乱放，未及时放回指定地点，酒后驾车；无痕不安全行为的特点是，只有在行在行为发生的过程中才能发现，而不会留下可追溯的痕迹，如消防意识淡薄。

二、不安全行为影响因素

1. 内在因素

内在因素也称个体安全素质，包括传记特征、心理因素、生理因素、能力因素等。

(1) 传记特征。传记特征一般是描述个体基础特征的中性变量，如年龄、工龄、受教育程度、婚姻状况、工作性质、月收入等。

(2) 心理因素。包括安全意识、安全态度、情绪、气质、性格、价值观、心理状态、安全知识和经验等。

安全意识。就是人们在安全生产过程中对客观安全状况的认识，也就是人们在从事安全生产的过程中脑子中是否存在安全的观念，对那些可能对自己或者他人带来伤害的因素是否存在戒备心理。安全意识不强，容易产生不安全行为。

安全态度。就是作业人员对安全生产所持的稳定心理反应，态度能够在很大程度上影响人们的行为。安全态度不正确，不安全行为的可能性增大。

情绪。情绪处于兴奋状态时，人的思维与动作较快；处于抑制状态时，思维与动作显得迟缓；处于强化阶段时，往往有反常的举动，这种情绪可能导致思维与行动不协调、动作之间不连贯，这是安全行为的忌讳。当不良情绪出现时，可临时改换工作岗位或暂时让其停止工作，不能把因情绪可能导致的不安全行为带到生产过程中去。

气质。气质使个人的安全行为表现为独特的个人色彩，如同样是积极工作，有的人表现为遵章守纪，动作及行为安全，有的人则表现为蛮干、急躁，安全行为较差。每个人都有不同的特点和对安全工作的适宜性，要根据实际需要和个人特点来合理调配人员工作。

性格。安全管理人员作为一种管理者，其性格可以分为三种类型：积极刚勇型、消极怯懦型和折中型。现代企业的生产需要积极刚勇型的安全管理人员，当然，积极刚勇型也有其缺陷和不足。

价值观。价值观是人的行为的重要心理基础，它决定着个人对人和事的接近或回避、喜爱或厌恶、积极或消极。领导和职工对安全价值的认识不同，会从其对安全的态度及行为上表现出来。因此，若要使人具有合理的安全行为，首先需要有正确的安全价值观念。

心理状态。如侥幸心理、盲目自信与麻痹心理、逞强好胜心理、捷径心理等不良心理就易产生不安全行为。

安全知识和经验。安全知识多、经验丰富，不易产生不安全行为；安全知识少、经验缺乏，就容易盲干，易产生不安全行为。

（3）生理因素。常见的影响人的安全性的因素有：疲劳，身体不适，体力、体格，视力、听力的缺陷，身体机能上的缺陷，性别，重复动作失调等。

（4）能力因素。工作能力水平的高低直接影响到人对所从事工作的心理认识以及对危险因素的识别，从业人员所受教育少，基本安全知识不足，业务技术不熟练，或对意外的险情惊慌失措，不能采取正确的措施，容易引发不安全行为。不同的工作岗位，其工作内容、特性和要求必然不同，因此要有不同的能力要求。如不具有电工证的人员，就易产生不安全行为。

2.外在因素

外在因素包括群体因素，安全管理因素，安全文化因素，工艺、设备和环境因素，社会因素等。

（1）群体因素包括群体安全氛围、群体规模、人际关系和谐度、群体安全目标、群体行为规范、群体凝聚力、群体亚文化等。群体安全氛围会影响群体内部成员间的相互作用，群体活动中处于边缘化位置的员工与他人相比，参与的群体行动较少。群体规模对群体行为也会有所影响，规模太大会使群体成员的参与度降低，群体中的冲突也会增加，合作行为减少，进而造成群体凝聚力降低。人际关系方面，从事某一特定工作的群体成员其思维及行为方式会存在相似性，但当群体成员间的差异性多于相似性时，成员间的冲突将不可避免，而另一方面，群体成员间的差异性能使他们适应复杂的任务以及多变的生产环境。群体安全目标方面，目标明确清晰的群体比缺少明确目标的群体做得更好，目标反馈对群体效能起着重要作用。群体行为规范是由群体形成并影响群体中其他成员行为和观点的期望标准。群体亚文化对个体不安全行为具有正向和负向作用力，正向作用力引导主观意识逐步接近主流文化，可让个体的常规思维判断、多角度思维能力增强，不良习惯改善，和其他人相处的融洽度增强；负向作用力主要表现在延续个体的主观恶性和形成安全监管阻力，个人的矛盾可能引发群体冲突，形成对抗力量。

（2）安全管理因素。管理因素包括安全生产责任制、安全规章制度、安全监管、奖惩方法、应急水平等。安全管理有缺陷，就容易有不安全行为。

（3）安全文化因素。安全文化因素的关键因素包括安全教育培训、安全信息传播与沟通、安全事务参与等。安全教育培训不到位就易出现盲目甚至野蛮作业等不安全行为。安全信息的有效传播和沟通对于鼓励个体参与安全事务、获得他人合作和支持、增强企业积极的安全文化等方面具有非常重要的作用。单位安全的提高依靠全体员工的共同努力，一线员工熟悉了解各种事故隐患，他们的参与能够提高自身的责任意识，便于各种措施的落实。

（4）工艺、设备和环境因素。工艺、设备的安全性能参数，机器的安全操作规程，与生产过程密切相关的设备照明、颜色、噪声、气温等生产环境因素不仅影响着生产的产量、质量及作业人员的健康，而且常常是导致事故发生的因素。

（5）社会因素。社会因素包括社会舆论、风俗与时尚、角色。社会舆论又称公众意见，若要社会或企业人人都重视安全，需要有良好的安全舆论环境。风俗是指一定地区内社会多数成员比较一致的行为趋向，风俗与时尚对安全行为的影响既有有利的方面，也会有不利的方面，通过安全文化的建设可以实现扬其长、避其短。每个人都在扮演着不同的角色，在角色实现的过程中，常常会发生角色行为的偏差，使个人行为与外部环境发生矛盾，在安全管理中，需要利用人的这种角色作用来为其服务。

第二节　无意不安全行为及控制

一、无意不安全行为分类

无意不安全行为，又称人因失误行为，其分类方法很多，下面介绍一些比较常用的分类方法。

1. 按人因失误的原因分类

里格比按人因失误的原因将其分为随机失误、系统失误和偶发失误三类。随机失误是由于人的行为、动作的随机性质引起的失误。例如，用手操作时用力的大小、精确度的变化、操作的时间差、简单的错误或一时的遗忘等。随机失误往往是不可预测、在类似情况下不能重复的。系统失误是由于系统设计方面的问题或人的不正常状态引起的失误。系统失误主要与工作条件有关，在类似的条件下失误可能发生或重复发生。通过改善工作条件及职业训练能有效地克服此类失误。系统失误又有两种情况：一是工作任务的要求超出了人的能力范围；二是操作程序方面的问题。偶发失误是一些偶然的过失行为，它往往是设计者、管理者事先难以预料的意外行为。许多违反安全操作规程、违反劳动纪律的行为都属于偶发失误。

2. 按人因失误的表现形式分类

按人因失误的表现形式，可分为遗漏或遗忘、做错、进行规定以外的动作三类。其中做错又包括弄错、调整错误、弄颠倒、没按要求操作、没按规定时间操作、无意识的动作、不能操作等。

3. 按人因失误发生的阶段分类

按人因失误发生在生产过程的阶段，可分为设计失误、操作失误、制造失误、维修检查失误、储存运输失误等 5 类。设计失误是指在工程或产品设计过程中发生的失误，如设计计算错误、方案错误等；操作失误是指操作者在操作过程中发生的失误，是人失误的基本种类；制造失误是指制造过程中技术参数不符、用料错误、不符合图纸要求等；维修失误是指错误地拆卸、安装机器、设备等维修保养失误，检查失误是指漏检不合格的零部件，或把合格的零部件当作不合格处理；储存运输失误是指没有按照厂家要求那样储存、运输物品。

二、无意不安全行为的原因和表现形式

1. 原因

（1）思想和情绪不正常。思想和情绪是员工对客观事物态度的反映，与员工的行为有直接关系。

（2）安全规章制度、安全知识不熟悉。职工对安全生产方针、政策、法规和制度一知半解，对安全生产技术知识和劳动纪律没有完全掌握，对各种设备设施的工作原理和安全规范措施等没有学懂弄通，对本岗位的安全操作方法、安全防护方法、安全生产特点等一知半解，不知道什么是正确行为，容易造成无意不安全行为的发生。

（3）安全技能不适应。如驾驶员、电工、爆破员等，未取得相应合格证，进行驾驶、电工、爆破等特种作业时，就没有相关安全技能，从事特种作业就会产生失误。再如，有的人处理现场安全隐患经验不足，或对出乎意料的险情惊慌失措，不能正确采取措施，容易造成无意不安全行为的发生。

（4）管理缺陷。如劳动组织不合理，领导对安全生产的责任心不强，作业标准不明确，缺乏检查保养制度，人事配备不完善，对现场工作缺乏检查或指导错误，没有健全的操作规程，或片面地追求进度，赶时间、赶任务、争阶段目标而忽视安全，使得作业人员产生过度疲劳等超过人的能力的过负荷现象。

（5）人、机、系统不匹配。设备设施及其保护设施、装置的相对滞后，对事故的发生起不到较好的超前预防控制作用；部分材料的质量达不到生产要求，设备、设施及其安全保护设施或装置保养维修不及时，导致不灵敏、不可靠、带病运转等，从而造成了事故发生；作业现场光线昏暗、视野窄，容易造成作业不准确，并易使人感到困倦、精神不振而造成操作失误。

2.表现形式

其典型表现形式如下：察觉、听觉、感觉、认识的错误；网络信息的判断、实施、表达误差，收讯人对信息没有充分确认和领会；操作工具等作业对象的形状、位置、布置、方向等选择错误；异常状态下的错误行为，即紧急状态下，造成惊慌失措，结果导致错误行为；由于条件反射作用而完全忘记了危险，例如：烟头突然烫手，马上把烟头扔掉，正好扔到易燃品处就引起火灾；遗忘；单调作业引起意识水平降低，如汽车行驶在平坦、笔直的道路上，司机可能出现意识水平降低；精神不集中；疲劳状态下的行为；操作调整、方向错误，主要是技能不熟练或操作困难等，没有方向显示，或与人的习惯方向相反。

三、防止无意不安全行为的措施

如前所述，无意不安全行为的表现形式多种多样，产生的原因非常复杂。从安全的角度，可以从3个阶段采取措施防止人失误：一是控制、减少可能引起无意不安全行为的各种原因因素，防止出现人失误；二是在一旦发生了人失误的场合，使人失误不至于引起事故，即使人失误无害化；三是在人失误引起了事故的情况下，限制事故的发展，减小事故损失。

无意不安全行为可以从技术和管理两方面采取措施防止人失误。一般技术措施比管理措施更有效。

1.防止无意不安全行为的技术措施

常用的防止人失误的技术措施有用机器代替人操作、采用冗余系统、耐失误设计、设备显示和控制设计、警告以及良好的人、机、环境匹配等。

（1）用机器代替人操作是防止人失误发生的最可靠的措施。与人相比，机器运转的可靠性较高。机器的故障率一般在10^{-4}～10^{-6}之间，而人的失误率一般在10^{-2}～10^{-3}之间，因此，用机器代替人操作，不仅可以减轻人的劳动强度、提高工作效率，而且可以有效地避免或减少人失误。

（2）采用冗余系统是提高系统可靠性的有效措施，也是提高人的可靠性、防止人失误的有效措施。冗余是把若干元素附加在系统基本元素之上来提高系统可靠性的方法。附加的元素称作冗余元素；含有冗余元素的系统称作冗余系统。冗余系统的特征是，只有一个或几个元素发生故障或失误，而不是所有的元素，系统仍然能够正常工作。用于防止人失误的冗余系统主要是并联方式工作的系统。常见的冗余系统有：①二人操作，本来一个人可以完成的工作由两个人来完成，一个人操作，另一个人监督，组成核对系统；②人机并行，由人员和机器共同操作组成的人机并联系统，人的缺点由机器来弥补，机器发生故障时由人员采取适当的措施来清除，如目前已经在民航客机、城市轻轨、地铁上安装了自动控制系统，当人员操作失误时由自动控制系统来控制，当自动控制系统故障时由人员来纠正，使系统的安全性大大提高；③审查和监控，在时间比较充裕的情况下，通过审查可以发现失误的结果而采取措施纠正失误，如发射火箭时，接受调度命令时的复诵，对信号呼唤应答的确认等，都能发现接受时的错误。

（3）耐失误设计是指，通过精心地设计使得人员不能发生失误或者发生失误了也不会带来事故等严重后果的设计，又称本质安全设计。一般采用如下几种方式：①用不同的形状或尺寸防止安装、连接操作失误，例如，把三线电源的三只插脚设计成不同的直径或按不同的角度布置，如果与插座不一致就不能插入，可以防止因为插错插头而发生电气事故；②设置停车控制装置防止人员误操作造成危害，如紧急停车装置、设置自动停车装置、采取强制措施迫使人员不能发生操作失误；③采用连锁装置使人失误无害化，如设备连锁保护装置，在带电的情况下即使误操作也不能进入高压区，防止人触电事故的发生，再如飞机停在地面时，把起落架液压装置与飞机轮刹车系统连锁，可以防止驾驶员误操作损坏飞机。

（4）设备显示和控制设计包括显示装置和控制器的设计。显示装置包括视觉显示装置、听觉显示装置、触觉感知装置和动觉感知装置，应用最多的为视觉显示装置，听觉显示装置次之，再次是触觉感知装置和动觉感知装置。显示装置的质量与布置和人对信息的接收速度、处理速度、反馈速度及相应的准确程度有着密切的相关性，显示装置的选择、显示盘面的设计与布置要符合人的生理和心理特征，最大限度地减少人的错误反应，降低失误率。控制器对人准确、迅速、安全地连续操作设备是十分重要的，实践中有的操作差错造成的事故往往和控制器的设计不合理有关。因此，在控制器的设计和布置安装时，不仅要考虑设备的性能、寿命、可靠性和外观造型，还应充分考虑其安全性，即操作和使用过程中的方便性、动作及做到这些动作的能力和限度。

（5）警告是指提醒人们注意的主要技术措施，它提醒人们注意危险源的存在和一些操作中必须注意的问题。警告可以分为视觉警告、听觉警告、气味警告、触觉警告和味觉警告。

（6）人、机、环境匹配是指，在生产系统中使机械设备、工作环境适应人的生理、心理特征，使人员操作简便准确、失误少、工作效率高。可以从人机学设计和人机生产环境方面入手，消除易于导致人失误的隐患，良好的人机交接面可有效地减少人员失误，而生产作业环境中的温度、照明、噪声、振动及粉尘等也是导致人失误的重要原因。

2.防止无意不安全行为的管理措施

防止无意不安全行为的主要管理措施包括：

（1）强化安全法规法纪、安全生产知识、安全技能教育和培训。安全法规法纪、安全生产知识不熟悉，安全技能没有掌握，就容易产生无意不安全行为。只有通过强化安全法规法纪、安全生产知识、安全技能教育，使人们掌握安全法规、制度、操作规程等及安全生产知识，提高安全技能，才能防止无意不安全行为。

（2）推行生产作业标准化。作业标准化，就是对经常重复进行的、有规律的作业活动，如设备检查、设备操作、信号确认等，规定严格的标准并实施。这些标准包括作业程序、作业方法、时间要求和质量要求及其他应遵守的规定。推行作业标准化的目的是保证安全、准确、协调地完成各项作业，从而确保生产全过程的整体效果。因此，应制定一系列规范的管理程序和作业流程、操作标准，运用教育、训练等方法，提高和完善作业人员的知识、技能水平，这样能有效地控制、约束、规范人的失误，把可能发生的事故降低到最低限度。

（3）人员选择和职业适合性。工业生产操作过程中需要人员正确地处理大量信息，相应地各种生产操作对人的信息处理能力都有基本要求，作业人员要满足从事该种职业或操作应该具备的基本条件。

（4）合理地安排工作任务，避免过度疲劳。有的单位“重生产、轻安全”，为了获取更大的经济利益，使作业人员过度疲劳，在生产过程中精力不能集中，产生误操作，导致事故发生。

（5）进行持证上岗、作业审批和安全确认。持证上岗是指在上岗之前经过培训并考核合格后取得上岗许可证；作业审批是指在进行操作之前由有关管理部门进行作业审批，一些关键性的作业、危险性较高的作业，都应履行作业审批手续，如工厂内施工作业审批许可管理制度、临时用电审批许可管理制度、动火作业审批许可管理制度等；安全确认是在操作之前对操作对象/作业环境和即将进行的行为实行的确认，通过安全确认可以在操作之前发现及纠正异常或其他不安全问题，防止发生操作失误。

（6）采用正向安全激励方法鼓励人们继续安全行为。通过正向安全精神激励与正向安全物质激励方法，如安全标兵、安全光荣榜事迹展、安全奖等，鼓励人们做好安全行为。

第三节　有意不安全行为及控制

有意不安全行为又称违章行为。

一、有意不安全行为的类型和原因

1.类型

有意不安全行为可分为违章指挥、违章作业和违反劳动纪律，简称“三违”。

（1）违章指挥，主要是指领导和管理者违反安全生产方针、政策、法律、条例、规程、制度和有关规定指挥生产的行为。

（2）违章作业，指作业人员违反安全法律法规、规章制度、操作规程等有关规定作业。

（3）违反劳动纪律，主要是指员工违反生产经营单位的劳动规则和劳动秩序，即违反单位为形成和维持生产经营秩序、保证劳动合同得以履行以及与劳动、工作紧密相关的其他过程中必须共同遵守的规则。

2.原因

有意不安全行为的原因主要有以下几方面：

（1）不正确的安全价值观、安全态度、安全意识。由于不正确的安全价值观、安全态度、安全意识，加上随机性及事故法则的特性，没有摆正安全与生产、安全与效益等的关系，当安全与生产、效益等发生矛盾时，优先考虑生产、效益，把安全放在次要位置，不安全行为容易发生。

（2）存在消极安全心理，或称不健康的安全心理。消极的或称不健康的安全心理是有意不安全行为的根源，如存在消极安全心理情况，就会产生不安全行为。

（3）习惯的力量。有些常见的有意不安全行为，是违章者本身就形成了这样的习惯。习惯性违章行为或者是一上班就从师傅、同事那里学到了这种习惯，或者是自己多年工作中养成了习惯，这些习惯深深根植于他们的潜意识当中，仅用显意识几乎无法改变。

（4）管理不到位。一是片面地追求进度，赶时间、赶任务、争阶段目标而忽视安全；二是安全管理制度和作业规程建设不完善，有些制度过时了却不能及时修正，有些制度或部分内容相互矛盾，还有些方面则缺少相应的制度；三是管理者对自身的监管不力，导致上行下效，使反习惯性违章层层弱化；四是安全监管人员无所作为，反违章不力，对违章行为视而不见、见而不管、管而不严。

（5）员工间监督不够。有的因为自身技术能力原因无法对他人实施监管，有的从思想和行为上排斥他人的监管，还有的员工常以“与己无关”的态度对待周围发生的习惯性违章，乐于当“老好人”，这些都使反习惯性违章效果大打折扣。

二、有意不安全行为的心理预防

有意不安全行为的心理是有意不安全行为的根源，只有正确的安全心理，才能防止有意不安全行为。有意不安全行为的心理预防主要依靠以下措施。

1. 树立正确的安全意识

（1）正确安全意识的主要内容包括：①“安全第一”的意识。“安全第一”是落实“以人为本”的根本措施，符合人们生产和生活及其生存的客观规律，也是保护人民生命和国家财产的需要。②“预防为主”的意识。“预防为主”是实现“安全第一”的前提条件，也是重要手段和方法。③法律意识。安全法律法规是规范行为、健全保障体系、维护社会成员利益的根本大法，是社会成员必须共同遵循和坚持的行为标准和法律依据。④“生命工程”意识。每个成员都必须意识到自己从事的一切活动均关系到自己或他人的生命安全和健康，人的生命权与健康权神圣不可侵犯。⑤自我保护意识。自我保护意识包括超前安全保护意识、间接安全保护意识、应急安全保护意识等。⑥群体意识。生产是一项复杂的系统工程，往往是多人同时作业、交叉作业，因此一定要树立良好的群体意识，相互帮助、相互保护、相互协作、密切配合，自觉接受监督，这是保障安全生产的重要条件。⑦忧患意识。只有具备了忧患意识，才能以审视的目光观察事物，才能从事物发展、变化的蛛丝马迹中发现问题，才能采取有效措施，清除种种障碍，根除事故发生的条件。

（2）正确安全意识的自我培养，就是在安全生产过程中不断地进行自我认识与自我教育。

自我认识方法可用自我观察法、自我分析法、自我比较法、自我评价法等。自我观察法就是以自己的安全心理活动作为观察对象，将自己想的、做的与安全法律法规进行对比分析，确认哪些是对的哪些是错的。通过内省可以总结在安全上的经验教训，给自己做出正确的评价，明确安全工作目标。自我分析法就是对自己的分析，注意在安全方面周围人对自己的态度，想象他们对自己的安全评价，以此为素材进行分析，从而认识自己。自我比较法就是在比较中提高和发展，在安全方面认识别人的同时也认识自己，对他人揭示得越全面、越深刻，也对自己认识得越全面、越深刻。自我评价法就是对自己的心理活动及行为进行自我评价和调控，并对协调、改善安全生产中的人际关系、提高自主保安有重大的作用。

（3）正确安全意识的强化，主要有以下几种方式：①进行安全教育。安全教育带有一定的强制性，是强制地向人脑输入安全信息，可以在较短的时间内，使人们获得较多的安全知识，加深安全认识，提高安全意识和素质。②学习安全法律。安全意识的渗透离不开安全法规的执行和防范措施的落实。安全法规是一种外在的约束机制，通过法律法规规定人们遵守的安全行为准则，使人们的安全行为更符合社会安全规范。③安全道德。安全法律是人们在生产和生活中必须遵循的基本行为准则，要达到自觉的安全意识和行为，还需要用安全道德来规范人们的安全行为。安全道德是一种内在的自我约束机制，是安全法律必要而有力的补充。它促使人们具有安全责任感，遵守安全生产的规章制度，尊重他人的安全权利。

2. 树立正确的安全观

（1）树立管理者正确的安全观，主要包括：①“安全第一”的哲学观。安全与生产存在于一个矛盾的统一体中，安全与生产的关系是相互促进、相互制约、相辅相成的关系。②“安全就是效益”的经济观。安全生产可以促进各项工作良性发展，创造良好的生产环境，避免和减少事故造成的各项损失，增进潜在效益。③“安全就是生命”的感情观。“善待生命，珍惜健康”的人之常情是我们每个人都应该有的感情观，不仅要爱自己的生命，而且要爱别人的生命。④“人、工程、环境”协调的系统观。现代力求人-工程-环境系统协调，确保人-工程-环境系统的可靠运作是工程管理的重要内容，三者只有正常地相互作用才能使生产得以顺利进行。⑤“预防为主”的科学观。事前的预防及防范方法胜于和优于事后被动的救灾方法，消除事故的最好办法就是消除隐患，把事故消灭在萌芽状态。⑥“安全教育”的优先观。安全教育是实现安全生产和生活的前提，应该将安全教育摆在一切工作的前列，优先考虑。⑦“安全管理”的基础观。据统计，80%的事故与安全管理缺陷有关，因此若要从根本上防止事故，就要从加强安全管理抓起，不断改进安全技术管理，提高安全管理水平。

（2）树立员工正确的安全观。员工首先要认识到自己是安全与健康的载体，是被保护的对象，同时又是不安全行为和不安全状态的制造者。员工正确的安全观主要有：①安全就是幸福的观念。一个人的身体受到伤害、生命受到威胁，不仅是自己人生极大的悲哀，而且更是整个家庭的灾难，只有安全才能有个人和家庭的幸福，只有安全才是幸福和成功的保证。②安全就是财富的观念。只有拥有了安全，才能有创造财富的基础和拥有财富的条件。③安全就是道德的观念。“珍惜生命，关爱健康”是人类共有的传统道德，更是社会主义道德规范的重要组成部分。④安全就是技能的观念。安全技能是一切技能的基础和最低标准，所以是否安全和能否保证安全就成为了一个人能否胜任岗位工作的基本条件。⑤安全就是荣誉的观念。遵章守纪、严格践行安全制度、防患于未然、能够化险为夷的人，长期实践“三不伤害”的人，是真正的光荣的人，能得到社会的承认，得到人们的尊敬。

3.避免消极安全心理

（1）避免管理者的消极安全心理。领导的消极安全心理主要表现形式包括：①应付型。是指管理者缺乏安全工作“常抓不懈”的恒心，遇到上级检查，或遇到事故发生，才会走马观花地检查一番，不认真解决实际问题，不扎实落实具体措施。②随意型。是指管理者缺乏责任心，在安全工作上敷衍了事，不讲科学性、合理性，对安全想当然，不了解实际、意识淡薄、知识缺乏。③轻视型。是指领导不能树立正确的安全观、安全意识，不能正确处理安全与生产、效益的关系，对安全工作漠然置之。④无知型。是指管理者既不懂得安全技术知识，也不懂得安全管理知识，既不能发现安全问题，也不能解决安全问题，找不到安全工作的立足点，抓不住安全工作的切入点，安全工作放任自流。

（2）消除员工的消极安全心理。由于员工的文化层次、社会阅历、家庭状况、个人素质等各不相同，因此员工的安全心理也不太相同。以下一些消极安全心理容易发生事故，应予以消除：①逐利冒险型心理。逐利冒险型心理包括逐利心理、侥幸心理、冒险心理、省事心理、急躁心理。②厌倦麻痹型心理。主要包括悲观厌倦心理、无所谓心理、麻痹心理。③逆反不平衡型心理。包括不平衡心理和逆反心理。一些艰苦、高危的员工由于作业条件差、劳动强度大等原因往往产生不平衡心理；员工与管理者关系紧张的时候，员工常常产生逆反心理，为了报复、宣泄不良情绪，有意“违章”，是一种无视社会规范或管理制度的对抗性心理状态。④盲从或迷信型心理。盲从心理是指人们很容易受单位其他人行为的影响，在环境风气不正的情况下，屈服于传统的习惯势力和舆论压力，别人或大多数人怎么做，他也随波逐流跟着怎么做。⑤恐惧心理。事故案例的场面会使新员工或者胆小的员工对工作产生恐惧心理，在工作中缩手缩脚，特别是在处理隐患或危险时束手无策，惊慌失措，反而造成事故。⑥虚荣好奇型心理。员工会在这种心理的驱使下，干出一些冒险的事情，使一些本来不该发生的事故发生。

三、有意不安全行为的管控策略

有意不安全行为的管控主要采用如下策略。

(1) 必须坚持“有法有制度必依、执行法规和制度必严、违反法律和制度必究”的管控原则。有法有制度必依是指安全生产法律法规、规章制度及操作规程必须完善，任何人员都必须依照法律法规、规章制度及操作规程的规定进行安全生产；执行法规和制度必严是指人们在安全生产中必须严格执行法律法规、规章制度及操作规程，必须严格法律法规、规章制度及操作规程监督检查；违反法律和制度必究是指任何人违反法律法规、规章制度及操作规程都必须追究。

(2) 坚持不安全行为事前、事中、事后管控并举。事前管控主要是使人们不要产生那些可能导致违规行为的内在需要和动机，从思想根源上预防违规行为的发生；事中管控也称过程控制，是指对生产经营的作业过程是否符合安全要求进行排查，对正在进行的活动进行指导与监督，及时改变和纠正不安全行为；事后管控是指对已发生的不安全行为采取控制措施，防止类似不安全行为的再次发生。

(3) 坚持事前管控、事后管控采取灵活多样的管控措施。事前管控应采用安全行为强制、安全文化建设、安全态度教育与心理疏导相结合的方式，事后管控应采用安全惩罚与安全态度教育结合的方式。

(4) 采用自我控制、跟踪控制和群体控制相结合的方式。自我控制，是指在人们自觉改变不安全行为，当发现自己有产生不安全行为的因素存在时，如身体疲劳、需求改变，或因外界影响思想混乱等，及时认识、改变或终止异常的活动。跟踪控制是指对已知具有产生不安全行为倾向的人员进行专门控制，如对从事危险性较大生产活动的人员进行安全提醒、安全监督、安全检查，发现并改变人的不安全行为。群体控制是基于群体成员们的价值观念和行为准则，由非正式安全生产组织发展和维持的。

(5) 采用法规制度控制、权威控制、影响力控制、惩罚控制和教育控制相结合的方式。法规控制是利用法规和制度来控制人的不安全行为；权威控制是依靠领导的权威，运用命令、规定、指示、条例等手段，直接对管理对象进行安全行为管控；影响力控制包括领导影响力控制、群体影响力控制、社会影响力控制等，它可以促进团体思想一致、行动一致，避免分裂，使团体作为整体能充分发挥作用，有利于约束和影响人的行为；惩罚控制是指采用法律、行政、经济、教育等手段惩戒不安全行为；教育控制是指采用教育的手段减少不安全行为。

(6) 科学合理地进行心理疏导。科学心理疏导应做到导之以情、导之以理、导之以文、导之以物。以下几类人员原则上应进行心理疏导：一是发生死亡事故或重大事故的人员；二是平时事故、违章高发的人员；三是新进职工和重点人员；四是平时在工作、生活中有不良嗜好的人员；五是思想偏激、情绪不稳定的人员；六是新招录的人员。

(7) 应建立外部与内部结合、纵向和横向结合的监督体系。外部监管是指政府、第三方、社会的监管，要执法必严、违规必究，真正做到落实得下去、严得起来，单位要全面开放安全信息数据，以便于监管部门真正掌握安全生产动态。内部监管是指生产经营单位内的自行监管，主要通过推行科学管理和强化劳动纪律，有效预防安全违规行为，同时通过强化劳动纪律促使员工按章作业，增强安全意识。横向是指在生产经营单位内的工作现场加强监督及时发现不安全行为，适时地加以提醒和纠正，鼓励员工之间相互监督。纵向是指领导、管理层、安全专管人员及时深入现场检查、督导。

(8) 完善作业、操作环境。人的行为不但受内因的作用，还受外因的影响。环境的好坏会刺激人的心理变化，影响人的情绪波动，甚至打扰人的正常行为；物的缺陷、设备的运行失常或布置不当，会影响人的注意力和操作，造成动作混乱或失误。若长时间得不到改善，不良行为就会持续和巩固，一些违章行为就习惯地错误地被认为安全了。

四、有意不安全行为的管控手段

有意不安全行为的管控手段主要包括安全行为强制、安全文化建设、安全态度教育与心理疏导、安全监督检查、安全正向激励与安全惩罚等。

（1）安全行为强制。强制是指以某种无形或者有形的力量强力约束人或者物。安全生产强制手段是指通过法律法规、行政命令、管理制度等途径约束人的不安全行为，使人们掌握安全行为规定。

（2）安全文化建设。安全文化的核心是安全价值观、安全态度、安全意识的共识，通过安全文化建设，可形成共同认同和接受的正确安全价值观、安全态度、安全意识，实现从“要我安全”到“我要安全”的观念转变，引导人们自我控制、消除不安全行为。

（3）安全态度教育与心理疏导。安全态度教育包括安全观念、安全意识、安全法规法纪等的教育，以消除人们对安全的错误倾向性，克服不安全心理，端正安全态度，提高安全行为的自觉性和责任心。安全心理疏导是指对人们可能出现或已经出现的消极安全心理进行科学的心灵调适、安抚和沟通或说服，用人之常情、世间道理、科学文化等人性化的措施去引领人们的心理走向，以促进人们的安全心理活动健康发展，达到消除不安全行为的目的。

（4）安全监督检查。安全监督和安全检查的内容之一就是对人们的不安全行为进行监督检查，及时发现并制止不安全行为，确保安全生产。

（5）安全正向激励与安全处罚。安全正向激励也是对有意不安全行为的鞭策，激励人们的安全行为。惩罚的目的在于惩，是对一个人的心灵进行征服、施加压力，迫使其改变自己的行为，进行自我改正，加强自己的修养。

五、有意不安全行为的典型防控措施

1.违章指挥的典型防控措施

（1）建立正确的安全价值观、安全态度、安全意识。

（2）搞好不安全行为的心理预防，避免消极安全心理。

（3）科学管理，建立健全安全生产保障体系、安全监督体系、安全生产思想政治工作保障体系、安全生产民主监督体系，做到人人有责，并各尽其职。

（4）建立健全安全生产责任制，明确管理岗位和责任，并检查每个管理岗位的工作质量，完善管理岗位的考核制度。

（5）建立安全奖惩机制，正向激励遵章指挥，处罚违章指挥。

（6）各级人员发现违章指挥时，必须立即制止。

（7）任何人接到违章指挥的命令均应拒绝执行，并报告或越级上报安监部。

（8）监察、人事、工会等部门要经常搜集群众对违章指挥的反映，并在反违章领导小组会上提出意见及监督处罚的执行情况。

2.违章作业、违反劳动纪律的典型防控措施

（1）各级领导、管理人员要树立“爱护员工，保护员工”的理念，了解掌握作业性违章者的心理状态，教育员工正确认识作业性违章的危害性，提高员工遵章守纪的自觉性。

（2）建立安全奖惩机制，正向激励遵章作业和遵守劳动纪律，处罚违章作业、违反劳动

纪律。建立反违章档案，进行分级管理。

（3）掌握了解违章者的心理状态，加强安全教育培训，提高安全意识，搞好不安全心理预防，避免消极安全心理。

（4）经常发动群众，通过自下而上的检查、监督、考核等办法指出违章行为的各种表现。

（5）完善安全规章制度，做到有章可循。实行分层负责，逐级考核，一层保一层，一层考核一层，每一层都有人负责。

（6）强化各级管理人员对班组人员违章的查禁和考核，各级管理人员都要承担作业性违章连带责任。应经常对生产、检修、现场进行监督检查，并对班组长进行考核。

（7）安全生产部门的领导和专业人员应经常深入现场，对违章行为进行监督检查、考核。

（8）定期对各类违章作业、违反劳动纪律的现象进行曝光，定期对本单位常见的违章作业、违反劳动纪律的现象进行分析，并采取有效的遏制措施。

（9）要充分发挥各级人员的作用，任何人发现违章行为都有立即制止的权利和义务。对严重违章者有权停止其工作，并汇报有关领导和部门处理。

第四节　安全行为正向激励

一、激励的作用与原则

1.激励的概念

从广义上来说，激励就是激发鼓励，调动人的积极性、主动性和创造性。人的工作成绩主要受两个因素影响：一是能力；二是动机激励程度。它们的关系可表示为：工作成绩＝能力×动机激发程度。由此可以看出，一个人工作成绩的大小关键在于其能力和动机激发程度的乘积，即能力越强，动机激发程度越高，工作成绩就越大。

2.激励的分类

激励的分类方法较多，主要有以下几种。

（1）按人的需要类型，可分为物质激励与精神激励。作为社会人，每个人都存在物质需要与精神需要，因此应通过满足人们的需要去激发人们行为动机的激励机制，并将两者有机地结合起来，避免偏颇，使激励机制真正做到适度有效。

（2）按双因素理论分，可分为外激励与内激励。外激励是指满足工作人员的安全与社交等需求的激励因素，如工资、奖金、福利、人际关系等；内激励则是指满足工作人员的自尊和自我实现需要的激励因素，如赋予工作人员具有挑战性的工作，使工作人员从中得到满足，感受到自我价值的实现。内激励激发的工作行为动力要比外激励深刻而持久，因此，管理者要善于采用不同的激励手段，以内激励为主，使二者相结合。

（3）按强化理论，可分为安全正向激励与安全负向激励。正向激励也称奖励，负向激励也称处罚或称惩罚，在一个组织系统中，两种激励形式都是必要的，只有在管理中将两种管理手段有机地结合起来使用，以正向激励为主，以负向激励为辅，才有可能保证组织系统的正常运行，使组织目标更好地得以实现。

3.激励的作用

员工激励是企业人力资源开发与管理的重要内容，其重要性不仅在于使员工安心和积极地工作这种短期作用，更重要的是发挥使员工认同和接受本企业的目标与价值观，对企业能产生强烈归属感的长期作用。其作用主要表现为：

(1) 激励是实现企业目标的需要。企业目标靠人的行为来实现，而人的行为是靠积极性来推动的，实现企业的目标，需要人的积极性和人的士气。当然，实现企业的目标，还需要其他多种因素，但不能因此而忽视人的积极性这个关键因素。

(2) 激励可以充分发挥企业各种生产要素的效用。企业的生产经营活动是人有意识、有目的的活动。人、劳动对象、劳动手段都是企业的生产要素，在这些要素中，人是最活跃、最根本的因素，其他因素只有与人这个生产要素相结合，才会成为实际的生产力，才会真正发挥各自的效用。

(3) 激励有利于提高员工的工作效率和业绩。通过激励可以激发员工的创造性与创新精神，提高员工的努力程度，争取更好的业绩。

(4) 激励有利于提高员工的素质。员工素质的提高，不仅可以通过培训的方法来实现，也可以运用激励的手段来达到。企业可以采取措施，对坚持不断学习科技与业务知识的员工给予表扬，对不思进取的员工给予适当的批评，在物质待遇、晋升等方面也给予区别考虑，这些措施将有助于形成良好的学习氛围，促使员工提高自身的知识技能和素养。

4. 员工激励基本原则

一个企业要建立一套比较系统、有效的员工激励体系，必须掌握激励的一些基本原则，做到综合考虑、统一筹划。其基本原则主要有以下五项：

(1) 目标结合的基本原则。激励是为了鼓励员工向实现组织目标方向努力的一种手段，激励措施不当会引起员工相反的行为，危害组织利益，只有将组织目标与满足员工的需要相结合，才会收到满意的激励效果。

(2) 公平原则。员工常把个人报酬与贡献的比率和他人的比率做比较，判断是否受到了公平的待遇，从而影响自己工作的积极性。实现公平原则，必须反对平均主义，实行差别性激励，否则会使激励失去激励作用。

(3) 按需激励原则。激励的起点是满足员工的需要，但员工的需要存在着个体差异性和动态性，满足最迫切的需要，激励强度才最大。

(4) 因人而异的原则。员工的情况千差万别，每个员工对各种激励措施的反应程度是不一致的，因此，采取激励措施，应考虑员工各自的情况，因人而异，根据不同员工的需求，分别对待，力争提高每位员工的应激程度。

(5) 全局原则。激励应针对全体员工，因为组织目标的实现需要全体员工共同努力。要以全局为出发点，统一策划激励手段。

二、激励的实施方法

激励的实施方法主要有以下几种：

(1) 缩短激励周期。很多企业把传统的年终一次性安全奖金分解为若干个短期激励的措施（如一定周期内如 100 天、三个月等无事故、无违章操作，或者一定的操作次数无失误），收到事半功倍的效果。

这种相对短期的激励，可以让员工对目标更加明确，把长期目标化解成为短期目标，使员工感觉奖励更加唾手可得，从而激发起员工的积极性。

(2) 设立安全激励基金。设立安全基金，以在册正式职工人数和不低于人均 100 元的标准，从年度工资总额中提取。安全奖励基金由安全管理部门会同相关部门负责考核奖励，用于奖励在安全生产工作中做出突出贡献的集体和个人。在某一年中安全方面表现较好的员工在年末可以选择将这笔基金用于购买商业保险、自己或家人进行体检、转化为住房补贴等。

（3）发放安全小福利。如超市购物券、食堂的用餐券、1天的带薪休假、车补、纪念币等，还可以由员工自己购买喜欢的物品依照一定额度予以报销。企业根据自身情况选择其中的一些加以购置，按季度根据员工的安全表现让员工选择自己可以换取的小福利。小福利的内容可以根据员工的反应加以调整，尽量多设置大部分人都比较欢迎的福利。

（4）发放实物激励。如发放电器等生活用品。

三、重点安全生产正向激励的范围

国家对在改善安全生产条件、防止生产安全事故、参加抢险救护等方面取得显著成绩的单位和个人，给予安全生产正向激励，即重点安全生产奖励。国家重点奖励的情况有：

（1）在改善安全生产条件方面做出显著成绩。通过技术革新、发明创造，改进安全设施、设备、工艺、技术，攻克安全管理难关，提高安全技术装备的安全性能，减少作业场地的危险性，加强事故隐患和重大危险源的监控。

（2）在防止生产安全事故方面做出显著成绩。在防止生产安全事故方面，提出或者建立严密科学的先进管理方法、措施和规章制度，加强事故隐患的检测、预警、排查、控制和消除，有效地预防生产安全事故的，要给予奖励。

（3）在抢险救护方面做出显著成绩。在事故的抢险救护工作中尽职尽责、见义勇为、不怕牺牲、不畏艰险，为抢救国家和人民的生命财产作出重要贡献的有功人员，应当褒奖。

第五节　不安全行为处罚

一、不安全处罚的种类

不安全处罚的种类有经济处罚、行政处分、行政处罚、党纪处分、民事责任承担、刑事处罚等。

（1）经济处罚。经济处罚是对因违法、违章而给国家或集体造成经济损失的单位或个人从经济上予以的处罚，如罚款、停发或扣发工资、停发或扣发奖金、没收财物、赔偿经济损失、责令偿付违约金等。

（2）行政处分。行政处分是指国家行政机关、企事业单位对内部所属人员给予的一种行政制裁形式，包括警告、严重警告、记过、降职（级）、撤职、留用察看、开除等。

（3）行政处罚。行政处罚是主管行政机关依法惩戒公民、法人或其他组织违法行为的行政执法行为，是对违法行为的一种制裁。行政处罚的目的在于制裁违法行为，制止和预防违法，以维护良好的经济和社会秩序。违反安全生产行为的行政处罚有4类：①申诫罚或声誉罚，如警告、通报等。②财产罚，如罚款、没收违法所得或没收非法财物。③行为罚或能力罚，即短期或长期剥夺违法者从事某种行为的能力或资格，如责令停产停业、吊销工商营业执照、吊销生产许可证或营业执照、关闭。④人体罚或自由罚，即短期剥夺公民的人身自由，如行政拘留。

（4）党纪处分。党纪处分是党组织和党的纪检机关依照党纪处分条规的规定，对违纪的党员和党组织所适用的惩处方法，有警告、严重警告、撤职、留党察看、开除等种类。

（5）民事责任承担。民事责任是民事主体依据法律规定或者当事人约定而履行的一种义务，是指责任主体违反安全生产法律规定造成民事损害，由人民法院依照民事法律强制进行民事赔偿的一种法律责任。民事责任承担的主要方式有停止侵害、排除妨碍、消除危险、返还财产、恢复原状、修理或重做或更换、赔偿损失、支付违约金、消除影响、恢复名誉、赔礼道歉。民事责任的追究是为了最大限度地维护当事人受到民事损害时获得民事赔偿的权利。

(6) 刑事处罚。刑事处罚是违反刑法，应当受到的刑法制裁，简称刑罚。刑事处罚主要是人身罚和财产罚，但主体是人身罚。根据我国刑法的规定，刑事处罚包括主刑和附加刑两部分。

二、发生伤亡事故的主要经济处罚及行政处分

(1) 生产经营单位将生产经营项目、场所、设备发包或者出租给不具备安全生产条件或者相应资质的单位或者个人的，责令限期改正，没收违法所得；违法所得5万元以上的，并处违法所得1～5倍罚款；没有违法所得或者违法所得不足5万元的，单处或者并处1万～5万元罚款；导致发生生产安全事故给他人造成损害的，与承包方、承租方承担连带赔偿责任。

(2) 个人经营的投资人有安全违法行为，导致发生生产安全事故，尚不够刑事处罚的，按照下列规定处以罚款：发生重伤事故或1～2人死亡事故的，处2万元以下罚款；发生3～9人死亡事故的，处5万～10万元罚款；发生10人以上死亡事故的，处10万～20万元罚款。

(3) 生产经营单位主要负责人或者其他主管人员有下列行为之一的，给予警告，可以并处1万元以下的罚款：违章指挥工人或者强令工人违章、冒险作业的；对工人屡次违章作业熟视无睹，不加制止的；对重大事故预兆或者已发现的事故隐患不及时采取措施的；拒不执行安全生产监督管理部门或者煤矿安全监察机构及其安全生产监察员的安全监察指令的；伪造、故意破坏事故现场的；阻碍、干涉事故调查工作，拒绝接受调查取证、提供有关情况和资料的。

(4) 生产经营单位有下列行为之一的，给予警告，可以并处1万元以下的罚款：拒绝、阻碍安全监督管理部门监督检查的；提供虚假情况的；隐瞒存在的事故隐患以及其他安全问题的；拒不执行安全监察指令的；对查封或者扣押的设施、设备、器材，擅自启封或者使用的；伪造、故意破坏事故现场的；阻碍、干涉事故调查工作，拒绝接受调查取证、提供有关情况和资料的。

(5) 生产经营单位有下列行为之一的，责令限期改正；逾期未改正的，责令停产停业整顿，可以并处2万元以下的罚款：未按照规定设立安全生产管理机构或者配备安全生产管理人员的；危险物品的生产、经营、储存单位以及矿山、建筑施工单位的主要负责人和安全生产管理人员未按照规定经考核合格的；未按照规定对从业人员进行安全生产教育和培训的；未按照规定如实向从业人员告知作业场所和工作岗位存在的危险因素、防范措施以及事故应急措施的；特种作业人员未按照规定经专门的安全作业培训并取得特种作业操作资格证书，擅自上岗作业的。

(6) 生产经营单位有下列行为之一的，责令限期改正；逾期未改正的，责令停止建设或者停产停业整顿，可以并处5万元以下的罚款：矿山建设项目或者用于生产、储存危险物品的建设项目没有安全设施设计或者安全设施设计未按照规定经有关部门审查同意的；矿山建设项目或者用于生产、储存危险物品的建设项目施工单位未按照批准的安全设施设计施工的；矿山建设项目或者用于生产、储存危险物品的建设项目竣工投入生产或者使用前，安全设施未经验收合格的；未在有较大危险因素的生产经营场所和有关设施、设备上设置明显的安全警示标志的；安全设备的安装、使用、检测、改造和报废不符合国家标准或者行业标准

的；未对安全设备进行经常性维护、保养和定期检测的；未为从业人员提供符合国家标准或者行业标准的劳动防护用品的；特种设备以及危险物品的容器、运输工具未经取得专业资质的机构检测、检验合格，取得安全使用证或者安全标志，投入使用的；使用国家明令淘汰、禁止使用的危及生产安全的工艺、设备的。

(7) 生产经营单位未依法批准，擅自生产、经营、储存危险物品的，责令停止违法行为或者予以关闭，没收违法所得，并按照下列规定处以罚款：违法所得10万元以上的，并处违法所得1～5倍罚款；没有违法所得或者违法所得不足10万元的，单处或者并处2万～10万元罚款。

(8) 生产经营单位有下列行为之一的，责令限期改正；逾期未改正的，责令停产停业整顿，可以并处2万～10万元罚款：生产、经营、储存、使用危险物品，未建立专门的安全管理制度、未采取可靠的安全措施或者不接受有关主管部门依法实施的监督管理的；对重大危险源未登记建档，或者未进行评估、监控，或者未制定应急预案的；进行爆破、吊装等危险作业，未安排专门管理人员进行现场安全管理的。

(9) 危险物品的生产、经营、储存单位以及矿山企业、建筑施工单位有下列行为之一的，责令改正，可以并处1万元以下的罚款：未建立应急救援组织的；未配备必要的应急救援器材、设备，并进行经常性维护、保养，保证正常运转的。

(10) 生产经营单位与从业人员订立协议，免除或者减轻其对从业人员因生产安全事故伤亡依法应承担的责任的，该协议无效，并对生产经营单位的主要负责人、个人经营的投资人处2万～10万元罚款。

(11) 矿山企业的机电设备、安全仪器，未按照规定操作、检查、维修和建立档案的，责令改正，可以并处2万元以下的罚款：未定期对机电设备及其防护装置、安全检测仪器检查、维修和建立技术档案的；非负责设备运行人员操作设备的；非值班电气人员进行电气作业的；操作电气设备的人员，没有可靠的绝缘保护和检修电气设备带电作业的。

(12) 矿山企业作业场所空气中的有毒有害物质浓度，未按照规定检测的，或采掘作业未达到安全规定要求的，责令改正，可以并处2万元以下的罚款。

(13) 未经审查批准，危险化学品生产、储存单位擅自改建、扩建，或者危险化学品单位生产、经营、使用国家明令禁止的危险化学品或者使用剧毒化学品生产灭鼠药以及其他可能进入人民日常生活的化学产品和日用化学品的，予以关闭或者责令停产停业整顿，责令无害化销毁国家明令禁止生产、经营、使用的危险化学品或者用剧毒化学品生产的灭鼠药以及其他可能进入人民日常生活的化学产品和日用化学品；有违法所得的，没收违法所得；违法所得10万元以上的，并处违法所得1～5倍罚款；没有违法所得或者违法所得不足10万元的，并处5万～50万元罚款。

(14) 危险化学品单位未根据危险化学品的种类、特性，在车间、库房等作业场所设置相应的监测、通风、防晒、调温、防火、灭火、防爆、泄压、防毒、消毒、中和、防潮、防雷、防静电、防腐、防渗漏、防护围堤或者隔离操作等安全设施、设备的，责令立即或者限期改正，并处2万～10万元罚款。

(15) 未经定点，擅自生产危险化学品包装物、容器，或者使用非定点企业生产的包装物、容器包装、盛装、运输危险化学品的，责令立即或者限期改正，并处2万～20万元罚款。

(16) 危险化学品单位有下列行为之一的，责令立即或者限期改正，并处1万～5万元罚款：化学品安全技术说明书和安全标签等管理不符合要求的；生产、储存装置存在安全隐患的；危险化学品管理不符合要求的；剧毒危险化学品管理不符合要求的。

（17）危险化学品单位在转产、停产、停业或者解散时，未采取有效措施，处置危险化学品生产、储存设备、库存产品及生产原料的，责令改正，并处2万～10万元罚款。

（18）承担安全评价、认证、检测、检验工作的机构，出具虚假证明，尚不够刑事处罚的，没收违法所得，违法所得在5千元以上的，并处违法所得2～5倍罚款，没有违法所得或者违法所得不足5千元的，单处或者并处0.5万～2万元罚款；对其直接负责的主管人员和其他直接责任人员处0.5万～5万元罚款。

（19）发生事故后，不立即组织事故抢救、迟报或者漏报事故、事故调查处理期间擅离职守的，对事故单位主要负责人处其上一年年收入40％～80％的罚款。

（20）主要负责人未依法履行安全生产管理职责而发生一般、较大、重大、特别重大事故的，分别处其上一年年收入30％、40％、60％、80％的罚款。

（21）事故发生单位对事故发生负有责任的，一般、较大、重大、特别重大事故分别处10万～20万、20万～50万、50万～200万、200万～500万元罚款。

（22）谎报或者瞒报事故、伪造或故意破坏现场、销毁有关证据资料、拒绝接受调查或拒绝提供有关情况、作伪证或者指使他人作伪证、事故发生后逃匿的，对事故单位处100万～500万元以下的罚款；对主要负责人、直接负责的主管人员和其他直接责任人员处其上一年年收入60％～100％的罚款。

（23）生产经营单位的主要负责人未依法履行安全生产管理职责，导致发生安全生产事故，依法受到刑事处罚或者撤职处分的，自刑罚执行完毕或者受撤职处分之日起，五年内不得担任任何生产经营单位的主要负责人。

三、发生伤亡责任事故的刑事处罚

（1）工厂、矿山、林场、建筑企业或者其他企业、事业单位的职工，由于不服从管理、违反规章制度，或者工人违章冒险作业，因而发生重大伤亡事故或者造成严重后果的，对直接责任人员，处3年以下有期徒刑或者拘役；情节特别恶劣的，处3年以上7年以下有期徒刑。

（2）强令他人违章冒险作业，因而发生重大伤亡事故或者造成其他严重后果的，处5年以下有期徒刑或者拘役；情节特别恶劣的，处5年以上有期徒刑。

（3）工厂、矿山、林场、建筑企业或者其他企业、事业单位的劳动安全设施不符合国家规定，有关部门或者单位职工提出后，对事故隐患仍不采取措施，因而发生重大伤亡事故或者造成其他严重后果的，对直接责任人员，处3年以下有期徒刑或者拘役；情节特别恶劣的，处3年以上7年以下有期徒刑。

（4）违反爆炸性、易燃性、放射性、毒害性、腐蚀性物品的管理规定，在生产、储存、运输、使用中发生重大事故，造成严重后果的，对直接责任人员，处3年以下有期徒刑或者拘役；后果特别严重的，处3年以上7年以下有期徒刑。

（5）承担资产评估、验资、验证、会计、审计、法律服务等职责的中介组织的人员故意提供虚假证明文件，情节严重的，处5年以下有期徒刑或者拘役，并处罚金。相关人员索取他人财物或者非法收受他人财物，犯前款罪的，处5年以上10年以下有期徒刑，并处罚金。严重不负责任，出具的证明文件有重大失实，造成严重后果的人员，处3年以下有期徒刑或者拘役，并处或者单处罚金。

（6）违反消防规定，并拒绝执行消防监督机构通知的整改措施，造成严重后果的直接人员，处3年以下有期徒刑或拘役，情节特别严重的处3～7年有期徒刑。

（7）国家机关的工作人员滥用职权或者玩忽职守，致使公共财产、国家和人民利益遭受重大损失的，处3年以下有期徒刑或者拘役；情节特别严重的，处3年以上7年以下有期徒刑。

（8）举办大型群众性活动违反安全管理规定，因而发生重大伤亡事故或者造成其他严重后果的，对直接负责的主管人员和其他直接责任人员，处3年以下有期徒刑或者拘役；情节特别恶劣的，处3～7年有期徒刑。

（9）破坏交通工具、交通设施、电力设备、燃气设备、易燃易爆设备，造成严重后果的人员，处10年以上有期徒刑、无期徒刑或者死刑。过失犯前款罪的，处3年以上7年以下有期徒刑；情节较轻的，处3年以下有期徒刑或者拘役。

（10）在事故发生后，负有报告职责的人员不报或者谎报事故情况，贻误事故抢救，情节严重的，处3年以下有期徒刑或者拘役；情节特别严重的，处3～7年有期徒刑。

习题与思考题

1.不安全行为如何分类？

2.不安全行为有哪些影响因素？

3.如何树立正确的安全意识？安全意识的主要内容有哪些？

4.如何树立领导层和员工正确的安全观？

5.员工的消极安全心理有哪些？

6.激励的作用有哪些？试叙述正向安全精神激励方法。

7.正向安全物质激励方法有哪些？

8.如何运用安全管理的基本原理搞好安全行为管理？

9.不安全行为的处罚有哪些？安全生产刑事立案追诉和发生伤亡责任事故的主要刑事处罚部分条款有哪些？

10.发生伤亡事故的主要经济处罚及行政处分部分法律条款有哪些？

11.无意不安全行为如何分类？简述控制无意不安全行为的措施。

12.有意不安全行为的管控主要采用哪些手段和策略？

第八章

安全经济与安全信息管理

学习目标

1. 熟悉安全经济的基本概念与基本原理。

2. 熟悉国内事故经济损失的计算方法，了解国外事故损失的计算方法。

3. 熟悉安全投入的来源、生产经营中安全投入额的要求。

4. 熟悉安全价值工程的概念及分析程序、基于安全价值工程的安全决策法，了解安全价值链。

5. 熟悉安全信息的概念及作用、安全信息流、管理流程，熟悉安全信息管理系统的分类及结构、系统开发方法和开发模式，了解典型企业的安全信息管理系统的建设。

第一节　安全经济的基本概念与基本原理

安全经济管理与安全资源配置水平、安全生产水平密切相关，对稳定和提高经济效益有重要作用，本节介绍安全经济的基本概念与基本原理。

一、安全经济的基本概念

1. 安全性

安全性 S 是指系统不发生事故的能力，是系统的一种性能，可用安全等级表示。安全性是针对系统损失而言的，其技术核心是危险分析。

2. 安全投入

安全投入 C 又称安全投资，是指对安全活动做出的一切人力、物力和财力的投入总和。

3. 安全损失

安全损失是指由事故或职业病引起的损失，包括安全经济损失 AS 和安全非经济损失。安全经济损失是指事故或职业病引起的经济损失，如受伤人员的医疗费用和补偿费、财产损失、因引起工期延误带来的损失、为恢复正常生产产生的费用、事故或职业病的经济赔偿等。安全非经济损失是指事故或职业病引起的非经济方面的损失，如信誉受损、相关人员的心灵创伤、家庭痛苦、社会的不安定等。

4. 安全费用

安全费用 AF 也称安全成本，是指实现安全所消耗的人力、物力和财力总和，包括安全投入 C、安全（事故和职业病）经济损失 AS，即

$$AF = C + AS$$

5. 安全功能

在工业生产中，安全功能 SF 主要指防止灾害、事故及职业病的发生和扩大，维持工业生产正常、有序进行。具体包括：①保护人类的安全和健康；②避免和减轻财产的损失；③保障技术功能的利用和发挥；④维护企业信誉，提高产品质量和产量，提高劳动生产效率；⑤维护社会经济持续、健康地发展，促进社会进步；⑥避免因事故造成有关人员的心灵创伤、家庭痛苦；⑦维护社会的稳定；⑧保护环境和资源，使其免遭破坏和危害。

以上安全功能有如下分类方法：

（1）按功能性质不同，安全功能包括预防性安全功能和控制性安全功能两种。预防性安全功能指防止事故及职业病的发生，控制性安全功能指防止事故、职业病、环境危害的扩大。

（2）按功能作用不同，包括避免或减少人身伤亡（及职业病亡）功能、避免或减少经济损失功能和避免或减少环境危害功能。

（3）按收益分，安全功能包括减损功能和本质增益功能。减损功能是指能直接减轻或免除事故或危害事件，减少对人、社会、企业和自然造成的损害。本质增益功能是指能保障劳动条件和维护经济增值过程，实现其间接为社会增值的功能。

6. 安全价值

单位安全投入所实现的安全功能称为安全价值 SV，即

$$SV = \frac{SF}{C}$$

7. 安全经济收益

安全经济收益 SY 是指安全带来的安全损失减少量（减损收益 I）与安全带来的营业收入增加量（增收收益 L）之和，即

$$SY = I + L$$

8. 安全效益

安全效益是指安全收益与安全投入的差值。安全效益有多种分类方法。

（1）从表现形式上看，安全效益分为直接效益和间接效益。安全的直接效益是人的生命安全和身体健康的保障与财产损失的减少，这是安全减轻生命与财产损失的功能；安全的间接效益是维护和保障系统功能（生产功能、环境功能等）得以充分发挥，这是安全效益的增值能力。

（2）从其性质上看，安全效益可分为经济效益和非经济效益。安全经济效益 XY 是安全经济收益 SY 与安全投入 C 的差值，即

$$XY = SY - C$$

安全经济效益包括无益消耗和经济损失的减轻以及对经济生产的增值作用；生命与健康、环境、商誉价值是非经济效益的体现。

（3）从层次上可分为企业安全效益和社会安全效益。企业安全效益分析就是对企业的安全活动进行效益分析，以期在提高安全水平的同时，为企业创造最好的效益。社会安全效益

是指安全条件的改善，对国家和社会发展、企业或集体生产的稳定、家庭或个人的幸福所起的积极作用。例如通过改善安全条件，减少人员伤亡、环境污染和危害等。

二、安全经济的基本原理

1. 安全投入与安全经济损失的关系

安全投入 C 与安全经济损失 AS 之和构成安全费用，安全经济损失 AS 是安全投入 C 的减函数。安全费用 AF 与安全投入 C、安全经济损失 AS 有如图 8-1 的关系。安全投入 C 越小，安全经济损失 AS 越大；反之，安全投入 C 越大，安全经济损失 AS 则越小。对于不同的安全等级，安全投入 C 和安全经济损失 AS 相差的程度不同，且有如下规律：

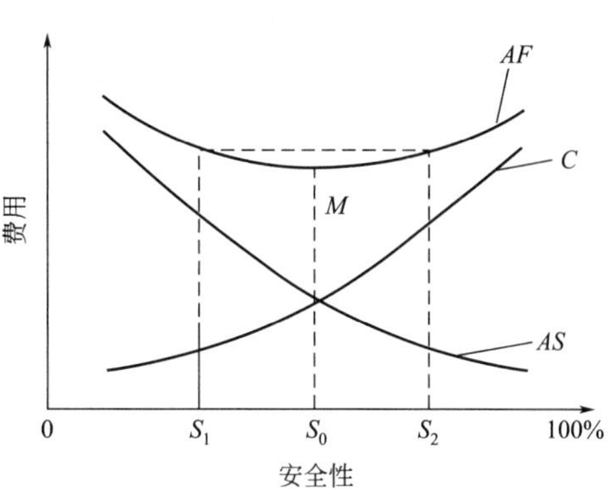

图 8-1　AF、C、AS 的关系

① 当总费用相同时，安全投入大于安全经济损失的安全性，大于安全投入小于安全经济损失的安全性。由此获得的安全性提高带来很多益处，特别是对人心的安定带来很大的益处，这些益处具有长期或短期的经济效益。

② 总费用的最小值 M 的存在说明：只要有事故费用存在，安全投入增加，就会使安全经济损失下降，安全等级上升，但不会使总费用降到 M 之下。

③ 安全等级大于 S_0 时，总费用将增加。但是，由于安全等级的提高促进了生产能力的提高而使增加了的总费用得到补偿。因此，不一定会使总的效益减少，说明了安全与效益之间是统一的而不是对立的关系。

④ 在 $\mathrm{d}AF/\mathrm{d}S=0$ 处，即安全等级等于 S_0 时，安全费用最低。

2. 安全投入、安全经济收益与安全性的关系

安全投入、安全经济收益与安全性的变化规律如图 8-2 所示。安全性 S 较小时，单位的安全投入对提高安全性的幅度较大，随着安全性提高，单位的安全投入对提高安全性的幅度逐渐变小；从理论上讲，要达到 100%的安全，所需投入趋于无穷大。安全性较小时，单位安全性的提高对安全经济收益的提高幅度较大，随着安全性提高，单位安全性的提高对安全经济收益的提高逐渐变小；当 S 接近 S_1 时，安全经济收益与安全投入相抵消，无安全经济效益，当 S 超过 S_1 后，安全经济效益为负值。在 S_0 点附近，能取得最佳的安全经济效益。由于 S 从 $S_0-\Delta S$ 增至 S_0 时，安全功能增值数倍大于安全成本增值，因而当 $S<S_0$ 时，提高 S 是值得的；当 S 从 S_0 增至 $S_0+\Delta S$ 时，安全成本增值却数倍大于安全功能增值。

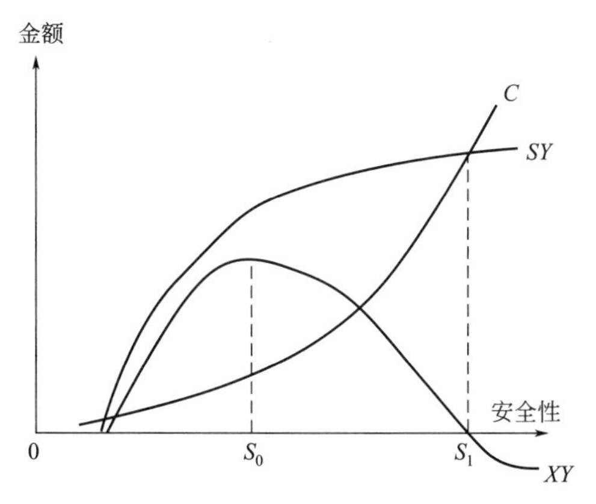

图 8-2　安全投入、安全经济效益与安全性的关系

3. 安全边际投资与边际效益的关系

边际投资或边际成本是指生产中安全性增加一个单位时，安全投资的增量。边际收益是指生产中安全性增加一个单位时，安全效果的增量。如果对安全效果无法作出全面的评价，

安全效果的增量可用事故损失的减少量来反映。

由于安全投入 C 与安全性 S 呈正相关关系，即 $C \propto S$，安全经济损失 AS 与安全性 S 呈负相关，即 $AS \propto \frac{1}{S}$，因此得到 $C \propto \frac{1}{AS}$，即安全投入与安全经济损失呈负相关关系。所以，当安全性增加一个相同的量时，可以将安全投入的增加额与事故损失的减少额近似地看作边际投入与边际收益，这样处理不影响最佳效益点的求解。图 8-3 是安全投入与安全经济损失的增量函数关系中作出的边际投资 MC 与边际效益 ML 的关系。

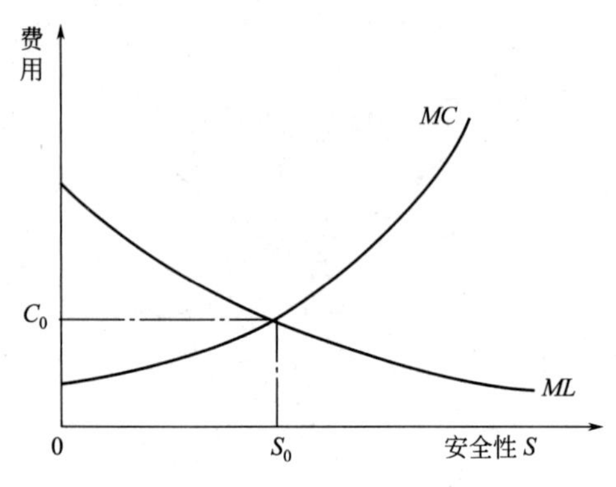

图 8-3　边际投资 MC 与边际效益 ML 的关系

从图 8-3 中可以看出，边际投资随安全性的提高而上升，边际效益随安全性的提高呈递减趋势。在低水平的安全性条件下，边际效益很高；当安全性较高时，边际效益则很低。而边际投资则正好相反。

通常的规律是：

（1）在最佳安全性 S_0 时，边际投资量等于边际收益量，即安全投入的增加量等于事故损失的减少量，此时安全经济收益反映在间接的效益和潜在的效益上（一般都大于直接的收益数倍）。

（2）安全性低于 S_0 时，提高安全性所获得的边际收益大于边际投资，说明减损的增量大于安全成本的增量，此阶段有必要改善劳动条件，提高安全性。

（3）安全性超过 S_0时，提高安全性所花费的边际投资大于边际收益。如果超过的数量在考虑了安全的间接效益和潜在效益后，还不能补偿时，则意味着安全的投资没有效益。安全的投资增量要大大超过损失的减少量，即安全的效益随超过的程度下降，此时也可以理解为对事故的控制过于严格了。

4. 最佳投资点的动态变化

在安全生产管理中，各种因素不断变化，因此，对于最佳投资点的确定应全面考虑。

（1）考虑到安全投入带来的巨大社会效益和潜在的经济效益，投入的总体效益就会增加。因此，边际收益曲线客观上应上移至 ML'，新的最佳安全性由 S_0 增大至 S_0'，$C_0' > C_0$，相应的最佳安全投资点就应适当地增大，如图 8-4 所示。

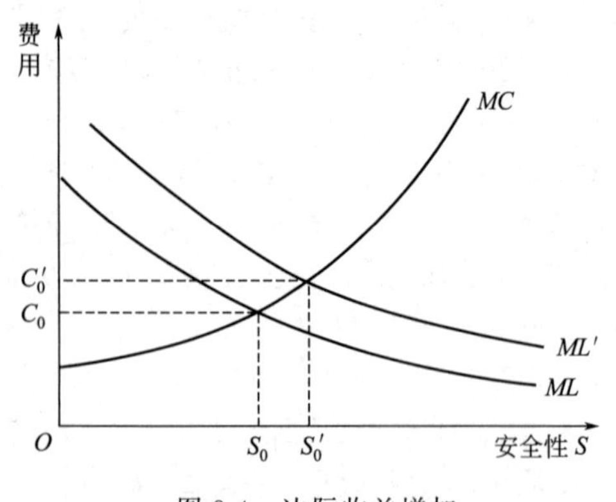

图 8-4　边际收益增加

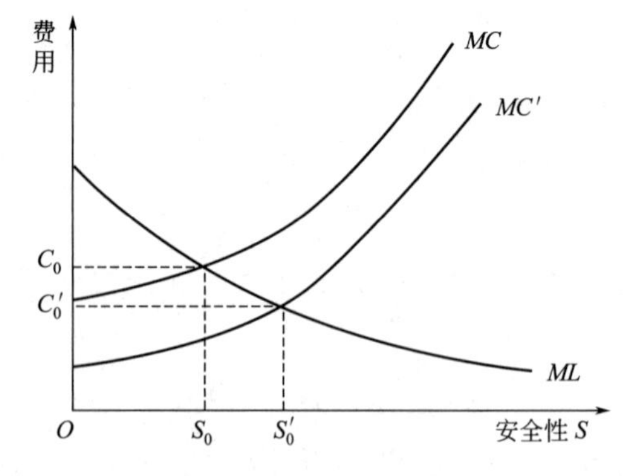

图 8-5　边际投资减少

（2）新的科学技术、先进的管理方法以及职工安全意识和安全素质的提高，使得安全投入的利用率提高。因此，边际投资曲线下移至 MC'，新的最佳安全性 $S_0' > S_0$，如图 8-5 所示。而此时 $C'_0<C_0$，即在边际投资较少的情况下，可以得到较大的安全性。

(3) 同时考虑以上两种情况，可在不增加或少增加边际投资的情况下，大大提高安全效益，或在安全性不变情况下，降低安全投入，如图 8-6 所示。

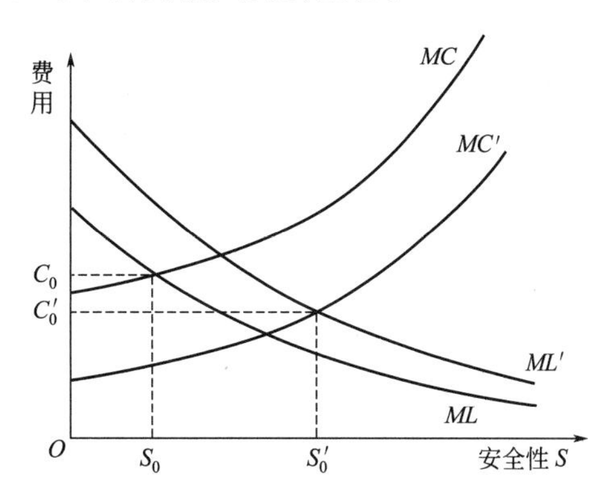

图 8-6　边际收益增加和边际投资减少

因此，安全收益客观上有一个最大值，这一点上的安全投入就是最佳的安全投入；通常最优安全性的安全投入点是在边际投资等于边际损失处，在这点投入可以得到最大的经济效益；考虑到人们对安全性的期望是尽可能高，且安全投入能产生巨大的社会效益及潜在的经济效益，故应在经济能力允许的条件下适当地考虑提高安全投入量。

第二节　安全经济损失估算

一、基本概念

事故经济损失是指意外事件造成的生命或健康的丧失、物质或财产的毁坏、时间的损失、环境的破坏。

事故直接经济损失是指与事件当时直接相联系的、能用货币直接估价的损失，如事故导致的资源、设备、设施、材料、产品等物质或财产的损失。

事故间接经济损失是指与事故事件间接相联系的、能用货币直接估价的损失，如事故导致的处理费用、赔偿费、罚款、时间损失、停产损失等。

事故直接非经济损失是指与事故事件当时的、直接相联系的、不能用货币直接定价的损失，如事故导致的生命与健康、环境的毁坏等难以直接价值化的损伤。

事故间接非经济损失是指与事故事件间接相联系的、不能用货币直接定价的损失，如事故导致的工效影响、声誉损失、政治与安定影响等。

二、国外事故损失的计算方法

1. 海因里希方法

将一起事故的损失划分为两类：由生产公司申请、保险公司支付的金额划为“直接损失”；除此以外的财产损失和因停工使公司受到的损失划为“间接损失”。直接损失与间接损失的比例为 1∶4。

2. 美国西蒙兹计算法

事故总损失 ＝ 由保险公司支付的费用(直接损失)＋不由保险公司补偿的费用(间接损失)
＝保险损失＋A×停工伤害次数＋B×住院伤害次数＋C×急救医疗伤害次数＋D×无伤害事故次数

式中，A、B、C、D 表示各种不同伤害程度事故的非保险费用平均金额。

3. 日本野口三郎计算方法

事故总损失 ＝ 法定补偿费＋法定补偿以外的费用支出＋事故造成的人的损失＋事故造成的物的损失＋生产损失＋特殊损失费

关于伤亡事故直间比的研究情况，继海因里希的研究之后，许多国家的经济学家探讨了这个问题。人们普遍认为，由于生产条件、经济状况和管理水平等方面的差异，伤亡事故直间比在较大的范围内变化。例如，芬兰国家安全委员会在 1982 年公布的数字为 1∶1；英国雷欧普尔德等的研究结果为 5∶1；美国的博德在分析 20 世纪 70～80 年代美国的情况时，得到了一冰山图，从图中可以看出，间接经济损失最高可达直接经济损失的 50 多倍。

三、国内事故经济损失的计算方法

我国伤亡事故经济损失的一般计算方法参照 GB 6721《企业职工伤亡事故经济损失统计标准》进行。伤亡事故经济损失是指企业职工在劳动生产过程中发生伤亡事故所造成的一切经济损失，包括直接经济损失和间接经济损失，统计范围如图 8-7 所示。

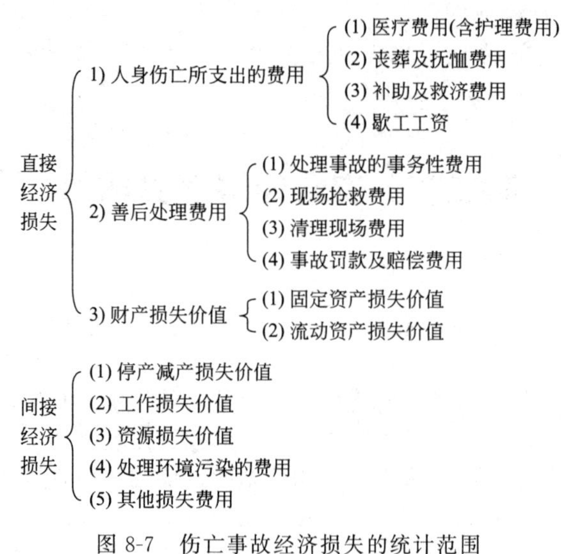

图 8-7　伤亡事故经济损失的统计范围

（1）固定资产损失价值按下列情况计算：报废的固定资产以固定资产净值减去残值计算；损坏的固定资产以修复费用计算。

（2）流动资产损失价值按下列情况计算：原材料、燃料、辅助材料等均按账面值减去残值计算；成品、半成品、在制品等均以企业实际成本减去残值计算。

（3）事故死亡赔偿费用包括一次性工亡补助金、丧葬补助金、供养亲属抚恤金。一次性工亡补助金包括死亡赔偿金、丧葬费，总额为国家上年度职工年平均工资的 20 倍，如 2020 年中国职工年平均工资水平约 9.74 万元，则死亡 1 人的一次性工亡补助金约 194.8 万元；丧葬补助金为 6 个月的统筹地区上年度职工月平均工资；供养亲属抚恤金按职工本人工资的一定比例发给由工亡职工生前提供主要生活来源、无劳动能力的亲属，供养配偶每月 40%，其他亲属每人每月 30%，孤寡老人或者孤儿每人每月在上述标准的基础上增加 10%。

（4）医疗费用按下式测算：

$$M=M_b+M_b/PD_c$$

式中　M——被伤害职工的医疗费，万元；

M_b——事故结案日前的医疗费，万元；

P——事故发生之日至结案之日的天数，日；

D_c——延续医疗天数，指事故结案后还须继续医治的时间，由企业劳资、安全、工会等按医生诊断意见确定，日。

上述公式是测算一名被伤害职工的医疗费，一次事故中多名被伤害职工的医疗费应累计计算。

(5) 歇工工资按下式测算：

$$L = L_q(D_a + D_k)$$

式中　L——被伤害职工的歇工工资，元；

L_q——被伤害职工的日工资，元；

D_a——事故结案日前的歇工日，日；

D_k——延续歇工日，指事故结案后被伤害职工还须继续歇工的时间，由企业劳资、安全、工会等与有关单位酌情商定，日。

上述公式是测算一名被伤害职工的歇工工资，一次事故中多名被伤害职工的歇工工资应累计计算。

四、职业病经济损失计算

根据专家有关调查分析，职业病经济损失可以用下式估算：

$$L_{职} = \sum M_i(L_{直} + L_{间}) = M_i[Px + E_j + (F + y)t + G(t + j)]$$

式中　$L_{职}$——总经济损失，元；

M_i——患职业病人数，人；

$L_{直}$——直接经济损失，元；

$L_{间}$——间接经济损失，元；

P——平均每年的抚恤费，元；

x——抚恤时间，年；

E_j——发现职业病至死亡时间内的平均每年费用，元；

j——发现职业病至死亡的时间，年；

y——患者损失劳动能力期间的年均医药费，元；

F——患者损失劳动时间的平均工资，元；

t——患者实际损失的劳动时间，年；

G——年均创劳动效益，元。

第三节　安全投入与决策

一、安全投入的来源

企业安全投入的来源主要有：

(1) 国家在工程项目中的预算安排。包括安全设备、设施等内容的预算费用，如我国一直执行的“三同时”基建费。

(2) 国家相关部门根据各行业或部门的需要，按项目管理的方法给企业下拨安全技术专项措施费。

(3) 企业按年度提取的更新改造费。

(4) 支付从事安全或劳动保护的生产性费用。如劳动保护防护用品的费用，必须的事故破坏维修、防火防汛等费用。

(5) 企业从利润留成或福利中提取的保健、职业人身保险费用。

（6）按用于安全的固定资产每年折旧的方式筹措当年的安全技术措施费。

（7）根据产量（或产值）按比例提取安全投资。

（8）职工个人交纳的安全保证金。

（9）征收事故或危害隐患源罚金。

（10）工伤保险和安全责任保险基金的提取。

二、生产经营中安全投入额的要求

各行业安全投入额的要求不尽相同。

煤炭生产企业依据开采的原煤产量按月提取。煤（岩）与瓦斯（二氧化碳）突出矿井、高瓦斯矿井吨煤 30 元，其他井工矿吨煤 15 元，露天矿吨煤 5 元。

非煤矿山开采企业依据开采的原矿产量按月提取。石油每吨 17 元；地面开采天然气、煤层气，每千立方米原气 5 元；金属矿山，其中露天矿山每吨 5 元，地下矿山每吨 10 元；核工业矿山，每吨 25 元；非金属矿山，其中露天矿山每吨 2 元，地下矿山每吨 4 元；小型露天采石场，即年采剥总量 50 万吨以下，且最大开采高度不超过 50m，产品用于建筑、铺路的山坡型露天采石场，每吨 1 元；尾矿库按入库尾矿量计算，三等及三等以上尾矿库每吨 1 元，四等及五等尾矿库每吨 1.5 元；地质勘探单位安全费用按地质勘查项目或工程总费用的 2%提取。

建设工程施工企业以建筑安装工程造价为计提依据。矿山工程为 3.5%；铁路工程、城市轨道交通工程为 3%；房屋建筑工程、水利水电工程、电力工程为 2.5%；市政公用工程、冶炼工程、机电安装工程、化工石油工程、港口与航道工程、公路工程、通信工程为 2%。

危险品生产与储存企业以上年度实际营业收入为计提依据。营业收入不超过 1000 万元的，按照 4.5%提取；营业收入超过 1000 万元至 1 亿元的部分，按照 2.25%提取；营业收入超过 1 亿元至 10 亿元的部分，按照 0.55%提取；营业收入超过 10 亿元至 50 亿元的部分，按照 0.2%提取；营业收入超过 50 亿元至 100 亿元的部分，按照 0.1%提取；营业收入超过 100 亿元的部分，按照 0.05%提取。

交通运输企业以上年度实际营业收入为计提依据。普通货运业务按照 1%提取；客运业务、管道运输、危险品等特殊货运业务按照 1.5%提取。

冶金和有色金属企业以上年度实际营业收入为计提依据。营业收入不超过 1000 万元的，按照 3.5%提取；营业收入超过 1000 万元至 1 亿元的部分，按照 2%提取；营业收入超过 1 亿元至 10 亿元的部分，按照 0.55%提取；营业收入超过 10 亿元至 50 亿元的部分，按照 0.25%提取；营业收入超过 50 亿元至 100 亿元的部分，按照 0.1%提取；营业收入超过 100 亿元的部分，按照 0.05%提取。

机械制造企业以上年度实际营业收入为计提依据。营业收入不超过 1000 万元的，按照 2.35%提取；营业收入超过 1000 万元至 1 亿元的部分，按照 1.25%提取；营业收入超过 1 亿元至 10 亿元的部分，按照 0.25%提取；营业收入超过 10 亿元至 50 亿元的部分，按照 0.1%提取；营业收入超过 50 亿元至 100 亿元的部分，按照 0.05%提取；营业收入超过 100 亿元的部分，按照 0.01%提取。

烟花爆竹生产企业以上年度实际营业收入为计提依据。营业收入不超过 200 万元的，按照 4.0%提取；营业收入超过 200 万元至 500 万元的部分，按照 3.5%提取；营业收入超过 500 万元至 1000 万元的部分，按照 3%提取；营业收入超过 1000 万元的部分，按照 2.5%提取。

民用爆炸物品生产企业以上年度实际营业收入为计提依据。营业收入不超过 1000 万元的，按照4%提取；营业收入超过1000万元至1亿元的部分，按照2%提取；营业收入超过1亿元至10亿元的部分，按照0.5%提取；营业收入超过10亿元的部分，按照0.2%提取。

三、决策的含义和分类

决策通常有广义、一般和狭义的三种解释。决策的广义理解包括决策前准备、决策方案优选和最后方案实施等全过程；一般含义的决策解释是按照某个（些）准则在若干备选方案中的选择，它只包括准备和选择两个阶段的活动；狭义的决策就是作决定。根据决策系统的约束性与随机性原理，可分为确定型决策和非确定型决策。

1.确定型决策

在一种已知的完全确定的自然状态下，决策问题一般应具备四个条件。

（1）存在着决策者希望达到的一个明确目标（收益大或损失小）；

（2）存在一个确定的自然状态；

（3）存在着决策者可选择的两个或两个以上的方案；

（4）不同的决策方案在确定状态下的益损值可以计算。

2.非确定型决策

当决策问题有两种以上自然状态时，哪种可能是不确定发生的，在此情况下的决策称为非确定型决策。非确定型决策又可分为两类。

（1）完全不确定型决策。如果自然状态的概率不能确定，即有任何有关每一自然状态可能发生的信息，在此情况下的决策就称为完全不确定型决策。

（2）风险型决策。当决策问题自然状态的概率能确定，即在概率基础上决策，但要冒一定的风险时，这种决策称为风险型决策。风险型决策问题通常要具备五个条件：①存在着决策者希望达到的一个明确目标；②存在着决策者无法控制的两种或两种以上的自然状态；③存在着可供决策者选择的两个或两个以上的抉择方案；④不同的抉择方案在不同自然状态下的益损值可以计算出来；⑤几种自然状态出现的概率可以估算出来。

四、决策的依据和注意事项

1.决策的依据

科学的决策应建立在一定的决策基础上。一般决策的依据如下。

（1）经济技术发展总决策（政策和法规）的指导。任何企业的任何决策都不能脱离总决策的指导。一般来说，这个总决策是由国家或部门最高决策机构予以制定的，是原则性的。

（2）决策机构和决策者的素养。包括决策的源出者究竟是谁、决策者与决策有关的人员或机构的相互关系以及这种相互关系的好坏状况，它们对决策质量的影响均十分重要。这里素养包括指导思想、能力和方法等多个方面。

（3）决策者的需求。包括决策者是否反映了他人或社会的需求等。

（4）实际状况。需要解决什么？轻重缓急怎样排队？人力、财力、物力、技术支持等的情况怎样？这是决策能否实现的关键，又是条件决策的重要前提。

2.注意事项

（1）资料的收集。决策前需要掌握足够的第一手资料，即可靠的信息，必须在决策前将所需的资料基本上调查研究清楚。有关调查项目及内容，可由系统调查分析做出规定。

（2）选择合适的决策人。必须明确决策人是指哪些人，并让决策人明确其地位、作用和责任对其素质的要求。虽然决定一种做法或办法的人也可以是实干者本人，但从其影响范围而言，仍需特别注意较高层次决策和执行这个决策任务的人或团队、机构，即决策人。无疑，决策人责任重大，必须对其有严格的要求；从技术上来说，必须有足够的才能和学识，能驾驭这种决策任务，当然还有其他要求。

(3) 选用合适的决策方法。以目标决策法和条件决策法为例进行说明。

① 目标决策法。其程序是先立一个目标，然后为达到此目标而设立或采取一些措施。有时这个目标并不是决策者自己定的，而是来自上级指示，或照搬外单位的做法，也有依据自我需求提出的。同时在实施的过程中会存在很多不确定因素，其结果会有差异。

② 条件决策法。与上述相反，首先要摸清和熟悉企业的基本情况，然后根据条件确立要改善的目标。无疑，这要先做好大量调查研究的基础工作，其中包括对决策执行者的决策、协调和实现能力的调查研究。所以，该法的使用效果较好，目标实现的可能性较大，工作进程的预测性也较大，且比较经济、有效。

必须指出：条件决策不是无目标决策或自由决策，因为有一个改善安全状况或系统改善的要求为总前提。目标决策也不是目标管理，决策与具体管理属不同层次。另外，条件决策需要较好的技术、管理基础，目标决策则适应于较低的技术、管理水平。预计，随着科学技术进步、管理改善，条件决策法必将日益受到重视和利用。

(4) 决策的反馈。如同任何其他决策一样，安全决策也必须在使用后有所反馈，以得到实际效果的信息，决定是否继续采用、改进、补充。反馈需作为决策任务的一部分明确规定，列出其程序、方法、内容和负责部门或负责人。一般来说，反馈应在决策第一次使用后即进行，此后也要继续进行，以便情况有所变异时可得到不同的反馈，得以及时修正决策。

(5) 决策的有序性、系统性、全面性和时效性。有序性是指决策中轻重有序、主次分明、工作任务排列合理。所谓系统性是指决策时需充分了解系统内外各子系统、要素之间的关系，掌握其变化规律，以便在系统状态发生变化时能够及时有效地予以调整控制。全面性是指决策必须了解全面、考虑周全，不可以顾此失彼。时效性是指既要注意短期效应也要注意长期效应，使其时效性始终保持在良好状态。

(6) 决策中的安全要点。

① 在决策中明确提出了包括决策本身在内的各项管理活动和有关活动的安全研究设计、保险、救助等。

② 尽可能提出多重或双重有效防护措施和应急救助措施，思进也思退。

③ 设立有效的反馈监察职能和定期反省检查制度。

④ 有自知之明，对可能的事故等负效应有充分估计并做好预防性准备。

⑤ 保持强大的修正更改能力，并在修正更改过程中能够保持稳定。

五、安全经济决策方法

安全经济决策是安全管理活动中首要的一项职能。常见的安全经济决策方法有“利益-成本”分析决策方法、风险决策法、综合评分决策法、投资合理度诺模图法、基于安全价值工程的安全决策法等。本节主要介绍前四种安全经济决策法，第五种在下一节进行介绍。

（一）“利益-成本”分析决策方法

1.“利益-成本”分析决策方法的基本原理与步骤

(1) 计算安全方案的效果。安全方案的效果可按下式计算：

$$R = UP$$

式中，R 为安全方案的效果；U 为事故损失；P 为期望事故概率。

（2）计算安全的利益。安全的利益可依据下式计算：

$$B=R_0-R_1$$

式中，B 为安全方案的利益；R_0 为安全措施实施前的系统事故后果；R_1 为安全措施实施后的系统事故后果。

（3）计算安全的效益。安全的效益可依据下式计算：

$$E=\frac{B}{C}$$

式中，E 为安全效益；C 为安全方案的投资。

2.安全方案的优选决策步骤

（1）应用有关风险分析技术，如 FTA 技术，计算系统原始状态下的事故发生概率。

（2）应用有关风险分析技术，分别计算出各种安全措施方案实施后的系统事故发生概率 $P_1(i)$，$i=1$、2、3、…。

（3）在事故损失期望 U 已知的情况下，计算安全措施实施前的系统事故后果：

$$R_0=UP_0$$

（4）计算各种安全措施方案实施后的系统事故后果：

$$R_1(i)=UP_1(i)$$

（5）计算系统各种安全措施实施后的安全利益：

$$B(i)=R_0-R_1(i)$$

（6）计算系统各种安全措施实施后的安全效益：

$$E(i)=\frac{B(i)}{C(i)}$$

根据 $E(i)$ 值进行方案优选，最优方案为 $\max\{E(i)\}$。

3.举例

已知发生一次事故的经济损失为 5 万元，某系统改进前的原因事件概率以及对各原因事件进行改进后的事件概率见表 8-1。请对三种方案进行分析对比，做出优选。

表 8-1　不同方案事件概率

基本事件	原始事件概率	采取方案后的概率和所需投资		
		方案 1	方案 2	方案 3
X_1	0.01	0.001	0.01	0.01
X_2	0.02	0.02	0.002	0.02
X_3	0.03	0.03	0.03	0.003
所需安全投资 C/万元		0.4	0.2	0.3

按上面介绍的步骤，分别计算出结果列于表 8-2。从表中可看出，方案 1 的费用虽高于方案 2 和方案 3，但由于能使系统的事故发生率大大下降，且综合效益值较高，因此，只要技术上有实现的可能，则应以方案 1 作为优选方案。

表 8-2 决策结果

项目	原始系统	采取安全措施方案后		
		方案 1	方案 2	方案 3
顶事件概率 $P_i/10^{-3}$	0.494	0.0494	0.3194	0.2294
安全效果 R_i		2.47	15.97	11.47
安全利益 B_i		22.23	8.73	13.23
安全效益 E_i		55.58	43.65	44.10
安全效率 $(P_0-P_i)/P_0$		90	35.3	53.56

(二)风险决策法

1. 风险决策的基本原理

风险决策也称概率决策。它是在估计出措施利益的基础上，考虑利益实现的可能性大小，然后进行利益期望值的预测，以此预测值作为决策依据的方法。

2. 风险决策的具体步骤

(1) 计算出各方案的各种利益 B_{ij} (第 j 种方案的第 i 种利益);

(2) 计算出各利益实现的概率(可能性大小)P_i;

(3) 计算各方案的利益(共有 m 种利益)期望 $E(B_i)$:

$$E(B_i)=\frac{1}{m}\sum_{i=1}^{m}P_iB_{ij}$$

(4) 进行方案优选，最优方案为 $\max\{E(B_i)\}$。

(三)综合评分决策法

1. 基本原理

该方法是基于加权评分理论，根据影响评价和决策的因素重要性以及反映其综合评价指标的模型，设计出对各参数的定分规则，然后依照给定的评价模型和程序，对实际问题进行评分，最后给出决策结论。

具体的评价模型是“投资合理性”计算公式:

$$投资合理性=\frac{RE_xP}{CD}$$

式中，R 为事故后果严重性；E_x 为危险性作业程度；P 为事故发生可能性；C 为经费指标；D 为事故纠正程度。

上式中分子是风险评价的三因素，反映了系统的综合危险性；而分母是投资强度和效果的综合反映。此公式实际上反映了“效果-投资”比的内涵。

2. 决策步骤

(1) 确定事故后果的严重性分值。事故后果的严重性是反映某种险情引起的某种事故最大可能的结果，包括人身伤害和财产损失的结果。事故造成的最大可能的后果是用额定值来计算的，如表 8-3 所示。特大事故定为 100 分，轻微的割破擦伤则定为 1 分，根据严重程度往下依次类推。

表 8-3 事故后果严重性 R 的分值

后果的严重程度	分值
特大事故：死亡人数很多；经济损失高于 100 万美元；有重大破坏	100 分
死亡数人：损失在 50 万～100 万美元之间	50 分
有人死亡：损失在 10 万～50 万美元之间	25 分
极严重的伤残（截掉肢体、永久性残废）：损失在 0.1 万～10 万美元之间	15 分
有伤残：损失达到 0.1 万美元	5 分
轻度割伤：碰撞撞破，轻微的损失	1 分

（2）确定人员暴露在危险场所的危险性作业程度 E_x。危险性作业程度是指人员暴露在危险条件下的频率。危险性作业的分值为连续暴露的记 10 分，最轻的为 0.5 分，如表 8-4 所示。

表 8-4 危险性作业程度的分值

危险事件出现情况	分值
连续不断（或者是一天之内出现很多次）	10 分
经常性（大约是一天一次）	6 分
非经常性（一周一次到一月一次）	3 分
有时出现（一月一次到一年一次）	2 分
偶然性（偶然出现过一次）	1 分
很难确定（不知道哪天发生过，很可能是很久以前的事了）	0.5 分

（3）事故发生的可能性 P 值的确定。由于时间与环境的因素，在危险作业条件下事故发生的可能性大小及产生的后果，如表 8-5 所示。

表 8-5 事故发生的可能性 P 的分值

意外事件产生各种可能后果的可能程度	分值
最有可能出现意外结果的危险作业	10 分
有 50%可能性的	6 分
只有意外或巧合才能发生事故	3 分
只有遇上极为巧合才能发生事故，但记得曾经有过这样的事例	1 分
很难想象出来的可能事故，这种冒险作业进行了好多年但还未发生过事故	0.5 分
实际上不可能出现，所想象的巧合不符合实际，只有 1%发生事故的可能性。这样的作业多年来从未发生过任何事故	0.1 分

（4）确定投资强度 C 的分值。不同的投资强度，对应不同的分值，投资强度的分值见表 8-6。

表 8-6 投资强度的分值

费用	额定值
50000 美元以上	10 分
25000～50000 美元	6 分
10000～25000 美元	4 分
1000～10000 美元	3 分

续表

费用	额定值
100～10000 美元	2 分
25～100 美元	1 分
25 美元以下	0.5 分

（5）纠正程度 D 分值的取值。纠正程度是指所提出的安全措施能把险情消除或缓和的程度。其分值见表 8-7。

表 8-7 安全措施纠正程度 D 的分值

纠正程度	额定值
险情全部消除(100%)	1 分
险情降低了 75%	2 分
险情的降低程度为 50%～75%	3 分
险情的降低程度为 25%～50%	4 分
险情仅有稍微的缓和(少于 25%)	6 分

如果使用这个公式评定一项开支是否合理，只要把对应的实际情况分值查出，代入前述公式，就可以求出表示合理度的数值。合理度的临界值选定为 10，如果计算出的合理度分值高于 10，则安全经费开支被认为是合理的；如果低于 10，则被认为是不合理的。

（四）投资合理度诺模图法

诺模图是根据一定的几何条件（如三点共线），把一个数学方程的几个变量之间的关系变成具有刻度的直线或曲线的计算图表。如已知两个变量，则过两个变量图尺上相应变量点作一直线，该直线与第三图尺的交点，就是第三变量的值，以此类推。

安全投资合理度求算的诺模图步骤有以下三步：

（1）根据图 8-8 中的事故发生可能性、危险作业性和事故可能后果确定出危险等级；

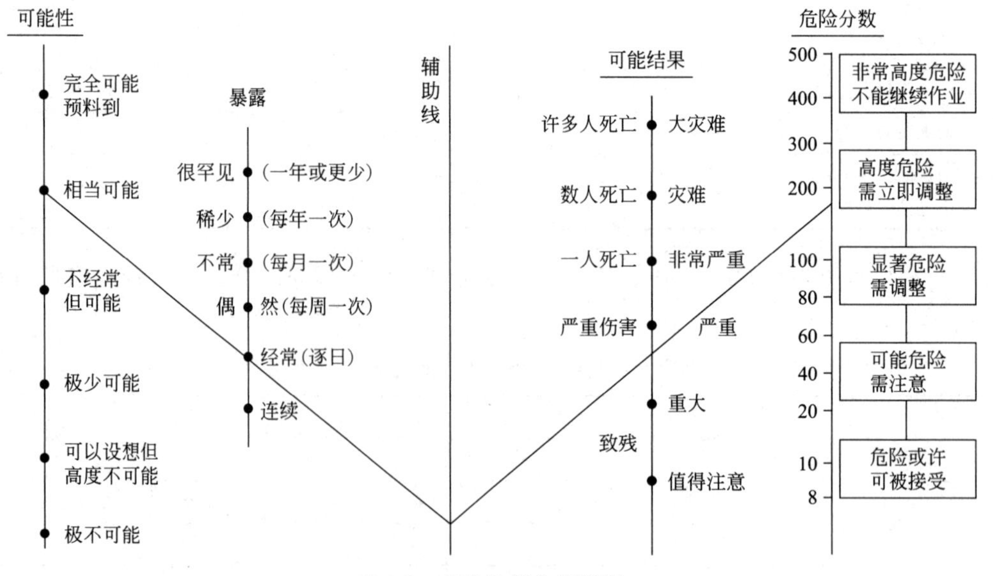

图 8-8 危险性评价诺模图

(2) 把危险分级结果代入图 8-9；

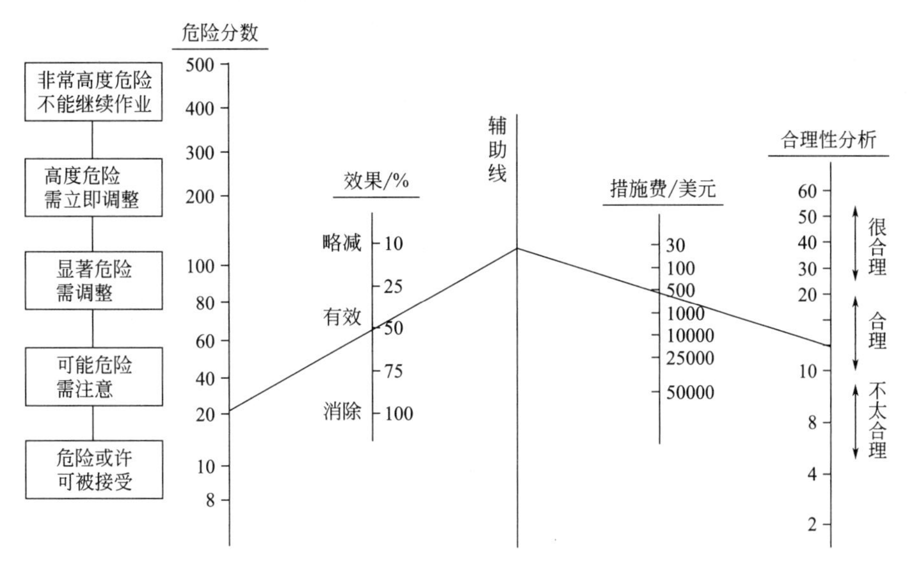

图 8-9 安全投资效果合理性决策诺模图

(3) 根据危险分级、措施的可能纠正效果和投资强度确定投资合理性，从而做出投资很合理、合理和不太合理三种决策。

第四节 安全价值工程

一、安全价值工程的概念及分析程序

1. 概念

安全价值工程 SVE 是依靠集体智慧和有组织的活动，通过对某措施进行安全功能分析，力图用最低安全寿命周期投资，实现必要的安全功能，从而提高安全价值的安全技术经济方法。

该定义还表明了 SVE 包含以下方面的内容：着眼于降低安全寿命周期投资；以安全功能分析为核心；充分、可靠地实现必要安全功能；依靠群众、集体的智慧和有组织的活动。

2. 安全价值工程的分析程序

安全价值工程是价值工程 VE 在安全领域的应用，所以其工作步骤和价值工程比较相似，但其工作内容却有着明显的区别，见表 8-8。

表 8-8 安全价值工程的工作程序

工作阶段	VE 具体步骤	VE 要解决的问题	SVE 具体步骤	SVE 要解决的问题
成立工作组	成立 VE 工作组		成立 SVE 工作组	
确立对象	1. 选择对象	这是什么	1. 选择 SVE 对象	哪些需要进行分析
	2. 收集情报		2. 收集有关信息	

续表

工作阶段	VE具体步骤	VE要解决的问题	SVE具体步骤	SVE要解决的问题
功能分析	3. 功能定义	它是干什么用的	3. 功能定义	它是干什么用的，用来防止哪些类型的风险
	4. 功能整理	找出其实现的功能及其相互之间的关系	4. 功能分析	找出其实现的功能及其相互之间的关系
	5. 功能评价	它的功能是多少，成本是多少，价值是多少	5. 功能价值评价	（危险类型有哪些，危险等级多少，该措施实施前后事故发生的概率是多少）功能是多少，成本是多少，价值是多少
方案创造	6. 方案创造	有无其他方案实现	6. 方案制定	方案是不是最优的
	7. 概略评价	新方案的成本是多少	7. 概略评价	方案的代价是多少
	8. 方案实验研究	新方案能满足要求吗	8. 方案实验研究	方案能满足要求吗
	9. 详细评价	具体指标是怎么样	8. 详细评价	具体指标 R 如何，方案比较后哪个安全价值最大，确定最优方案
方案实施	10. 提案评审	能否通过审批	9. 提案审批	能否通过审批
	11. 组织实施	方案怎么来实施	10. 组织实施	方案怎么来实施
	12. 效果总评	达到了预期效果吗	11. 效果总评	达到了预期效果吗

二、基于安全价值工程的安全决策法

1. 决策步骤

决策步骤可见表8-9。

表8-9　基于安全价值工程的安全决策步骤

SVE决策步骤		工作内容
1	成立SVE工作组	成立SVE工作组，确定有关方面的专家，做好前期工作
2	选择SVE对象	确定对象，进行方案粗选，确定可行性备选方案，剔除在技术上、经济上无法实现的方案
3	收集有关信息	收集企业的安全现状、未来发展情况、安全设施配备资料；收集与方案相关的设备厂家、性能、参数、成本等资料
4	功能分析	分析备选方案所要实现的功能，用来防止哪些风险，可从哪几方面进行评价，可同时确定功能评价指标
5	确定功能系数	（确定功能评价指标权重）选择合适的评价方法对各方案的安全功能进行评价，确定各方案的功能系数
6	确定成本系数	计算各方案的安全寿命周期成本，包括初始购置成本和运行成本，求出各方案的成本系数
7	确定价值系数	确定各方案的价值系数并进行排序，指出最优方案

2. 安全价值工程对象选择

（1）安全价值工程对象选择的原则。总的来说，安全价值工程对象选择的原则有三个方面：

① 根据社会经济建设和企业生产经营的需要，选择安全对象时先考虑对国计民生的影响大小，再考虑对实现企业生产经营目标的影响大小、对广大劳动者身体健康的影响大小。

② 考虑提高安全性的可能，应分析作业单位有无提高安全性的可能，有可能的话，提高途径是什么。

③ 经济方面，应考虑用最小的费用取得最大的安全利润。

（2）安全价值工程对象范围。

① 重大危险源和作业场所污染源的治理措施评价；

② 安全防护仪器及设备的选用；

③ 改善作业环境技术工艺的设计和论证；

④ 与基建、改建工程相配套的安全卫生设施评价和优选；

⑤ 检测、监察仪器设备配备的优选论证；

⑥ 事故紧急处置方案的选择；

⑦ 安全教育培训组织方案的选择；

⑧ 指导安全科研项目方向的确定及经费的论证；

⑨ 个体防护用品选购的指导；

⑩ 日常安全管理费用预算的论证；

⑪ 安全标准制定的技术经济论证依据；

⑫ 按照安全价值链对企业整个的安全投资进行优化，找出安全活动不足和过剩的地方并提出改进方案。

（3）安全价值工程对象选择的方法。

① 因素分析法。因素分析法亦称经验分析法，是靠价值活动人员的经验，来选择和确定分析对象的。应注意分清安全对象在寿命周期内处于导入、成长、成熟、衰退期的哪一个阶段。处于导入期的安全对象，应为价值工程活动的对象；处于成熟期的安全对象，如果再增加少量投资，即可提高其功能，或降低运行费用，也应作为价值工程的对象。其优点是简单易行，缺点是较定量分析准确性差。

② ABC 分类法。又叫重点管理法。ABC 分类法是意大利经济学家巴雷特于 19 世纪引入经济管理的，他在分析研究本国财富分配状况时从大量的统计资料中发现，占人口比例小的少数人，拥有绝大部分社会财富，而占有少量社会财富的则是大多数人。

选择安全价值工程对象时运用 ABC 分类法，就是首先把一个安全对象的各个子单元按其占总成本比例的大小由高到低排列起来，然后勾勒出累积分布图，如图 8-10 所示。全部子单元被分配为 A、B、C 三部分。其中 20％子单元（即 A 类）的成本约占总成本的 80％，这部分的单元应被选择为价值工程的重点对象。25％子单元（即 B 类）的成本约占总成本的 15％，这部分的单元应适当考虑。其余 55％子单元（即 C 类）的成本只占总成本的 5％，可以只作一般的兼顾。

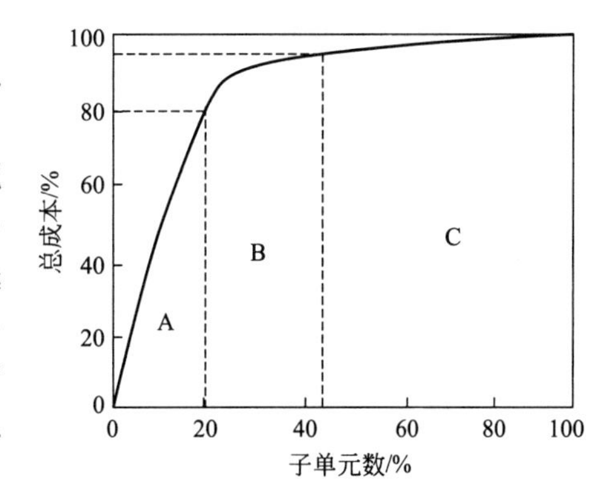

图 8-10　ABC 分配示意图

③ 强制确定法。强制确定法（FD）在安全对象选择、安全功能评价和安全方案评价中都可以使用。在安全对象选择中，先计算出功能重要性系数和成本系数，然后再求出这两个系数之比，即价值系数，最后根据价值系数的大小来判断安全对象的价值，把价值低的选作安全价值工程活动的对象。

④ 功能重要性分析法。功能重要性分析法是以功能重要程度作为选择 SVE 对象的决策

指标的一种分析方法。它的出发点是功能重要程度高的设施，是整个系统中的关键。

⑤ 最合适区域法。最合适区域法是根据价值工程系数来确定安全价值工程对象的一种方法。但它不是以价值系数等于、大于和小于为标准，而是确定一个选择价值系数的最合适区域，如图 8-11 所示。

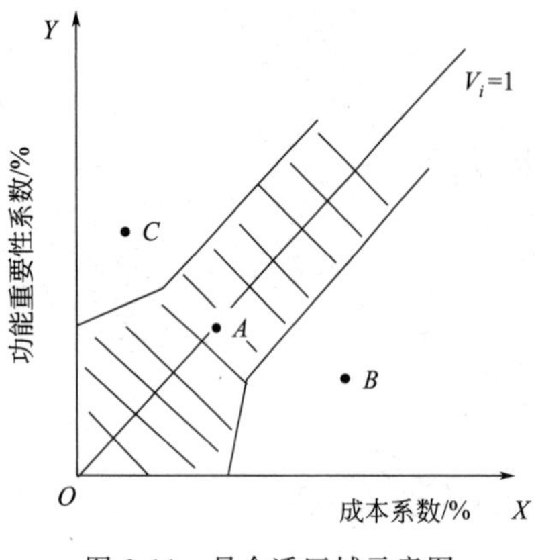

图 8-11　最合适区域示意图

图 8-11 中，有一条价值系数 $V_i=1$ 的标准线。价值系数为 1，表明对象的功能重要性与成本是适应的，这种情况下的安全对象不选为价值工程活动对象。即使价值系数为 1 的线稍有偏离，也并非都选为价值工程活动对象。

最合适区域是由两条围绕标准线 V_i 的曲线包络而成的，即图 8-11 中的阴影部分。凡是在区域内的所有对象，都被认为价值系数对于 1 的偏离是可以允许的，因此不选作价值工程的对象，如图 8-11 中的 A 点。而对处于最合适区域外的各点，尤其是那些远离原点 O 的点，则应优先选为价值工程活动的对象。如图 8-11 中的 B 点，在最合适区域外，并且是在标准线的右下方，表明成本分配过高，应当作为安全价值工程的重点对象。又如图 8-11 中的 C 点，是在标准的上方，表明与功能重要性系数相比，成本系数偏低，如何调整则视具体情况而定。

3. 安全功能整理和分析

就安全系统而言，“安全”在社会系统和生产系统中的功能主要有以下几点：保护人类的安全和健康；避免和减轻财产的损失；保障技术功能的利用和发挥；维护企业信誉，提高产品质量和产量，提高劳动生产效率；维护社会经济持续、健康发展，促进社会进步；避免因事故造成有关人员的心灵创伤、家庭痛苦；维护社会的稳定；保护环境和资源，使其免遭破坏和危害。

安全功能整理和分析的步骤是：

(1) 确定某项安全投入所达到的最基本的安全功能，排列在上端——“上位安全功能”，如防止高处作业坠落。

(2) 按“怎样实现最上位安全功能”方法寻找下位一级安全功能，直到找到最下位安全功能。如防止高处作业坠落的下一级功能有避免作业时重心偏离、消除不慎失足等。

(3) 排出安全功能系统图。按照上述功能分析，去掉不必要的功能，把各级必要的安全功能自上而下地排列起来，就形成了安全功能系统图。

4. 安全投资决策

基于安全价值工程的安全投资决策方法有功能成本法、功能系数法。

(1) 功能成本法。步骤是：计算功能的现实成本；求出功能的目标成本（功能评价值）；计算功能价值和改善期望值；选择价值低的功能作为改善对象。

如果 $C>SF'$，则常常将功能评价值 SF' 作为降低功能成本的目标，即目标成本；而 $C-SF'$ 则是成本降低幅度，即成本改善的期望值。

用 $SV'=SF'/C$ 对功能价值进行评价时，将会出现如下三种情况：

$SV'=1$，即 $C=SF'$，这说明现实成本较低，改造挖潜的可能性不大。

$SV'<1$，即 $C>SF'$，说明现实成本高于功能评价值，所以应该设法降低现实成本 C，以提高功能价值。

$SV'>1$，即 $C<SF'$，这种情况首先要检查功能评价值 SF'确定得是否合适，如果 SF'值定得太高，则应降低 SF'值，否则将会失去价值工程的指导意义。如果 C 值确定合适，就应检查现实功能是否不足，如果不足，就应提高现实功能，以适应用户的需要。为了提高功能，必要时也可以适当提高成本。

（2）功能系数法。功能系数法是通过计算功能评价系数（简称功能系数）和成本系数，并通过功能系数与成本系数的比较来计算功能价值，由此描述功能的重要程度、复杂程度、用户需求强度与成本之间的协调关系等。功能系数法又称为相对值法或功能指数法。

基本思路：将评价对象的安全功能系数（即构成要素的安全功能在总体安全功能中的比例）与相对应的成本系数（即构成要素的目前成本在总体成本中的比例）相比，算出评价对象的安全价值系数（功能系数和成本系数之比即为安全价值系数），并对其进行综合分析，确定优选方案的方法。

5.安全隐患优先投资决策举例

某煤矿已分析了多种安全隐患及拟采取安全措施，如表 8-10 所示，需要对优先采取的安全措施进行投资决策。采用功能系数法的决策过程如下：

表 8-10 安全技术措施功能分析

工程编号	安全工程简要内容	安全功能描述	费用/万元
1	购置瓦斯参数测定仪器及防突钻机	降低瓦斯事故发生概率	194
2	新增瓦斯抽放系统	降低瓦斯事故发生概率和后果严重度	421.5
3	增加瓦斯监控系统分站	降低瓦斯事故发生概率	94.61
4	西一采区通风系统改造	降低通风安全事故发生概率和后果严重度	560
5	购置高分子防灭火材料	降低火灾事故发生概率和后果严重度	39.2
6	采煤机降尘装置完善	降低煤尘事故发生概率	23.4
7	新增防尘供水管路 3650m	降低通风安全事故发生概率和后果严重度	55.35
8	购置防爆电气设备	降低通风安全事故发生概率和后果严重度	40.68
9	更新采掘机安全防护装置	降低机电事故发生概率	40.7
10	新增单体支柱 200 个	降低顶板事故发生概率	165.75
11	斜巷人行车刹车系统改造	降低运输事故发生概率和后果严重度	49
12	副井提升钢丝绳更换	降低运输事故发生概率和后果严重度	43.3
13	−800 西翼大巷轨道更换	降低运输事故发生概率和后果严重度	17.5
14	劳保用品	降低其他事故发生概率和后果严重度	15.2
15	局部降温装置	降低井下高温致人伤亡事故发生概率	205.6

（1）引入事故相对发生概率、事故相对后果严重度和相对风险损失系数等概念。事故相对发生概率指某类事故相对于其他各类事故所发生的频繁程度，可用本类事故的发生次数与各类事故的发生总次数之比表示；事故相对后果严重度指某类事故后果相对于其他各类事故后果的严重程度，可先求出各类事故平均单个事故所造成的损失，然后以最小的单个事故损失为基数，求出其他各类事故与最小事故损失的比值，即各类事故的相对事故后果严重度；相对风险损失系数指事故相对风险损失的大小，可用事故相对发生概率和事故相对后果严重度计算。通过对该矿历年事故的统计情况进行分析可知，除煤尘事故、瓦斯事故和水灾

外，其各类事故的发生概率和事故后果严重度与全国平均水平基本相同，故先以全国煤矿死亡事故统计分析为基础求出事故相对发生概率和事故相对后果严重度，再由该集团公司及该矿有关专家结合该矿实际情况对计算结果进行修正。该矿的事故相对发生概率和事故相对后果严重度计算结果可见表 8-11。

表 8-11 相对风险分析

事故类别	水灾	火灾	顶板	运输	放炮	瓦斯	煤尘	机电	其他
事故相对发生概率 P_i	0.0394	0.0779	0.4226	0.1105	0.0179	0.2496	0.0058	0.0228	0.0536
事故相对后果严重度 L_i	8.6567	2.4724	1.1986	1.1517	1.1331	6.6755	10.2451	1.0714	
相对风险系数 R_{ij}	0.3411	0.1926	0.5065	0.1273	0.0203	1.6662	0.0594	0.0228	0.0574

(2) 安全功能分析。即对各项安全投入带来的安全功能进行仔细分析。由于间接为社会增值的安全功能、避免或减少环境危害的安全功能不易计算，因此，在技术措施优选排序时主要考虑实施某项安全措施后对企业避免或减少的人身伤亡（及职业病亡）及损失情况，即主要考虑实施某项安全措施后某类事故相对发生概率和事故相对后果严重度的降低程度。该矿各安全技术措施的安全功能分析可见表 8-10。

(3) 计算安全功能系数、安全投入系数 C_i、安全价值系数 sv_i。实施某项安全措施后某类事故相对发生概率和事故相对后果严重度的降低程度以减损系数的形式予以确定，对各项安全投入进行归一化处理后得出各安全技术措施的成本系数，安全价值系数为功能系数和成本系数之比。

设 P_{1j}、P_{2j} 为投入前后某类事故的发生概率，L_{1j}、L_{2j} 为投入前后某类事故的损失，r 为投入前后某类事故相对发生概率下降的百分比，即事故概率减损系数，e 为投入前后某类事故相对后果严重度下降的百分比，即事故后果减损系数，事故概率减损系数 r 和后果减损系数 e 分别由该集团公司及该矿有关专家结合该矿实际情况和以往资料以及自身经验进行估算得出。R_{ij} 为安全投入前的相对风险损失系数($j=1,2,\cdots,m;i=1,2,\cdots,n$)，则：

$$P_{2j}=(1-r)P_{1j}, L_{2j}=(1-e)L_{1j}, R_{1j}=P_{2j}L_{2j}$$

某项安全投入所得的安全功能 SF_i、安全功能系数 sf_i 分别为：

$$SF_i=\sum_{j=1}^{m}P_{1j}L_{1j}-\sum_{j=1}^{m}P_{2j}L_{2j}=\sum_{j=1}^{m}(r+e-re)R_{ij}$$

$$sf_i=\frac{SF_i}{\sum_{i=1}^{n}SF_i}$$

各技术措施的相关参数分析计算结果如表 8-12 所示。

表 8-12 各技术措施价值参数分析

工程号	R_{ij}	r	e	SF_i	sf_i	投入系数 c_i	安全价值系数 sv_i
1	1.6662	0.3	0	0.4999	0.1831	0.0987	1.8556
2	1.6662	0.4	0.1	0.7665	0.2808	0.2144	1.3098
3	1.6662	0.2	0	0.3332	0.1221	0.0481	2.5384
4	1.6662	0.35	0.2	0.7998	0.2930	0.2849	1.0285
5	0.1926	0.1	0.05	0.0279	0.0102	0.0199	0.5142

续表

工程号	R_{ij}	r	e	SF_i	sf_i	投入系数 c_i	安全价值系数 sv_i
6	0.0594	0.3	0	0.0178	0.0065	0.0119	0.5487
7	0.0594	0.35	0.15	0.0266	0.0097	0.0282	0.3454
8	0.0228	0.4	0.15	0.0112	0.0041	0.0207	0.1977
9	0.0228	0.45	0	0.0103	0.0038	0.0207	0.1816
10	0.5065	0.25	0	0.1266	0.0464	0.0843	0.5504
11	0.1273	0.1	0.2	0.0356	0.0131	0.0249	0.5245
12	0.1273	0.2	0.05	0.0306	0.0112	0.0220	0.5088
13	0.1273	0.05	0.05	0.0124	0.0045	0.0089	0.5110
14	0.0574	0.1	0.1	0.0109	0.0040	0.0077	0.5189
15	0.0574	0.35	0	0.0201	0.0074	0.1046	0.0704

(4) 按照各方案的安全价值系数大小进行排序，并决策。根据表 8-12，各措施的安全价值系数排序为 $sv_3>sv_1>sv_2>sv_4>sv_{10}>sv_6>sv_{11}>sv_{14}>sv_5>sv_{13}>sv_{12}>sv_7>sv_9>sv_8>sv_{15}$，也就是这 15 项拟解决安全隐患的决策排序。可以看出工程 3、1、2、4 的安全价值系数排在前 4 位，应优先解决，这是因为瓦斯事故的相对风险损失系数较高，相对于其他工程措施而言投入同样的钱可取得最大的安全效益。

6. 安全设备采购决策举例

某矿对各厂家生产的移动式瓦斯抽放泵站和工作面以及日后矿井生产的需要进行了调查分析评价，确定了 A（沈阳产）、B（抚顺产）、C（重庆产）、D（抚顺产）4 种矿用移动式瓦斯抽放泵站供选择。采用功能系数法的决策过程如下：

(1) 安全功能分析。根据实际生产需求，瓦斯抽放泵站的安全功能包括：实际抽气量 F1，高低瓦斯检测灵敏性 F2，寿命周期 F3，自身稳定性 F4，易维护检修性 F5，抽气量监测准确、灵敏、可靠性 F6，泵站供水监测 F7 和浓度超限报警断电 F8 等，如表 8-13 所示。

表 8-13　瓦斯抽放泵站安全功能分析

功能		详细评价内容
主要功能	F1	密封性，真空度，实际有效风量，吸气口角度、大小
	F2	传感器灵敏度，传感器位置及个数，传感器质量
	F3	电动机、真空泵质量，无故障时间
	F4	电动机、真空泵质量，系统稳定性，持续工作时间，自身安全性
辅助功能	F5	零部件通用性，可达性，可拆换性，可移动性
	F6	是否有此功能，抽气量监测准确、灵敏、可靠性
	F7	是否有此功能
	F8	传感器灵敏度，是否有此功能

(2) 确定安全功能评价权重系数。采用 0～4 强制打分法，确定所采购安全设备的 n 项功能指标的权重。先按表 8-14 的标准进行两两比较打分，得到各指标的重要性 m_{ij}（i、$j=$

1、2、3、4)，然后将每一项功能的得分相加得到 M_i，按下式求出权重系数：

$$w_i = M_i / \sum_{i=1}^{n} M_i$$

表 8-14　权重打分标准

分值	意义
0	指标 i 与指标 j 相比非常不重要
1	指标 i 与指标 j 相比比较不重要
2	指标 i 与指标 j 同等重要
3	指标 i 与指标 j 相比比较重要
4	指标 i 与指标 j 相比非常重要

权重系数结果可见表 8-15。

表 8-15　评价指标权重计算表

功能	F1	F2	F3	F4	F5	F6	F7	F8	合计	w_i
F1		4	4	4	4	4	4	4	28	0.2205
F2	2		3	3	4	4	4	4	24	0.1890
F3	2	2		2	4	4	4	4	22	0.1732
F4	1	2	2		3	4	4	3	19	0.1496
F5	0	0	1	1		3	3	2	10	0.0787
F6	0	0	1	1	2		3	1	8	0.0630
F7	0	0	0	0	1	2		1	4	0.0315
F8	0	0	1	2	3	3	3		12	0.0945
合计									127	1

（3）确定安全功能系数和安全成本系数。步骤是：

① 选择 5 位专家采用 10 分制对所要购买设备的各功能满足程度进行打分，完全满足某项功能，该方案此项得分为 10 分；完全不能满足某项功能要求，该方案此项得分为 0 分。

② 根据 5 位专家的评分结果，求取其算术平均数，作为所要购买设备在某项功能上的得分 S_{ij}。下标 i 表示所要购买设备的各个方案 A、B、C、F、…，$i=$｛a，b，c，d，…｝；j 表示各项功能，$j=$｛1，2，…，n｝。

③ 计算各设备的各项功能得分，$F_{ij}=w_i S_{ij}$；并计算某方案的总功能得分，$F_i = \sum_{j=1}^{n} F_{ij}$。

④ 对各种采购方案的功能得分进行归一化处理，所得结果即为其安全功能系数 sf_i $[sf_i = F_i/(F_a+F_b+F_c+F_d+\cdots)]$；设采购安全设备的各方案成本价格为 C_i，对各方案成本价格进行归一化处理，即为其安全成本系数 c_i $[c_i = C_i/(C_a+C_b+C_c+C_d+\cdots)]$。

⑤ 安全功能系数除以安全成本系数即得安全价值系数 sv_i $[sv_i = sf_i/c_i]$，然后按安全价值系数的大小确定四种方案的优先顺序，如表 8-16 所示。

表 8-16　各方案的安全价值系数

方案	C_i/万元	c_i	sf_i	sv_i	优先排序
A 产品	40.1	0.2286	0.2719	1.1895	1
B 产品	52.1	0.2970	0.2887	0.9719	2
C 产品	36.5	0.2081	0.2003	0.9628	3
D 产品	46.7	0.2662	0.2390	0.8978	4

7. 通风系统改造方案决策实例

某矿井由于生产范围、条件变化，原通风系统不能满足安全生产要求，现初步拟定了方案 1、方案 2、方案 3 等三种通风系统改造方案，各方案的指标参数如表 8-17 所示。决策过程如下。

表 8-17　通风系统改造各方案指标参数

指标	方案 1	方案 2	方案 3
矿井总风压/Pa	2488	2335	1892
矿井总风量/(m^3/min)	9366	9424	9869
矿井等积孔/m^2	3.76	3.87	4.5
矿井风量供需比	1.008	1.014	1.062
主要通风机功率/kW	486.688	460.164	511.375
主要通风机效率/%	79.8	79.7	60.9
主要通风机年电费/万元	346.528	327.643	364.106
通风井巷工程费/万元	0	60	0
热环境指数	0.7	0.64	0.6
主要通风机运转稳定性	8.6	9	7
矿井抗灾能力	82	90	95

(1) 安全功能分析及评价指标体系的建立。根据通风安全专业知识，矿井通风系统的安全功能及评价指标包括三个方面：①矿井抗灾能力 A，包括应急反应能力 A_1、用风点风流稳定性 A_2、风机运转稳定性 A_3、风机串并联作业 A_4、通风方式适应性 A_5；②管理难易程度 B，包括方案实施难易性 B_1、管理复杂性 B_2、系统调节灵敏度 B_3；③事故预防与职业健康能力 C，包括矿井总风压 C_1、矿井总风量 C_2、用风点风量合格率 C_3、热环境指数 C_4。

(2) 各安全功能及评价指标的权重确定。按层次分析法计算，A、B、C 的权重向量分别为 0.3586、0.1243、0.5171；$A_1 \sim A_5$ 的权重向量分别为 0.3662、0.2051、0.2051、0.1275、0.0960；$B_1 \sim B_3$ 的权重向量为 0.1958、0.4934、0.3108；$C_1 \sim C_4$ 的权重向量为 0.3832、0.3416、0.1070、0.1682。

(3) 安全功能系数的确定。对于定性指标（$A_1 \sim A_5$、$B_1 \sim B_3$）的功能指标值确定，先采用专家打分法，后采用加权平均得出指标值；对于各方案定量指标（$C_1 \sim C_4$）的功能指标值确定，按以下步骤进行：①计算各方案的指标值 x_{ij}，其中，i 表示各个方案，j 表示指标值；②对指标原始数据进行无量纲归一化处理，对于指标值越大越好的指标，将这几个方案中最大的指标值作为基数，分别除这几个指标值，得到一组新的向量 $X_{ij}=$

$x_{ij}/\max(x_{ij})$，对于指标值越小越好的指标，选取这几个方案中最小的指标值作为基数，分别除以这几个指标值，得到一组新的向量 $X_{ij}=x_{ij}/\min(x_{ij})$；③对包括定性指标和定量指标在内的所有评分进行归一化处理；④将各方案归一化后的指标得分值乘以相对应的指标权重，得出方案的安全功能系数。三个方案的安全功能系数分别为：$SF_1=0.3218$，$SF_2=0.3435$，$SF_3=0.3347$。

（4）成本系数及安全价值系数的确定。先根据表 8-17 得到 3 个方案的初期成本和运行成本，再考虑通风系统的更新周期，每个方案分别计算 10 年的运行成本，加上初期成本即得到该方案的总成本，故将 3 个方案的总成本进行归一化处理后得到其成本系数。此时，将 3 个方案的安全功能系数和成本系数相比即可得到 3 个方案的安全价值系数，结果如表 8-18 所示。

表 8-18　通风系统方案安全价值系数表

项目	总费用/万元	成本系数 c_i	安全功能系数 sf_i	安全价值系数 sv_i	优先度
方案 1	3465.28	0.3318	0.3218	0.9698	2
方案 2	3336.43	0.3195	0.3435	1.0750	1
方案 3	3641.06	0.3487	0.3347	0.9600	3
总计	10442.77	1	1		

从表 8-18 中可以看出，$sv_2>sv_1>sv_3$。其中方案 2 的安全价值系数最高，即表示相对于方案 1 和方案 3，方案 2 可以用最低的成本产生最大的安全功能，对于企业来说，是最为合算的，由此得到了该矿井的最优通风系统改造方案为方案 2。

三、安全价值链

价值链是一个行业或企业各项生产活动相互连接构成的一个动态的运动系统。价值链分析就是以价值链为研究对象，分析价值链的构成、价值链上每项价值活动的地位及相互关系、价值链上每项价值活动的成本及其成本动因、占用的资产、盈利状况等，以期发现企业价值链及价值活动存在的问题，进而提出优化价值链的途径。

根据安全价值、价值链的概念，安全功能通过互相关联、密不可分的各项安全活动整体组合来实现。安全价值链的含义为：一个企业或组织为防止灾害、事故及职业病的发生和扩大，以追求安全价值最大化为目标，以安全功能分析和安全成本分析为研究手段，将组织中的人、机、环境、资金、技术和管理等要素有机整合起来，形成协同效应的有机结合。

从安全价值的定义、安全边际投资与边际效益的关系可看出，提高安全价值的主要途径，一是提高安全功能，二是保证必要的安全投入和提高边际安全效益。因此，安全价值链可分为安全功能提高链和安全经济管理链两大块。其中，安全功能提高链按其所实现的功能不同又可分为灾害与事故（及职业病）预防链和灾害应急救援链；安全经济管理链又可分为保证安全投入链和提高安全效益链。

（1）灾害与事故预防链。灾害与事故预防链属于安全功能提高链，主要用来实现安全的预防功能，是企业安全生产过程中最重要的一个链条，属事前控制。企业只有抓好灾害与事故预防链，才能防止各类事故的发生。灾害与事故预防链包括安全行为管理链与安全技术措施链两条链。

（2）灾害应急救援链。灾害应急救援链也属于安全功能提高链，主要用来实现安全的控制功能，防止事故后果进一步扩大，属事中控制和事后控制范畴。根据企业灾害应急救援工作的程序，灾害应急救援链包括应急准备、应急响应和生产恢复等环节，如本书第九章所述。

（3）保证安全投入链。安全经济管理链主要对企业的安全资金进行管理，通过对资金流的运作进行监控，确保安全功能的实现，并使有限的安全资金实现最大的安全功能。企业在新建、扩建、改建时，建设安全卫生设施所需的资金必须纳入投资计划；在日常生产中，企业必须安排适当的资金，用于改善安全设施，更新安全技术装备、器材、仪器、仪表以及其他安全生产投入，以保证达到法律要求的安全生产条件。

（4）提高安全效益链。提高安全效益链就是本章第一～四节除安全投入的来源、生产经营中安全投入额的要求的其他内容，特别是安全资金投入决策。安全资金投入决策主要是确定安全资金用于解决哪些安全隐患、采用哪种最优安全技术措施方案。安全经济优化决策链是安全资金链的关键链环，也是安全价值链的关键链环。如何用有限的资金来实现最大的安全功能，这就是安全经济优化决策链所要解决的问题。安全经济优化决策应该范围很广，大到基础安全措施的购建，小到劳保用品的采购，可以说凡是需要决策的地方都可以运用优化决策方法。

第五节　安全信息管理概述

一、安全信息的概念和作用

1.安全信息的概念

安全信息是安全管理的基础和依据，是反映安全事务之间差异及其运行变化规律的一种形式。在生产与生活中，与消除事故隐患、减少事故损失、促进安全生产、保障安全生活有关的数据的集合统称为安全信息。

在日常生产活动中，各种安全标志、安全信号就是信息，各种伤亡事故的统计分析也是信息。掌握了准确的信息，就能进行正确的决策，提高企业的安全生产管理水平，更好地为企业服务。

2.安全信息的作用

安全信息用于企业安全管理的作用主要有三点：①安全信息是企业编制安全计划的依据；②安全信息是企业开展安全管理的组织手段；③安全信息是对生产异常进行有效控制的工具。信息管理与危险分析、决策制定、工作反馈、系统运行等安全信息管理系统的主要功能关系极为密切。有了良好的信息管理，才能为建立整个系统打下坚实的基础。

安全信息是进行现代化安全管理的重要依据。在利用安全信息时，应注意三个基本要求：①可依据安全信息来管理能量。事故是由于能量逆流于人体而发生的，只有管理好能量的流动才能保障安全，而管理能量的关键是利用安全信息。②应特别注意来自生产第一线的信息。事故多发生于生产过程之中，绝大多数发生在生产现场，因而要防止事故的发生，必须从劳动现场获得主要的信息，并进行及时的处理和分析。③在事故预测中充分利用安全信息。事故预测是现代安全管理的重要内容之一，只有充分利用安全信息，辨识事故征兆，发现事故和隐患，采取正确措施，才能真正做到预测事故，防患于未然。

二、安全信息的分类

安全信息分类是有效地进行安全信息管理和统计分析的前提与基础。依据不同的分类标准，安全生产信息具有不同的分类方法。

1. 按安全管理内容分

GB/T 33000《企业安全生产标准化基本规范》中共涉及13项安全管理内容（模块或要素），据此进行分类，安全信息也应有13个类别，如表8-19所示。

表8-19 安全信息分类

大类	安全管理过程	安全信息分类
计划	安全管理目标	安全管理计划信息
实施	组织机构与责任	安全管理组织机构与职责信息
	安全生产投入	安全生产投入信息
	法律法规与安全管理制度	法律法规与安全管理制度信息
	教育培训	教育培训信息
	生产设备设施	生产设备设施信息
	作业安全	作业安全信息
	重大危险源监控	重大危险源监控信息
	职业健康	职业健康管理信息
	应急救援	应急救援记录信息
检查	持续改进与绩效评估	评估改进(安全检查)信息
处理	隐患排查治理	隐患治理信息
	事故报告、调查和处理	事故相关信息

2. 按照安全信息内容的特性分

按照安全信息内容的特性，对其进行综合分类，如图8-12所示。

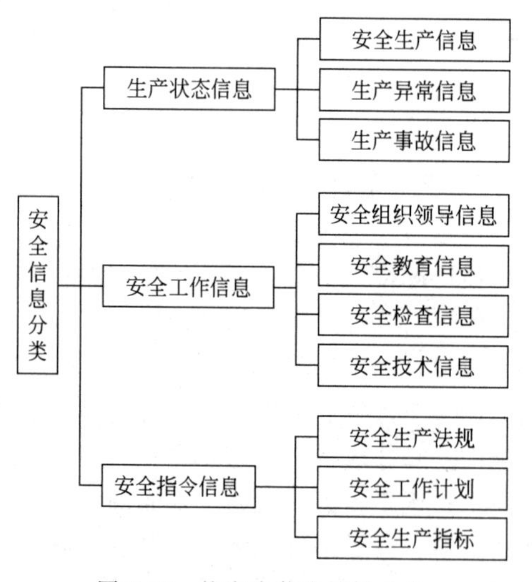

图8-12 按安全信息特性分类

（1）生产状态信息。安全生产状态信息来源于生产实践活动，具体可分为安全生产信息、生产异常信息和生产事故信息。

安全生产信息包括从事生产活动人员的安全意识、安全技术水平，以及遵章守纪等安全行为；投产使用工具、设备（包括安全技术装备）的完好程度，以及在使用中的安全状态；生产能源、材料及生产环境等，符合安全生产客观要求的各种良好状态；各生产单位、生产人员及主要生产设备连续安全生产的时间；安全生产的先进单位、先进个人数量以及安全生产的经验等。

生产异常信息是指生产过程中出现的与指标或正常状态不同的相关信息，包括设备的失效、生产异常情况。如从事生产实践活动人员进行的违章指挥、违章作业等违背生产规定的各种异常行为；投产使用的非标准、超载运行的设备，以及有其他缺陷的各种工具、设备的异常状态；生产能源、生产用料和生产环境中的物质不符合安全生产要求的各种异常状态；没有制定安全技术措施的生产工程、生产项目等无章可循的生产活动；违章人员、生产隐患及安全工作问题的数量等。

生产事故信息是指生产事故的所有相关信息。如发生事故的单位和事故人员的姓名、性别、年龄、工种、工级等情况；事故发生的时间、地点、人物、原因、经过以及事故造成的危害；参加事故抢救的人员、经过以及采取的应急措施；事故调查、讨论、分析经过和事故原因、责任、处理情况以及防范措施；事故类别、性质、等级以及各类事故的数量等。

（2）安全工作信息。安全工作信息也叫安全活动信息，来源于安全管理实践活动，具体可分为安全组织领导信息、安全教育信息、安全检查信息、安全技术信息四类。

安全组织领导信息主要有安全生产方针、政策、法规和上级安全指示、要求及贯彻落实情况；安全生产责任制的建立、健全及贯彻执行情况；安全会议制度的建立及实际活动情况；安全组织保证体系的建立、安全机构人员的配备及其作用发挥的情况；安全工作计划的编制、执行以及安全竞赛、评比、总结表彰情况等。

安全教育信息主要有各级领导干部、各类人员的思想动向及存在的问题；安全宣传形式的确立及应用情况；安全教育的方法、内容，受教育的人数、时间；安全教育的成果，考试人员的数量、成绩；安全档案、卡片的及时建立及应用情况等。

安全检查信息主要有安全检查的组织领导，检查的时间、方法、内容；查出的安全工作问题和生产隐患的数量、内容；隐患整改的数量、内容和违章等问题的处理；没有整改和限期整改的隐患及待处理的其他问题等。

安全技术信息指针对事故预防与控制所采取的安全技术对策的相关信息。

（3）安全指令信息。安全指令信息来源于安全生产与安全工作规律，具有强化管理的功能。包括国家和上级主管部门制定的有关安全生产的各项方针、政策、法规和指示；行业安全生产标准；企业制定的安全生产方针、技术标准、管理标准和操作规程；安全计划的各项指标；安全工作计划的安全措施；企业先行的各种安全法规；隐患整改通知书、违章处理通知书等。

3.按安全信息的产生与作用划分

（1）安全指令信息。安全指令信息是指导企业做好安全工作的指令性信息，包括各级部门制定的安全生产方针、政策、法律、法规、技术标准，上级有关部门的安全指令、会议和文件精神以及企业的安全工作计划等。

（2）安全管理信息。安全管理信息是指企业内部安全工作实施的管理组织、管理制度和方法、技术手段等方面的信息。

（3）安全指标信息。安全指标信息是指企业对生产实践活动中的各类安全生产指标进行统计、分析和评价后得出的信息，包括各类事故的控制率和实际发生率，职工安全教育、培训率和合格率，尘毒危害率和治理率，隐患查出率和整改率，安全措施项目的完成率，安全设施的完好率等。

（4）安全事故信息。安全事故信息是指在生产实践活动中所发生的各类事故方面的统计信息，包括事故发生的单位、时间、地点、经过，事故人员的姓名、性别、年龄、工种、工龄，事故分析后认定的事故原因、事故性质、事故等级、事故责任和处理情况、防范措施等。

4.按照安全信息载体样式划分

（1）安全管理记录。如安全会议、安全检查、安全教育等记录。

（2）安全管理报表。如安全工作月报表、事故速报表等。

（3）安全管理登记表。如重大隐患登记表、违章人员登记表、事故登记表等。

（4）安全管理台账。如职工安全管理台账、隐患和事故统计台账等。

（5）安全管理图表。如安全工作周期表、事故动态图、事故预防控制图等，是反映安全工作规律和综合安全信息的一种形式。

（6）安全管理卡片。如职工安全卡片、特种作业人员卡片、尘毒危害人员卡片等。

（7）安全管理档案。包括安全生产法制管理、行政管理、监督检查、工艺技术管理等档案。

（8）安全管理通知书。是反馈安全信息的一种形式，如隐患整改、违章处理通知书等。

（9）安全宣传形式。如安全简报、安全标志、安全板报、安全显示板、安全广播等。

5.按照信息的分类方式划分

（1）外部安全信息。反映安全信息系统外部安全环境的信息，包括国内外政治经济形势、社会安全文化状况和法律环境以及现代科学技术，特别是安全科学技术的发展信息及应用研究，同类企业安全生产相关的安全法律法规、制度、标准、规范，国内外相关企业的重大事故案例信息等。

（2）内部安全信息。反映企业系统内部各个职能部门的运行状况、发展趋势。如企业内部安全生产活动中人、机、环境的运行状态相关信息。

（3）原始安全信息。原始安全信息也叫一次安全信息，是指来自生产一线且与安全直接相关的全部安全信息，如各类隐患汇报卡、事故汇报、检测数据等。由于一次信息直接来自信息源点（如生产现场、施工作业过程、具体危险源监控点以及事故发生后的现场等），因此，能够反映生产或生活过程中人、机、环境的客观安全性，具有动态性、实时性。

（4）加工信息。加工信息也叫二次信息，是指经过处理、加工、汇总的安全信息，如安全法规、规程、标准、文献、经验、报告、规划、总结、分析报告、事故档案等。

三、安全信息与安全信息管理的关系

安全信息是反映安全生产事务之间差异及其变化的一种形式，是安全生产事务发展变化及运行状态的外在表现。安全信息管理是人类为了有效地开发和利用安全信息资源，以现代信息技术为手段，对安全生产信息资源进行计划、组织、领导和控制的社会活动。安全信息管理的过程包括安全生产信息收集、传输、加工、利用和储存等。

安全信息的本质是安全管理、安全技术和安全文化的载体。安全信息管理对安全信息的收集、处理和利用过程就是一种安全管理过程。运用安全管理体系来进行安全生产管理，是当前企业最先进的安全管理模式。安全管理与安全信息管理的关系可用图 8-13 来描述。在这种模式中，安全信息管理充当了安全管理系统发动机的角色，为体系的持续改进提供源源不断的动力；安全信息管理在形式上是安全管理体系的一个要素，但是在管理内涵上却贯穿了整个管理活动的始终。

用人工来管理生产过程中与安全相关的安全信息，对于一个信息量不大、渠道不复杂，从事简单生产的小企业来说，或许还可以，但不适用于大型企业或企业集团。为了应对这种新的挑战，安全信息管理以及安全管理信息系统便应运而生。大力推行安全生产信息化技术的建设，已经成为政府和企业开展各种安全管理和监督工作的必然趋势。

四、安全信息流

安全信息沿一定的信息通道（信道）从发送者（信源）到接收者（信宿）的流动过程中，产生安全信息的收集、存储、加工、传播、利用、反馈等活动，形成安全信息流。广义的安全信息流是指人们采用各种方式来实现安全信息交流，从面对面的直接交谈直到采用各

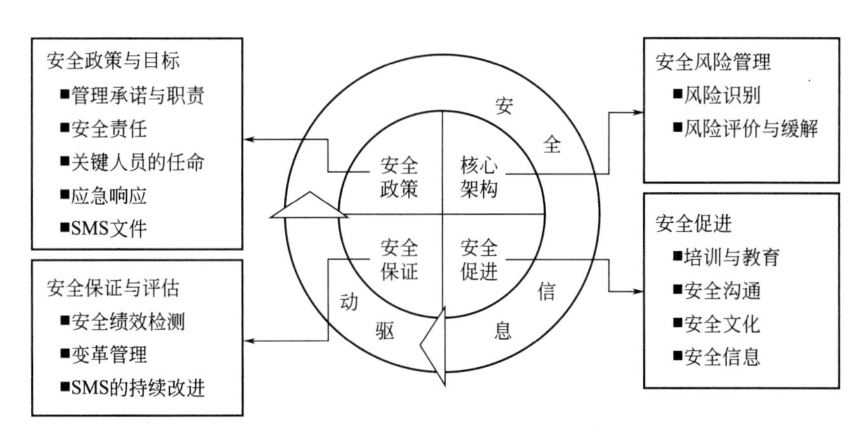

图 8-13　安全管理与安全信息管理的关系

种现代化的传递媒介，包括信息的收集、传递、处理、储存、检索、分析等渠道和过程；狭义的安全信息流是指在空间和时间上向同一方向运动过程中的一组安全信息，即由信息源向接收源传递的具有一定功能、目标和结构的全部安全信息（包括人-物、人-人、物-物安全信息）的集合。安全信息流的分类如表 8-20 所示。在任何一个安全信息流结构中，均包含信息的输入、处理和输出过程，即信息源、信息加工反应系统与信息传输系统。安全信息流的结构简图如图 8-14 所示，安全信息用于决策的流通方式如图 8-15 所示，某车间、工段等监督人员和安全检查人员之间上下级的信息流系统如图 8-16 所示。

表 8-20　安全信息流的分类

分类	释义
人-物信息流	信源是人（如各种操作人员、驾驶人员、管理人员、调度人员、指挥人员等），信宿为各种机器、设备。大型系统中，通常是“多人-多物”信息流
人-人信息流	信源是“人”或“人群”，信宿也是“人”或“人群”，如风险沟通中的信息流动、安全教育培训中的信息流动、安全会议中的安全信息流动等
物-物信息流	信源是“物”（各种控制装置或控制设备），包括控制器、调节器、测量装置、执行机构、控制计算机等，信宿也是“物”（各种生产机器或设备、交通运输设备等）

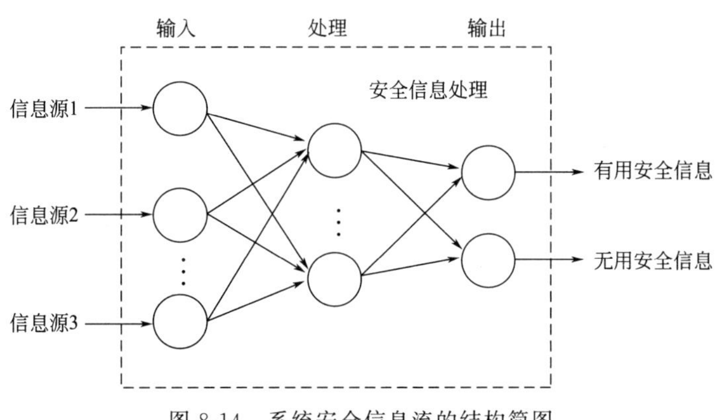

图 8-14　系统安全信息流的结构简图

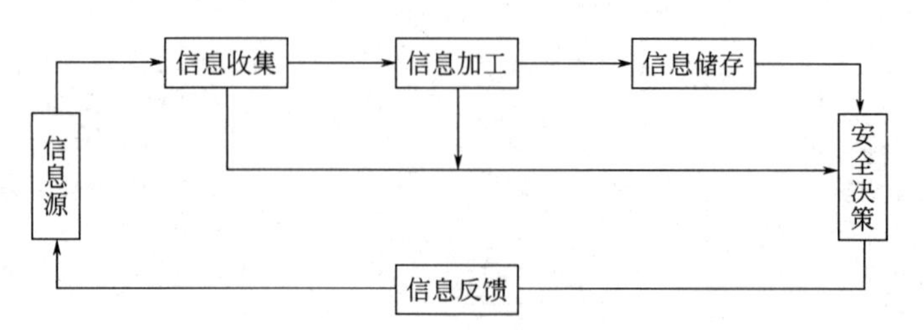

图 8-15　安全信息用于决策的流通方式

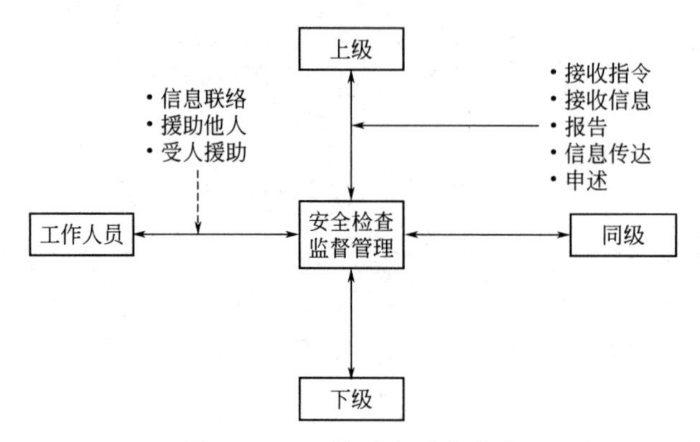

图 8-16　上下级之间的信息流

五、安全信息管理流程

安全信息管理流程可包括安全信息收集、安全信息分析与处理、安全信息发布与利用等几个环节，如图 8-17 所示。

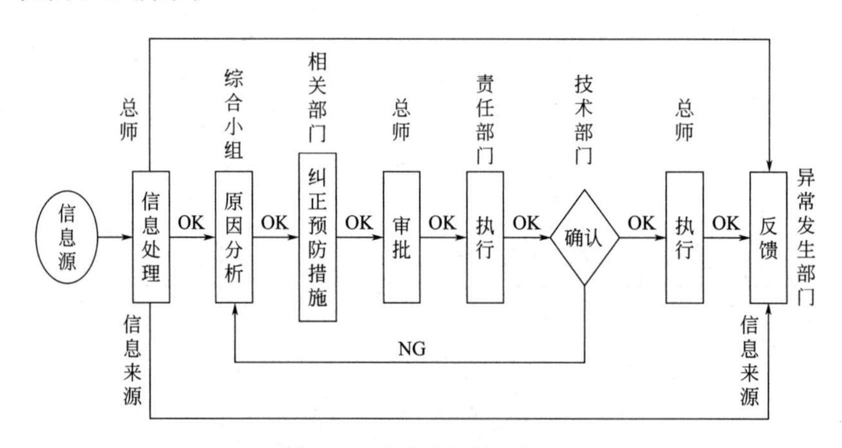

图 8-17　安全信息管理流程

1. 安全信息的收集

不同行业的安全信息收集方式，不尽相同。一般可以采用下列方式收集安全信息：日常运行监控、员工报告和反馈、监督检查、审核、调查、安全会议、风险管理、安全绩效监控和安全趋势分析、外来安全信息、法律法规适用性评估和跟踪等。

2. 安全信息的分析与处理

企业应该定期或不定期地收集安全信息，进行识别、分类、统计，更新安全信息数据库，评估不安全事件和不正常情况的严重性，分析企业运行中的薄弱环节，预测安全发展趋势。

一般来讲，应按照下列步骤进行分析处理。

（1）日常运行数据、安全管理活动记录等信息，由安全管理员经过整理后直接输入安全信息数据库存档。

（2）对于不安全事件，事发单位应进行初步分析、核实，确保信息的完整性和准确性，及时上报安全管理部。

（3）对于不正常情况信息，安全管理员应进行初步分析、核实，确保信息的完整性和准确性，经部门核实后上报安全管理部。

（4）上级安全监督检查的信息由安全管理部负责分析整理，输入安全信息数据库存档，并向各相关运行单位发布。

（5）风险管理过程中产生的相关信息应制定专门的管理程序，对安全信息进行专门管理。

（6）举报信息由安全管理部负责收集、处理、上报、反馈和发布。

（7）对于外部安全信息，各运行部门分析后报安全管理相关部，有关部门整理分析后视情况输入安全信息数据库。

3.安全信息的发布与利用

企业安全信息发布和利用的形式主要包括：

（1）召开安委会、安全研讨会、工作例会、讲评、案例分析等。

（2）通过知识传授、模拟训练等方式对员工进行安全教育培训。

（3）向有关部门报告和向员工发布安全公告。

（4）利用内部办公网络、刊物、安全简报、板报等直接发布信息。

（5）其他适合的形式。

第六节　安全信息管理系统及开发

安全信息管理系统从安全的角度，以保护人的安全为着眼点，根据安全管理科学的基本原理，利用系统论的观点，结合现代科学技术来调节人与物的关系，从而调节安全的状态。安全信息管理系统能将反映企业生产经营活动中安全情况和环境因素影响的数据，按照一定的处理程序加工成安全管理部门决策所需的信息，不仅能加快信息反馈速度、提高决策质量，而且可节省处理费用。运行安全信息管理系统所产生的积极经济效益，渗透在生产经营活动中，难以独立地显现出来。

一、安全信息管理系统的分类与结构

1.安全信息管理系统的分类

安全信息管理系统的分类一般有以下几种。

（1）根据使用的数据库是单用户还是多用户将安全信息管理系统分为对应的系统。早期的安全信息管理系统都是单用户系统，随着网络应用的不断扩大，多用户的安全信息管理系统开始出现，并很快占据主流。多用户的安全信息管理系统的关键是保证“并行存取”的正确执行。

（2）根据信息存储的地点是集中的还是分散的将安全信息管理系统分为集中式和分布式。现在设计的安全信息管理系统一般均为分布式。

（3）根据数据库系统是否有逻辑推理功能将安全信息管理系统分为一般系统和智能型系统。例如，在智能型安全信息管理系统中存储有可爆炸气体的爆炸规则，应用数据自动监测装置将工作现场的有关数据输入系统，安全信息管理系统就可根据这些数据按照爆炸气体的爆炸规则推理出工作现场是否有爆炸危险性，从而实现对工作现场的实时监控。

2. 安全信息管理系统的组成和结构

安全信息管理系统的结构是指安全信息管理系统各个组成部分之间相互关系的总和。组织结构是保证安全信息管理系统通畅地、协调地实施的体系，安全信息管理系统是收集和加工信息的体系，它关心的是所有安全管理信息在系统中的组成方式和作用。

（1）系统组成。从安全管理职能的角度来看，安全信息管理系统由各种不同职能的一系列子系统组成，不同企业因其所设计的信息种类、信息量、管理方式、安全管理目标等不同，因此在具体的系统组成会有不同。如图 8-18 所示是典型的安全信息管理系统组成。

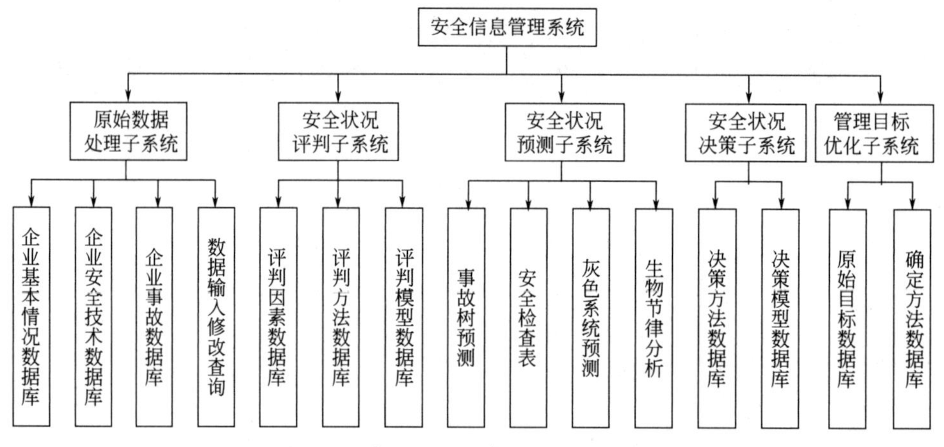

图 8-18　典型的安全信息管理系统组成

（2）系统结构形式。安全管理信息在系统中的组成方式，可分为如下四种。

① 功能式结构。按功能结构原则组织的安全信息管理系统，是按企业的各个安全管理职能来组织的。它的每一个子系统一般只能实现一种功能，即一种管理职能。这是最简单易行的安全信息管理系统的结构形式。它所实现的职能包括计划、组织、指挥、监督、协调等几个方面。这种结构便于各部门分别管理。

② 横向职能综合结构。横向职能综合结构可把用于同一组织级别的几个职能部门的数据加以综合，企业组织分为基层、中层、上层三个管理阶层，各管理阶层因地位不同，所需的安全信息亦不同，因此其结构也不同。这种不同的系统结构便于对信息进行分类管理。

③ 纵向职能综合结构。纵向职能综合结构可把用于同一职能部门但不同组织级别的数据加以综合，例如从交通运输部到国家路局再到基层站段直接综合某一方面的数据资料。这种结构对多级组织和涉及范围较广的公司特别有意义，便于信息系统的分级管理。

④ 综合性结构。综合性结构可把正在组织的数据按横向和纵向加以综合，以适应不同结构的要求。

一般企业的安全信息管理系统都是以前三种结构加以合理组织的，使其成为有多功能的完整的综合性结构。

（3）系统单元结构。安全信息管理系统是由若干个相互联系的单元组成的一个有机整体。构成系统的单元主要有：

① 信息源。又称情报源，可分为内部信息源和外部信息源。外部信息源主要有国内有

关部门、上级有关部门、兄弟单位等；内部信息源是安全信息源的主体，主要有领导部门、职能科室、生产现场等，其中应着重于生产车间、班组等。

② 信息处理装置。即获得数据，将其转换为信息，并提供给接收器的一组装置。一般来说，由四部分组成：一是用于收集、选择和记录有关安全数据、资料的数据采集装置；二是用于整理、计算和处理数据、资料的数据变换装置；三是将数据从新信息源输送至处理中心和将信息从处理中心输送到接收者的数据传输装置；四是把数据和信息存储以供随时提取的数据存储检索装置。

③ 信息管理者。主要包括负责安全信息管理系统设计、运行，使其他单元协调配合的有关人员。

④ 信息接收器。主要包括存储媒体和用户两个部分。安全信息管理系统的工作程序一般经过下列六个步骤：决定所需的信息内容、时间和表达方式；确定和收集可进化为信息的资料；汇总整理有关资料；分析资料形成信息；信息传递；信息的使用。

安全信息管理系统的建立应以企业的安全管理部门为安全信息管理中心，并以上层领导部门、各职能科室、各生产部门为内部信息网点，以上级部门、兄弟单位等为外部信息网点。在信息中心和网点之间应实行单向或双向传播。安全管理部门应设专职安全信息员，各网点由安技员兼任安全信息员。中心与各网点应该通过人员、报表等进行定期的有组织的联系，这样就可以使上下左右信息流通。

二、安全信息管理系统的开发方法

系统开发是指对组织的问题和机会建立一个信息系统的全部活动，这些活动是靠一系列方法支撑的。目前，安全管理信息系统的开发方法主要有生命周期法（life-cycle approach，LCA）、原型法（prototyping）、面向对象法（object-oriented）、计算机辅助开发方法（computer-aided software engineering，CASE）等。

1. 生命周期法

系统的生命周期共划分为系统规划、系统分析、系统设计、系统实施和新系统运行与维护五个阶段，如图 8-19 所示。这样划分系统的生命周期是为了对每一个阶段的目的、任务、采用技术、参加人员、阶段性成果、与前后阶段的联系等作深入具体的研究，以便更好地实施开发工程，开发出一个更好的系统，以及更好地运用系统来取得更好的效益。由于图 8-19 的形状如同一个多级瀑布，因此该模型理论上称为瀑布模型。

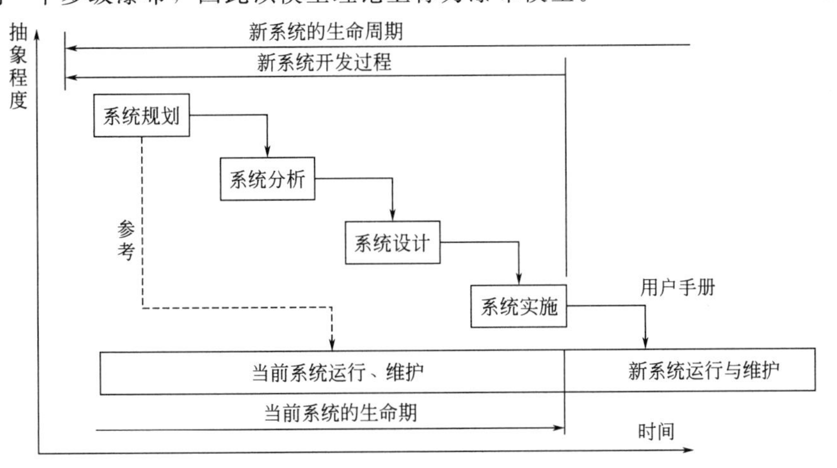

图 8-19 瀑布模型

系统规划前期应进行系统调查和可行性分析。系统调查的内容包括数据的汇集方式、使用数据的时间要求、现行处理方式以及有无反馈控制功能等。

系统分析的步骤是，先进行现行的人工安全管理系统的运行状况分析，再进行用户要求分析、确定技术要求，最后进行概念性设计。

系统设计包括总体设计、程序设计、系统测试等。总体设计的步骤是：第一步，逻辑模型的扩展与优化；第二步，系统的输出设计；第三步，系统的输入设计；第四步，数据库或文件的设计；第五步，处理过程的设计；第六步，企业安全管理人员与系统的交界面的设计。程序设计阶段是根据系统设计阶段成果加以实现的过程，第一步是设计流程图，第二步是编写程序，第三步是程序的调试。系统测试的第一步是准备系统测试计划，第二步是进行测试，第三步是对企业的安全管理人员进行培训。

系统实施的第一步是系统转换，将现行的人工安全管理向以电子计算机为主体的企业安全信息管理转换，第二步是对新系统进行评价，评价工作一般是对新系统性能的评价和对开发方案进行评价。

系统维护包括三个方面：①程序的维护是指因发现错误或是业务上的变化，需要修改一部分程序，通常都是在原有程序的基础上加以修改；②数据的维护包括对数据文件的维护和对代码的维护；③机器的维护是指对计算机硬件系统的日常保养和发生故障时的修复工作。

2. 原型法

原型法摒弃了那种一步步周密细致地调查分析，然后逐步整理出文字档案，最后才能让用户看到结果的烦琐做法。原型法的基本思想是在投入大量的人力、物力之前，在限定的时间内，用最经济的方法开发出一个可实际运行的系统模型，用户在运行使用整个原型的基础上通过对其评价，提出改进意见，对原型进行修改，通过使用，评价过程反复进行，使原型逐步完善，直到完全满足用户的需求为止。

原型法的开发过程包括如下四个步骤：

（1）确定用户的基本需求。由用户提出对新系统的基本要求，如功能、界面的基本形式、所需要的数据、应用范围、运行环境等，开发者根据这些信息估算开发该系统所需的费用，并建立简明的系统模型。

（2）构造初始原型。系统开发人员在明确了对系统基本要求和功能的基础上，依据计算机模型，以尽可能快的速度和尽可能多的开发工具来建造一个结构仿真模型，即快速原型构架。之所以称为原型构架，是因为这样的模型是系统总体结构。由于要求快速，这一步骤要尽可能使用一些软件工具和原型制造工具，以辅助进行系统开发。

（3）运行、评价、修改原型。快速原型框架建造成后，就要交给用户立即投入试运行，各类人员对其进行试用、检查分析效果。由于构造原型中强调的是快速，省略了许多细节，一定存在许多不合理的部分。

（4）形成最终的管理信息系统。如果用户和开发者对原型比较满意，则将其作为正式原型。经过双方继续进行细致的工作，把开发原型过程中的许多细节问题逐个补充、完善、求精，最后形成一个适用的管理信息系统。

3. 面向对象法

面向对象法是一种将面向对象的思想应用于软件开发过程中，指导开发活动的系统方法，简称 OO（object-oriented）方法，是建立在“对象”概念基础上的方法学。

面向对象方法的基本步骤如下：

（1）分析确定在问题空间和解空间出现的全部对象及其属性。

（2）确定应施加于每个对象的操作，即对象固有的处理能力。

（3）分析对象间的联系，确定对象彼此间传递的消息。

（4）设计对象的消息模式，消息模式和处理能力共同构成对象的外部特性。

（5）分析各个对象的外部特性，将具有相同外部特性的对象归为一类，从而确定所需要的类。

（6）确定类间的继承关系，将各对象的公共性质放在较上层的类中描述，通过继承来共享对公共性质的描述。

（7）设计每个类关于对象外部特性的描述。

（8）设计每个类的内部实现（数据结构和方法）。

（9）创建所需的对象（类的实例），实现对象间应有的联系（发消息）。

4.计算机辅助开发方法

计算机辅助软件工程是一组工具和方法的集合，可以辅助软件开发生命周期各阶段的相应软件。自动化软件开发工具CASE工具为设计和文件编制传统结构编程技术，提供了自动的方法，可以帮助应用程序开发，完成包括分析、设计和代码生成等在内的工作。

三、安全信息管理系统的开发模式

安全信息管理系统的开发模式是指企业组织获得应用系统服务的方式，主要解决由谁来承担系统开发任务、建设所需信息系统的问题。目前主要的开发方式有自行开发、委托开发、联合开发、利用软件包开发等。这几种开发方式各有优点和不足之处，需要根据使用单位的技术力量、资金情况、外部环境等各种因素进行综合考虑和选择。

自行开发是用户依靠自己的力量独立完成系统开发的各项任务。根据项目预算，企业自行组织开发队伍，完成系统的分析和设计方案，组织实施，进行运行管理。自行开发，一般经过以下步骤：调查研究、识别需求、确定新系统目标、制订项目计划；研究和建立新系统的模型；选择系统的软件和硬件；使用者使用模型提出意见，对模型进行修改，直到使用者满意；系统运行和维护。自行开发方式的优点是：开发速度快，费用少，容易开发出适合本单位需要的系统，方便维护和扩展，有利于培养自己的系统开发人员。缺点是：由于不是专业开发队伍，除缺少专业开发人员的经验和熟练水平外，还容易受业务工作的限制，系统整体优化不够，开发水平较低。同时开发人员一般都是临时从所属各单位抽调出来的，易产生系统开发时间长，开发人员调动后，系统维护工作没有保障的情况。

联合开发由用户和有丰富开发经验的机构或专业开发人员共同完成开发任务。一般是用户负责开发投资，根据项目要求组建开发团队，建立必要的规则，分清各方的权责，以合同的方式明确下来，协作完成新系统的开发。这种开发方式适合用户有一定的信息系统分析、设计及软件开发人员，但开发队伍力量较弱，需要外援，希望通过信息系统的开发来建立、完善和提高自己的技术队伍，以便于系统维护工作的单位。这种开发方式的优点是相对比较节约资金，可以培养、增强用户的技术力量，便于系统维护工作，系统的技术水平较高。缺点是双方在合作与沟通中容易出现问题，需要双方及时达成共识，进行协调和检查。

委托开发是由用户委托给富有开发经验的机构或专业开发人员（乙方），按照用户的需求承担系统开发的任务。采用这种开发方式，关键是要选择好委托单位，最好是对本行业的业务比较熟悉的、有成功经验的开发单位，并且用户的业务骨干要参与系统的论证工作，开发过程中需要开发单位和用户双方及时沟通，进行协调和检查。这种开发方式适合用户没有信息系统的系统分析、系统设计及软件开发人员或开发队伍力量较弱、信息系统内容复杂、投资规模大，但资金较为充足的单位。

第七节　安全信息管理系统实例

以某水利工程管理单位安全信息管理系统的建设为例。

一、总体架构

安全生产信息系统的总体构架按照分层逻辑模型设计，由四个中间核心层、三个支持与管理体系构成，如图 8-20 所示。

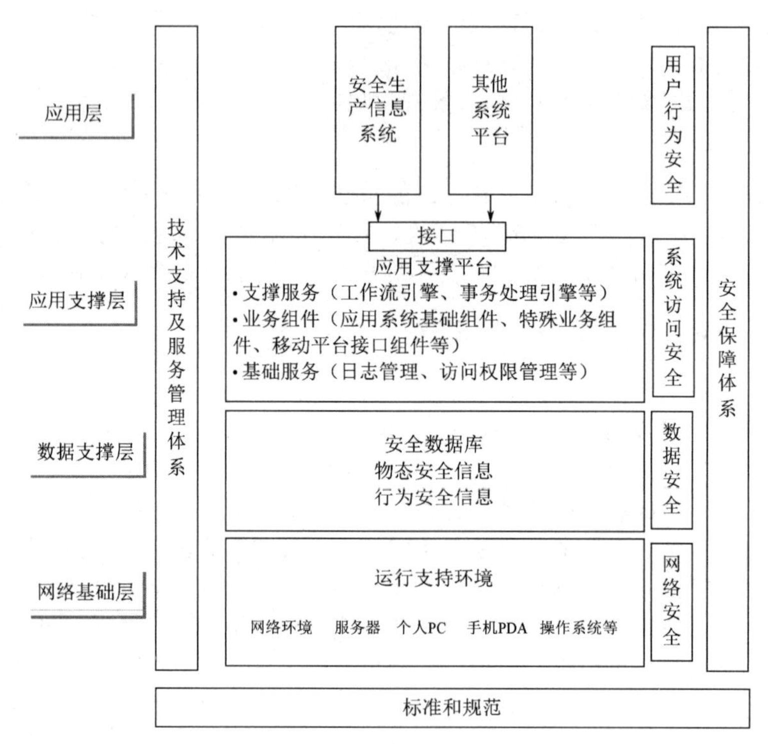

图 8-20　安全生产信息系统的总体构架

（1）中间四层核心体系自下而上划分为：网络基础层、数据支撑层、应用支撑层、应用层。网络基础层包括管理处的网络环境、服务器环境、应用软件环境、手机 PDA 等应用基础环境。数据支撑层由安全数据库、物态安全信息和行为安全信息构成。应用支撑层提供安全生产信息平台的运行支撑环境，并用于直接构建安全生产信息平台，包括应用支撑服务、业务组件、业务整合和基础服务。应用层由安全生产信息平台的实际应用业务功能组成，是业务系统面向最终用户的层面。

（2）在核心层的周围，分别由安全保障体系、技术支持及服务管理体系、标准规范体系构成系统的支持与管理体系。安全保障体系从网络及操作系统安全、数据库安全、应用安全、用户安全、系统访问安全等多个层次立体地保障整体系统。技术支持及服务管理体系则是针对各层的管理规章制度、管理工具、管理人员。标准和规范体系是规范安全生产信息化系统建设必不可少的基础，各项系统技术及数据结构遵循相关的国家标准及行业标准。

二、应用支撑平台

应用支撑平台是安全生产信息平台应用的基础支撑平台，是以安全生产数据中心为基础，通过调用、解释数据支撑层形成的数据资源和业务规则，驱动核心业务层各项业务操作；同时创建、使用、修改业务数据库和调用基础数据库，实现业务的流转和处理。其技术架构如图8-21所示。

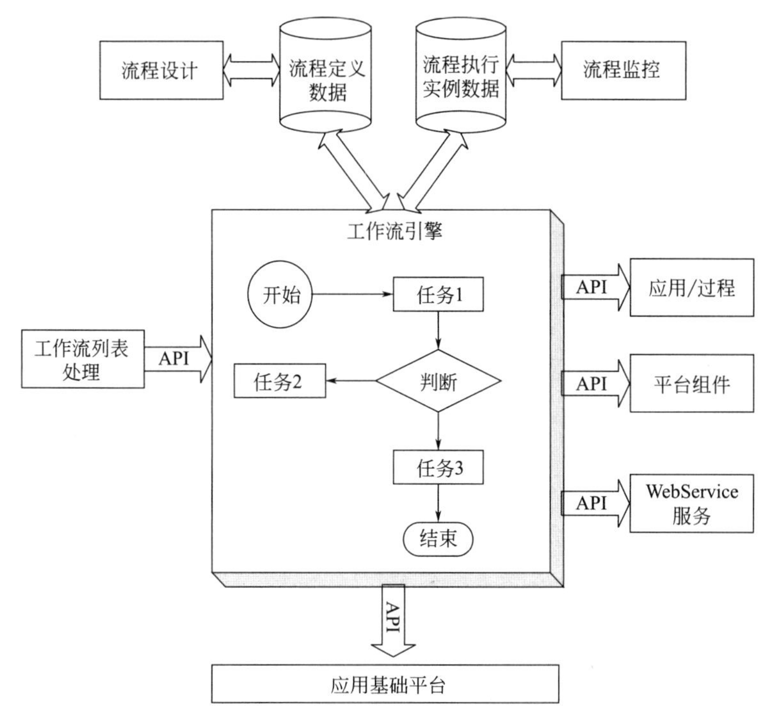

图8-21　应用支撑平台技术架构图

三、基础数据中心

安全生产数据中心是整个安全生产管理信息系统的核心，它将各种数据、接口整合为一体，实现多终端的协同应用。安全生产信息化各子系统通过它实现数据交换和集成，安全生产数据通过它实现高效、安全存储，单位内其他业务管理系统通过它实现数据读取和写入，监控系统通过它实现数据的规范和保存，形成安全生产管理核心数据库，实现数据分析挖掘。其具备系统基础数据维护、业务数据管理、应用数据分析、移动终端管理、流程配置等功能。

四、安全业务数据管理模块

安全业务数据管理模块主要包括目标职责、制度化管理、教育培训、现场管理、安全风险管控及隐患排查治理、应急管理、事故管理、持续改进等8个安全管理体系要素数据管理模块。

1. 目标职责

（1）目标。系统实现年度、月度、临时计划的分级分类管理，通过对计划制订、执行、检查、调整、考核的流程管理，形成目标计划管理体系，有效地保障目标计划的执行，如图8-22所示。

（2）组织机构。系统实现对安全生产组织机构和人员的维护、查询功能以及系统角色和权限设置，录入安全生产委员会、安全生产监督管理部门、各部门、班组以及安全生产责任人、兼职安全员等相关信息，生成树状的安全生产组织机构网络图。同时可以批量导入员工

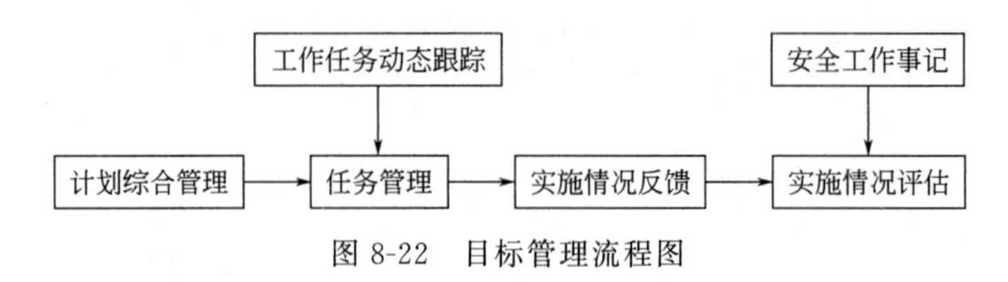

图 8-22 目标管理流程图

基本信息（单位、部门、姓名、职务、岗位、安全资质等），并依据员工的岗位和职责，划分不同的系统功能操作权限，建立具体的纵、横向系列责任制。

（3）安全文化建设。倡导人人安全文化，做到人人都以安全作业、安全出行为目标，将身边的隐患或风险提交至管理人员，由管理人员协调处理。安全系统通过微信和彩信技术，实现员工人人安全隐患上报功能，并且可以下达安全通知宣传安全文化。

（4）通过微信平台，系统可以向订阅用户发送安全生产信息。同时，用户可以通过微信平台提交隐患或疑似隐患、未遂事件等。

（5）安全生产投入。系统可实现安全生产投入的信息化管理，确保按照安全生产投入管理制度要求，保证安全生产投入资金专款专用，并做好使用情况及台账记录。按制度要求及安全生产监督检查办法进行定期检查，发现的问题及时告知相关部门并落实整改。系统可实现定期对安全费用的使用情况进行公布，并对全年安全费用的使用情况进行记录和总结。

2. 制度化管理

系统对安全管理制度、安全操作规程、相关培训资料等进行收集分类保存，便于使用者随时查询，实现基层单位和职能部门的文件共享，在修改文件时实现对旧版本的保存，更新追踪可以提醒下载者获取最新的安全知识资料，保证每位现场岗位都能获取实时有效的版本。

3. 教育培训

系统对安全培训进行统一管理，可以制订安全培训的详细计划，包括培训时间、地点、培训内容等信息，录入培训效果、人员到位情况、发证情况、培训小结等信息，还可上传培训相关资料文件，汇总培训的相关信息，形成台账；用户可通过培训单位、培训时间等检选条件对所有培训进行筛选，快速查询到某一培训的具体情况。系统可对各类培训的信息进行统计分析，并提供各类统计图表，辅助领导决策。该模块流程如图 8-23 所示。

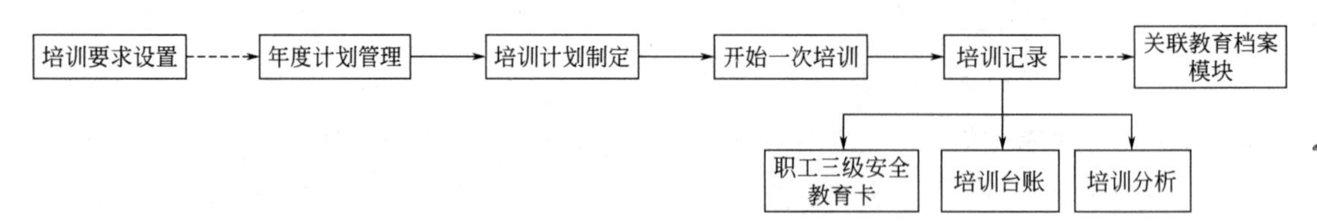

图 8-23 培训教育模块流程图

4. 现场管理

现场管理包括设备设施、危险作业、相关方和职业健康管理。

（1）设备设施管理。包括设备设施档案、设备设施检修计划、维护保养要求，以及记录设备设施维护保养情况、检修结果、验收意见、停用、复用、报废等信息，对一些特种或大型设备形成点检管理，记录点检情况。

（2）危险作业管理。危险作业许可管理用于对单位内部的危险作业实现网上备案和网上审批，例如动火作业、交叉作业、水上作业、水下作业、临时用电作业、高空作业等，建立完整的危险作业实施档案，实现对临时危险作业的有效控制，降低作业风险。该模块管理流程如图 8-24 所示。

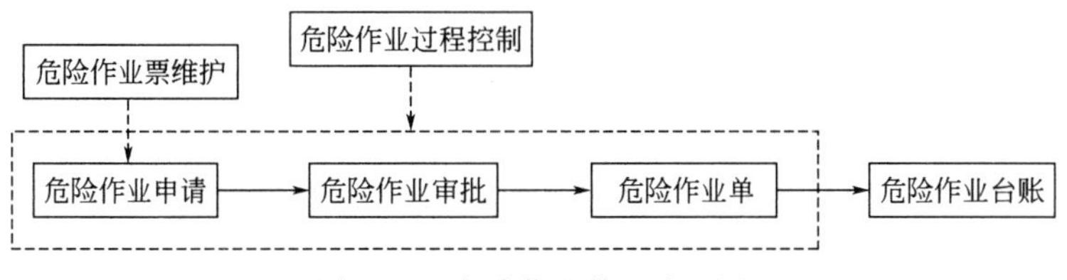

图 8-24　危险作业管理流程图

(3) 相关方管理。相关方档案包括相关方的资质、安全生产协议、风险告知、进厂证等。相关方填报并审核后，相应的信息进入人员教育档案数据系统，系统可向相关方发送风险提示信息，并输出和打印施工人员的进场证。该模块管理流程如图 8-25 所示。

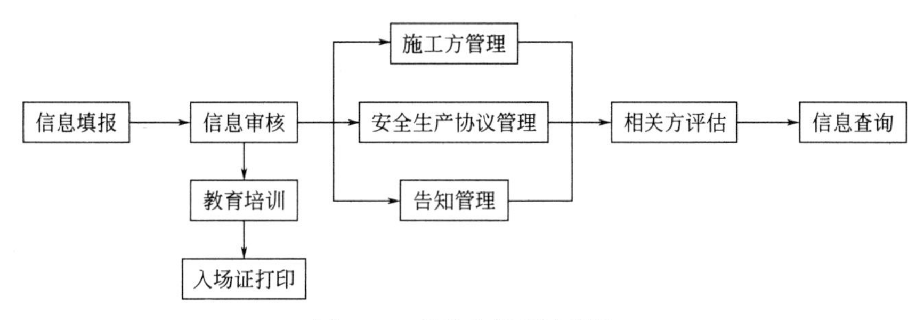

图 8-25　相关方管理流程图

(4) 职业健康管理。系统可对职业危害因素、员工职业健康档案、劳动防护用品等职业健康信息进行管理，如图 8-26 所示。

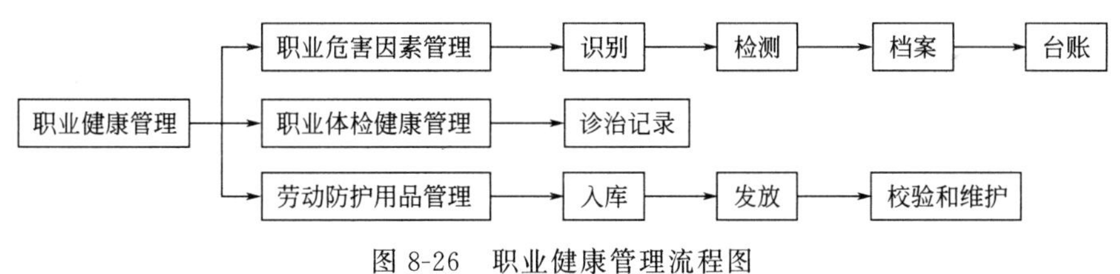

图 8-26　职业健康管理流程图

5. 安全风险管控及隐患排查治理

安全风险管控及隐患排查治理包括风险管理、隐患排查治理、预测预警。

(1) 风险管理。系统建立了危险源辨识评价流程，包括树形的危险源辨识评价、表单审批、风险评价、重大危险源风险管控等主要功能，可以输出符合体系要求的危险源清单，建立统一危险源档案，管理人员和现场作业人员对危险源的管理情况可随时了解查看。该模块管理流程如图 8-27 所示。

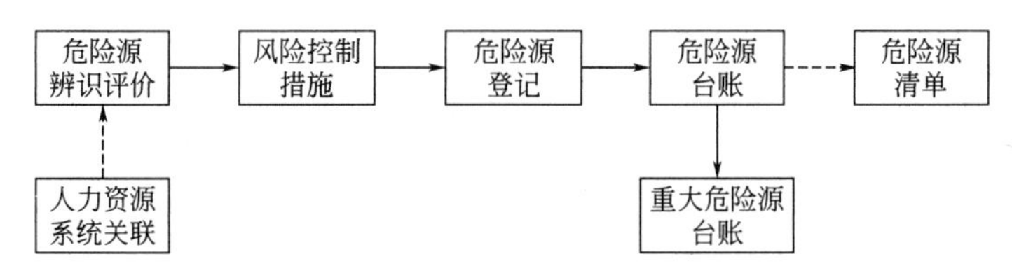

图 8-27　风险管理流程图

(2) 隐患排查治理。隐患排查按照上报、整改与复查的管理流程，对“整改措施、责任、资金、时限、预案”五到位进行严格控制，管理人员可以在平台中即时查询隐患的发现和治理情况，对发现的问题进行复查；系统可以输出符合国家安监系统要求的隐患报告单和统计报表，实现隐患排查治理的闭环管理，如图 8-28 所示。

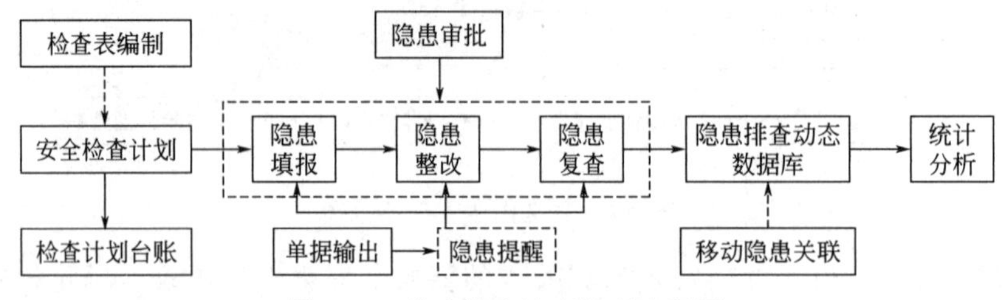

图 8-28 隐患排查治理管理流程图

(3) 预测预警。系统对日常安全管理工作中形成的多项关键业务数据进行综合分析，应用数学建模的方法及预测理论，将可能造成的事故后果量化并进行计算，得出当期安全生产预警指数。安全生产预警指数曲线图可直观、动态地反映当前的安全生产现状，警示生产过程中将面临的危险程度，以便有针对性地进行整改、预防和控制。该模块管理流程如图 8-29 所示。

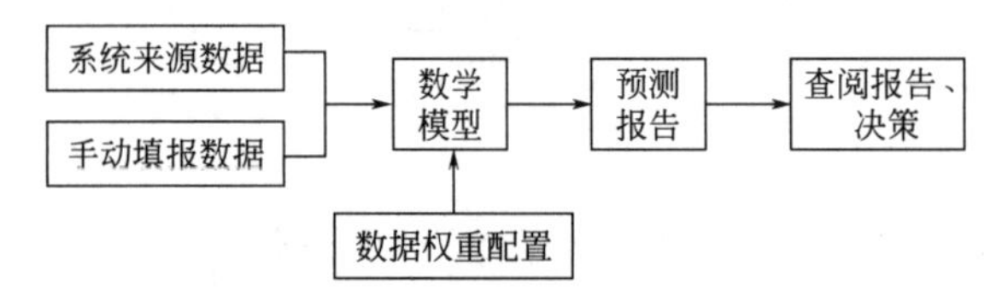

图 8-29 预测预警管理流程图

6. 应急管理

应急管理模块流程如图 8-30 所示。系统按照不同事故类型、等级等要求进行预案信息分类管理，在预案推送时，不同的救援小组接收到其工作内容范围内的应急预案信息，简单明了地指导救援工作开展。

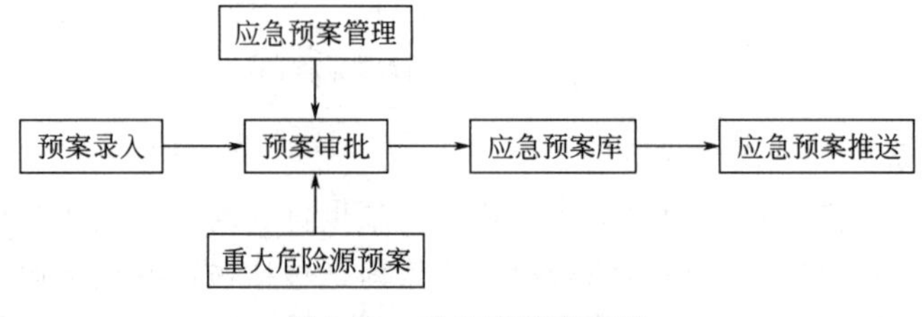

图 8-30 应急管理流程图

7. 事故查处

系统建立规范的事故表单和台账，可以快速自动传报事故信息，并按时间节点逐步传递至上级机关。事故调查功能允许调查组在平台中陈述事故调查记录，保存相关图片、文件资料数据。该模块管理流程如图 8-31 所示。

8. 持续改进

系统通过关联信息实现考核相关参考数据的自动获取，例如巡检时间、巡查发现的问题、出勤率、所管辖区域的事故发生率、隐患整改率等，可以设定具体的考核计算方式和方

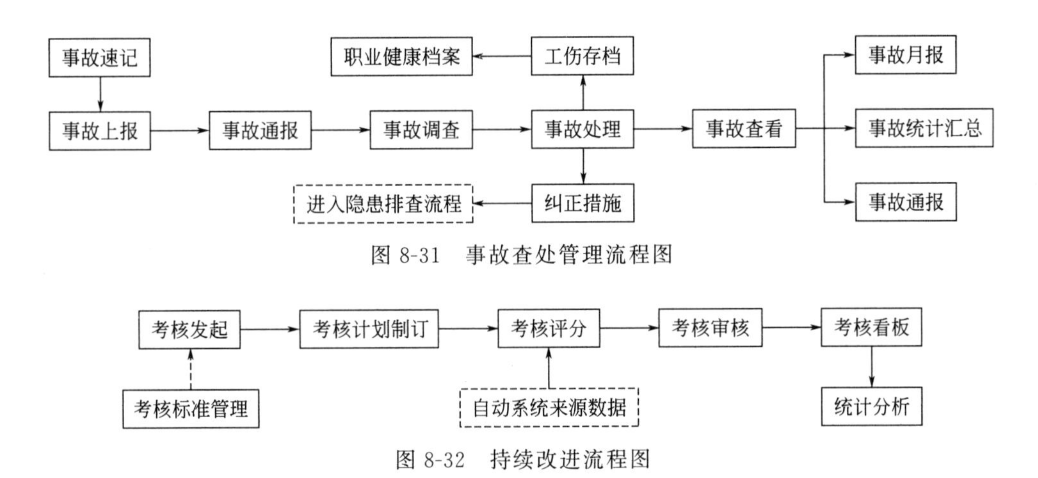

图 8-31　事故查处管理流程图

图 8-32　持续改进流程图

法，形成安全绩效考核标准。该模块管理流程如图 8-32 所示。

9. 现场移动管理

系统后台对安全管理人员、生产管理人员、岗位作业人员的检查内容进行维护，明确岗位职责，形成现场安全检查的分级管理，自动匹配人员的岗位以及检查区域的信息，在 PDA 端记录有效的人员检查的过程信息，并将检查结果通过系统及时上报相关人员，当发生漏检时能自动向相关人员发布漏检警示信息，根据巡检频率的不同，优化巡检路线，减少巡检人员的工作量，提高巡检效率。该模块管理流程如图 8-33 所示。

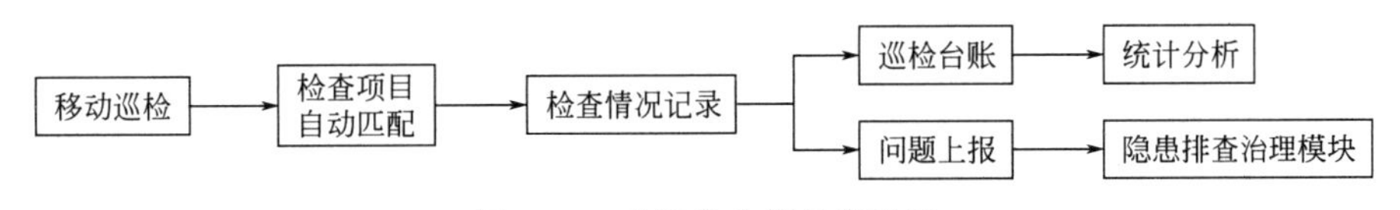

图 8-33　现场移动管理流程图

习题与思考题

1. 安全经济包括哪些基本概念？
2. 安全经济的基本原理有哪些？
3. 国内事故经济损失的计算包括哪些部分？
4. 安全投入的来源有哪些？生产经营中安全投入额的要求有哪些？
5. 简述“利益-成本”分析决策方法的基本原理与步骤。
6. 简述风险决策的基本原理与步骤。
7. 简述安全价值工程分析程序。
8. 安全价值工程可分析哪些安全经济问题？
9. 简述基于安全价值工程的安全投资决策方法和思路，并通过实例采用功能系数法进行安全投资决策分析。
10. 简述安全价值链的概念与组成。
11. 简述安全信息的概念和作用。
12. 简述安全信息的分类与管理流程。
13. 简述安全信息管理系统的组成和结构形式。
14. 简述安全信息管理系统的开发方法和模式。

15.某企业为改进作业安全水平，初步设计了a、b、c三种安全措施方案，采取a、b、c方案的事故概率分别为0.03、0.04和0.035，a、b、c方案所需的投资分别为2.0万元、0.8万元、2.2万元。现已知采取上述方案前的事故发生概率为0.06，每发生一起事故的平均经济损失为2.0万元，试进行方案优选。

第九章

应急救援与事故管理

学习目标

1. 熟悉事故应急管理的内容和过程，熟悉应急救援的原则和基本任务。

2. 熟悉事故应急救援体系建设的原则、内容。

3. 熟悉应急预案的目的、作用、基本要求、分类、核心要素、编制步骤。

4. 熟悉应急资源与演练。

5. 熟悉应急响应基本程序，熟悉接警、响应级别确定与启动的要求，熟悉应急救援行动的基本原则、现场控制的基本方法，了解应急恢复与善后。

6. 熟悉事故报告、事故调查与处理、事故统计分析。

第一节　应急救援概述

由于事故的必然性，应最大限度地减少和控制事故造成的损失，杜绝类似事故的发生。因此，应急救援与事故管理是安全管理必不可少的环节。

一、事故应急管理的内容和过程

应急管理是指政府、企业及机构在突发事件的事前预防、事发应对、事中处置和善后恢复过程中，通过建立必要的应对机制，采取一系列必要措施，应用科学、技术、规划与管理等手段，保障公众生命、健康和财产安全，促进社会和谐健康发展的有关活动。

事故灾难风险控制的根本途径有两条：第一条就是通过事故预防来防止事故的发生或降低事故发生的可能性，从而达到降低事故风险的目的；第二条重要的风险控制途径就是应急管理 。应急管理与事故预防是相辅相成的，事故预防以“不发生事故”为目标，应急管理则是以“发生事故后，如何降低损失”为己任，两者共同构成了风险控制的完整过程。

应急管理是一个动态的过程，包括预防、准备、响应和恢复四个阶段。尽管在实际情况中，这些阶段往往是交叉的，但每一阶段都有自己明确的目标，而且每一阶段又是构筑在前一阶段的基础之上，因此预防、准备、响应和恢复相互关联，构成了重大事故应急管理的循环过程。事故应急管理过程如图 9-1 所示。

1. 预防

事故预防是指在事故发生之前，为了消除事故发生的机会或者为了减轻事故可能造成的

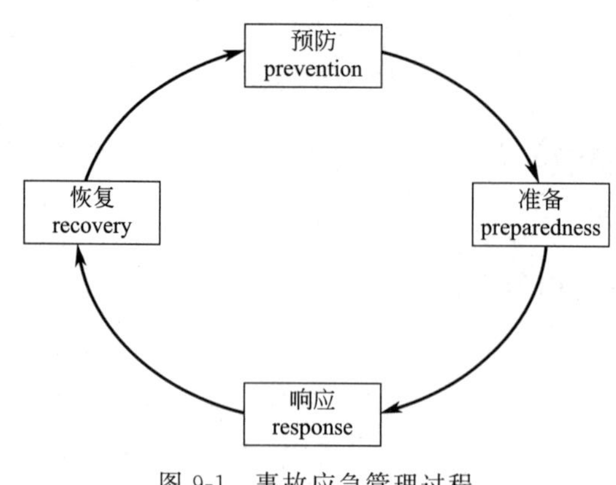

图 9-1　事故应急管理过程

损害所做的各种预防性工作。在事故应急管理中，预防有两层含义：一是事故的预防工作，即通过安全管理和安全技术等手段，尽可能地防止事故的发生，实现本质安全；二是在假定事故必然发生的前提下，通过预先采取一定的预防措施来降低或减缓事故的影响或后果的严重程度，如加大建筑物的安全距离、工厂选址的安全规划、减少危险物品的存量、设置防护墙以及开展员工和公众应急自救知识教育等。从长远看，低成本、高效率的预防措施是减少事故损失的关键。预防阶段主要包括风险辨识、评价与控制、安全规划、安全研究、安全法规、标准制定、危险源监测监控、事故灾害保险、税收激励和强制性措施等内容。

2. 应急准备

应急准备是针对可能发生的事故，为迅速、科学、有序地开展应急行动而预先进行的思想准备、组织准备和物资准备等。因此，充分准备是应急管理的一项主要原则，应急准备是应急管理过程中一个极其关键的过程。应急准备的主要措施包括：制定应急救援方针与原则、应急救援工作机制；建立事故应急响应级别和预警等级；利用现代通讯信息技术建立重大危险源、应急队伍、应急装备等信息系统；组织制定应急预案，并根据情况变化随时对预案加以修改完善；应急队伍的建设，应急装备（设施）、物资的准备和维护；按照预先制定的应急预案组织模拟演习和人员培训；与各个政府部门、社会救援组织和企业等订立应急互助协议。这些准备要针对可能发生的重大事故种类和重大风险水平来进行配置，重点强调当应急事件发生时能够提供足够的各种资源和能力保证，保证应急救援需求，而且这些准备需不断地维护和完善，使应急准备的各项措施时时处于待用状态，进行动态管理，适应不断变化的风险和应急事件发生时的需求。其目标是保证重大事故应急救援所需的应急能力，为应对重大事故做好准备。准备得越充分，事故应急救援就会越有成效。

3. 应急响应

应急响应可划分为两个阶段，即初级响应和扩大应急。初级响应是在事故初期，主要在现场开展，重点是减轻紧急情况与灾害的不利影响，事故单位或部门应用自己的救援力量，使最初的事故得到有效控制，但如果事故的规模和性质超出事故单位的应急能力，则应请求增援和提高应急响应级别，进入扩大应急救援活动阶段。随着事态进展的严重程度，应急的级别也在不断地提高，根据应急事件发展的范围和严重程度，确定县级、市级、省级甚至启动国家级应急力量和资源，以便最终控制事故。

4. 恢复和重建

恢复与重建工作应在事故发生后立即进行，包括损失评估、理赔、清理废墟、灾后重建、应急预案复查、事故调查处理等。首先应使事故影响区域恢复到相对安全的基本状态，然后逐步恢复到正常状态。要求立即进行的恢复工作包括：评估事故损失、进行事故原因调查、清理事发现场、提供事故的保险理赔等。在短期恢复工作中，应注意避免出现新的紧急情况。长期恢复包括：重建被毁设施和工厂、重新规划和建设受影响区域等。在长期恢复工作中，应吸取事故和应急救援的经验教训，开展进一步的事故预防工作和减灾行动。恢复阶段应注意：一是要强化有关部门，如市政、民政、医疗、保险、财政等部门的介入，尽快做好灾后恢复重建；二是要进行客观的事故调查，分析总结应急救援与应急管理的经验教训，这不仅可以为今后应对类似事故奠定新的基础，而且也有助于促进制度和管理的革新，化危机为转机。

二、应急救援的原则

事故应急救援的指导思想是认真贯彻“安全第一，预防为主，综合治理”的安全生产方针，牢固树立“以人为本”的理念，本着对人民生命财产高度负责的原则，坚持“预防为主，居安思危，常备不懈”的应急思想，并按照先救人、后救物和先控制、后处置的应急方式，在发生事故时，能迅速、有序、高效地实施应急救援行动，及时、妥善地处置重大事故，最大限度地减少人员伤亡和危害，维护国家安全和社会稳定，促进经济社会全面、协调、可持续发展。基于这样的指导思想，事故应急救援应遵循以下基本原则。

(1) 生命至上，安全第一。应急救援的首要任务是不惜一切代价保障人民群众的生命安全，最大限度地减少人员伤亡，维护人员的生命安全。事故发生后，应当首先安全撤离现场相关人员，并全力抢救受伤人员，以最大的努力减少人员伤亡，确保应急救援人员的安全。

(2) 集中领导、统一指挥。事故的抢险救灾工作必须在应急救援领导指挥中心的领导、指挥下展开。应急预案应当贯彻统一指挥的原则。各类事故具有随机性、突发性和扩展迅速、危害严重的特点，因此应急救援工作必须坚持集中领导、统一指挥的原则。在紧急情况下，多头领导会导致一线救援人员无所适从、贻误战机的不利局面。

(3) 分级负责、协同作战。各级地方政府、有关单位应按照各自的职责分工，分级负责、各尽其能、各司其职，做到协调有序、资源共享、快速反应，建立企业与地方政府、各相关方的应急联动机制，实现应急资源共享，共同积极做好应急救援工作。

(4) 预防为主、快速反应。要建立健全安全风险分级管控和隐患排查治理双重预防性工作机制，坚持事故预防和应急处置相结合，加强教育培训、预测预警、预案演练和保障能力建设。针对可能发生的事故，应做好充分的准备，一旦发生事故，要快速做出反应，尽可能减少应急救援组织的层次，以利于事故和救援信息的快速传递，减少信息的失真，提高救援的效率。

(5) 单位自救和社会救援相结合。在确保单位人员安全的前提下，事发单位和相关单位应首先立足自救，与社会救援相结合。这是因为单位熟悉自身各方面的情况，又身处事故现场，有利于初期事故的救援，将事故消灭在初始状态。单位救援人员即使不能完全控制事态，也可为外部救援赢得时间。事故发生初期，事故单位必须按照本单位的应急预案积极组织抢险救援，迅速组织遇险人员疏散撤离，防止事故扩大。

(6) 科学分析、规范运行、措施果断。科学、准确地分析、预测、评估事故事态发展趋势、后果，科学分析是做好应急救援的前提。加强管理，规范运行可以保证应急预案的有效实施。在事故现场，果断决策，采取适当、有效的应对措施是保证应急救援成效的关键。

(7) 安全抢险。在事故抢险过程中，应采取有效措施，确保抢险救护人员的安全，严防抢险过程中发生二次事故；积极采用先进的应急技术及设施，避免次生、衍生事故发生。

三、应急救援的基本任务

事故应急救援的目标主要是抢救受害人员，减低或减少财产损失，消除事故造成的后果。事故应急救援的基本任务包括以下几点。

(1) 营救受害人员。立即组织营救受害人员，组织撤离或者采取其他措施保护危害区域内的其他人员。抢救受害人员是事故应急救援的首要任务。在应急救援行动中，快速、有序、有效地实施现场急救与安全转送伤员是降低伤亡率、减少事故损失的关键。由于重大事故发生突然、扩散迅速、涉及范围广、危害大，应及时指导和组织群众采取各种措施进行自我防护，必要时迅速撤离出危险区或可能受到危害的区域，并在撤离过程中，积极组织群众开展自救和互救工作。

(2) 控制危险源。事故发生后应迅速控制危险源，并对事故造成的危害进行检测、监测，测定事故的危害区域和危害性质及危害程度。及时控制造成事故的危险源是应急救援工作的重要任务。只有及时控制住危险源，防止事故的继续扩展，才能及时、有效地进行救援。特别是对发生在城市或人口稠密地区的化学品事故，应尽快组织工程抢险队，与事故单位技术人员一起及时控制事故继续扩大蔓延。

(3) 现场清洁和现场恢复。即做好现场清洁和现场恢复，消除危害后果。针对事故对人体、动植物、土壤、水源、空气造成的现实危害和可能的危害，应迅速采取封闭、隔离、洗消等技术措施。对事故外溢的有毒有害物质和可能对人与环境继续造成危害的物质，应及时组织人员予以清除，消除危害后果，防止对人的继续危害和对环境的污染。应及时组织人员清理废墟和恢复基本设施，将事故现场恢复至相对稳定的状态。对危险化学品事故造成的危害进行监测、处置，直至符合国家环境保护标准。

(4) 查清事故原因，评估危害程度。事故发生后应及时调查事故的发生原因和事故性质，评估出事故的危害范围和危险程度，查明人员伤亡情况，做好事故调查。

第二节　应急救援体系

潜在的重大事故风险多种多样，每一类事故灾难的应急救援措施可能千差万别，但其基本应急模式是一致的。构建应急救援体系，应贯彻顶层设计和系统论的思想，以事件为中心，以功能为基础，分析和明确应急救援工作的各项需求，在应急能力评估和应急资源统筹安排的基础上，科学地建立规范化、标准化的应急救援体系，保障各级应急救援体系的统一和协调。

一、应急救援体系建立的目的

应急救援体系建设的目的可以归纳为如下几点。

(1) 严峻的安全形势迫切需要建立健全事故应急救援体系。事故涉及的行业和领域多、覆盖地域广、发生频度高，特别是各地生产力水平发展不平衡，基础薄弱，应急体制、机制、法制还不完善，从根本上扭转安全严峻局面是一项长期而艰巨的任务。为此，应建立覆盖重特大事故多发行业和地区、运转协调、反应快速的应急救援体系，提高事故应对能力。

(2) 建立健全事故应急救援体系是完善安全监管体系的要求。事故应急救援体系是安全监管体系的重要组成部分，它的运行状态直接关系到安全工作体系的完整性和有效性。加强和完善安全监管体系，迫切需要建立健全事故应急救援体系。

(3) 建立健全事故应急救援体系是提高政府应对突发事件和风险能力的要求。建立健全应急救援体系，是完善国家应急管理体系、提高政府应对突发事件能力的要求，也有利于合理配置资源、实现资源共享、避免重复建设，符合提高行政效率的原则。

(4) 建立健全事故应急救援体系是保障经济社会协调发展的要求。重特大事故的频繁发生造成了重大人员伤亡和财产损失，严重影响了人民群众安居乐业，破坏了正常的经济和社会秩序。建立健全事故应急救援体系，就是要努力保障广大人民群众的生命和健康，保证社会生产和生活的正常进行，不断提高社会管理水平和保障能力，促进经济社会协调发展。

二、事故应急救援体系建设的原则

事故应急救援体系建设过程中，应遵循以下建设原则。

（1）统一领导，分级管理。国务院统一领导全国范围内的事故应急管理和事故灾难应急救援协调指挥工作，地方各级人民政府统一领导本行政区域内的事故应急管理和事故灾难应急救援协调指挥。国务院有关部门所属各级应急救援指挥机构、地方各级应急救援指挥机构分别负责职责范围内的应急管理工作和事故灾难应急救援协调指挥的具体工作。

（2）条块结合，属地为主。有关行业和部门应当与地方政府密切配合，按照属地为主的原则，进行应急救援体系建设。各级地方人民政府对本地安全生产事故灾难的应急救援负责，要结合实际情况建立完善安全生产事故灾难应急救援体系，满足应急救援工作需要。

（3）统筹规划，合理布局。根据产业分布、危险源分布、事故灾难类型和有关交通地理条件，对应急指挥机构、救援队伍以及应急救援的培训演练、物资储备等保障系统的布局、规模和功能等进行统筹规划。有关企业按规定标准建立企业应急救援队伍，省（自治区、直辖市）根据需要建立骨干专业救援队伍，国家在一些危险性大、事故发生频度高的地区或领域建立国家级区域救援基地，形成覆盖事故多发地区、事故多发领域分层次的安全生产应急救援队伍体系，适应经济社会发展对事故灾难应急救援的基本要求。

（4）依托现有，资源共享。以企业、社会和各级政府现有的应急资源为基础，对各专业应急救援队伍、培训演练、装备和物资储备等系统进行补充完善，建立有效机制实现资源共享、避免资源浪费和重复建设。国家级区域救援基地、骨干专业救援队伍原则上依托大中型企业的救援队伍建立，根据所承担的职责分别由国家和地方政府加以补充和完善。

（5）一专多能，平战结合。尽可能在现有专业救援队伍的基础上加强装备和多种训练，各种应急救援队伍的建设要实现一专多能；发挥经过专门培训的兼职应急救援队伍的作用，鼓励各种社会力量参与到应急救援活动中来。各种应急救援队伍平时要做好应对事故灾难的思想准备、物资准备、经费准备和工作准备，不断地加强培训演练，紧急情况下能够及时有效地施救，真正做到平战结合。

（6）功能实用，技术先进。应急救援体系建设以能够及时、快速、高效地开展应急救援为出发点和落脚点，根据应急救援工作的现实和发展的需要设定应急救援信息网络系统的功能，采用国内外成熟的、先进的应急救援技术和特种装备，保证安全生产应急救援体系的先进性和适用性。

（7）整体设计，分步实施。根据规划和布局，对各地、各部门应急救援体系的应急机构、区域应急救援基地和骨干专业救援队伍、主要保障系统进行总体设计，并根据轻重缓急分期建设。具体建设项目，要严格按照国家有关要求进行，注重实效。

三、事故应急救援体系的内容

一个完整的事故应急救援体系由组织体系、运作机制、保障体系等 3 部分构成。

（一）组织体系

应急救援组织包括政府、企事业和专业机构三个层面。

1. 政府和专业机构层面

政府层面应急救援组织体系中的管理机构是指维持应急日常管理的负责部门，负责组织、管理、协调和联络等方面的工作。国务院是应急管理工作的最高行政领导机构，国家设立国家安全生产应急救援指挥中心、国务院应急管理办公室，履行值守应急、信息汇总和综合协调职责，发挥运转枢纽作用；国务院有关部门依据有关法律、行政法规和各自职责，负责应急管理工作；地方各级人民政府设立地方安全生产应急救援指挥中心、政府应急管理办公室，负责本行政区域的应急管理工作。同时，根据实际需要聘请有关专家组成专家组，为应急管理提供决策建议。

专业机构层面是指与应急救援活动有关的各类组织机构，如：省、市、县级分别设立的消防救援总队、支队、大队，城市和乡镇根据需要设立的消防救援站；内蒙古、吉林、黑龙江、重庆、四川、云南、西藏、新疆等省、自治区、直辖市设立的森林消防总队，在森林（草原）丰富的地（州、盟、市）、县（旗、市）配置的森林消防支队或大队；地震救援、海上搜救、矿山救护、防洪抢险、核辐射、环境监控、危险化学品、铁路、民航、隧道施工等应急救援专业队伍；水、电、油、气等工程抢险救援队伍；各级公安、医疗救护、保险、通信机构等。

2.企事业层面

企事业层面应急救援组织体系由应急救援指挥中心（或称应急总指挥部）、现场应急指挥部、技术专家组、保障机构、媒体机构和应急救援队伍组成。

（1）应急救援指挥中心（或称应急总指挥部）主要负责事故应急行动中的协调信息、应急决策指挥、处理应急后方支持及其他的管理职责，是进行应急行动全面统筹的中心，下设策划组、行动组、后勤组、资金与信息保障组。

应急救援指挥中心有权指挥所有应急救援行动，确定事故发展态势及应急活动的先后顺序。为保证现场应急救援工作的有效实施，必须对事故现场的所有应急救援工作实施统一的指挥和管理，即建立事故指挥系统，形成清晰的指挥链，以便及时地获取事故信息、分析和评估势态，确定救援的优先目标，决定如何实施快速、有效的救援行动和保护生命的安全措施，指挥和协调各方应急力量的行动，高效地利用可获取的资源，确保应急决策的正确性和应急行动的整体性与有效性。

（2）现场应急指挥部是整个现场应急救援工作的指挥者和管理者。事故现场指挥官负责现场应急响应所有方面的工作，包括确定事故目标及实现目标的策略，批准实施事故行动计划，高效地调配现场资源，落实保障人员安全与健康的措施，管理现场所有的应急行动。如果现场较为复杂，事故指挥官可将应急过程中的安全问题、信息收集与发布以及与应急各方的通信联络分别指定相应的负责人，各负责人直接向现场指挥官汇报。如事故规模进一步扩大，响应行动涉及跨部门、跨地区或上级救援机构加入时则可能需要开展联合指挥，即由各有关主要部门代表成立联合指挥部。

（3）保障机构一般包括人员资源、应急技术、物资与装备、信息与通信、财务保障机构、外部援助系统。其中，信息与通信机构包括通信联系、报警、信息发布等机构；物资与装备机构主要包括信息处理设施、应急动力装备、通信设备、消防器材、紧急照明设备、个人防护用品、疏散通道、安全门、急救器材与设备等管理；外部援助系统包括上级指挥中心，特殊专业人员（如分析化学家、毒理学家、气象学家等），紧急事件应急处理数据库、实验室、消防队、公安部门、应急专家咨询机构、军事或民防机构、公共卫生机构、医院、交通、电力、通信、市政、民政、物资供应部门等。

（4）媒体机构。如果事故发生单位没有专门的机构来处理与媒体的关系，则可能会导致媒体报道的失真，影响应急救援行动，破坏事故单位在公众中的形象，甚至引起公众的恐慌。为了避免上述情形的出现，成立媒体中心，负责与媒体的接触及其他相关事务是十分迫切也是十分必要的。

(5) 应急救援及医疗队伍分自愿队伍、专业队伍。危险行业或领域，如化工、矿山等，应当依法按照标准设有专业应急救援队伍，接受当地政府应急管理机构的检查和指导。应急救援自愿队伍中的救援人员来自各个部门，要经过系统的标准化应急培训，经过培训后给予相应资格，以适应应急活动的不同需求，包括兼职的安全人员、义务消防员和红十字会救护员等。根据事故单位的风险水平不同，应重点地培养一批针对风险特点的有经验的、具有不同应急技能的兼职人员。因其有可能是当事人和第一目击者，常常在应急响应中起到重要作用。

(二)运作机制

应急运作机制主要由统一指挥、分级响应、属地为主和公众动员 4 个基本机制组成。

(1) 统一指挥是应急活动最基本的原则。应急指挥一般分为集中指挥与现场指挥，或场外指挥与场内指挥等。无论采用哪一种指挥系统，都必须实行统一指挥的模式；无论应急救援活动涉及单位的行政级别高低还是隶属关系不同，都必须在应急指挥部的统一协调下行动。

(2) 分级响应是指在初级响应到扩大应急的过程中实行的分级响应机制。应急救援体系根据事故的性质、严重程度、事态发展趋势和控制能力实行分级响应机制，对不同的响应级别，相应地明确事故的通报范围、应急中心的启动程度、应急力量的出动和设备物资的调集规模、疏散的范围、应急总指挥的职位等。一般来说，应急响应分为四个级别：一级（特别重大)、二级（重大)、三级（较大）和四级（一般)，分别用红色、橙色、黄色和蓝色标示。各类突发公共事件按照其性质、严重程度、可控性和影响范围等因素划分，安全生产事故按照事故灾难的可控性、严重程度和影响范围划分。一级响应为最高级别，事件、事故特别重大，影响范围跨省级行政区，国家有关部门介入响应；二级响应次之，事件、事故重大，影响范围跨地市级行政区域，省级有关部门介入响应；三级响应事件、事故较大，影响范围超过一个县区级行政区域，地市级有关部门介入响应；四级响应事件、事故一般，影响范围在本县区级行政区域以内，企事业单位内部或与县区级有关部门介入响应。

(3) 属地为主强调“第一反应”的思想和以现场应急、现场指挥为主的原则。在国家的整个应急救援体系中，地方政府和地方应急力量是开展事故应急救援工作的主力军，地方政府应充分调动地方的应急资源和力量开展应急救援工作。现场指挥以地方政府为主，部门和专家参与，充分发挥企业的自救作用。强调属地为主，主要是因为属地对本地区的自然情况、气候条件、地理位置、交通信号比较熟悉，能够及时、有效快速地救援，并能协调本地区的各应急功能部门，优化资源、协调作战，发挥应急救援的最佳作用。

(4) 公众动员既是应急机制的基础，也是整个应急体系的基础。在应急体系的建立及应急救援过程中要充分考虑并依靠民间组织、社会团体以及个人的力量，营造一个良好的社会氛围，使公众都参与到救援过程，人人都成为救援体系的一部分。当然，并不是要求公众去承担事故救援的任务，而是希望充分发挥社会力量的基础性作用，建立健全组织和动员人民群众参与应对事故灾难的有效机制，增强公众的防灾减灾意识，加强公众应急能力方面的培训，提高公众应急反应能力，掌握应急处置基本方法，在条件允许的情况下发挥应有的作用。

(三)保障体系

应急救援工作快速有效地开展依赖于充分的应急保障体系。保障体系包括应急预案保障、应急法律基础保障、应急信息系统保障、应急人力资源保障、应急物资与装备保障、应急财务保障等。

（1）应急预案保障处于应急保障体系的首位，原则上每一危险设施都应有一个应急预案，详见本章第三节。

（2）应急信息系统主要包括基础设施、信息资源系统、应用服务系统、信息技术标准体系及信息安全保障体系等五个部分。其中，基础设施由计算机软硬件、网络系统、通信集成等部件组成，是信息系统运行的物理平台；信息资源系统由支持应急管理的数据库、知识库、专家系统和管理与支持的软件等构成；应用服务系统是直接面对各类用户的界面，也是内外部信息交互的端口；而技术标准和规范以及安全保障系统则是上述三个部分运行的保障。应急管理的各个阶段根据事件类型不同有不同的功能要求，这些功能需要应急信息管理系统模块的支持。

（3）应急法律基础是应急体系的基础和保障，也是开展各项应急活动的依据。与应急有关的法规可分为四个层次：由立法机关通过的法律，如紧急状态法、公民知情法和紧急动员法等；由政府颁布的规章，如应急救援管理条例等；包括预案在内的以政府令形式颁布的政府法令、规定等；与应急救援活动直接有关的标准或管理办法等。

（4）应急物资与装备保障不但要保证足够资源，而且要快速、及时供应到位。地方各级人民政府应根据有关法律、法规和应急预案的规定，做好物资储备工作。各企业按照有关规定和标准针对本企业可能发生的事故特点在本企业内储备一定数量的应急物资。各级地方政府针对辖区内易发重特大事故的类型和分布，在指定的物资储备单位或物资生产、流通、使用企业和单位储备相应的应急物资，形成分层次、覆盖本区域各领域各类事故的应急救援物资保障系统，保证应急救援需要。应急救援队伍根据专业和服务范围按照有关规定和标准配备装备、器材；各地在指定应急救援基地、队伍或培训演练基地内储备必要的特种装备，保证本地应急救援特殊需要。国家在国家安全生产应急救援培训演练基地、各专业安全生产应急救援培训演练中心和国家级区域救援基地中储备一定数量的特种装备，特殊情况下对地方和企业提供支援。建立特种应急救援物资与装备储备数据库，各级、各专业安全生产应急管理与协调指挥机构可在业务范围内调用应急救援物资和特种装备实施支援。特殊情况下，依据有关法律、规定及时动员和征用社会相关物资。条件如果允许，要建立健全应急物资监测网络、预警体系和应急物资生产、储备、调拨及紧急配送体系，完善应急工作程序，确保应急所需物资和生活用品的及时供应，并加强对物资储备的监督管理，及时予以补充和更新。

（5）应急人力资源保障包括应急救援专业队伍、专家队伍、志愿人员、特殊专业人员（如分析化学家、毒理学家、气象学家等）以及其他有关人员的保障。中央与地方各级人民政府和有关部门、企事业单位要加强应急救援专业队伍的业务培训和应急演练，建立完善的应急救援专家队伍；动员社会团体、企事业单位以及志愿者等各种社会力量参与应急救援工作；增进国际的交流与合作。要加强以乡镇和社区为单位的公众应急能力建设，发挥其在应对突发公共事件中的重要作用。中国人民解放军和中国人民武装警察部队是处置突发公共事件的骨干和突击力量，按照有关规定参加应急处置工作。生产经营单位应根据企业实际，结合企业可能发生事故的特点，设置相应的事故应急人力保障资源，以便事故发生后能有效地参与救援，减少人员伤亡和事故损失。

（6）应急财务保障是要保证所需事故应急准备和救援工作资金。对受事故影响较大的行业、企事业单位和个人要及时研究提出相应的补偿或救助政策，并要对事故财政应急保障资金的使用和效果进行监管和评估。应急财务保障应建立专项应急科目，如应急基金等，以及保障应急管理运行和应急反应中的各项开支。安全生产应急救援工作是重要的社会管理职能，属于公益性事业，关系到国家财产和人民生命安全，有关应急救援的经费按事权划分应由中央政府、地方政府、企业和社会保险共同承担。

第三节　应急预案

应急预案又称应急计划，是针对可能发生的重大事故或灾害，为保证迅速、有序、有效地开展应急救援行动、降低事故损失而预先制定的有关方案。应急预案是在辨识和评估潜在的重大危险、事故类型、发生的可能性及发生过程、事故后果及影响严重程度的基础上，对应急的职责、人员、技术、装备、设施、物资、救援行动及其指挥协调方面预先做出的具体安排。预案明确了在突发事故前、发生过程中以及刚刚结束后，谁负责做什么、何时做以及相应的策略和资源准备等。

一、编制应急预案的目的和作用

1.制定应急预案的目的

制定事故应急预案的主要目的有两个：一是采取预防措施使事故控制在局部，消除蔓延条件，防止突发性重大或连锁事故发生；二是能在事故发生后迅速有效控制和处理事故，尽量减轻事故对人和财产的影响。

2.应急预案的作用

应急预案是应急救援准备工作的核心内容，是及时、有序、有效地开展应急救援工作的重要保障。应急预案在应急救援中的重要作用和地位体现在以下几个方面：

(1) 应急预案确定了应急救援的范围和体系，使应急准备和应急管理不再是无据可依、无章可循。

(2) 制定应急预案有利于做出及时的应急响应，降低事故后果。应急行动对时间要求十分敏感，不允许有任何拖延。应急预案预先明确了应急各方的职责和响应程序，在应急力量、应急资源等方面做了大量准备，可以指导应急救援迅速、高效、有序地开展，将事故的人员伤亡、财产损失和环境破坏降到最低限度。

(3) 成为各类突发重大事故的应急基础。通过编制基本应急预案，可保证应急预案足够的灵活性，对那些事先无法预料到的突发事件，也可以起到基本的应急指导作用，成为开展应急救援的“底线”。

(4) 应急预案建立了与上级单位和部门应急救援体系的衔接，通过编制应急预案可以确保当发生超过本级应急能力的重大事故时与有关机构的联系和协调。

(5) 应急预案有利于提高风险防范意识。预案的编制、评审以及发布和宣传，有利于各方了解可能面临的重大风险及其相应的应急措施，有利于促进各方提高风险防范意识和能力。

二、应急预案的基本要求

事故应急救援工作是一项紧急状态下的应急性工作，所编制的应急预案应明确救援工作的管理体系，救援行动的组织指挥权限和各级救援组织的职责、任务等一系列的管理规定，保证救援工作的权威性。应急预案的编制基本要求有七点：

(1) 应急预案要有针对性。应急预案是对可能发生的事故而预先制定的行动方案，因此应急预案要有针对性，即应针对当地可能发生的事故类型和可能规模、重点场所、重要工程等进行综合的危险分析，确保其有效性。

（2）应急预案要有科学性。应急救援工作是一项科学性很强的工作，编制应急预案也必须以科学的态度，在全面调查研究的基础上，实行领导和专家相结合的方式，开展科学分析和论证，制定出决策程序科学、应急手段先进的应急反应方案，使应急预案真正具有科学性。

（3）应急预案要有可操作性。应急预案应充分分析、评估本地可能存在的重大危险及其后果，并结合自身应急资源、能力的实际，对应急过程的一些关键信息如潜在重大危险及后果分析、支持保障条件、决策、指挥与协调机制等进行详细而系统的描述。同时，各责任方应确保重大事故应急所需的人力、设施和设备、财政支持以及其他必要的资源。

（4）应急预案要有完整性。应急预案的完整性主要体现在下列几方面：一是功能完整，应急预案中应说明有关部门应履行的应急准备、应急响应职能和灾后恢复职能，并说明为确保履行这些职能而应履行的支持性职能；二是应急过程完整，应急管理一般可划分为应急预防（减灾）阶段、应急准备阶段、应急响应阶段和应急恢复阶段四个阶段，应急预案至少应涵盖上述四阶段，尤其是应急准备和应急响应阶段，应急计划应全面说明这两阶段的有关应急事项；三是适用范围完整，应阐明该预案的适用地理范围，应急预案的适用范围不仅仅指在本区域或生产经营单位内发生事故时，还应包括其他区域或企业。

（5）应急预案要合法合规。应急预案中的内容应符合国家相关法律、法规、国家标准等的要求，有关应急预案的编制工作必须遵守相关法律法规的规定。

（6）应急预案要有可读性。预案中信息的组织应有利于使用和获取，并具备相当的可读性。预案内容易于查询；语言简洁，通俗易懂；层次及结构清晰。

（7）应急预案要相互衔接。各类事故应急预案应与其他相关应急预案协调一致、相互兼容。各类事故的应急预案必须与所在区域或当地政府的应急预案有效衔接，确保事故应急救援工作有效。

三、应急预案体系分类

1.按突发事件性质划分

按照突发事件的发生过程、性质和机理，应急预案体系可包括四大类：自然灾害、事故灾难、公共卫生事件和社会安全事件。自然灾害主要包括水旱灾害、气象灾害、地震灾害、地质灾害、海洋灾害、生物灾害和森林草原火灾等。事故灾难主要包括工矿商贸等企业的各类安全事故、交通运输事故、公共设施和设备事故、环境污染和生态破坏事件等。公共卫生事件主要包括传染病疫情、群体性不明原因疾病、食品安全和职业危害、动物疫情以及其他严重影响公众健康和生命安全的事件。社会安全事件主要包括恐怖袭击事件、经济安全事件、涉外突发事件等。

上述各类突发事件往往是相互交叉和关联的，某类突发事件可能和其他类别的事件同时发生，或引发其他次生、衍生事件，因此，规划应急预案体系时应当具体分析、统筹考虑。

2.按应急预案功能划分

通常一个地区或单位会存在多种的潜在突发事件类型，一般情况下，应急预案体系包括综合预案、专项预案、现场处置方案三类，如图 9-2 所示。

（1）综合预案。综合预案是一个单位或地区的总预案，从总体上明确该单位或地区的应急方针、政策、应急组织结构及相关应急职责，应急行动、措施和保障等基本要求和程序，是应对各类事故的综合性文件，是一个地区或单位应急救援工作的基础和“底线”。综合应

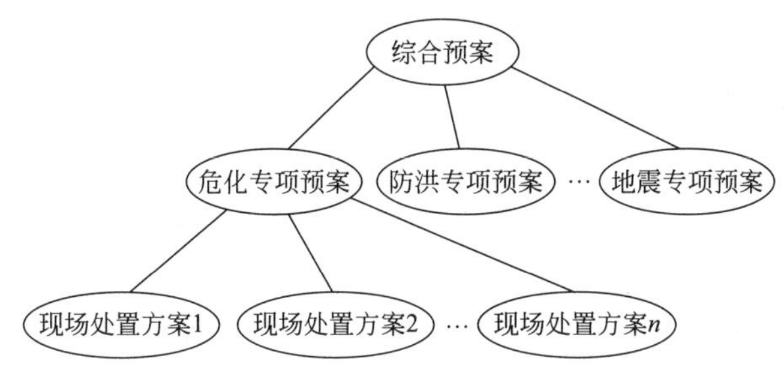

图 9-2 按功能划分的应急预案体系

急预案的主要内容包括总则、单位概况、组织机构及职责、预防与预警、应急响应、信息发布、后期处置、保障措施、培训与演练、奖惩、附则等 11 个部分。

（2）专项预案。专项预案是在总体预案的基础上充分考虑了特定突发事件的特点，对应急的形式、组织机构、应急资源及行动等进行更具体的阐述，具有较强的针对性。专项应急预案是为应对某一类型或某几种类型事故，或者针对重要生产设施、重大危险源、重大活动等内容而制定的应急预案，是综合应急预案的组成部分。专项应急预案应制定明确的救援程序和具体的应急救援措施。专项应急预案的主要内容包括事故类型和危害程度分析、应急处置基本原则、组织机构及职责、预防与预警、信息报告程序、应急处置、应急物资与装备保障等部分。专项预案一般包括防冰冻雨雪天气灾害应急预案、防震应急预案、防洪应急预案、防台应急预案、突发性环境污染事件应急预案、公务车交通事故应急预案、道路交通应急预案、高温中暑应急救援预案、电梯突发事故应急预案、有限空间作业应急预案、重要生产场所着火应急预案、大型变压器着火应急预案、机械伤害应急预案、爆炸事故应急预案、高处坠落事故应急预案、物体打击应急预案、触电事故应急预案、火灾事故专项应急预案、防风暴潮应急预案、反事故应急预案等。

（3）现场处置方案。现场处置方案是在专项预案的基础上，根据具体情况需要而编制的。它是以现场、设施或活动为具体目标制定和实施的应急预案，所针对的特定的具体场所通常是突发事件风险较大的场所或重要防护区域等。现场处置方案的主要内容包括事故特征、应急组织与职责、应急处置、注意事项等四个部分。企事业单位应根据风险评估、岗位操作规程以及危险性控制措施组织本单位现场作业人员及安全管理等专业人员共同编制现场处置方案。典型的现场处置方案有生产安全事故现场应急处置方案、洪水灾害现场应急处置方案、恶劣天气现场应急处置方案、水上安全应急救援处置方案、环境污染事件应急处置方案等。

综合预案是应急工作的基础，体现了应急救援工作的共性，专项预案、现场处置方案使应急和救援措施更具体化，更具有针对性。

3. 按行政区域划分

我国应急预案体系按行政区域可包括国家级、省级、市地级、县区级和企业级五个层次的应急预案。

（1）国家级应急预案。对突发事件的后果超过省、直辖市、自治区管辖能力以及列为国家级事故隐患、重大危险源的设施或场所，应制定国家级应急预案。目前，我国国家级应急预案已建立起了较为完善的框架，包括突发公共事件总体应急预案、专项应急预案和部门应急预案。

（2）省级应急预案。对突发事件的后果超过城市或地区边界或应急能力以及列为省级事故隐患、重大危险源的设施或场所，应制定省级应急预案，用来协调全省范围内的应急资源和力量，或提供突发事件发生的城市或地区所没有的特殊技术和设备。

(3) 市地级应急预案。对城市或地区潜在的重大突发事件或发生在两个县或县级市管辖区边界上需要协调市地级应急资源和力量的突发事件，应制定市地级应急预案。

(4) 县区级应急预案。对县区潜在的重大突发事件，应制定县区级应急预案。

(5) 企业级应急预案。企业级应急预案指企事业单位根据所处地理环境、气象和自身生产经营活动中可能发生的重大突发事件和法律法规的有关要求而制定的应急预案。

四、应急预案的编制步骤

应急预案编制的工作流程具体可以分为5个步骤：成立预案编制小组；风险分析和应急能力评估；编制应急预案；应急预案的评审与发布；应急预案的实施与修订。

1.成立预案编制小组

重大事故的应急救援行动涉及来自不同部门、不同专业领域的应急各方，需要应急各方在相互信任、相互了解的基础上进行密切配合和相互协调。因此，应成立以单位主要负责人(或分管负责人)为组长，单位相关部门人员参加的应急预案编制工作组，明确工作职责和任务分工，制订工作计划，组织开展应急预案编制工作。应急预案编制小组的规模取决于应急预案的适用领域和涉及范围等情况。成立预案编制小组应符合下列一些原则和要求。

(1) 部门参与。应鼓励更多的人投入编制过程，尤其是一些与应急相关部门。编制的过程本身是一个磨合和熟悉各自活动、明确各自责任的过程。编制本身也是最好的培训过程。

(2) 时间和经费。保证时间和必要的经费，使参与人员能投入更多的时间和精力。应急预案是一个复杂的工程，从危险分析、评价，脆弱性分析、资源分析，到法律法规要求的符合性分析，从现场的应急过程到防护能力及演练，如果没有充足的时间保证，难以保证预案的编制质量。

(3) 交流与沟通。各部门必须及时沟通，互通信息，提高编制过程的透明度和水平。在编制过程中，经常会遇到一些问题，或是职责不明确，或是功能不全，有些在编制过程中由于不能及时沟通，导致出现功能和职责的重复、交叉或不明确等现象。

(4) 专家系统支持。应急预案的科学性、严谨性和可行性都是非常强的，只有对这些领域的情况有深入的了解才能写出有针对性的内容。对于企业来讲，这个专家系统既可以利用外部的资源，也可充分发挥本企业的资源，在预案的编制过程中可以起到至关重要的作用。对于政府部门，在应对突发事件的过程中，专家咨询也是一个不可或缺的环节，对突发环境事件的事态评估、监测环境污染物的控制与消除方法等起到决策与咨询作用。

(5) 编制小组人员要求。这些人员应有一定的专业知识、团队精神、社会责任感等。另外，应具有不同部门的代表性及公正性。一定要明确参与具体编制的小组成员和专家系统以及其他相关人员。编制小组应得到各相关功能部门的人员参与和保证，并应得到高层管理者的授权和认可。应以书面的形式或以企业下发文件的形式，明确指定各部门的参加人员，并得到本部门的认可。

(6) 人员构成。政府部门在应急预案编制过程中应将突发事件应急功能和相关职能部门人员纳入预案编制小组之中。企业在预案编制过程中应有以下部门人员参与：高层管理者，各级管理人员，财务部门，消防、保卫部门，各岗位工人，人力资源部，工程与维护部，安全健康与环境事务部，安全主管，对外联系部门，后勤与采购部，医疗部门以及其他人员。

(7) 承诺与授权、任务、时间进度和预算。应急管理承诺与授权是指，明确应急管理的各项承诺，通过授权应急编制小组采取编制计划所需的措施，以形成团队精神；任务是指最高管理者或主要管理者应发布任务书，来明确对应急管理所做出的承诺，指明将涉及的范围

(包括整个组织)，确定应急预案编制小组的权力和结构；时间进度和预算是指要明确确定工作时间进度表和预案编制的最终期限，明确任务的优先顺序，情况发生变化时可以对时间进度进行修改。

2.风险分析和应急能力评估

（1）收集、整理资料。在编制预案前，需进行全面、详细的资料收集、整理。需要收集、调查的资料主要包括以下内容：①适用的法律、法规和标准。收集国家、省和地方有关法律法规、规章以及国家标准、行业标准。②周围条件。地质、地形、地理、周围环境、气象条件及资料、交通条件等。③厂区（地区）平面布局。功能区划分、危险物品分布、工艺流程分布、建筑物（构筑物）平面布置、安全距离等。④生产工艺过程，生产设备、装置，特殊设备，库区等。⑤本单位、相关（相邻）单位及当地政府的应急预案等。⑥国内外同行业、同类单位的事故案例资料，本单位的安全记录、事故情况和相关技术资料等。

（2）风险评估。风险评估包括危险识别、脆弱性分析和风险评价。在危险因素分析、危险源辨识及事故隐患排查、治理的基础上，确定本单位存在的危险因素、可能发生事故的类型和后果，并指出事故可能产生的次生、衍生事故，评估事故的危害程度和影响范围，形成分析报告，分析结果将作为事故应急预案的编制依据。

（3）应急能力评估。应急能力评估就是依据风险评估的结果，对应急资源准备状况的充分性和从事应急救援活动所具备的能力进行评估，以明确应急救援的需求和不足，为应急预案的编制奠定基础。事故应急能力一般包括：应急人力资源（各级指挥员、应急队伍、应急专家等）；应急通信与信息能力；人员防护设备；消灭或控制事故发展的设备；检测、监测设备；医疗救护机构与救护设备；应急运输与治安能力；其他应急能力。制定预案时，应当在评价与潜在危险相适应的应急资源和应急能力基础上，选择最现实、最有效的应急策略和方案。

3.编制应急预案

应急预案的编写过程主要包括如下几个关键性工作：①确定目标和行动的优先顺序；②确定具体的目标和重要事项，列出完成任务的清单、工作人员清单和时间表，明确脆弱性分析中发现的问题和资源不足的解决方法；③编写计划，分配计划编制小组每个成员相应的编写内容，确定最合适的格式，对具体的目标明确时间期限，同时保证为完成任务提供足够和必要的时间；④制定时间进度表。

预案编制小组在设计应急预案编制格式时，则应考虑以下几个方面：一是应合理地组织预案的章节，以便每个不同的读者能快速地找到各自需要的信息，避免从一堆不相关的信息中去查找所需的信息；二是保证应急预案各个章节及其组成部分在内容上的相互衔接，避免内容出现明显的位置不当；三是保证应急预案的每个部分都采用相似的逻辑结构来组织内容；四是应急预案的格式应尽量采取与上级机构一致的格式，以便各级应急预案能更好地协调和对应。

4.应急预案的评审与发布

应急预案编制完成后应进行评审，并按规定报有关部门审批、备案，按有关程序由单位主要负责人签署发布。根据评审性质、评审人员和评审目标的不同，将评审过程分为内部评审和外部评审两类。内部评审是指编制小组内部组织的评审。内部评审不仅要确保语句通畅，更重要的是评估应急预案的完整性，以获得全面的评估结果，保证各种类型预案之间的协调性和一致性。外部评审是预案编制单位组织本城或外埠同行专家、上级机构及有关政府部门对预案进行评议的评审。根据评审人员和评审机构的不同，外部评审可分为同行评审、上级评审和政府评审等。

5. 应急预案的实施与修订

实施应急预案是应急管理工作的重要环节，主要包括：应急预案宣传、教育和培训；应急资源的定期检查落实；应急演习和训练；应急预案的实践；应急预案的电子化；事故回顾等。

以下情况，应急预案应进行评审修订：定期评审修订；随时针对培训和演习中发现的问题对应急预案实施评审修订；评审重大事故灾害的应急过程吸取相应的经验和教训时修订应急预案；国家有关应急的方针、政策、法律、法规、规章和标准发生变化时评审修订应急预案；危险源有较大变化时评审修订应急预案；根据应急预案的规定评审修订应急预案。应急预案评审采取形式评审和要素评审两种方法。形式评审主要用于应急预案备案时的评审，重点审查应急预案的规范性和编制程序；要素评审用于单位组织的应急预案评审，依据国家有关法律法规、《生产经营单位生产安全事故应急预案编制导则》和有关行业规范，从合法性、完整性、针对性、实用性、科学性、操作性和衔接性等方面对应急预案进行评审。

五、应急预案的核心要素

一个完善的应急预案按相应的过程可分为6个一级关键要素，分别为方针与原则、应急策划、应急准备、应急响应、现场恢复、预案管理与评审改进。这6个一级要素相互之间既相对独立又紧密联系，形成了一个有机联系并持续改进的体系结构。

1. 方针与原则

方针与原则反映了应急救援工作的优先方向、政策、范围和总体目标，应急救援体系首先应有一个明确的方针和原则来作为指导应急救援工作的纲领。其主要点有：①应强调的是事发前的预警和事发时的快速响应，高效救援；②在救援过程中强调救死扶伤和以人为本的原则；③应有利于恢复再生产，对于设备设施尤其是重大设备和贵重设备的救援，不能因为盲目救援过多地使用一些不利的救援方式，如灭火方式的选择等；④救援中应考虑到继发的影响，不能因为救援进一步扩大了环境的污染，使事态扩大；⑤事故应急救援工作是在预防为主的前提下，贯彻统一指挥、分级负责、单位自救和社会救援相结合的原则；⑥预防工作是事故应急救援工作的基础，除了平时做好事故的预防工作，避免或减少事故的发生外，还要落实好救援工作的各项准备措施，做到预有准备，一旦发生事故就能及时实施救援。

2. 应急策划

应急策划必须明确预案的对象和可用的应急资源情况，即在全面系统地认识和评价所针对的潜在事故类型基础上，识别出重要的潜在事故、性质、区域、分布及事故后果；同时，根据危险分析的结果，分析评估企业中的应急救援力量和资源情况，为所需的应急资源准备提供建设性意见。应急策划包括危险分析、资源分析以及法律法规要求。

（1）危险分析。危险分析是应急预案编制的基础和关键过程。危险分析应依据国家和地方有关的法律法规要求，根据具体情况进行。危险分析包括危险识别、脆弱性分析和风险分析。

① 危险识别。危险识别应分析本地区的地理、气象等自然条件，工业和运输、商贸、公共设施等的具体情况，总结本地区历史上曾经发生的重大事故，来识别出可能发生的自然灾害和重大事故。危险识别还应符合国家有关法律法规和国家标准的要求。

② 脆弱性分析。脆弱性分析要确定的是一旦发生危险事故，哪些地方、哪些人及人群、什么财物和设施等容易受到破坏、冲击和影响。

③ 风险分析。风险分析是根据脆弱性分析的结果，评估事故或灾害发生时，对城市造

成破坏（或伤害）的可能性以及可能导致的实际破坏（或伤害）程度。通常可能会选择对最坏的情况进行分析。

（2）资源分析。针对危险分析所确定的主要危险，明确应急救援所需的资源，列出可用的应急力量和资源，包括：各类应急力量的组成及分布情况，各种重要应急设备、物资的准备情况，上级救援机构或周边可用的应急资源等。通过资源分析，可为应急资源的规划与配备、与相邻地区签订互助协议和预案编制提供指导。

（3）法律法规要求。有关应急救援的法律法规是开展应急救援工作的重要前提保障。应急策划时，应列出国家、省、地方涉及应急各部门职责要求以及应急预案、应急准备和应急救援的法律法规文件，以作为预案编制和应急救援的依据和授权。

3.应急准备

应急准备应当依据应急策划的结果开展，包括各应急组织及其职责权限的明确、应急资源的准备、公众教育、应急人员培训、预案演练和互助协议的签署等。

（1）机构与职责。应急机构组织体系，包括应急管理的领导机构、应急响应中心以及各有关机构部门等。对应急救援中承担任务的所有应急组织，应明确相应的职责、负责人、候补人及联络方式。

（2）应急资源。应急资源主要包括应急救援中所需的消防手段、各种救援机械和设备、监测仪器、堵漏和清消材料、交通工具、个体防护设备、医疗设备和药品、生活保障物资等，以及应急资源信息。

（3）教育、训练与演练。为全面提高应急能力，应急预案应对公众教育、应急训练和演习做出相应的规定。公众意识和自我保护能力是减少重大事故伤亡的一个重要方面，作为应急准备的一项内容，应对公众的日常教育做出规定，尤其是位于重大危险源周边的人群。应急训练的基本内容包括基础培训与训练、专业训练、战术训练及其他训练等。预案演练是对应急能力的综合检验，组织由应急各方参加的预案训练和演习，可使应急人员进入“实战”状态，熟悉各类应急处理和整个应急行动的程序，明确自身的职责，提高协同作战的能力。同时，应对演练的结果进行评估，分析应急预案存在的不足，并予以改进和完善。

（4）互助协议。当有关的应急力量与资源相对薄弱时，应事先寻求与邻近区域签订正式的互助协议，并做好相应的安排，以便在应急救援中及时得到外部救援力量和资源的援助。此外，也应与社会专业技术服务机构、物资供应企业等签署相应的互助协议。

4.应急响应

应急响应是应对重大事故的关键阶段、实战阶段，考验着政府和企业的应急处置能力，主要内容详见本章第五节。应急响应需要解决好以下几个问题：一是要提高快速反应能力。二是需要政府具有较强的组织动员能力和协调能力，使各方面的力量都参与进来，相互协作，共同应对突发事件。三是要为一线应急救援人员配备必要的防护装备，以提高危险状态下的应急处置能力，并保护好一线应急救援人员。

5.现场恢复

现场恢复也可称为紧急恢复，是指事故被控制住后所进行的短期恢复。从应急过程来说，意味着应急救援工作的结束，进入另一个工作阶段，即将现场恢复到一个基本稳定的状态。大量的经验教训表明，在现场恢复的过程中仍存在潜在的危险，如余烬复燃、受损建筑倒塌等，所以应充分考虑现场恢复过程中可能的危险。该部分的主要内容应包括以下事项：撤点、撤离和交接程序；宣布应急结束的程序；重新进入和人群返回的程序；现场清理和公共设施的基本恢复；受影响区域的连续检测；事故调查与后果评价。

6. 预案管理与评审改进

应急预案是应急救援工作的指导文件，应当对预案的制定、修改、更新、批准和发布做出明确的管理规定，并保证定期或在应急演习、应急救援后对应急预案进行评审，针对实际情况以及预案中暴露出的缺陷，不断地更新、完善和改进。预案的评审应紧紧围绕以下几个方面进行：完整性、准确性、可读性、符合性、兼容性、可操作性或实用性。

第四节 应急资源与演练

一、应急资源

应急资源是指在突发事件的应急管理中，能够短时间内被迅速调度或积极响应的各类资源的总称，既包括防灾、救灾、恢复等环节所需的各种物资资源，也包括突发事件应急救援中所需的技术和人才等资源。应急资源保障通常包括人员抢救及工程救险、医疗救护和卫生防疫、交通运输保障、通信保障、电力保障、粮食食品供应、灾民安置、城市基础设施抢险与应急恢复、应急资金供应、损失评估、接受外援等所需的应急资源，主要包括应急救灾物资、应急装备、预防突发事件的技术和救灾人才等形式。

1. 应急救灾物资

为切实保障应对突发事件时救灾物资的供应投放，在常态下应建立若干救灾物资储备中心，即救灾物资仓库，专项储存用于紧急抢救、转移、安置灾民和安排灾民生活的各类物资。在救援物资的准备过程中，需要注意以下事项。

（1）编制救灾物资分类目录。救灾物资一般分为两类：①简单的救生类，如救生船、救生圈、探生仪器、喊话喇叭、担架、反光背心、警示带、警示条、警戒绳、三角旗等；②工程、生活类，如强光手电、梯子、编织麻袋、柴油、雨靴、铁锹、雨衣、照明灯具、衣被、方便食品、救灾帐篷、净水器械等。

（2）应急救灾物资的科学储存管理。为保质保量供应救灾物资，应按照“分类管理、管理科学、进出规范”的原则，引入现代化管理手段，做好物资的购置、入库、保管、出库、维护等方面工作。并注意以下几点：①建立救灾储备物资管理制度，严格救灾物资储备仓库的建设和管理标准，规范救灾储备物资入库、出库、存放管理的要求。②经检验合格的应急物资根据仓库的条件和物资的不同属性，逐一分类；根据其保管要求、仓储设施条件及仓库实际情况，确定具体的存放区，为方便抢修物资存放，减少人为差错，露天存放的物资要上盖下垫，并持牌标明品名、规格、数量；性质相抵触的物资和腐蚀性的物资应分开存放，不准混存。③加强物资保管和保养工作，做到“六无”保存，即无损坏、无丢失、无锈蚀、无腐烂、无霉烂变质、无变形；精密仪器、仪表、量具恒温保管，定期校验精度。④轴承用不吸油或塑料薄膜纸包装存放，电气物资要做好防灭火措施。⑤库存物资要坚持永续盘点和定期盘点，做到账、单、物、资金四对口，损坏物资要如实上报，并查明原因，报领导审批，保管员不得以盈补亏来将盘盈和损坏物资自行处理，代保管物资应和在账物资同等对待。⑥仓库卫生整洁，做到货架无灰尘、地面无垃圾，应急物资具有防止受到雨、雪、雾侵蚀和日光暴晒的措施，有防止应急物资被盗用、挪用、流失和失效措施，并及时对各类物资予以补充和更新。⑦检查人员每月要定期检查一次应急物资和工具的情况，发现缺少和不能使用的及时提出和督促，确保正常使用。⑧应急物资的调拨要统一调度、使用，必须严格按照相关制度和程序，做好救灾储备物资的调拨管理，严防意外事件或贪污挪用现象的发生；应急物资调用根据“先近后远，满足急需”“先主后次”的原则进行，建立与其他地区、其他部门物资调剂供应的渠道，以备物资短缺时，可迅速调入。

（3）应急救灾物资发放管理。物资保管员坚守岗位，随到随发，发料迅速、准确。严格领发料手续。保管员发料时，要严格按定期签发的领料单的物资品名、规格数量发放。发料要一次发清，当面点清。出库物资的过磅、点件、检尺、计量要公平，磅码单、检尺数、材质检验单、产品合格证、质量检验证、说明书及随机工具、零配件要在发料时一并发出。凡规定“交旧领新”或退换包装品物资必须坚持“交旧领新”和回收制度。材料保管员发料要贯彻物资“先进先出”、有保存期的先发出、不合格物资不出库的原则。

（4）应急救灾物资维护管理。设备或设施、防护器材的每日检查应由所在岗位执行，检查器材或设备的功能是否正常；电工定期对备用电源进行1～2次充放电试验，1～3次主电源和备用电源自动转换试验，检查其功能是否正常，是否自动转换，备用电源是否正常充电；每周要对消防通信设备进行检查，应与所设置的所有电话通话试验，确保信号清晰、通话畅通、语音清楚；每周检查备品备件、专用工具等是否齐备，并处于安全无损和适当保护状态；消火栓箱及箱内配装的消防部件的外观无破损、涂层无脱落，箱门玻璃完好无缺，消火栓、供水阀门及消防卷盘等所有转动部位应定期加注润滑油；每周对灭火器等消防器材进行检查，确保其始终处于完好状态。

2.应急装备

根据实用性、功能性、耐用性、安全性以及客观条件配置，应急装备通常可分为两大类：基本装备和专用装备。

（1）基本装备。基本装备通常是指应急救援工作所需的通信设备、交通工具、照明装备和防护装备等。通信设备分为有线和无线两类，在应急救援工作中，常常采用无线和有线两套装备配合使用，如移动电话、固定电话、对讲机、传真机等；交通工具包括汽车、飞机、铁路运输等；照明装备的种类较多，在配备照明工具时除了应考虑照明的亮度外，还应该根据突发事件现场的特点，注意其安全性能；防护装备包括防毒面具和防护服，应急救援行动中的各类救援人员均需配备个人防护装备。

（2）专用装备。专用装备主要指各专业救援队伍所用的专用工具或物品，如侦检装备、医疗急救器械和急救药品、应急设备等。侦检装备具有快速准确的特点，例如，应急救援中采用的专用检测车，车上不仅配有取样器、检测仪器，还装备了计算机处理系统，能够及时对水源、空气、土壤等样品就地进行分析处理，以提供应急管理所需的各种救援数据。医疗急救器械和急救药品包括救护车、担架、氧气、急救箱等医疗支持设备等。常用的应急设备和工具有：消防设备（输水装置、软管喷头、自用呼吸器、便携式灭火器等）；危险物质泄漏控制设备（泄漏控制工具、探测设备、封堵设备、解除封堵设备等）；应急电力设备（备用的发电机等）；重型设备（翻卸车、推土机、起重机、叉车、破拆设备等）。

3.技术资源

技术资源主要包括技术储备、应急安全信息。

（1）技术储备。在应急过程中，要加强科技开发与转换能力，利用现有一些成熟应急技术储备，包括以下两方面：①应急技术的基础性研究，主要是对各种突发事件的内在机理、群发和伴生特性以及它们在时间和空间上的变化规律等方面的研究；②应急技术方案的应用性研究，主要是以现代航天、通信、遥感以及信息处理技术为基础，对各类突发事件的发生、发展、消亡以及影响它们的各种因素进行连续观测和监视。

（2）应急安全信息。在技术资源中，通常也需要重点关注一些与安全相关的信息，它们是在实现安全规划、应急指挥、事故分析模拟等过程中所必需的数据，这些数据一般与地理信息相关联，主要包括空间数据和属性数据。尤其是在应急准备过程中，应突出安全信息的收集、协调和共享，建立应急信息协调系统，以提高突发事件的应急处置效率。其中，空间数据主要包括消防安全设施、危险源、重点防护保卫目标、应急救援力量的空间分布以及供水、供电、供气的管道分布和闸门开关的位置分布等安全信息；属性数据包括如救援设施、装备、物资、药品等使用情况的数据信息。

4. 人才资源

应急人才资源主要分为两类：对各种突发事件进行研究的人才和进行突发事件应急救援的人才队伍。在应急救援工作中，往往需要来自各级政府、气象部门、公安、消防、医疗部门、军队各部门不同方面人才的协调配合。

二、应急演练

1. 应急演练的意义

（1）提高应对突发事件的风险意识。开展应急演练，通过模拟真实事件及应急处置过程，能给参与者留下更加深刻的印象，从直观上、感性上真正认识突发事件，提高对突发事件风险源的警惕性；能促使公众在没有发生突发事件时，增强应急意识，主动学习应急知识，掌握应急知识和处置技能，提高自救、互救能力，保障其生命财产安全。

（2）检验应急预案效果的可操作性。通过应急演练，可以发现应急预案中存在的问题，在突发事件发生前暴露预案的缺点，验证预案在应对可能出现的各种意外情况方面所具备的适应性，找出预案需要进一步完善和修正的地方；可以检验预案的可行性以及应急反应的准备情况，验证应急预案的整体或关键性局部是否可以有效地付诸实施；可以检验应急工作机制是否完善，应急反应和应急救援能力是否提高，各部门之间的协调配合是否一致等。

（3）增强突发事件应急反应能力。应急演练是检验、提高和评价应急能力的一个重要手段，通过接近真实的亲身体验的应急演练，可以提高各级领导者应对突发事件的分析研判、决策指挥和组织协调能力；可以帮助应急管理人员和各类救援人员熟悉突发事件情景，提高应急熟练程度和实战技能，改善各应急组织机构、人员之间的交流沟通、协调合作；可以让公众学会在突发事件中保持良好的心理状态，减少恐惧感，配合政府和部门共同应对突发事件，从而有助于提高整个社会的应急反应能力。

2. 应急演练的目的

应急演练活动是检验应急管理体系的适应性、完备性和有效性的最好方式。应急演练的目的可以归纳如下：①检验预案，发现应急预案中存在的问题，提高应急预案的科学性、实用性和可操作性；②锻炼队伍，熟悉应急预案，提高应急人员在紧急情况下妥善处置事故的能力；③磨合机制，完善应急管理相关部门、单位和人员的工作职责，提高协调配合能力；④宣传教育，普及应急管理知识，提高参演和观摩人员的风险防范意识和自救互救能力；⑤完善准备，完善应急管理和应急处置技术，补充应急装备和物资，提高其适用性和可靠性。

3. 应急演练的方式

按不同的分类标准可以划分不同类型的应急演练。按演练的科目，可分为单项演练和全面综合演练；按事先是否通知，可分为“预知”型演练与“非预知”型演练；按演练形式，可分为模拟场景演练、实战演练、模拟与实战结合演练。下面介绍了三种典型的应急演练方式。

（1）模拟场景演练（桌面演练）。模拟场景演练是指由应急指挥机构成员以及各应急组织的负责人、关键岗位人员以及演练策划组中具有丰富应急经验和一定声望的专家参加，按照应急预案及其标准运作程序，以桌面练习和讨论的形式对应急过程进行模拟的演练活动，因此也被称为桌面演练。演练一般通过分组讨论的形式进行，只需展示有限的应急响应和内部协调活动。模拟场景演练一般针对应急管理高级人员，在没有时间压力的情况下，演练人员在检查和解决应急预案中问题的同时，获得一些建设性的讨论结果。桌面演练的特点是对演练情景进行口头演练，一般是在会议室内举行。其主要目的是锻炼参演人员解决问题的能力，以及解决应急组织相互协作和职责划分的问题。

模拟场景演练无须在真实环境中模拟事故情景及调用真实的应急资源，演练成本较低，可作为大规模综合演练的“预演”。近几年，随着信息技术的发展，借助计算机、三维模拟技术、电子地图以及专业的演练程序包等，在室内即能逼真地模拟多种类型的事故情景，故又称为“室内演练”。将事故的发生和发展过程展示在大屏幕液晶显示屏上，大大增强了演练的真实感。

模拟场景演练一般仅限于有限的应急响应和内部协调活动，应急人员主要来自本地应急组织，事后一般采取口头评论形式收集参演人员的建议，并提交一份简短的书面报告总结演练活动和提出有关改进应急响应工作的建议。桌面演练方法成本较低，主要为功能演练和全面演练做准备。

（2）单项演练（功能演练）。单项演练又称功能演练，是指针对某项应急响应功能或其中某些应急响应活动进行的演练活动。单项演练可以像桌面演练一样在指挥中心内举行，也可以开展小规模的现场实战演练，调用有限的应急资源。其主要目的是针对特定的应急响应功能，检验应急响应人员的某项保障能力或某种特定任务所需的技能以及应急管理体系的策划和响应能力。单项演练包括基础演练、专业和战术演练、技能演练。基础演练包括队列演练、体能演练、防护装备和通信设备的使用演练等；专业和战术演练包括专业常识、堵源技术、抢运、现场急救技术以及实地指挥战术等；技能演练包括语言表达、情绪控制、分析预测、调查研究、快速疏散、自我心理调适等技能。

单项演练的特点是目的性强，演练活动主要围绕特定应急功能展开，无须启动整个应急救援系统，演练的规模得到控制，既降低了演练成本，又达到了“实战”锻炼的效果。功能演习比桌面演习规模要大，需要动员更多的应急响应人员和资源，因而协调工作的难度也随着更多应急组织的参与而增大。必要时可以向上级应急机构提出技术支持请求，为演练方案设计、协调和评估工作提供技术支持。单项演练完成后，除采取口头评论、书面汇报外，还应提交正式的书面报告。

（3）综合演练（全面演练）。综合演练是指针对某一类型突发事件应急响应全过程或应急预案内规定的全部应急功能，检验、评价应急体系整体应急处置能力的演练活动，也可以看作多种单项演练的组合，又称全面演练。综合演练一般以实战演练为主，采取交互式进行，演习过程要求尽量真实，调用更多的应急资源，开展人员、设备及其他资源的实战性演练，并要求所有应急响应部门（单位）都要参加，以检查各应急处置单元的任务执行能力和各单元之间的相互协调能力。

综合演练由于涉及更多的应急组织和人员，准备时间更长，要有专人负责应急运行、协调和政策拟订，需要上级应急组织人员在演练方案设计、协调和评估工作方面提供技术支持。综合演练的特点是真实性和综合性，演练过程涉及整个应急救援系统的每一个响应要素，是最高水平的演练活动，能够较客观地反映目前应急系统应对重大突发事件所具备的应急能力，但演练的成本也最高，因而不适宜频繁开展。同时鉴于综合演练的大规模和接近实战的特点，必须确保所有参演人员都已经过系统的应急培训并通过考核，保证演练过程的应急救援人员安全。与功能演练类似，演练完成后，除采取口头评论、书面汇报外，还应提交正式的书面报告。

4.应急演练的要求

（1）领导重视、科学计划、周密组织、统一指挥。开展应急演练工作必须得到有关领导的重视，给予财政等相应支持。应急演练必须事先确定演练目标，演练策划人员应对演练内容、情景等事项进行精心策划。演练策划人员必须制定并落实保证演练达到目标的具体措施，演练人员要熟悉流程及各个环节要求，方案成熟可行。各项演练活动应在统一指挥下实施，参演人员要严守演练现场规则，确保演练过程的安全。

（2）结合实际、突出重点、由浅入深、分步实施。应急演练应结合当地可能发生的危险源特点、潜在事件类型、可能发生事件的地点和气象条件及应急准备工作的实际情况进行。演练应重点解决应急过程中的组织指挥和协同配合问题，解决应急准备工作的不足，以提高应急行动的整体效能。应急演练应遵循由下而上、先分后合、分步实施的原则，综合性的应急演练应以若干次分练为基础。

（3）合法守规、讲究实效、注重质量。应急演练必须遵守相关法律、法规、标准和应急预案规定。应急演练指导机构要精干，工作程序要简明，各类演练文件要实用，避免一切形式主义的安排，以取得实效为检验演练质量的唯一标准。

（4）注重安全、避免扰民。参演人员要合理确定演练地址，精心设计流程，保证应急设备的安全。演练原则上应避免惊动公众，如必须要公众参与，则应在应急常识得到普及、条件比较成熟时相机进行。

三、应急演练过程

应急演练是由多个组织共同参与的一系列行为和活动，应急演练过程可划分为演练准备、演练实施和演练总结三个阶段。

1.应急演练的准备

良好的准备工作是演练活动顺利开展的前提，应急演练的前期准备包括应急演练策划、演练目标与范围、编写演练方案

（1）应急演练策划。应急演练是一项复杂的综合性工作，为确保演练顺利进行，应成立应急演练策划组。策划组应由多种专业人员组成，必要时，公安消防、医疗急救、市政交通、学校企业以及新闻媒体、当地驻军等部门单位也可派人参与。

策划组成员必须熟悉实际情况，精通各自领域专业技能，做事认真细致，思维活跃有创造性，能承受较大压力，按照预定计划完成工作，并在应急演练开始前不向外界透露细节。

（2）演练目标与范围。应急演练准备阶段，演练策划组应确定应急演练的目标，并确定相应的演示范围或演示水平。应急演练策划组应结合应急演练目标体系进行演练需求分析，然后在此基础上确定本次应急演练的目标。应急演练的范围根据实际需要，小到一个单位，大到整个部门或者一个地区。演练需要达到的目标越多，层次越高，则演练的范围越大，前期准备工作越复杂，演练成本也越高。

（3）编写演练方案。演练方案的编写主要由三个部分构成：演练情景设计、演练文件编写和演练规则制定。

① 情景设计就是针对假想事故的发展过程，设计出一系列的情景事件，包括重大事件和次级事件。演练情景中必须说明何时、何地、发生何种事故、被影响区域、气象条件等事项。

② 演练文件编写是指直接提供给演练参与人员文字材料的编写，主要包括编写情景说明书、演练计划、评价计划、演练控制指南、演练人员手册、评价计划等文件。演练文件没有固定格式和要求，但应简明扼要、通俗易懂，一切以保障演练活动顺利进行为标准。演练文件由演练策划组成员编写，经演练策划组开会讨论、修改后定稿并发放到参演人员手中，时间尽量提前，以便学习了解演练情况。

③ 演练现场规则制定应包括如下方面的内容：事先不通知开始日期的演练，必须有足够的安全监督措施，以便保证演练人员和可能受其影响的人员都知道这是一次模拟紧急事件；参与演练的所有人员不得采取降低保证本人或公众安全条件的行动；演练过程中不得把假想事故、情景事件或模拟条件错当成真的，特别是在可能使用模拟的方法来提高演练真实程度的那些地方，如使用烟雾发生器、虚构伤亡事故和灭火地段等；演练不应要求承受极端的气候条件、高辐射或污染水平；所有演练人员在演练事件促使其做出响应行动前均应处于正常的工作状态；演练人员应将演练事件或信息当作真实事件或信息做出响应，应将模拟的危险条件当作真实情况采取应急行动；所有演练人员都应当遵守相关法律法规，服从执法人员的指令；演练过程中传递的所有信息都必须具有明显标志；演练过程中不应妨碍发现真正的紧急情况，应同时制定发现真正紧急事件时可立即终止、取消演练的程序，迅速、明确地通知所有响应人员从演练到真正应急的转变。

（4）演练参与人员。按照在演练过程中所担负的不同职责，可将参与演练活动的人员分为 5 类，分别是指挥控制人员、演练实施人员、角色扮演人员、评价分析人员和观摩学习人员。在一些小规模的应急演练中，由于参与人数较少，也可一人兼负多个职责。但随着演练范围的增大以及参演人数的增多，人员的职能划分必须清晰，并要佩戴特定标识在演练现场进行区分。

（5）演练保障。演练保障包括如下方面。

① 演练时间及场所。演练策划组应与国家以及地方政府有关部门、应急救援系统中的关键人员提前协商，共同确定演练的时间和地点。演练场所应与可能发生事件的地点相一致，以确保演练与真实情况的一致性。

② 演练经费。应急演练的费用较高，主要包括参演人员劳务费及专家咨询费，演练场地租赁费用，演练租用设施设备使用补偿，应急设施设备的使用费用，水电、餐饮、通信、办公耗材等费用，演练的宣传费用等。演练策划组应本着“充足、节约”的原则，制定演练经费预算上报给上级单位和财政部门，申请、落实演练开展所需的经费，同时也应积极争取社会各界对演练经费的支持。

③ 演练资源。演练活动所需的资源包括完成演练所需的通信、卫生、显示器材，交通运输工具，生活保障物资等，其准备过程与应急资源的准备过程基本一致。

④ 人员培训。主要是参演人员、评估人员的培训。参演人员培训的特点是重点突出、任务明确、概括性强，不进行具体的应急技能培训，评估人员的培训侧重分配各自所负责评估的应急组织和演练目标进行。

（6）情况通报和现场检查。演练前情况通报包括：一是对参演人员的通报；二是对外界的通报，如演练开始及持续时间、演练的基本内容、演练过程中可能对周边生活秩序带来的负面影响（如交通管制、噪声干扰等）和演练现场附近公众的注意事项等。演练前现场检查一般安排在演练前一天进行。要求演练策划组和演练控制人员亲自到演练现场进行巡查，检查的内容包括各主要通道是否畅通、各功能区域之间的界限是否清晰、各种演练器材是否到位等。

2.应急演练的实施

（1）实施步骤和程序。模拟场景演练的实施步骤和程序大致是：宣布演练开始；介绍演练信息；情景事件描述；主持人提问；参演人员发言和讨论；宣布演练结束。

单项和综合实战演练的实施步骤和程序大致是：在各项准备的基础上，主持人宣布应急演练开始，模拟突发事件及其衍生事件出现，各应急力量严格按照演练脚本的程序及分工进行操作，模拟预先设计好的场景，如事件发生、信息报告、抢救人员、事故排除、现场清理等，逐一展开演练。

（2）实施要点。

① 应急预案制定部门（单位）应当按照有关法律、法规和规章建立健全突发事件应急演练制度，制定应急演练规划，合理安排各级各类演练活动，及时组织有关部门和单位开展应急演练。

② 扩大演练层面，提高社会参与度。适当建设应急演练设施，研究与创新应急演练形式，一方面为专业应急救援人员、志愿人员和公众提供多场景、多措施、低成本的应急培训与演练；另一方面积极推动社区、乡村、企业、学校等基层单位的应急演练工作。

③ 根据应急预案编制演练方案。为了保证应急演练目的实现，演练方案必须按照相对应的预案要求，设计各个场景和环节，执行规定程序，安排有关责任单位和人员，以达到预期效果，做到练有所指、练有所用。

④ 演练阶段整个过程应环环相扣、有条不紊、紧张有序。实战演练中，控制人员应分布在演练现场的关键区域对演练人员的行为进行全过程的监督和控制，确保演练的真实性和严肃性，并及时与演练指挥沟通，严格把握演练的尺度和进度。所有演练项目完成以后，控制人员应向演练指挥部报告，由演练指挥长宣布应急演练结束。所有演练活动应立即停止，控制人员按计划清点人数，检查装备器材，查明有无伤病人员，若有则迅速进行处理。最后，演练控制人员将组织专员清理演练现场，撤出各类演练器材。

⑤ 实战参演应急组织和人员应尽可能按实际紧急事件发生时的响应要求进行演示，即“自由演示”，由参演应急组织和人员根据自己对最佳解决办法的理解对情景事件做出响应行动。在演练过程中，参演的应急组织和人员应遵守当地相关的法律法规和演练现场规则。

3.应急演练评价、总结和追踪

应急演练结束后，应及时进行评价、总结和追踪。

（1）应急演练评价。应急演练评价的内容主要包括：观察和记录演练活动；比较演练人员的表现与演练目标要求；归纳、整理演练中发现的问题；提出整改建议等。应急演练的评价方法和形式如下：为了确保演练评价工作公正、客观，可采用评价人员审查和访谈、参加者汇报和自我评价以及公开会议协商等形式，为应急工作的进一步完善提供依据。

（2）应急演练总结。演练总结报告应在规定的期限内完成，报送上级部门和当地政府，抄送各参演应急组织。报告的内容一般包括以下方面：本次应急演练的背景信息，含时间、地点、气象条件等；参与演练的应急组织、企事业单位和行政部门；应急演练情景与演练方案；应急演练目标、演练范围和签订的演练协议；应急演练实施情况的整体评价以及各参演应急组织的情况，含对前次演练不足项在本次演练中表现的描述；参演人员演练实施的情况；演练中存在的问题以及改进措施建议；对应急组织、应急响应人员能力与培训方面的建议；对应急设施、设备维护与更新方面的建议。

（3）应急演练追踪。追踪是指策划小组在演习总结与讲评过程结束之后，指定或安排专门人员督促相关应急组织继续解决其中尚待解决的问题或事项的活动。应急演练结束后，组织应急演练的部门（单位）应根据应急演练评价报告、总结报告提出的问题和建议，督促相关部门和人员，制订整改计划，明确整改目标，制定整改措施，落实整改资金，限期整改，并应跟踪督查整改情况。应急演练活动结束后，应将应急演练方案、应急演练评价报告、应急演练总结报告等文字资料以及记录演练实施过程的相关图片、视频、音频等资料归档保存；对主管部门要求备案的应急演练资料，演练组织部门（单位）将相关资料报主管部门备案。同时，根据应急演练评价报告对应急预案和有关执行程序的改进建议，应急预案编制部门应按程序对预案进行修改完善。

第五节　应急响应和恢复

事故应急救援工作是在预防为主的情况下，贯彻“统一指挥、分级负责、区域为主、单位自救和社会救援相结合”的原则。除了平时做好事故预防工作，避免和减少事故的发生外，还要落实好救援工作的各项准备措施，确保一旦发生事故能及时进行响应。重大事故发生的突然性，发生后的迅速扩散性以及波及范围广的特点，决定了应急响应行动必须迅速、准确、有序和有效。

一、应急响应基本程序

应急响应的基本程序可分为接警、响应级别确定、应急启动、救援行动、应急恢复和应急结束等几个过程，如图 9-3 所示。

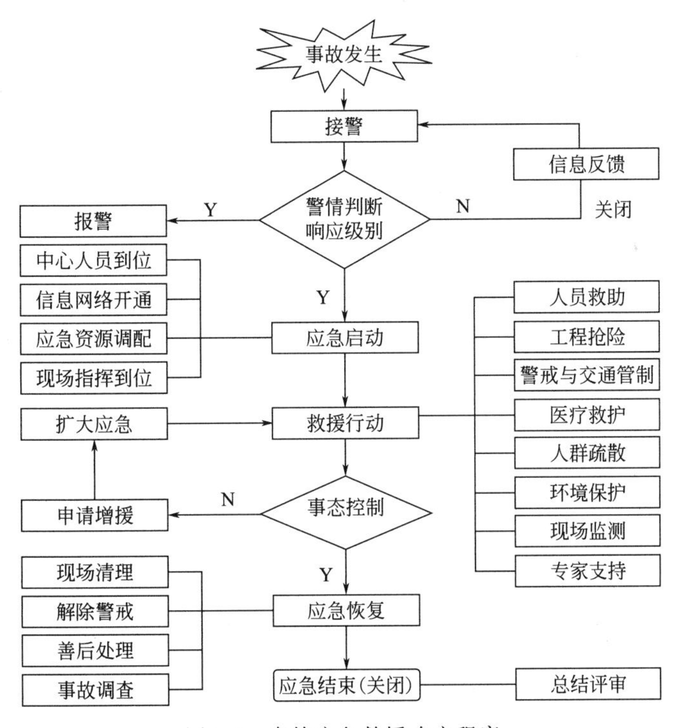

图 9-3　事故应急救援响应程序

二、接警、响应级别确定与启动

1. 报警与接警

突发安全事故发生时，事发单位处于生产现场或首先赶到现场的人员有责任立即拨打

24 小时应急热线电话，进行报警。接到报警电话后，事故发生信息将立即送达对应级别的应急救援指挥中心；中心将在第一时间内发布救援命令，首先启动应急救援队的值班人员；值班人员及时记录事故发生区报告的基本情况，按预案规定，通知指挥中心所有人员在规定时限到达集中地点，并及时向上级主管部门和当地政府及其有关部门报告，同时根据情况和参与应急救援工作的当地驻军取得联系，并通报情况，根据情况的危急程度，按预案规定通知各应急救援组织做好出动准备。这时应急救援指挥中心将与现场救援人员保持通信热线的畅通，并随时根据情况，下达指令，集合其他应急救援队员；在本行业、本地区的应急救援队员不能满足事故应急救援需求时，将请求外部救援队员的支持。

2.响应级别确定

（1）出现下列情况之一者，事发单位依次汇报上级主管部门和县区级、市地级、省（直辖市、自治区）级、国家人民政府，确定启动一级响应，上述相关部门介入响应：

① 造成 30 人以上死亡（含失踪），或危及 30 人以上生命安全，或者 100 人以上中毒（重伤），或者直接经济损失 1 亿元以上的特别重大安全生产事故。

② 需要紧急转移安置 10 万人以上的安全生产事故。

③ 超出省（区、市）人民政府应急处置能力的安全生产事故。

④ 跨省级行政区、跨领域（行业和部门）的安全生产事故灾难。

⑤ 国务院领导同志认为需要国务院安委会响应的安全生产事故。

（2）出现下列情况之一者，事发单位依次汇报上级主管部门和县区级、市地级、省（直辖市、自治区）级政府，确定启动二级响应，上述相关部门介入响应：

① 造成 10 人以上、30 人以下死亡（含失踪），或危及 10 人以上、30 人以下生命安全，或者 50 人以上、100 人以下中毒（重伤），或者直接经济损失 5000 万元以上、1 亿元以下的安全生产事故。

② 超出市（地、州）人民政府应急处置能力的安全生产事故。

③ 跨市、地级行政区的安全生产事故。

④ 省（区、市）人民政府认为有必要响应的安全生产事故。

（3）出现下列情况之一者，事发单位依次汇报上级主管部门和县区级、市地级人民政府，确定启动三级响应，上述相关部门介入响应：

① 造成 3 人以上、10 人以下死亡（含失踪），或危及 10 人以上、30 人以下生产安全，或者 30 人以上、50 人以下中毒（重伤），或者直接经济损失较大的安全生产事故灾难。

② 超出县级人民政府应急处置能力的安全生产事故灾难。

③ 跨县级行政区的安全生产事故灾难。

④市（地、州）人民政府认为有必要响应的安全生产事故灾难。

（4）发生或者可能发生一般事故时启动四级响应。

3.应急启动

事发单位主要负责人、分管安全负责人、业务分管领导、安监部门及相关职能部门负责人接到事故报告后必须立即赶到事故现场，确定响应级别，并立即启动相关预案，依次汇报上级主管部门和响应级别的人民政府；同时，研究制定并组织实施相关可行处置措施，组织事故救援组织抢救，有效控制事故进一步蔓延扩大，减少人员伤亡和经济损失。而且应做好以下工作：指导和协助事故现场开展事故抢救、应急救援等；负责与有关部门的协调沟通；及时报告事故情况、事态发展、救援工作进展等有关情况。

策划部门及时掌握事故发生区报告的基本情况和已知的气象参数，进行事故后果评价，预判事故危害后果及可能发展趋势、事故级别、应急的等级与规模、需要调动的力量及其部署、公众应采取的防护措施、现场指挥机构开设的地点与时间，研究应急行动方案，并向总指挥建议。

应急办公室立即会同有关单位（部门）核实事故情况，收集掌握相关信息，做好信息汇总与传递，跟踪事故发展态势，及时畅通上级主管部门与事故发生单位、相关部门和当地人民政府的联系渠道，及时沟通有关情况，按总指挥的指令调动并指挥各应急救援组投入行动，向驻军通报应急救援行动方案，并提出要求支援的具体事宜。事故报告有快报和书面报告两种形式。快报可采用电话、手机短信、微信、电子邮件等多种方式，但须通过电话确认。快报的内容包含事故发生单位名称、地址、负责人姓名和联系方式，发生时间、具体地点，已经造成的伤亡、失踪、失联人数和损失情况，可视情况附现场照片等信息资料。书面报告的内容应包含事故发生单位概况，发生单位负责人和联系人姓名及联系方式，发生时间、地点以及事故现场情况，发生经过，已经造成的伤亡、失踪、失联人数，初步估计的直接经济损失，已经采取的应对措施，事故当前状态以及其他应报告的情况。

事故发生后，事发单位现场部门负责人员在进行事故报告的同时，应迅速组织实施应急管理措施，撤离、疏散现场人员和群众，防止事故蔓延、扩大；如有人员伤亡，应立即组织对受伤人员的救护，保护事故现场和相关证据。并重点做好以下事情：一是及时掌握事故发生时间与地点、种类、强度，事故现场伤亡情况，现场人员是否已安全撤离，是否还在进行抢险活动；二是对可能引发事故的险情信息及时报告分管领导和值班室，按预案规定的应急级别报告；三是迅速集中抢险力量和未受伤的岗位职工，投入先期抢险，抢救受伤害人员和在危险区的人员，组织本单位的医务力量抢救伤员，并将伤员迅速转移至安全地点，停止相关设备运转，清点撤出现场的人员数量，必要时，组织本单位人员撤离危害区；四是有效保护事故现场和相关证据，根据事故现场的具体情况和周围环境，划定保护区的范围，布置警戒，必要时，将事故现场封锁起来，禁止一切人员进入保护区，即使是保护现场的人员，也不能无故出入，更不能擅自进行勘查，禁止随意触摸或者移动事故现场的任何物品，因抢救人员、防止事故扩大以及疏通交通等原因，需要移动事故现场物件的，必须经过事故单位负责人或者组织事故调查的应急管理部门和负有安全生产监督管理职责的有关部门同意，并做出标志，绘制现场简图并做出书面记录，妥善保存现场重要痕迹、物证。

通信协调和联络部门负责保持各应急组织之间高效的通信能力，保证应急指挥中心与外部的通信不中断，通知相关人员，动员应急人员并提醒其他无关人员采取防护行动；通信联络负责人根据情况使用警笛和公共广播系统向单位人员通报应急情况，必要时通知他们疏散。同时保持与外部机构的联络。

三、救援行动

应急救援队人员接到指令以后，将立即装载必要的救护专业设施，赶到应急事故现场，进行救援行动。

1.救援行动的基本原则

（1）快速反应的原则。在应急处置过程中必须坚持做到快速反应，力争在最短的时间内到达现场、控制事态、减少损失，以最高的效率与最快的速度救助受害人，并为尽快恢复正常的工作秩序、社会秩序和生活秩序创造条件。

事故发生之后，现场处置并没有一个固定的模式，一方面要遵循事故处置的一般原则，另一方面需要根据事故的性质与所影响的范围灵活掌握、灵活处理。有的事故在爆发的瞬间就已结束，没有继续蔓延的条件，但大多数事故在救援和处置过程中可能还会继续蔓延扩大，如果处置不及时，很可能带来灾难性的后果甚至引发其他事故。事故现场控制的作用，首先体现在防止事故继续蔓延扩大方面。因此，必须在第一时间内作出反应，以最快的速度和最高的效率进行现场控制。因此，快速反应原则是事故应急处置中的首要原则。

（2）生命优先原则。救援行动在进行现场控制的同时，应立即展开对受害者的营救，及时抢救护送危重伤员、救援受困群众、妥善安置死亡人员、安抚在精神与心理上受到严重冲击的受害人。

与此同时，把处于危险境地的受害者尽快疏散到安全地带，避免出现更大伤亡的灾难性后果。在决定是否疏散人员的过程中，需要考虑的因素一般有：是否可能对群众的生命和健康造成危害，特别是要考虑到是否存在潜在危险性；事故的危害范围是否会扩大或者蔓延；是否会对环境造成破坏性的影响。

（3）保护现场原则。按照一般的程序，事故应急处置工作结束之后，或在应急处置过程的适当时机，调查工作就需要介入，以分析事故的原因与性质，发现、收集有关的证据，澄清事故的责任者。因此，必须在进行现场控制的整个过程中，把保护现场作为工作原则贯彻始终。虽然对事故的应急处置与调查处理是不同的环节与过程，但在实际工作中没有明确的界限，不能把两者截然分开。

（4）保护应急救援人员安全原则。在事故的应急处置过程中，应当明确的一个基本目标是保证所有人的安全，既包括受害人和潜在的受害人，也包括应急处置的参与人员，而且首先要保证应急参与人员的安全。现场的应急指挥人员在指导思想上应当充分地权衡各种利弊得失，尽可能使现场应急的决策科学化与最优化，避免付出不必要的牺牲和代价。

2.救援行动的主要工作

（1）现场营救与控制。现场营救与控制是救援行动的核心任务。进入现场的救援队伍要尽快按照各自的职责和任务开展工作，现场救援指挥部应迅速查明事故原因和危害程度，制定应急救援方案，组织营救被困人员和医疗急救受伤人员，控制事态进一步扩大，防止二次及次生灾害的发生。

（2）设置警戒线。为保证应急救援工作的顺利开展以及事后的原因调查，几乎所有的处置现场都要设立不同范围的警戒线。在事故的处置中，由于事故的规模比较大，影响范围广，人员伤亡严重，往往要根据实际情况设立多层警戒线，以满足不同层次处置工作的要求。一般而言，内围警戒线要圈定事故或事件的核心区域，根据现场的具体情况，划定事件发生和产生破坏影响的集中区域；在核心区域内一般只允许医疗救护人员、警察、消防人员、应急专家或专业的应急人员进入，并成立现场控制小组，组织开展各项控制和救助工作。

（3）组织与协调应急反应人力资源。根据应急预案，不同事故由不同的部门牵头负责，并由相关部门予以协调和支持。各个部门在处置中分工协作，具有较为明确的任务和职责。在事故发生后，由牵头部门组织各部分应急处置人员赶赴现场并开展工作，并在现场的出入通道设置引导和联络人员安排处置后续人员。各应急处置组织的带队领导应组成现场指挥部，统一协调指挥现场的应急人员与其他应急资源。

（4）调集应急物资设备。各专业部门应根据自身应急救援业务的需求，采取平战结合的原则，配备现场救援和工程抢险装备和器材，建立相应的维护保养和调用等制度，以保障各种相关事故的抢险和救援。大型现场救援和工程抢险装备，应由政府应急办公室与相关企业签订应急保障服务协议，采取政府资助、合同、委托等方式，每年由政府提供一定的设备维护、保养补助费用，紧急情况下应急办公室可代表当地政府直接调用。专用设备、工具与车辆到达现场后，应按照救援工作的优先次序安排停放位置，对于随时需投入使用的设备、车辆应停放于中心现场，对于其他辅助支援车辆应停放于离现场稍远的指定位置，以免影响现场的车辆设备调度。

（5）人员安全疏散。根据人员疏散原则，在处置现场组织及时有效的人员安全疏散，是避免大量人员伤亡的重要措施。根据疏散的时间要求、距离远近可将人员安全疏散分为临时紧急疏散和远距离疏散。

① 临时紧急疏散常见于火灾和爆炸等突发性事件的应急处置过程中。临时紧急疏散的最大特点在于其紧急性，如果在短时间内人员无法及时疏散，就有可能造成严重的人员伤亡。因此，临时紧急疏散必须兼顾疏散的速度和秩序，且疏散过程的秩序应成为优先考虑的因素。由于人在紧急情况下会出现各种应急心理反应，进而采取不理智的行为，因此在进行临时紧急疏散时必须考虑处于危险之中人的心理和行为特点。

② 远距离疏散涉及的人员多、疏散距离远、疏散时间长，因此，远距离疏散必须事先进行疏散规划。通过分析危险源的性质和所发生事件的严重程度与危害范围，确定危险区域的范围，并根据区域人口统计数据，确定处于危险状态和需疏散的人员数量，结合危险区域人员的结构与分布情况、可用的疏散时间、可能提供的疏散能力、交通工具和所处的环境条件等因素，制定科学的疏散规划。

人员疏散与返回的优先顺序方面，根据国外的经验与研究成果，在全体撤离疏散的情况下，优先疏散的顺序是：居民与群众→工作人员中的非关键人员→应急关键人员之外的所有人员→全部撤离。禁止无关人员进入即将疏散撤离的地区与场所。当由事故造成的危险状态结束、对人员的安全威胁解除后，需要安排被疏散的居民或群众返回社区或单位。返回也应当和疏散一样，严格遵循先后顺序：应急处置的参与人员→现场评估人员→公共设施的维修人员→居民及其他有关人员→无限制出入。

（6）现场交通管制和现场治安秩序维持。现场交通管制是确保处置工作顺利开展的重要前提。通过实行交通管制，封闭可能影响现场处置工作的道路，开辟救援专用路线和停车场，禁止无关车辆进入现场，疏导现场围观人群，保证现场的交通快速畅通；根据情况需要和可能开设应急救援“绿色通道”，在相关道路上实行应急救援车辆优先通行；组织专业队伍，尽快恢复被毁坏的公路、交通干线、地铁、铁路、空港及有关设施，保障交通路线的畅通。必要时，可向社会进行紧急动员，或征用其他部门的交通设施装备。

事故发生后，应由当地公安机关负责现场与相关场所治安秩序的维护，为整个应急处置过程提供相关的秩序保障。在公安机关未到达现场之前，负有第一反应职责的社区保安人员、企业事业单位的治安保卫人员或在社区与单位服务的紧急救助员等应立即在现场周围设立警戒区和警戒哨，先期做好现场控制、交通管制、疏散救助群众和维护公共秩序等工作。事故发生地政府及其有关部门、社区组织也要积极发动和组织社会力量开展自救互救，主动维护秩序，以防止有人利用现场混乱之机，实施抢劫、盗窃等犯罪行为。负责组织维护现场治安秩序的公安机关，应当在现场设置的警戒线周围沿线布置警戒人员，严禁无关人员进入现场；同时应在现场周围加强巡逻，预防和制止对现场的各种破坏活动。对肇事者或其他有关的责任人员应采取必要的监控措施，防止逃逸。

（7）维持良好的信息和新闻媒介秩序。事故发生后，各种新闻媒介就成为现场处置与社会各方沟通的重要渠道。面对蜂拥而至的新闻采访人员，既不能听任其在处置现场进行无限制的采访，也不能简单地对其进行封堵。因此，在现场处置中，一定要重视对信息和新闻媒介的管理，通过在警戒线外设立新闻联络点，安排专门的新闻发言人，适时召开新闻发布会等方式处理好与媒介的公共关系，利用和引导媒介实现与社会公众、政府有关部门以及不同领域专家之间的良好沟通，以降低事故造成的社会影响。

（8）现场状态与情境的评估。重特大事故发生后，往往提供的信息不充分或信息随时发生变化，这决定了在进行应急救援工作时，首先要对面临的现场情况进行评估；而对事故性质的判断又是最重要的，因为不同性质事故的应急处置要求有不同的侧重点。例如，在对有爆炸发生的事件进行现场控制时，要对现场进行评估，判明这是意外事故，还是人为破坏。如果是人为破坏，就需要在处置时对现场进行仔细勘查，注意发现和搜集证据。在评估中，要注意根据事故发生的原因、时间、地点、所针对的人群和所采取的手段等因素来判明事故性质，以便更有针对性地开展处置工作。现场状态与情境的评估主要包括现场潜在危害的监测、现场情景与所需的应急资源评估、人员伤亡的情况评估、经济损失的估计与可能造成的社会影响等。

3.现场控制的基本方法

事故现场控制的一般方法可分为以下几种。

（1）警戒线控制法。警戒线控制法是指由参加现场处置工作的人员对需要保护的重大或者特别重大的事故现场站岗警戒，防止非应急处置人员与其他无关人员随意进出现场，干扰应急处置工作正常进行的特别保护方法。在重特大事故现场或其他相关场所，根据事故的性质、规模、特点等不同情况或需要，应安排公安机关的警察、保安人员或企业事业单位的保卫人员等应急参与人员实施警戒保护。对于范围较大的事故现场，应从其核心现场开始，向外设置多层警戒线。

（2）区域控制法。在有些事故的应急处置过程中，可能点多面广，需要处置的问题比较多，处置工作必然存在优先安排的顺序问题；也可能由于环境等因素的影响，需要对某些局部区域采取不同的控制措施，控制进入现场的人员数量。区域控制建立在现场概览的基础上，即在不破坏现场的前提下，在现场外围对整个事故发生环境进行总体观察，确定重点区域、重点地带、危险区域和危险地带。现场区域控制遵循的原则是：先重点区域，后一般区域；先危险区域，后安全区域；先外围区域，后中心区域。具体实施区域控制时，一般应当在现场专业处置人员的指导下进行，由事发单位或事发地的公安机关指派专门人员具体实施。

（3）遮盖控制法。遮盖控制法实际上是保护现场与现场证据的一种方法。在事故的处置现场，有些物证的时效性要求往往比较高，天气因素的变化可能会影响取证和检材的真实性；有时由于现场比较复杂、破坏比较严重，再加上应急处置人员不足，不能立即对现场进行勘查、处置，因此需要用其他物品对重要现场、重要物证和重要区域进行遮盖，以利于后续工作的开展。遮盖物一般多采用干净的塑料布、帆布和草席等物品，起到防风、防雨、防日晒以及防止无关人员随意触动的作用。应当注意的是，除非万不得已，一般尽量不要使用遮盖控制法，防止遮盖物沾染某些微量物证或检材，影响取证以及后续的化学物理分析结果。

（4）以物围圈控制法。为了维持现场处置的正常秩序，防止现场重要物证被破坏以及危害扩大，可以用其他物体对现场中心地带周围进行围圈。一般来讲，可以使用一些不污染环境、阻燃隔爆的物体。如果现场比较复杂，还可以采用分区域和分地段的方式进行。

（5）定位控制法。有些事故现场由于死伤人员较多、物体变动较大、物证分布范围较广，采取上述几种现场控制方法可能会给事发地的正常生活和工作秩序带来一定的负面影响，这就需要对现场特定死伤人员、特定物体、特定物证、特定方位和特定建筑等采取定点标注的控制方法，使现场处置有关人员对整体事件现场能够一目了然，做到定量和定性相结合，有利于下一步工作的开展。定位控制一般可以根据现场大小和破坏程度等情况，首先按区域和方位对现场进行区域划分，可以有形划分，也可以无形划分，如长条形、矩形、圆形和螺旋形等形式；然后，每一划分区域指派若干现场处置人员，用色彩鲜艳的小旗对死伤人员、重要物体、重要物证和重要痕迹定点标注；最后，根据现场应急处置的需要，在此基础上开展下一步的工作。

4.救援行动注意事项

（1）救援人员的安全防护。救援人员在救援行动中应佩戴好防护装置，并随时注意事故的发展变化，做好自身防护。

（2）救援人员进入污染区的注意事项。进入污染区前，必须戴好防毒面罩和穿好防护服；执行救援任务时，应以 2～3 人为组，集体行动，互相照应；带好通信联系工具，随时保持通信联系。

（3）工程救援中的注意事项。①工程救援队在抢险过程中，尽可能地和单位的自救队或技术人员协同作战，以便熟悉现场情况，有利救援工作的实施；②在营救伤员、转移危险物品和化学泄漏物的清消处理中，与公安、消防和医疗急救等专业队伍协调行动，互相配合，提高救援的效率；③救援所用的工具具备防爆功能。

（4）现场医疗急救中需注意的问题。①应合理使用有限的卫生资源，在保证重点伤员得到有效救治的基础上，兼顾到一般伤员的处理；在急救方法上可对群体性伤员实行简易分类后的急救处理，按轻、中、重简易分类，对分类后的伤员除了标上醒目的分类识别标志外，在急救措施上按照先重后轻的治疗原则，实行共性处理和个性处理相结合的救治方法；在急救顺序上，应优先处理能够获得最大医疗效果的伤病员。②注意保护伤员的眼睛。③对救治后的伤员实行一人一卡，将处理意见记录在卡上，并别在伤员胸前，以便做好交接，有利伤员的进一步转诊救治。④合理调用救护车辆，在救护车辆不足的情况下，危重伤员可以在医务人员的监护下，由监护型救护车护送；中度伤员实行几人合用一辆车；轻伤员可商调公交车或卡车集体护送。⑤合理选送医院，伤员转送过程中，实行就近转送医院的原则；在医院的选配上，应根据伤员的人数和伤情以及医院的医疗特点和救治能力，有针对性地合理调配，特别要注意避免危重伤员多次转院。⑥妥善处理好伤员的污染衣物，及时清除伤员身上的污染衣物，还需对清除下来的污染衣物集中妥善处理，防止发生继发性损害。⑦统计工作应注意统计数据的准确性和可靠性。

（5）组织和指挥群众撤离注意事项。在组织和指挥群众撤离现场的过程中要注意：①在组织和指导群众做好个人防护后，再撤离危险区域。②组织群众撤离危险区域时，应选择安全的撤离路线，避免横穿危险区域；进入安全区后，尽快去除污染衣物，防止继发性伤害。③发扬互助互救的精神，帮助同伴一起撤离，互助互救对做好救援工作、减少人员伤亡起到重要作用。

5.现场状态与情境的评估

（1）现场潜在危害的监测。多数事故的处置现场可能会存在各种潜在危险，事故会随时二次爆发，造成事态的蔓延和扩大，导致危害加剧，并对应急处置人员的安全构成一定的威胁。因此，在进行应急处置时，必须对现场潜在的危害进行实时监测和评估，避免二次事故的发生。

（2）现场情景与所需的应急资源评估。事故应急处置中现场情景与应急资源是否匹配，是决定应急处置工作能否取得成功的重要因素之一。应急资源不足，可能会造成对现场的控制不力，导致损失扩大；但动用过多的应急资源，也可能造成不必要的浪费。通过对现场情景以及处置难度的评估分析，及时合理地采取各种措施，调动相应的人力资源和物质资源参与现场处置，是保证应急处置快速、有效应对的重要保证。

（3）人员伤亡的情况评估。应急处置现场对人员伤亡情况的评估包括：确定伤亡人数及种类、伤员主要的伤情、需要采取的措施及需要投入的医疗资源。在事故刚刚发生时，估计人员伤亡的情况一般应以事发时可能在现场的人数作为评估的基准，根据事故的严重程度分析人员伤亡的大致情况。依据受害者的伤病情况，按轻伤、中度伤、重伤和死亡进行分类，分别以伤病卡作出标志，置于伤病员的左胸部或其他明显部位。这种分类便于医疗救护人员辨认并采取相应的急救措施，在紧急情况下可根据需要把有限的医疗资源运用到最需要的人群身上。

（4）评估经济损失与可能造成的社会影响。处置现场对经济损失的情况评估包括：直接和间接经济损失、各种财产的损失以及事故可能带来的对经济的负面影响。但由于经济损失的估算一般需要技术人员和专业知识，现场处置人员一般只对损失进行观察、计数和登记，为日后进行专业估算提供依据。

（5）周围环境与条件的评估。对事发现场周围环境与条件的评估包括对空间、气象、处置工作的可用资源及特点的评估。不同类型事故现场对环境特点的把握应有不同的侧重点。周围环境评估的重要性体现在可以让事故应急处置部门比较清晰地了解处置的具体条件，根据不同的空间、气象等环境条件，合理地配置和使用不同的处置资源，提高处置的效率，达到预期的效果。

四、应急恢复

应急恢复是指事故影响得到初步控制后，政府、社会组织和公民，为使生产、工作、生活、社会秩序和生态环境尽快恢复到正常状态而采取的措施或行动。应急恢复从应急救援工作结束时开始。决定恢复时间长短的因素包括：破坏与损失的程度，完成恢复所必需的人力、财力和技术支持，相关法律、法规，其他因素（天气、地形、地势等）。通常情况下，重要的恢复活动主要有以下几种：恢复期间的管理、事故调查、现场警戒和安全、安全和应急系统的恢复、员工的救助、法律问题的解决、损失状况评估、保险与索赔、工艺数据的收集以及公共关系等。

1.恢复期间的管理

在恢复开始阶段，接受委派的恢复主管需要暂时放下其正常工作，集中精力进行恢复建设。恢复主管的主要职责包括：协调恢复小组的工作，分配任务和确定责任，督察设备检修和测试，检查使用的清洁方法，与内部（企业、法律、保险）组织和外部机构（管理部门、媒体、公众）的代表进行交流、联络。恢复主管不可能完成一个重大事故恢复工作的全部内容，因此保证一个完全、成功的恢复工作过程必须组建恢复工作组。工作组的组成要根据事故的规模确定，一般应包括以下人员：工程人员、维修人员、生产人员、采购人员、环境人员、健康和安全人员、人力资源人员、公共关系人员、法律人员等。

恢复工作组也可包括来自于工会、承包商和供货商的代表。在预先准备期间企业应确定并培训有关恢复人员，使他们在事故应急救援结束后迅速发挥作用。如果事前没有确定恢复工作人员，恢复主管首先要分派组员。在企业最高管理层支持下，恢复主管应该保证每个组员在恢复期间投入足够的时间，可让其暂时停止正常工作，直到恢复工作结束。恢复主管在恢复工作进行期间应该定期召开工作会议了解工作进展，解决新出现的问题。恢复主管的主要职责之一是确定重要恢复功能的优先性并协调它们之间的相互关系。

2.恢复过程中的注意事项

（1）现场警戒和安全。应急救援结束后，由于以下原因可能还需要继续隔离事故现场：

事故区域还可能造成人员伤害；事故调查组需要查明事故原因，因此不能破坏和干扰现场证据；如果伤亡情况严重，需要政府部门进行调查；其他管理部门也可能要进行调查；保险公司要确定损坏程度；工程技术人员需要检查该区域，以确定损坏程度和可抢救的设备。

(2) 员工救助。对员工援助主要包括以下几个方面：保证紧急情况发生后向员工提供充分的医疗救助；按企业有关规定，对伤亡人员的家属进行安抚；如果事故影响到员工的住处，应协助员工对个人住处进行恢复。

(3) 损失状况评估。损失状况评估是恢复工作的另一个功能，主要集中在事故后如何修复的问题上，应尽快进行，但也不能干扰事故调查工作。恢复主管一般委派一个专门小组来执行评估任务，组员包括工程、财务、采购和维修人员。只有在完成损坏评估和确定恢复优先顺序后，才可以进行清洁和初步恢复生产等活动，而长期的房屋建设和复杂的重建工程则需转交给企业的正常管理部门进行管理。损失评估小组可使用损失评估检查表来检查受影响区域。评估组据此确定哪些设备或区域需进行修理或更换及其优先顺序。损失评估完成后，评估组应召开会议进行核对。确定恢复、重建的方式和规模时，通常需要做好以下几个方面的工作：确定日程表和造价，雇佣承包人或分派人员实施恢复重建工作，确定计划、图纸和签约标准等。恢复工作前期，相关人员应确定有关档案资料的存放工作，包括档案的抢救和保存状况、设备的修理情况、动土工程的实施状况、废墟的清理工作等。在整个恢复阶段要经常进行录像，便于将来存档。

(4) 工艺数据收集。工艺数据一般包括：有关物质的存量；事故前的工艺状况（温度、压力、流量）；操作人员观察到的异常情况（噪声、泄漏、天气状况、地震等）。另外，计算机内的记录也必须立刻恢复以免丢失。收集事故工艺数据对于调查事故的原因和预防类似事故发生都是非常重要的。

(5) 事故调查。事故调查主要集中在事故如何发生以及为何发生等方面。事故调查的目的是找出操作程序、工作环境或安全管理中需要改进的地方，以避免事故再次发生。一般情况下，需要成立事故调查组。调查小组要在其事故调查报告中详细记录调查结果和建议。

(6) 公共关系和联系。在恢复工作过程中，恢复主管还需要与公众或其他风险承担者进行公开对话。这些风险承担者包括地方应急管理官员、邻近企业和公众、其他社区官员、企业员工、企业所有者、顾客以及供应商等。公开对话的目的是通知他们恢复行动的进展状况。一般情况下，公开对话可采用新闻发布会、电视和电台广播等形式向公众、员工和其他相关组织介绍情况，也可以组织对企业进行参观视察等。此外，企业还应该定期向员工和所在社区通报恢复工作的最新进展。其主要目的是采取必要措施避免或减少此类事故再次发生，并保证公众所有受损财物都会得到妥善赔偿。如果事故造成附近居民财物或人身的损害，企业应考虑立即支付修理费用和个人赔偿。

3. 应急后评估

应急后评估是指在突发公共事件应急工作结束后，为完善应急预案、提高应急能力，对各阶段应急工作进行的总结和评估。应急后评估可以通过日常的应急演练和培训，或对事故应急过程的分析和总结，结合实际情况对预案的统一性、科学性、合理性和有效性以及应急救援过程进行评估，根据评估结果对应急预案以及应急流程等进行定期修订。

应急工作全部结束后，执行应急关闭程序，由事故总指挥宣布应急结束。

第六节　事故管理

事故管理包括事故报告、事故调查、事故处理、事故统计分析。

一、事故报告

1.事故报告的基本要求

事故报告应当及时、准确、完整，任何单位和个人对事故不得迟报、漏报、谎报或者瞒报，这是事故报告的总体要求。

事故发生后，事故现场有关人员应当立即向本单位负责人报告；情况紧急时，也可以直接向事故发生地县级以上人民政府应急管理部门和负有安全生产监督管理职责的有关部门（即安全生产行业监管部门）报告。

单位负责人在组织抢救的同时，要按照国家有关规定，立即、如实报告当地应急管理部门和负有安全生产监督管理职责的部门，不得隐瞒不报、谎报和拖延不报。事故发生后，单位负责人接到报告后，应当于1小时内向事故发生地县级以上人民政府应急管理部门和负有安全生产监督管理职责的有关部门报告。

应急管理部门和负有安全生产监督管理职责的有关部门在接到事故后应当立即赶到现场，组织事故抢救，同时立即逐级上报事故，并且在事故调查组成立后参加事故调查处理，定期统计分析并向社会公布事故的调查进展。

特别重大事故、重大事故逐级上报至国务院应急管理部门和负有安全生产监督管理职责的有关部门；较大事故逐级上报至省、自治区、直辖市人民政府应急管理部门和负有安全生产监督管理职责的有关部门；一般事故上报至市级人民政府应急管理部门和负有安全生产监督管理职责的有关部门。

另外，基于事故调查处理的需要，负有安全生产监督管理职责的有关部门上报事故时，应当通知公安机关、人力资源与社会保障行政部门、工会和人民检察院。

当事故现场条件特别复杂，难以准确判定事故等级，情况十分危急，上一级部门没有足够能力开展应急救援工作，或者事故性质特殊、社会影响特别重大时，允许越级上报事故。

应急管理部门和负有安全生产监督管理职责的有关部门逐级上报事故情况，每级上报的时间不得超过2小时。

2.事故报告时间

事故发生后，事故现场有关人员立即向单位负责人电话报告；单位负责人接到报告后，在1小时内向主管单位、有管辖权的行政主管部门和事故发生地县级以上应急管理部门电话报告。情况紧急时，事故现场有关人员可以直接向事故发生地有管辖权的行政主管部门和事故发生地县级以上应急管理部门电话报告。在24小时内向当地应急管理部门通报事故有关信息，填写生产安全事故信息快报；在事故发生7日内，及时通报补充完善事故快报信息，填写生产安全事故信息续报；在事故发生之日起30日内，进行事故情况和伤亡人员发生变化的及时续报。

另外，自事故发生之日起30日内，事故造成的伤亡人数会发生变化，应当及时补报。道路交通事故、火灾事故自发生之日起7日内，造成的伤亡人数会发生变化，应当及时补报。

迟报、漏报、谎报和瞒报事故行为是指报告事故时间超过规定时限；因过失对应当上报的事故或者事故发生的时间、地点、类别、伤亡人数、直接经济损失等内容遗漏未报；故意不如实报告事故发生的时间、地点、类别、伤亡人数、直接经济损失等内容；故意隐瞒已经发生的事故。

3. 事故报告程序

轻伤事故，由负伤者或事故现场有关人员直接或逐级报告事故单位负责人及相关部门。

重伤事故，由负伤者或事故现场有关人员直接或逐级报告事故单位负责人，再由事故单位负责人向当地应急管理部门、工会、公安部门、检察院和行政主管部门报告。

一般生产安全事故，由负伤者或事故现场有关人员直接或逐级报告事故单位负责人，再由单位负责人向当地市级应急管理部门、劳动保障行政部门、工会、公安部门、检察院和行政主管部门报告。

较大生产安全事故，由负伤者或事故现场有关人员直接或逐级报告事故单位负责人，再由事故单位负责人向当地市级应急管理部门、劳动保障行政部门、工会、公安部门、检察院和行政主管部门报告，然后逐级报省级相关部门。

特别重大生产安全事故、重大生产安全事故，由负伤者或事故现场有关人员直接或逐级报告事故单位负责人，再由事故单位负责人向当地应急管理部门、劳动保障行政部门、工会、公安部门、检察院和行政主管部门报告，然后逐级报至国务院、应急管理部、全国总工会、公安部、最高人民检察院等部门。

4. 事故报告的内容

事故报告方式有事故文字报告、电话快报、事故月报和事故调查处理情况报告等。及时、精准地掌握事故发生的相关情况是为了采取相应的应急救援措施及开展后续的调查处理工作。各接报主体在接报事故时应当报告以下内容：

（1）事故发生单位概况。事故发生单位概况应当包括单位的全称、所处地理位置、所有制形式和隶属关系、生产经营范围和规模、持有各类证照的情况、单位负责人的基本情况以及近期的生产经营状况等。对于不同行业的企业，报告的内容应该根据实际情况来确定，但是应当以全面、简洁为原则。

（2）事故发生的时间、地点以及事故现场情况。报告事故发生的时间应当具体，并尽量精确到分钟。报告事故发生的地点要准确，除事故发生的中心地点外，还应当报告事故波及的区域。报告事故现场的情况应当全面，不仅应当报告现场的总体情况，还应当报告现场的人员伤亡情况、设备设施的毁损情况；不仅应当报告事故发生后的现场情况，还应当尽量报告事故发生前的现场情况，便于前后比较，分析事故原因。

（3）事故简要经过。事故的简要经过是对事故全过程的简要叙述，核心要求在于“全”和“简”。“全”就是要对全过程描述，“简”就是要简单明了。但是，描述要前后衔接、脉络清晰、因果相连。需要强调的是，由于事故的发生往往是在一瞬间，因此对事故经过的描述应当特别注意事故发生前作业场所有关人员和设备设施的一些细节，因为这些细节可能就是引发事故的重要原因。

（4）人员伤亡和经济损失情况。对于人员伤亡情况的报告，应当遵守实事求是的原则，不作无根据的猜测，更不能隐瞒实际伤亡人数。对直接经济损失的初步估算，主要指事故所导致的建筑物的毁损、生产设备设施和仪器仪表的损坏等。

（5）已经采取的措施。已经采取的措施主要是指事故现场有关人员、事故单位负责人、已经接到事故报告的安全生产管理部门，为减少损失、防止事故扩大和便于事故调查所采取的应急救援和现场保护等具体措施。

（6）其他应当报告的情况。对于其他应当报告的情况，需要根据实际情况来确定。如较大以上事故还应当报告事故所造成的社会影响、政府有关领导和部门现场指挥等有关情况。

二、事故调查

事故调查主要包括以下工作：事故调查组成立与调查准备，现场处理，人证、物证的收集与保护，事故现场拍照，编制事故现场图，技术鉴定或模拟试验，事故现场分析，事故调查报告编写，归档等。

（一）事故调查的目的、意义和对象

1. 事故调查的目的

（1）明确责任，满足法律要求。

（2）鉴别事故原因，实施事故预防。

（3）积累事故资料，完善安全信息。

（4）了解系统功能，改进系统设计。

（5）判明现场事实，实施合理救援。

2. 事故调查的意义

事故调查工作对于安全管理的重要意义表现在以下几个方面：

（1）事故调查是最有效的事故预防方法。事故的发生既有它的偶然性，也有必然性。只有通过事故调查的方法，在事故发生之后更清晰全面地认识事故，才能发现事故发生的潜在条件、事故发生的原因，找出其发生发展的过程，进而采取更有针对性的措施，防止类似事故的发生。

（2）事故调查可以为制定安全措施提供依据。事故的发生是有因果性和规律性的，事故调查是找出这种因果关系和事故规律的最有效方法。只有掌握了这种因果关系和规律性，才能有针对性地制定出相应的安全措施，达到最佳的事故控制效果。

（3）事故调查可以揭示新的或未被人注意的危险。任何系统，特别是具有新设备、新工艺、新产品、新材料、新技术的系统，都在一定程度上存在着某些人们尚未了解、掌握或被忽视的潜在危险。只有充分认识了这类危险，才有可能防止其产生不希望的后果。

（4）事故调查可以确认管理系统的缺陷。事故是管理不佳的表现形式，而管理系统缺陷的存在也会直接影响到企业的经济效益。通过事故调查，可以发现管理系统存在的问题并加以改进。

（5）事故调查是高效的安全管理系统的重要组成部分。安全管理工作主要是事故预防、应急措施和风险转移手段的有机结合，且事故预防和应急措施更为重要。

3. 事故调查对象

从理论上讲，所有事故，包括无伤害事故和未遂事故都在调查范围之内。但由于各方面条件的限制，特别是经济条件的限制，要达到这一目标几乎是不可能的。一般地，事故调查对象主要有：

（1）所有伤亡及重大事故都应进行事故调查。因为这类事故往往过程复杂、后果严重，通过调查对其深入剖析、严肃处理不仅是法制的需要，也是安全科学发展的需要。

（2）有些未遂事故或无伤害事故虽未造成严重后果，但因这些事故理论上存在造成严重后果的可能，所以对其进行调查是事故预防、安全管理的重要手段。特别是那些研发中的产品或系统因其具有较大的不确定性更应如此。

（3）伤害虽轻微，但发生频繁的事故。这类事故伤害虽不严重，但由于发生频繁，对劳动生产率会有较大影响；而且突然频发的事故，也说明管理上或技术上产生了不正常，

如不及时采取措施，累积的事故损失也会较大。

(4) 可能因管理缺陷引发的事故。及时调查这类事故，不仅可以防止事故的再发生，也会提高经济效益，一举两得。

(5) 高危险工作环境的事故。由于高危险环境中极易发生重大事故，造成较大损失，因而在这类环境中发生的事故，即使后果很轻微，也值得深入调查。这类环境包括高空作业场所、易燃易爆场所和有毒有害的生产工艺等。

(6) 适当的抽样调查。除上述诸类事故外，还应通过适当的抽样调查方式选取调查对象，及时发现新的潜在危险，提高系统的总体安全性。

（二）事故调查的准备

事故调查的准备简单讲应包括精神准备和物质准备。前者包括调查计划、人员组成及培训等，后者则以调查工具的准备为主。

1. 事故调查计划

事故调查计划的内容，应视具体情况而定，可详可简，可多可少，切忌过于注重细节，过分庞大的计划会给执行者造成麻烦，反而影响了执行效果。但计划中至少应包括以下内容：及时报告有关部门；抢救人的生命；保护人的生命和财产免遭进一步的损失；保证调查工作的及时执行。其中，及时报告有关部门是指及时通知在事故直接影响区域内工作的人员或其他人员、从事生命抢救及财产保护的人员、上层管理部门的有关人员、专业调查人员、公共事务人员、安全管理人员等。

2. 事故调查组

(1) 事故调查的主体。事故调查人员是事故调查的主体。不同的事故，调查人员的组成会有所不同。《生产安全事故报告和调查处理条例》中明确指出：特别重大事故由国务院或者国务院授权有关部门组织事故调查组进行调查；重大事故、较大事故、一般事故分别由事故发生地省级人民政府、设区的市级人民政府、县级人民政府负责调查。省级人民政府、设区的市级人民政府、县级人民政府可以直接组织事故调查组进行调查，也可以授权或者委托有关部门组织事故调查组进行调查；未造成人员伤亡的一般事故，县级人民政府也可以委托事故发生单位组织事故调查组进行调查。

(2) 事故调查组组成和职责。事故调查组人员组成中，按不同程度事故有不同的组成：轻伤、重伤事故，由单位负责人或其指定人员组织生产、技术、安全等有关人员以及工会成员参加的事故调查组进行调查；一般死亡事故，由主管部门会同所在地县市级应急管理部门、公安部门、检察院、工会组成事故调查组进行调查；较大死亡事故，由地市级主管部门、应急管理部门、公安、检察院、专家等人员组成；重大事故由省级主管部门、应急管理部门、公安、工会、检察院、专家等组成；特别重大事故由国务院或国务院授权部门组织主管部门、应急管理、公安、工会、检察院、专家组成。

(3) 事故调查组人员群体。事故调查组人员群体因事故性质不同而由不同群体的人员组成，通常包括企业基层管理人员、各职能部门人员（如人事、医疗、采购、后勤、工会等)、安全专业人员、其他专业人员、职业事故调查人员。

3. 事故调查的物质准备

一般情况下，有可能从事事故调查的人员，必须事先做好必要的物质准备。

(1) 身体上的准备。除了保证一个良好的身体状态外，由于事故发生地点的多样性和事故现场有害物质的多样性，因而在服装及防护装备上也应根据具体情况加以考虑。同时考虑到在收集样品时受到轻微伤害的可能性较大，有关调查人员应定期注射预防破伤风的血清。

（2）调查工具，则因被调查对象的性质而异。通常来讲，专业调查人员必备的调查工具有：①照相机，用于现场照相取证；②纸、笔、夹，用于记事、笔录等；③有关规则、标准，是参考资料；④放大镜，用于样品鉴定；⑤手套，用于收集样品；⑥录音机，用于与目击证人等交谈或记录调查过程；⑦急救包，用于抢救人员或自救；⑧绘图纸，用于现场地形图等；⑨标签，采样时标记采样地点及物品；⑩样品容器，用于采集液体样品等；⑪罗盘，用于确定方向。

（3）常用的仪器包括噪声、辐射、气体等的采样或测量设备，以及与被调查对象直接相关的测量仪器等。随着科学技术的迅猛发展，现今许多电子产品的功能早已今非昔比。比如一些手机的功能可能已经能够覆盖照相、录音、文字记录、数学运算等各个方面，但从工作效率、功能要求及可靠性等方面考虑，单一功能的产品应该是首选。此外，一些传统的手段，如纸笔等也仍然有其用场，如用于相关人员的签字等。

（三）事故现场处理

通常现场处理应进行如下工作：一是安全抵达现场，并保持与有关部门的联系，及时沟通；二是现场危险分析，分析是否有进一步危害产生的可能性及可能的控制措施；三是现场营救，尽可能地营救幸存者和保护财产；四是防止灾害进一步扩大，如防止有毒有害气体的生成或蔓延、防止有毒有害物质的生成或释放、防止易燃易爆物质或气体的生成与燃烧爆炸、防止由火灾引起的爆炸等；五是保护现场、保存相关物证，与事故有关的物体痕迹、状态尽可能不遭到破坏，除必要的抢救等工作外，应使现场尽可能地原封不动，保存痕迹、液体和碎片等极容易消失的物证。

（四）事故现场勘察

事故现场勘察是一种信息处理技术。由于其主要关注四方面的信息，即人（people）、部件（part）、位置（position）和文件（paper），且表达这四个方面的英文单词均以字母 P 开头，故称 4P 技术。

1. 现场勘察的目的、原则

现场勘察的主要目的是查明事故之前和事发之时的情节、过程以及造成的后果，通过对事故现场痕迹、物证的收集和检验分析，可以初步判断事故发生的直接、间接原因，为正确处理事故提供客观依据。现场勘察的主要任务是收集事故现场存留的证据，客观记录并核实事故造成的结果，初步判定事故发生的直接、间接原因。

现场勘察的原则包括及时、全面、细致、客观。及时是指调查人员要及时赶到事故现场，进行初步勘察，以防现场遭到不应有的破坏；全面是指调查人员对现场所有物证（致害物、残留物、破损部件、危险物品、有害气体等）都要进行全面勘察和收集，防止遗漏；细致是指对现场各种物体发生的变化，都要进行认真仔细的勘察，反复地研究，彻底弄清现场变动发生的原因；客观是指现场勘察时应邀请社会中介机构的专家和熟悉事故地点的当事人或职工共同勘察。

2. 现场勘察的一般过程

现场勘察的一般过程如下：①首先向当事人或目击者了解事故发生的经过情况，询问现场物件是否有变动，如有变动，应先弄清变动的原因和过程，必要时可根据当事人和证人提供的事故发生时的情景，恢复现场原状以利于实地勘察；②勘察前，应先巡视一遍整个现场，对现场全貌有所了解后，再确定现场勘察的范围和勘察顺序，按照环境勘察、初步勘察、细项勘察和专项勘察步骤进行；③提取事故现场存留的有关痕迹和物证，提取前后都应当采用录像、照相、文字等多种形式记录，物证应贴标签，注明地点、时间、管理者，物件应保持原样，不准随意冲洗擦拭和拆卸，以利于技术检测或鉴定；④绘制有关事故图，事故图应能涵盖事故情况所必需的全部信息，包括事故现场示意图、剖面图、工序（工艺）流程图、受害者位置图等；⑤提交事故现场勘察报告，勘察报告应当载明事故现场的勘察人员、勘察时间、勘察路线，真实描述事故地点的基本情况和与事故相关的情况，认定事故类别，附有相应的事故图纸、照片等。

3. 典型事故的现场勘察要点

（1）火灾事故。火灾事故现场具有如下特点：现场可以见到烟雾或烟熏痕迹及有气味；现场可以见到物质燃烧的火焰或燃烧痕迹；现场都有起火点，电气火灾多是导线短路、超负荷或接触电阻大等原因引起弧光从而点燃了周围的可燃物质。因此，火灾事故现场勘查的重点是确定起火点、查明火源和可燃物质。

（2）爆炸事故。爆炸事故现场具有如下特点：现场的建筑物、构筑物等有时会全部或部分倒塌、破坏甚至燃烧；爆炸时产生的高温、高压或由于煤气、火炉、电器、电线等损坏造成现场起火；勘查人员进入现场有一定的危险性；发生爆炸后由于现场抢救等原因很少存在原始现场，大都属于变动现场；痕迹、器具等物证因爆炸而抛离中心现场，取证较为困难；气体爆炸看不出有明显的炸点，爆炸的中心多在空间，而炸药爆炸现场上有明显的炸点；粉尘爆炸有黏焦、灰渣，而气体爆炸无黏焦、灰渣。爆炸事故现场的勘查重点包括：确定物理爆炸还是化学爆炸；爆炸点（起爆点）位置和数量；引起爆炸的物质及来源；起爆能源（火源）如何；受害程度；伤亡人员情况；是否有二次事故危险等。

（3）交通事故。交通事故现场勘察的主要工作包括收集材料，摄影，丈量，绘图，车辆检查，道路鉴定，尸体检验、确定，询问、监护当事人，询问证人肇事时间，后果及其他调查和现场复核等。现场勘察的步骤如图 9-4 所示。其中痕迹物证勘查包括事故发生过程中且黏附在事故车辆或人体或路面或其他物体的附着物、散落物、地面痕迹、车辆损坏痕迹、遗留在人体衣着上和体表上的痕迹及遗留在设施、草木上的其他痕迹等。现场勘查的普遍重点有：现场道路、地形、地貌；现场路面上的痕迹、物证；肇事车辆和伤亡人员情况。

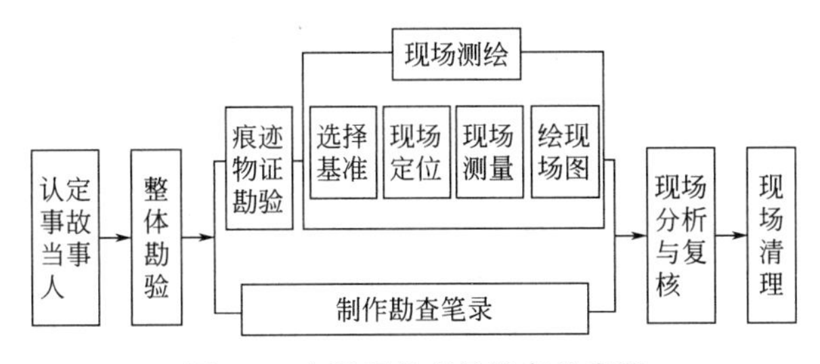

图 9-4　交通事故现场勘察的步骤

（4）电伤亡事故。触电伤亡现场勘察的重点是人体触电部位和人物体触电点，勘查的基本步骤为：一是检查事故现场的保护动作指示情况，判断事故是否因短路引起保护装置动作失灵造成；二是检查事故设备的损坏部位和损坏程度，初步找到漏电部位；三是查阅当时及历史资料，如天气、温度、运行电流、电压、周波及其他有关记录；四是现场测试，如测量两相触电事故应分别测量两相对地电压及相间电压等；五是现场痕迹的提取，查找所有可能存在的痕迹、物证；六是逐项排除疑点，最后找出事故的原因。

（五）人证和物证的收集

事故调查必须全面取证。人证和物证资料包括物证、事实材料、证人证言材料、影像电子资料、技术鉴定、直接经济损失计算资料等六个方面的证据。

（1）物证是指前边提到的4P技术中的3P（部件、位置、文件），包括与事故有关的物件和可提取的事故现场物体痕迹。事故发生后，现场勘察人员应当及时提取事故现场的物体及相关痕迹，封存与事故有关的物件，并用摄影、照相等方法予以固定。收集提取的物件应保持原样，不准随意冲洗擦拭和拆卸，贴上标签，注明提取收集地点、时间；要指定专人保管，防止丢失。

（2）事实材料是指证明事故等级、类别和事故发生的相关事实与材料。收集事故单位的基本情况及生产经营、安全管理方面的有关资料，包括有关合同、规章制度、各种设计、作业规程、安全技术措施及执行情况，直接经济损失、遇难人员名单及其个人基本情况、安全培训情况等资料。收集事故单位、地方政府及其部门在安全管理方面的会议记录、文件、领导分工、安全生产目标管理责任制、应急处理预案、安全检查、隐患整改以及相关部门行政审批（包括批准、审核、核准、许可、注册、认证、颁发证照、竣工验收）等资料。资料和记录力求做到以原件为主。复印件必须加盖提供资料单位的公章。现场收集的资料、物品应当会同在场见证人，当场开具清单，由相关人员签名或盖章；提供复印件的，应当由提供单位签署“复印属实”并加盖公章，同时注明原件存放的单位。

（3）证人证言材料包括调查询问笔录和有关人员提供的情况说明、举报信件等。事故发生后，调查人员应当第一时间对事故现场目击者、受害者、当事人进行调查询问，制作调查询问笔录。事故调查组成立后，应当制订事故调查计划，明确调查询问对象，制作调查询问提纲。询问证人应依法履行相关程序，制作笔录，形成证据。对事故发生负有责任的人员必须调查询问。认定责任者的违法违规事实应当有2个以上的证人证言或其他有效证据。

（4）影像电子资料包括显示受害者残骸和受害者原始存息地的所有照片、摄影，能反映事故现场全貌及现场痕迹等情况的录像、照片，以及事故发生前后与事故相关的其他录像、录音、照片、电子文档等。

（六）事故现场拍照和绘图

（1）现场拍照的种类。包括现场方位照相、现场概貌照相、现场重点部位照相、现场细目照相等。现场方位照相主要拍摄现场所处的位置及现场周围环境；现场概貌照相主要拍摄现场的范围、现场内的物品、痕迹物证以及遗留痕迹物证的位置等；现场重点部位照相要根据事故的具体情况确定现场的拍照重点；现场细目照相的内容很多，如尸体或活体上的痕迹、血迹的滴溅或喷溅方向、电事故的电击点、火灾起火点、交通事故接触点等。

（2）现场照相的主要方法有：单向拍照法、相向拍照法、多向拍照法、回转分段连续拍照法、直线分段连续拍照法、测量拍照法等。单向拍照法是指照相机镜头从某一方向对着事故现场进行拍照；相向拍照法是指照相机镜头从相对的两个方向对现场中心部分进行拍照；多向拍照法是从几个不同的方向对主要对象进行拍照；回转分段连续拍照法是将照相机固定在某一点后只转动镜头改变角度而不改变相机位置时对现场分段连续进行拍照的方法；直线分段连续拍照法是指将照相机沿着被拍物体的平面移动分段拍照后把分段拍得的照片拼成一张完整的现场照片；测量拍照法是指在被拍现场和物体的适当位置或痕迹的同一平面放上被测量尺进行拍照。

（3）事故现场图的种类有：现场位置图、现场全貌图、现场中心图、专项图。事故现场绘图的方法可采用比例图、示意图、平面图、立体图、投影图、分析图、结构图以及地貌图等。

（七）技术鉴定

技术鉴定的目的是确定事故要素，认定事故直接原因，评估事故直接经济损失。技术鉴定的范围为发生较大及以上事故或原因复杂的一般事故，事故调查组或牵头组织调查单位认为必要时，应聘请专家组成技术鉴定组，进行科学和实事求是的分析、认定，从技术角度对事故做出客观、公正的科学评价。所有参加技术鉴定的人员，均要本着对国家、对人民高度负责的精神，以客观、公正、科学的态度，严谨、务实的工作作风，做出经得起历史检验的结论。事故调查组对技术鉴定应全程跟踪指导。

事故调查组应聘请有关专家或委托国家规定相关资质的单位对事故的直接原因进行技术分析和性质鉴定；对现场提取的有些物证需要进行检测或鉴定的，要委托有资质的技术检测鉴定机构进行技术检测或鉴定，受托机构在检测和鉴定完成后，要向调查组提交检测和鉴定报告；事故调查组根据需要，可以聘请有关专家成立财产损失评估小组，财产损失评估小组对事故造成的财产损失进行评估。技术鉴定一般与事故抢救同时进行，原则上应当自委托或决定之日起 20 日内作出鉴定报告；技术鉴定报告应做到内容完整、证据充分、逻辑缜密、文字通顺、附件齐全；技术鉴定报告只能由参加鉴定人亲自制作，其他人不能代劳，报告完成后，所有参加鉴定的人员签名并附上有关技术职称证件。

技术鉴定报告完成后，调查组按以下要求组织审查：参加技术鉴定的人员是否具有技术鉴定的专业能力和经验，使用的设备是否完善，分析方法是否科学；鉴定组所掌握的证据材料是否真实可靠和充分，得出的鉴定结论与依据的证据是否一致，证据同结论是否矛盾，鉴定结论是否合乎逻辑，鉴定组是否受到外界因素的影响，鉴定人有无徇私、受贿或故意作虚伪鉴定的情况。对鉴定结论错误的，应要求鉴定人重新鉴定，也可以另行指定或聘请其他鉴定人员重新鉴定。

（八）事故现场分析

事故现场分析包括事故原因分析、事故性质认定和责任划分。

1. 事故原因分析

事故现场原因分析包括初步分析和深入分析。

(1) 分析途径。事故的原因包括事故的直接原因、间接原因和主要原因。事故原因的分析途径包括：事故发生前存在什么样的不正常状态；不正常的状态是在哪儿发生的；在什么时候最先注意到不正常状态；不正常状态是如何发生的；事故为什么会发生；事件发生的可能顺序以及可能的原因（排除不可能的原因）；分析可选择的事件发生顺序。

(2) 现场分析的原则和要求。现场分析的原则和要求包括：必须把现场勘查中收集的资料作为分析的基础，同时，在分析前应对已收集材料甄别真伪；既要以同类现场的一般规律作指导，又要从个别案件实际出发；充分发扬民主，综合各方面的意见，得出科学的结论。

(3) 事故现场初步分析方法。事故现场初步分析的方法有：比较、综合、假设和推理。比较是将分别收集的两个以上的现场勘查材料加以对比，以确定其真实性和相互补充、印证的一种方法；综合是将现场勘查材料汇集起来，然后就事故事实的各个方面加以分析，由局部到整体，由个别到全面的认识过程；假设是根据现场有关情况推测某一事实的存在，然后用汇总的现场材料和有关科学知识加以证实和否定；推理是从已知的现场材料推断未知的事故发生有关情况的思维活动。要求现场分析人员运用逻辑推理方法，对事故发生的原因、过程、直接责任人等进行推论，这也是揭示事故案件本质的必经途径。

(4) 事故现场深入分析方法。事故现场深入分析方法一般采用专业分析法和系统安全法结合。专业分析法是指应用工程技术、生产工艺原理及社会学等多学科的知识，研究事故的影响因素及组合关系，或根据某些现象推断事故过程的事故分析方法。系统安全分析方法是指运用逻辑学和数学方法，结合自然科学和社会科学的有关理论，分析系统的安全性能，揭示其潜在的危险性和发生的概率以及可能产生的伤害和损失的严重程度，如第三章所述的危险有害因素辨识分析方法、第一章所述的质量管理工具方法。

2. 事故性质分析

事故性质的认定是指在对事故调查所确认的事实、事故发生原因和责任属性进行科学分析的基础上，对事故严重程度以及是属于责任事故还是非责任事故作出认定。

(1) 责任事故。是指在生产中不执行有关安全规程、规章制度，安全管理中存在失职、渎职行为等问题而导致的事故。

(2) 非责任事故。包括自然事故和技术事故。自然事故是指自然界的因素而造成的不可抗拒的事故，如地震、山洪、泥石流、风暴等造成的伤亡事故属于自然事故。但不包括在接到灾害预报后，不采取措施，贻误防范时机，或采取明知属于不安全的措施却一意孤行造成的事故。技术事故是指受到当代科学水平的限制，或人们尚未认识到，或技术条件尚不能达到而造成的无法预料的事故。

(3) 破坏事故。为达到一定目的而蓄意造成的事故。

3. 事故责任分析

对于责任事故，必须根据事故调查所确认的事实和直接原因、间接原因，结合有关单位、有关人员（岗位）的职责和行为，对事故责任加以认真分析判断，寻找出真正的事故责任人。在事故责任者中，要确定事故的直接责任者（指其行为与事故的发生有直接关系的人员）和领导责任者（指对事故的发生负有领导责任的人员）；继而要根据他们在事故发生过程中的作用，确定主要责任者（指对事故的发生起主导作用的人员）、重要责任者；然后根据事故的后果，事故责任者应负的责任、是否履行职责及认识态度等情况，对事故责任者提出处理建议。

（九）事故调查报告与归档

(1) 事故调查报告的写作要求。事故调查报告的撰写应注意满足以下要求：①深入调查，掌握大量的具体实际材料，凭事实说话，写作方法上以客观叙述为主；②反映全面，揭示本质，不做表面或片面文章；③善于选用和安排材料，力求内容精练，富有吸引力。

(2) 事故调查报告的格式。事故调查报告与一般文章相同，由标题、正文和附件三大部分组成。

其标题一般都采用公文式，即“关于××事故的调查报告”或“××事故调查报告”。标题中必须要指出事故发生的时间、地点、单位和事故性质。时间一般用诸如“8.12”的形式来表示，事故性质包括事故严重程度级别（如重大、特别重大等）及事故类型（如泄漏爆炸、爆炸火灾等）。

正文应当包括下列内容：事故发生单位概况，事故发生经过和事故救援情况，事故造成的人员伤亡和直接经济损失，事故发生的原因和事故性质，事故责任的认定以及对事故责任者的处理建议，事故防范和整改措施。

附件应是有关证据材料，包括有关照片、鉴定报告、各种图表乃至相关文字资料。如培训记录、资质证书等附在事故调查报告之后，也有的将事故调查组成员名单，或在特大事故中的死亡人员名单等作为附件列于正文之后，供有关人员查阅。

（3）事故资料归档。一般情况下，事故处理结案后，应归档的事故资料包括：职工伤亡事故登记表；职工死亡、重伤事故调查报告书及批复；现场调查记录、图纸和照片；技术鉴定和试验报告；物证、人证材料；直接经济损失和间接经济损失材料；事故责任者的自述材料；医疗部门对伤亡人员的诊断书；发生事故时的工艺条件、操作情况和设计资料；处分决定和受处分人员的检查材料；有关事故的通报、简报及文件；调查组成员的姓名、职务及单位。

三、事故处理

（1）事故处理原则。事故处理原则为“四不放过”原则，即事故原因未查明不放过，责任人未处理不放过，有关人员未受到教育不放过，整改措施未落实不放过。

（2）责任事故的处理。对于责任事故，应区分事故的直接责任者、领导责任者和主要责任者。其行为与事故的发生有直接因果关系的，为直接责任者；对事故的发生负有领导责任的为领导责任者；在直接责任者和领导责任者中，对事故发生起主要作用的为主要责任者。

根据事故的责任大小和情节轻重，进行批评教育或给予必要的行政处分，后果严重造成犯罪的，报请检察部门提起公诉，追究刑事责任。

①追究领导责任情形：由于安全生产规章制度和操作规程不健全，职工无章可循，造成伤亡事故的；对职工不按规定进行安全教育，或职工未经考试合格就上岗操作，造成伤亡事故的；由于设备超过检修期限运行或设备有缺陷，又不采取措施，造成伤亡事故的；作业环境不安全，又不采取措施，造成伤亡事故的；由于挪用安全技术措施经费，造成伤亡事故的。

②追究肇事者和有关人员责任情形：由于违章指挥或违章作业、冒险作业，造成伤亡事故的；由于玩忽职守、违反安全生产责任制和操作规程，造成伤亡事故的；发现有发生事故危险的紧急情况，不立即报告，不积极采取措施，因而未能避免事故或减轻伤亡的；由于不服从管理、违反劳动纪律、擅离职守或擅自开动机器设备，造成伤亡事故的。

③重罚情形：对发生的重伤或死亡事故隐瞒不报、虚报或故意拖延报告的；在事故调查中，隐瞒事故真相，弄虚作假，甚至嫁祸于人的；事故发生后，由于不负责任，不积极组织抢救或抢救不力，造成更大伤亡的；事故发生后，不认真吸取教训、采取防范措施，致使同类事故重复发生的；滥用职权，擅自处理或袒护、包庇事故责任者的。

四、事故统计分析

事故统计分析是以大量的伤亡事故资料为基础，应用数理统计的原理和方法，从宏观上探索伤亡事故发生原因及规律的过程。其目的包括：进行企业外的对比分析；对企业、部门不同时期的伤亡事故发生情况进行对比，用来评价企业安全状况是否有所改善；发现企业事故预防工作存在的主要问题，研究事故发生原因，以便采取措施防止事故发生。

1. 事故统计方法

事故统计主要利用质量管理工具的统计分析表、排列图、分层法、直方图、控制图、矩阵图法等方法，另外还有扇形图、玫瑰图和分布图等。其中，扇形图是用一个圆形中各个扇形面积的大小来代表各种事故因素、事故类别、统计指标的所占比例，又称作圆形结构图；玫瑰图是利用圆的角度表示事故发生的时序，用径向尺度表示事故发生的频数；分布图是把曾经发生事故的地点用符号在厂区、车间的平面图上表示出来，不同的事故用不同的颜色和符号表示，符号的大小代表事故的严重程度。

2. 事故统计指标

(1) 伤亡事故频率。我国目前按千人死亡率、千人重伤率和伤害频率计算伤亡事故频率。千人死亡率是指某时期内平均每千名职工中因工伤事故造成死亡的人数；千人重伤率是指某时期内平均每千名职工中因工伤事故造成重伤的人数；伤害频率是指某时期内平均每百万工时由于工伤事故造成的伤害人数。

(2) 事故严重率。主要事故严重率的指标有：伤害严重率、伤害平均严重率、按产品产量计算的死亡率。

伤害严重率是指某时期内平均每百万工时由于事故造成的损失工作日数。工伤事故损失工作日的算法有国家标准，其中永久性全失能伤害或死亡的损失工作日为6000工作日。伤害平均严重率是指受伤害的每人次平均损失工作日数。按产品产量计算的死亡率适用于以吨、立方米为产量计算单位的单位，如百万吨煤炭死亡率、万吨钢材死亡率、立方米木材死亡率等。

3. 伤亡事故发生规律分析

重要的是选择合适的统计分类项目，否则统计就失去了意义。分类项目除事故类别、人的不安全行为和物的不安全状态外，还有：

(1) 受伤部位。指人体受伤的部位。一般按颅脑、面颌部、眼部、鼻、耳、口、颈部、胸部、腹部、腰部、脊柱、上肢、腕及手、下肢等统计受伤部位。

(2) 受伤性质。是从医学角度给予具体创伤的特定名称。一般按电伤、挫伤、轧伤、压伤、倒塌压埋伤、辐射损伤、割伤、擦伤、刺伤、骨折、化学性灼伤、撕脱伤、扭伤、切断伤、冻伤、烧伤、烫伤、中暑、冲击伤、生物致伤、多伤害、中毒等统计受伤性质。

(3) 起因物。是导致事故发生的物体、物质。包括锅炉、压力容器、电气设备、起重机械、泵或发电机、企业车辆、船舶、动力传送机构、放射性物质及设备、非动力手工工具、电动手工工具、其他机械、建筑物及构筑物、化学品、煤、石油制品、水、可燃性气体、金属矿物、非金属矿物、粉尘、木材、梯、工作面、环境、动物、其他。

(4) 致害物。指直接引起伤害及中毒的物体或物质。包括煤、石油产品、木材、水、放射性物质、电气设备、梯、空气、工作面、矿石、黏土、砂、石、锅炉、压力容器、大气压力、化学品、机械、金属件、起重机械、噪声、蒸汽、非动力手工工具、电动手工工具、动物、企业车辆、船舶。

(5) 伤害方式。指致害物与人体发生接触的方式。包括碰撞、撞击、坠落、跌倒、坍塌、淹溺、灼烫、火灾、辐射、爆炸、中毒、触电、接触、掩埋、倾覆。

习题与思考题

1. 简述应急管理的内容和过程。
2. 简述事故应急救援的任务包括哪些？
3. 试述应急管理体系具体内容。
4. 简述事故应急保障系统的构成。
5. 简述应急预案的分类及编制程序。
6. 试述应急预案的一级核心要素的内容。
7. 简述应急演练的实施过程。

8. 应急资源包括哪些？

9. 应急演练有哪些分类？

10. 应急响应有哪些基本程序？

11. 叙述应急响应级别确定与启动要点。

12. 事故现场控制的原则和方法有哪些？

13. 简述事故应急救援行动的主要工作。

14. 简述事故报告的基本要求和时间。

15. 简述事故调查的主要工作和典型事故的现场勘察要点。

16. 简述事故现场分析的要求。

17. 简述事故调查处理的基本原则和责任事故处理要点。

18. 请举一个事故实例采用质量管理工具方法深入分析事故原因。

19. 请举一个事故实例采用危险有害因素辨识分析方法深入分析事故原因。

20. 试采用质量管理工具方法对某一单位某类事故进行统计分析。

21. 2013 年 6 月 3 日，吉林宝源丰公司主厂房大量使用极易燃烧的聚氨酯泡沫和聚苯乙烯夹芯板，一车间因配电室上部电气线路短路起火，火势蔓延到氨设备和氨管道区域后，导致氨设备和氨管道发生物理爆炸，大量氨泄漏介入燃烧，事故共造成 121 人死亡、76 人受伤，直接经济损失 1.82 亿元。试分析：

（1）该起事故的事故现场勘查事项、重点及步骤有哪些？

（2）分析可能的事故原因和教训，并用最合适的事故致因模式理论解释该起事故的发生。

（3）该起事故应急救援的基本原则有哪些？应急响应包括哪些机制？

参考文献
REFERENCE

[1] 吴穹，等. 安全管理学 [M]. 2 版. 北京：煤炭工业出版社，2016.
[2] 齐黎明，等. 安全管理学 [M]. 北京：煤炭工业出版社，2015.
[3] 邵辉，等. 安全管理学 [M]. 2 版. 北京：中国石化出版社，2021.
[4] 唐荣桂，马中飞，等. 水利工程系统运行安全 [M]. 镇江：江苏大学出版社，2020.
[5] 周德红. 现代安全管理学 [M]. 武汉：中国地质大学出版社，2015.
[6] 邹碧海. 安全学原理 [M]. 成都：西南交通大学出版社，2019.
[7] 陈雄，等. 安全生产法规 [M]. 重庆：重庆大学出版社，2019.
[8] 董宪伟，等. 安全生产法律法规教程 [M]. 石家庄：河北人民出版社，2014.
[9] 詹瑜璞. 安全法学 [M]. 徐州：中国矿业大学出版社，2012.
[10] 周波，等. 安全管理 [M]. 北京：国防工业出版社，2015.
[11] 罗云，等. 现代安全管理 [M]. 3 版. 北京：化学工业出版社，2016.
[12] 张景林，等. 安全系统工程 [M]. 3 版. 北京：煤炭工业出版社，2019.
[13] 田宏，等. 安全系统工程 [M]. 北京：中国质检出版社，2014.
[14] 朱传杰，等. 安全系统工程 [M]. 徐州：中国矿业大学出版社，2017.
[15] 崔辉，等. 安全评价 [M]. 徐州：中国矿业大学出版社，2019.
[16] 王起全，等. 安全评价 [M]. 北京：化学工业出版社，2015.
[17] 苏志，等. 建设项目职业病危害评价 [M]. 北京：中国人口出版社，2003.
[18] 邢娟娟. 职业危害评价与控制 [M]. 北京：航空工业出版社，2005.
[19] 中国安全生产科学研究院. 建设项目职业病危害评价 [M]. 徐州：中国矿业大学出版，2017.
[20] 焦宇，等. 生产安全事故隐患排查与治理 [M]. 北京：中国劳动社会保障出版社，2018.
[21] 殷俊. 工伤保险 [M]. 北京：人民出版社，2012.
[22] 周建文. 伤有所救 工伤保险 [M]. 北京：中国民主法制出版社，2016.
[23] 刘宏，等. ISO14001&OHSAS18001 环境和职业健康安全管理体系建立与实施 [M]. 2 版. 北京：中国石化出版社，2017.
[24] 蔡康旭，等. 职业健康安全管理体系：基于 ISO 45001：2018 标准 [M]. 徐州：中国矿业大学出版社，2019.
[25] 苗金明. 职业健康安全管理体系与安全生产标准化 [M]. 北京：清华大学出版社，2013.
[26] 杨勇. 企业安全生产标准化建设指南 [M]. 北京：中国劳动社会保障出版社，2018.
[27] 费学威，等. 生产经营单位安全生产标准化工作指南 [M]. 北京：兵器工业出版社，2005.
[28] 王淑江. 企业安全文化概论 [M]. 徐州：中国矿业大学出版社，2008.
[29] 毛海峰.《企业安全文化建设导则》解读 [M]. 北京：中国工人出版社，2009.
[30] 罗云. 企业安全文化建设-实操 创新 优化 [M]. 北京：煤炭工业出版社，2007.
[31] 亓四华. 六西格玛管理概论 [M]. 合肥. 中国科学技术大学出版社，2017.
[32] 孙少雄. 6S 精益管理：工具执行版 [M]. 北京：中国经济出版社，2020.
[33] 许铭. 危险化学品安全管理 [M]. 北京：中国劳动社会保障出版社，2018.
[34] 蔡凤英，等. 危险化学品安全 [M]. 北京：中国石化出版社，2017.
[35] 刘本生，等. 消防安全管理 [M]. 青岛：青岛出版社，2008.
[36] 王淑萍. 建筑消防安全管理 [M]. 武汉：华中科技大学出版社，2015.
[37] 杨申仲，等. 特种设备管理与事故应急预案 [M]. 北京：机械工业出版社，2012.
[38] 廖迪煜. 特种设备安全管理简明手册 [M]. 北京：中国标准出版社，2019.
[39] 刘诗飞，等. 重大危险源辨识与控制 [M]. 北京：冶金工业出版社，2012.
[40] 吴宗之，等. 重大危险源辨识与控制 [M]. 北京：冶金工业出版社，2010.
[41] 吴友军. 职业安全与卫生管理 [M]. 武汉：武汉大学出版社，2019.
[42] 何刚，等. 作业场所职业病危害与防治 [M]. 贵阳：贵州科技出版社，2006.
[43] 曹燕花，等. 职业病的危害与防治 [M]. 哈尔滨：黑龙江科技出版社，2018.
[44] 康立勋. 煤矿工人安全行为规范 [M]. 北京：煤炭工业出版社，2008.
[45] 贾文耀. 员工不安全行为的自我识别与防范 [M]. 北京：人民日报出版社，2018.

[46] 罗云.员工安全行为管理[M].2版.北京：化学工业出版社，2017.
[47] 邵辉，等.安全心理与行为管理[M].2版.北京：化学工业出版社，2017.
[48] 伍培，等.安全心理与行为培养[M].武汉.华中科技大学出版社，2016.
[49] 贾红果，等.行为安全管理的探索与实践[M].北京：中国国际广播出版社，2017.
[50] 邵辉，等.安全心理学[M].2版.北京：化学工业出版社，2018.
[51] 梅强，等.安全经济学[M].北京：机械工业出版社，2019.
[52] 罗云，等.安全经济学[M].3版.北京：化学工业出版社，2017.
[53] 田水承，等.安全经济学[M].2版.徐州：中国矿业大学出版社，2017.
[54] 李红霞，等.企业安全经济分析与决策[M].北京：化学工业出版社，2006.
[55] 孙殿阁，等.安全信息管理学[M].上海：上海交通大学出版社，2014.
[56] 刘世明，等.铁路安全信息管理系统[M].成都：西南交通大学出版社，1999.
[57] 王起全.事故应急与救援导论[M].上海：上海交通大学出版社，2015.
[58] 杨小林.突发事件现场处置导则[M].北京：中国科学技术出版社，2016.
[59] 曹杰，等.突发事件应急管理研究与实践[M].北京：科学出版社，2014.
[60] 张超，等.应急救援理论与技术[M].徐州：中国矿业大学出版社，2016.
[61] 杨月巧，等.应急管理概论[M].北京：清华大学出版社，2016.
[62] 苗金明.事故应急救援与处置[M].北京：清华大学出版社，2012.
[63] 高芙蓉，等.突发公共事件应急管理[M].北京：经济科学出版社，2014.
[64] 朱鹏.事故管理与应急处置[M].北京：化学工业出版社，2018.
[65] 李亦纲，等.灾害事故应急管理[M].北京：应急管理出版社，2020.
[66] 闪淳昌，等.应急管理概论：理论与实践[M].北京：高等教育出版社，2020.
[67] 方文林，等.应急物资装备与应急人员培训[M].北京：中国石化出版社，2018.
[68] 郑时勇，等.企业安全管理与应急全案[M].北京：化学工业出版社，2020.
[69] 杨剑，等.企业安全管理实用读本[M].北京：中国纺织出版社，2018.
[70] 谢财良，等.生产安全事故调查处理的理论与实践[M].长沙：中南大学出版社，2016.